製造文明

HOW TO INVENT EVERYTHING

萊恩·諾茲
RYAN NORTH

宋宜真——譯

不管落在地球歷史的哪段時期
都能保全性命、發展技術、創造歷史
成爲新世界的神

A SURVIVAL GUIDE FOR THE STRANDED TIME TRAVELER

給讀者的話

這本書不是我寫的，是我找到的。原先是一本冊子，整個嵌在岩床中，而我之所以知道，是因為敲開冊子周圍厚重粒變岩（granulite）的人，正是在下。我原本聽說這裡待遇不錯，才在這個工地工作了好幾週。

結果待遇一點都不好。

明白告訴各位，我本人沒辦法把冊子塞入堅固石頭。沒人有這門技術。我也試著以碳元素定年法（carbon dating）測定成書年代，但測不出個所以然，因為這本冊子印在某種怪異的聚合物（polymer）上，而這種聚合物不含半點碳可以測。包覆冊子的石頭當然可以定年，是前寒武紀（Precambrian）①，這個年代早於人類、恐龍和地球上大多數生命。而前寒武紀岩石是地球上最古老的岩石之一。

所以，還是無解。

很顯然各位接下來要讀到的東西，有可能是精心設計且造價不菲的惡作劇，用上了沒人知道的技術，這技術至少要能以 10^{-4} 公釐

①編注：前寒武紀從 46 億年前地球形成到 5.41 億年前，即寒武紀生命大爆發之前，這是最古老而漫長的地質時代，占了地球演化歷史 88% 的時間。

以下的輪廓公差（profile tolerance），把物體塞入堅硬岩石中。這好像不大可能，但還有一種可能，那就是時空旅行。也就是說，這個世界的某處正進行著時空旅行，而且我們所處的整個宇宙只是從原版宇宙過去的某個未知點分離出來的副本。但這似乎也不可能。

我研究過這本指南提出的所有主張，裡面可證實的內容和文字，都是誠懇、真心且確實地設法解釋一件事：如何從無到有，在地球歷史的任一時期建立文明。雖然指南著重的是技術與文明，而不是國家與人民，但文中提到的每個歷史事件都對得上我們自己的，只是能拿來比對的日期和人物可能比預期的少。「他們的」世界似乎和我們的世界很像，差別只在：他們擁有較高水準的科技，對歷史有更通透的了解，當然，還有可供消費大眾租用的時光機。說不定我們哪天也發明了時空旅行，如此一來，就能驗證冊子所聲稱的內容，然後找出這本「不可能的書」究竟在何時嵌入這塊最後成為加拿大地盾（Canadian S+hield）①的硬石頭，以及怎麼辦到的。

但也或許，我們終究發明不出時空旅行。

這本指南比照原版冊子，一字未改，只有對應於文中小數字的注，都集中列於書末的〈附注〉②是我的手筆。我只在兩種情況加入注釋：一是認為添加說明文字或參考文獻有助於各位理解，二是原始文本提出的主張已超出我們當前的科學、工程或歷史知識。隨頁注腳③則是冊子原本就有，全書內容和呈現方式都未經更動。冊子裡的原始插圖由「露西・貝爾伍德」（Lucy Bellwood）所繪，本書也都收錄進來。在我們的時間軸中，也有一位同名藝術家，她聲稱對此書一無所知，也不知這從何而來。我想我沒有理由懷疑她。

---

①編注：加拿大地盾又稱北美洲板塊，主要由堅硬且穩定的前寒武紀岩石組成，從加拿大中部延伸到北部，占加拿大領土面積近 50%。

②編注：在文中標示為 [1][2][3] 依序編號。

③編注：在文中標示為❶❷❸依序編號。

最後，來談談或許是最不像會出現在「給讀者的話」的東西。負責此書的作者大名只出現一次，而且只出現在一則隨頁出現的隨頁注腳中。作者的大名跟我的名字一樣。有一部分的我很清楚，不要去想太多：同名同姓的萊恩．諾茲（Ryan North）何其多，而且我也發電子郵件給大多數的萊恩．諾茲了。原作者可能是我們其中任何一位的平行宇宙版，也有可能是在這個世界裡完全不同、毫無關係的某某人。也許是一次時空旅行事故，讓某個時空旅人困在我們世界某段遙遠的過去，讓這本冊子嵌入遠古的石頭中；又或者是在另一時空中，在我們可能永遠無法梳理清楚的情況下，以隱微卻龐大的方式改變了我們的世界。也許這就是我們至今無法實現時間旅行的原因。

或者如先前所說，這只是個造價不菲的惡作劇。

我腦筋清楚得很。我知道光是找到這本冊子，*還*與作者同名，*而且*也認識一位露西．貝爾伍德，有多麼難以置信，不可能的程度根本是宇宙級別。如果你認為或許我多少也編造了一些內容，那麼請容我在此重申：這本指南不是我寫的。

至少……不是在我們所處的這個時間軸中寫的。

很高興首次在這裡跟大家分享這本完整未刪節的原版指南，它原本的書名為《時空旅人手冊：如何修復你的 FC3000™ 時光機，以及無法修復時要如何從無到有重新建立文明》（*The Time Traveler's Handbook: How to Repair Your FC3000™ Time Machine, and Then How to Reinvent Civilization from Scratch When That Doesn't Work*）。

不記取歷史教訓的人，必將重蹈覆轍。

——喬治．桑塔亞那（George Santayana）

哲學家、散文家、詩人

公元 1905 年

不記取歷史教訓的人，竭誠邀請您造訪過去。

——潔西卡．班尼特（Jessica Bennett）

偉大的時光機 FC3000™ 製造商「時間解方」執行長

公元 2043 年

導言

恭喜您租用這部 FC3000™！FC3000™ 是最先進的個人時光機，可讓您體驗人類完整演化歷程所做過的一切努力，從最早人類與黑猩猩在演化上分家（距今公元前 1210 萬年，為這款機型能抵達的最古老時代，若想回到更早以前，請購買「遇見原靈長類機組」〔*Protoprimate Encounter Pa*〕），到可攜式音樂播放器大量流通的時代（現今）。

請注意，您在使用這部機器的當下，無法前往「未來」的 1.5 秒*之後*，本機裝有靈敏的計時器，可隨時偵測，一旦發現使用者意圖犯規便會自動停擺。

請仔細研究下頁的 FC3000™ 功能圖。因應聯邦法規要求，我們必須提醒您當前人類由於遺傳以及所具備的免疫特質，對許多疾病已經免疫，但過去的人類尚未遇到這些疾病。為了您和周遭人類的安全，FC3000™ 安裝了多種生物過濾器，確保您回到過去時，不會順帶引入數十種致命的瘟疫與傳染病，瞬間消滅全人類。

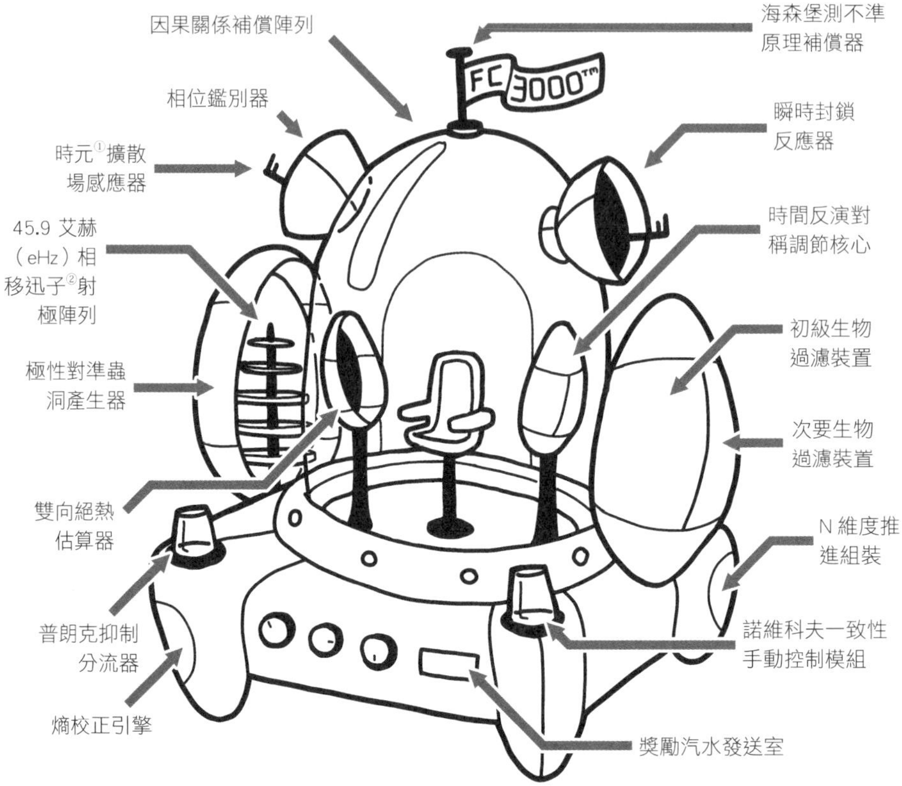

圖 1　FC3000™ 及其主要功能

FC3000™ 的上述功能都是不證自明的。

①譯注：量子化的時間。

②譯注：速度超過光速的粒子。

新一代時空旅人常見問題集

Q：基於「蝴蝶效應」（2004 年、2025 年和 2034 年已出現幾部相關主題的電影），回到過去是否會摧毀現在？

A：不會。這些電影對時空旅行的理解，全屬推測，還好並不準確。事實上，任何時光機器（包括最先進的 FC3000™ 租賃型時光機）在每一次回到過去的旅程中，都會創造一個新的「時間軸」（也就是一連串新的事件）。請看下圖：

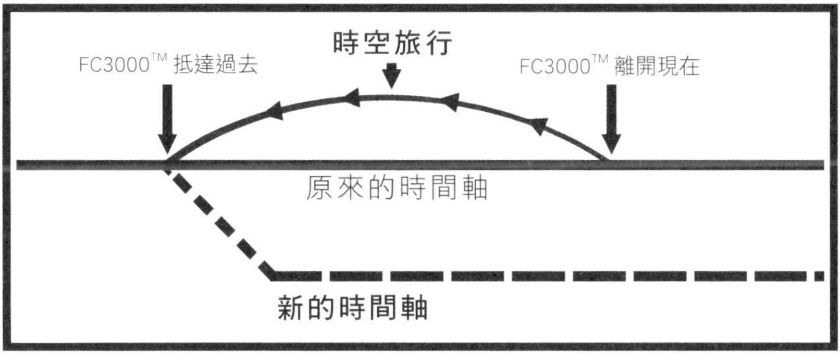

圖 2　搭乘 FC3000™ 進行時空旅行

每一次回到過去，亦即時光機闖入歷史的那一刻開始，都會為世界創造一個新的事件序列。實際上，每次回到過去的旅程，你都在創造一個「事情如果這樣發生」的宇宙。所有這一切的前提都是「如果時空旅人駕著最先進的租賃型時光機 FC3000™ 造訪過去這個特定時刻」。在你回家的路上，FC3000™ 會再次穿越空間、時間*和*時間軸，使命必達地帶你返回原本那個未經改變的歷史。

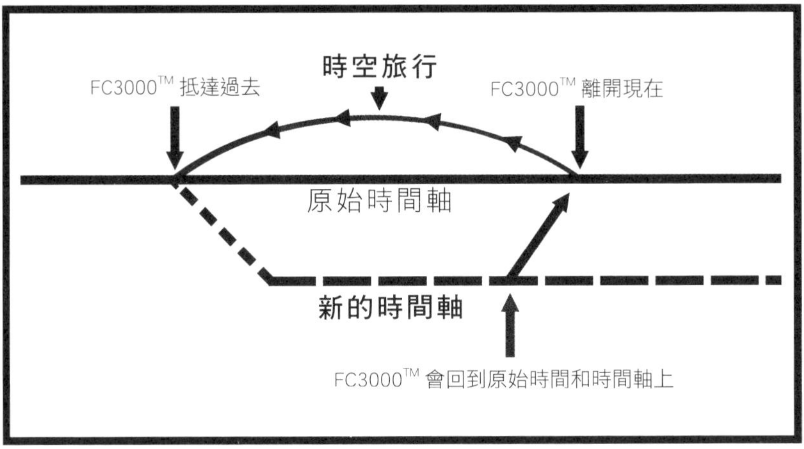

圖 3　搭乘 FC3000™ 回家

簡單來說，即使是最超凡的時空旅人也影響不了現在，唯一的影響是時空旅行時所創造出的*另一個*時空。所以，別擔心，你可以盡情讓許多蝴蝶同時振翅發生效應。

Q：可以與過去的我互動嗎？

A：可以，但奉勸不要。因為你很可能會發現，過去的自己並不如想像美好。請注意，即使 FC3000™ 能帶你前往人類歷史的任何一個時刻，許多客戶直覺的第一選擇就是去尋找過去的自己。我們衷心建議，FC3000™ 是為了讓你探索時間，更加了解人類的起源，以及我們與這個世界的可能性。至於選擇去造訪過去自己的人，意味著真心相信自己是地球上所有時代中最有意思的人。而根據上述定義，這樣的人只會有一個，因此不太可能就是你。我們衷心請你重新考慮。

Q：可以把樂透中獎號碼告訴過去的我嗎？

A：可以，只是中獎的會是另一個你，而不是現在的這個你。

Q：可以把樂透中獎號碼告訴過去的我，然後殺死那個我，以現在這個我取代，成為樂透得主嗎？

A：可以，只不過你也成了殺人犯，得自己想辦法跟那個時空的警方解釋。

Q：在過去當個有錢人，能讓我快樂嗎？

A：或許吧。

Q：如果不去找過去的自己，那要找誰？

A：整個人類歷史都攤開在你面前，等著你去探索和投入。也就是說，為了滿足客戶，「時間解方」公司合法授權委任製作了《時空旅行者有何選擇》系列小冊子，就放在 FC3000™ 駕駛座下方。內容不僅囊括了背景資訊和時空坐標，標定出我們精選的許多歷史時間點，也描述該時代的重要人物以及你必須要會的幾句話，好讓你在時空旅程中暢行無阻。其中廣受歡迎的冊子有《如何讓米開朗基羅、林布蘭和梵谷，免費為你繪製肖像》《在古希臘城邦聯軍對抗波斯帝國戰役中選邊站！》《住進羅阿諾克殖民地，看看會發生什麼事？》[1]《1001 個射殺希特勒

---

①編注：歷史懸案之一。16 世紀，決定定居於現在美國北卡羅萊納州羅阿諾克島的 116 位英國殖民者，一夕之間全部消失。

的怪異地點》。你可以遵照冊子中的指示，也歡迎隨時「脫稿演出」，選擇你想走的行程。

Q：倘若我每進行一次時空旅行，就會創造出一條新的時間軸，卻無從改變我原有時間軸上的事件，那麼時空旅行不就毫無意義了嗎？

A：要是回到過去就會改變我們原有的宇宙，那麼不管三七二十一就把時光機器租借給大眾使用，豈不是太不負責任？此外，進入另一個時間軸並非毫無意義。要記得，你在時空旅程中創造出的時間軸，跟我們原有的時間軸一模一樣，差別只在於多了你這個時空旅人。無論如何，這些新時間軸中的人與你在原有時間軸中認識的人一樣真實。

Q：等等。如果這是真的，難道沒有道德上的疑慮嗎？我想說的是，我們可以僅僅為了娛樂消遣，就去創造另一個現實世界嗎？一個跟我們這個宇宙一樣健全、人口也一樣多（精準來說，要多加一個來自未來的人！）的世界嗎？

A：我們的工作團隊中有幾位倫理學家。他們明確向我們保證，這完全不成問題。此外，請記住，另外創造出來的真實世界並不是只為了娛樂而存在，也能用於開採礦物和資源。

Q：萬一 FC3000™ 時光機出了問題該怎麼辦？

A：FC3000™ 是目前租賃市場上最可靠的機種。不過，只要牽涉到不穩定的蟲洞，也就是跨越不同時空，任何活動一定都有風險。如果您的 FC3000™ 發生嚴重故障，請參閱下頁的維修指南，那同時也是本書關鍵核心。

維修指南

FC3000™ 本機器不含可供使用者自行維修的零件。

FC3000™ 無法維修。

噢。

是的，這確實是問題。如果您正在閱讀本「維修指南」，意味著您再也無法回到未來了。對於 FC3000™ 故障而導致您目前的處境，我們深感抱歉。

請努力接受您再也無法回到朋友和家人身邊的事實。努力想想他們讓您討厭的地方，例如惱人的習慣或是怪味道，將會有所幫助。不要一直想著那些讓您想念的事物，例如便宜、便利、乾淨又安全的飲用水，或是最新上市的隨身音樂播放器。

現在，您已經接受自己困在過去的事實，而我們想要提出一項建議。既然永遠無法回到未來……

……*那麼就把未來帶到過去給您自己吧*。

請容我們解釋這個滿是刪節號的有趣句子吧。

接下來，本書內容包括：「一個未受過特殊訓練的人」要重新建造文明，所需要的所有科學、工程、數學、藝術、音樂、寫作、文化、事實和圖表知識。您或許會認為，現代文明是由好幾百萬個人類與原始人類以好幾百萬年建構而成的。確實如此，但那只是因為我們在一開始搞不清楚自己在做什麼，而且所有事物都得自行發明，而白白走了許多冤枉路。

但是，您可就不一樣了。您已經知道所有答案。

本書能讓您創造一個新世界，不但跟您原來的世界一樣，甚至更好。在這個世界中，人性走向成熟的過程更迅速也更有效率，不用再浪費 20 萬年在沒有語言的黑暗狀態中摸索（參見單元〈2〉），卻毫不曉得把岩石綁在繩子上就能開啟整個大航海時代（參見 10.12.2），也不再認為怪味乃是萬病之源（參見單元〈15〉）。

我們不會假定您受困於某個特定時期，也不假設您已經具備任何特定知識。您所需要的一切都要從頭開始建構，而這本書正是建造文明的完整小抄。

「時間解方」公司很高興能在無心插柳之下提供您重建文明的機會，祝一切順利。

如何使用這本指南

本書共有 17 單元，每單元都一樣有意思。我們建議您先從頭到尾讀一遍後，再閱讀有需要的章節。話雖如此，我想各位還是會直接翻到最感興趣的部分。如果您對於某項科技十分好奇，請參看附錄 A 的「技術之樹」，了解該科技的先決條件，接著排出這些發明的優先順序，才能儘速解開這項科技之謎。

警語：雖然讓您獨自困在過去，卻不提供製造所需科技、發明和化學物品的相關知識，這樣十分荒謬，但是這些科技、發明及特定化學物品，製造、儲存、吸入、觸摸，甚至只是放在自身附近，都十分危險。因此，基於法律規定，我們不得不告訴您，即使書中談到的都是重建文明之所需，但是除非您*真的*需要，而且能依法同意、認可並證實，您絕對不會在嘗試製造的過程中把自己炸上天，否則您不應該嘗試去製造任何危險東西，尤其是化學物品。

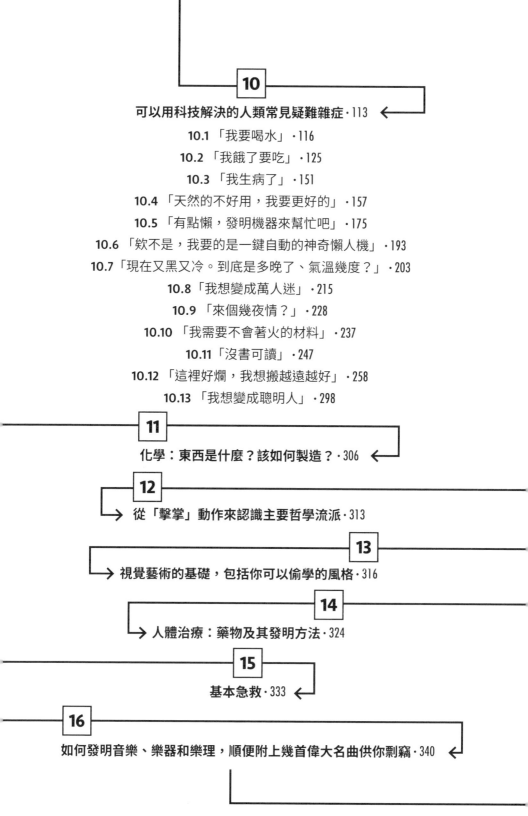

附錄

1

找出自己困在哪個時代：簡明好用的流程圖

或許有這麼一點點可能，您坐的這部 FC3000™ 發生嚴重故障，而且在法律上求償無門，結果來到了意料之外的時空。倘若發生此事，我們建議您先依據以下流程處理，在身處的時代中找到正確的方向。

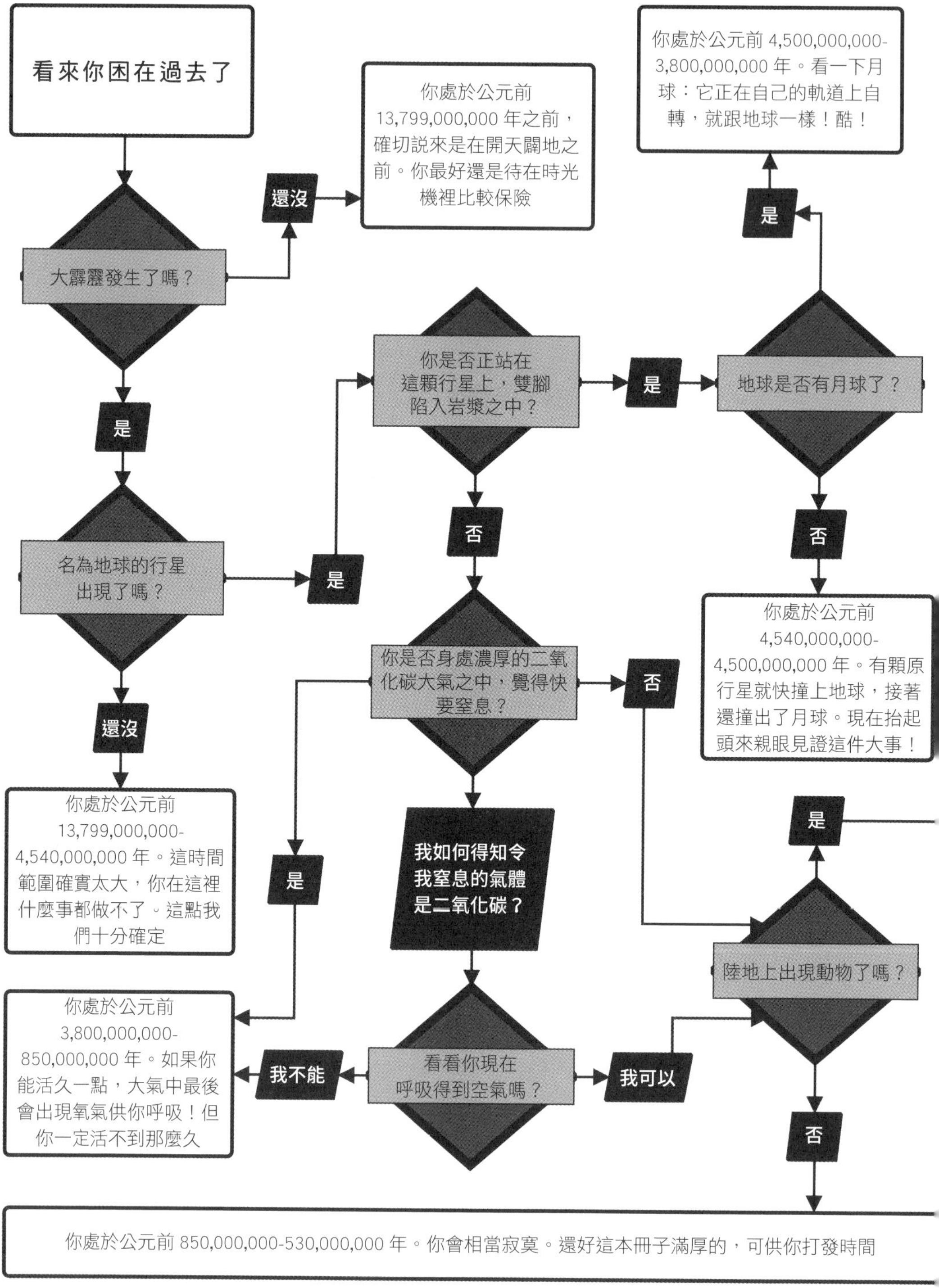
看來你困在過去了
大霹靂發生了嗎？
還沒
你處於公元前13,799,000,000年之前，確切說來是在開天闢地之前。你最好還是待在時光機裡比較保險
是
名為地球的行星出現了嗎？
還沒
你處於公元前13,799,000,000-4,540,000,000年。這時間範圍確實太大，你在這裡什麼事都做不了。這點我們十分確定
是
你是否正站在這顆行星上，雙腳陷入岩漿之中？
是
地球是否有月球了？
是
你處於公元前4,500,000,000-3,800,000,000年。看一下月球：它正在自己的軌道上自轉，就跟地球一樣！酷！
否
你處於公元前4,540,000,000-4,500,000,000年。有顆原行星就快撞上地球，接著還撞出了月球。現在抬起頭來親眼見證這件大事！
否
你是否身處濃厚的二氧化碳大氣之中，覺得快要窒息？
是
你處於公元前3,800,000,000-850,000,000年。如果你能活久一點，大氣中最後會出現氧氣供你呼吸！但你一定活不到那麼久
我如何得知令我窒息的氣體是二氧化碳？
看看你現在呼吸得到空氣嗎？
我不能
我可以
否
陸地上出現動物了嗎？
是
否
你處於公元前850,000,000-530,000,000年。你會相當寂寞。還好這本冊子滿厚的，可供你打發時間

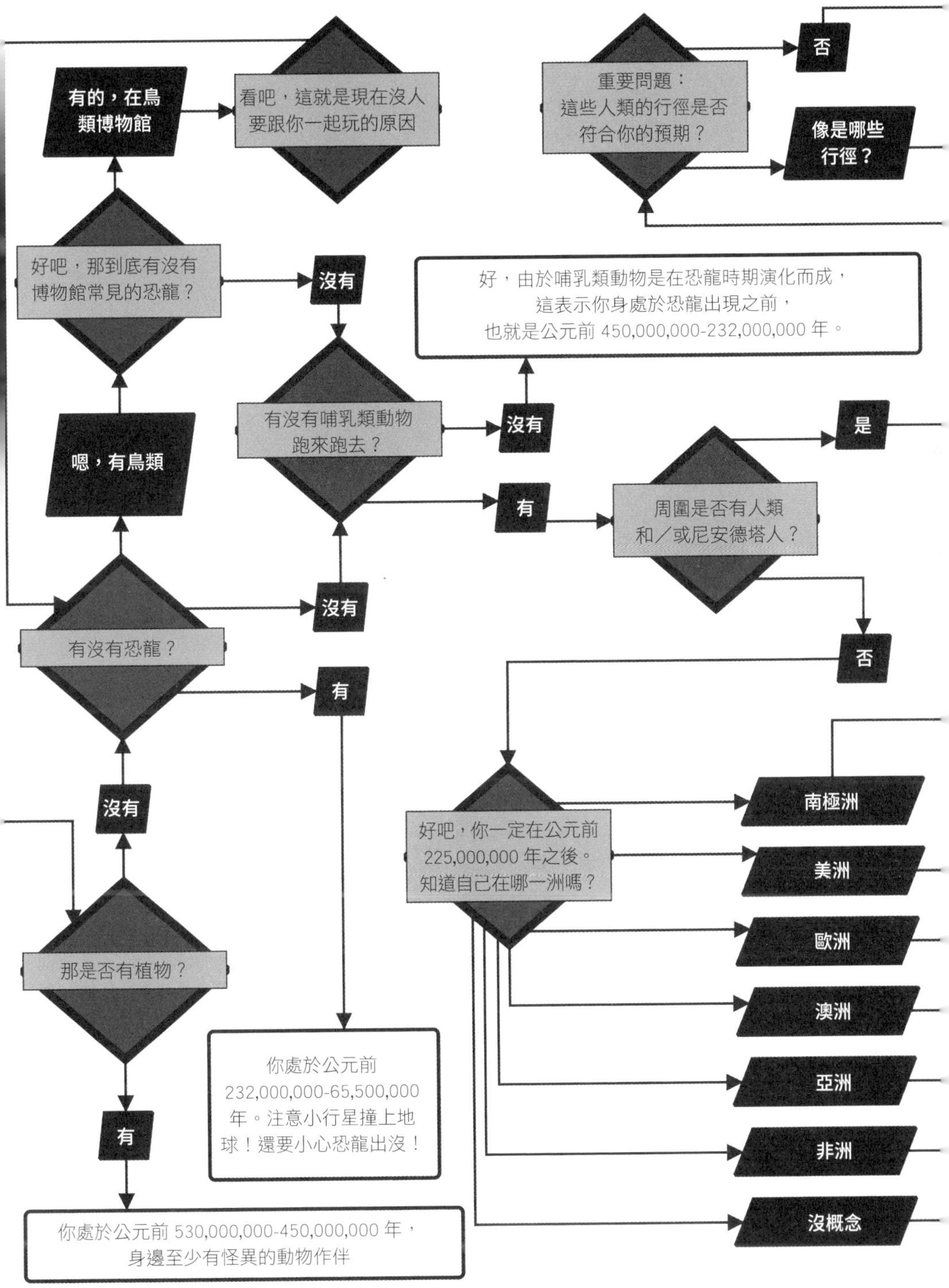
有的，在鳥類博物館
看吧，這就是現在沒人要跟你一起玩的原因
重要問題：這些人類的行徑是否符合你的預期？
否
像是哪些行徑？
好吧，那到底有沒有博物館常見的恐龍？
沒有
好，由於哺乳類動物是在恐龍時期演化而成，這表示你身處於恐龍出現之前，也就是公元前 450,000,000-232,000,000 年。
有沒有哺乳類動物跑來跑去？
沒有
是
嗯，有鳥類
有
周圍是否有人類和／或尼安德塔人？
沒有
有沒有恐龍？
否
有
沒有
好吧，你一定在公元前 225,000,000 年之後。知道自己在哪一洲嗎？
南極洲
美洲
歐洲
澳洲
亞洲
非洲
沒概念
那是否有植物？
你處於公元前 232,000,000-65,500,000 年。注意小行星撞上地球！還要小心恐龍出沒！
有
你處於公元前 530,000,000-450,000,000 年，身邊至少有怪異的動物作伴

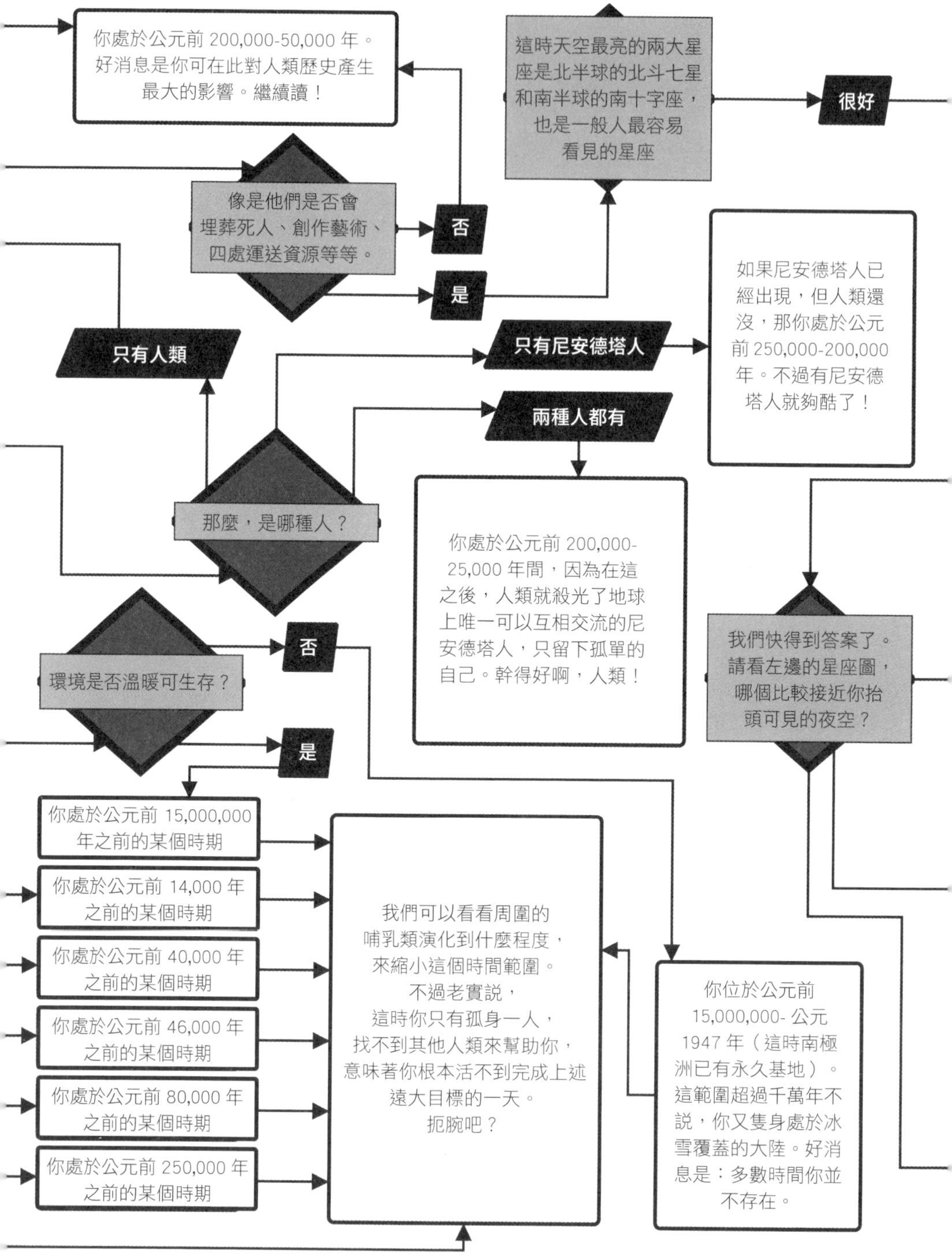
你處於公元前 200,000-50,000 年。好消息是你可在此對人類歷史產生最大的影響。繼續讀！
這時天空最亮的兩大星座是北半球的北斗七星和南半球的南十字座，也是一般人最容易看見的星座
很好
像是他們是否會埋葬死人、創作藝術、四處運送資源等等。
否
是
如果尼安德塔人已經出現，但人類還沒，那你處於公元前 250,000-200,000 年。不過有尼安德塔人就夠酷了！
只有人類
只有尼安德塔人
兩種人都有
那麼，是哪種人？
你處於公元前 200,000-25,000 年間，因為在這之後，人類就殺光了地球上唯一可以互相交流的尼安德塔人，只留下孤單的自己。幹得好啊，人類！
我們快得到答案了。請看左邊的星座圖，哪個比較接近你抬頭可見的夜空？
環境是否溫暖可生存？
否
是
你處於公元前 15,000,000 年之前的某個時期
你處於公元前 14,000 年之前的某個時期
你處於公元前 40,000 年之前的某個時期
你處於公元前 46,000 年之前的某個時期
你處於公元前 80,000 年之前的某個時期
你處於公元前 250,000 年之前的某個時期
我們可以看看周圍的哺乳類演化到什麼程度，來縮小這個時間範圍。不過老實說，這時你只有孤身一人，找不到其他人類來幫助你，意味著你根本活不到完成上述遠大目標的一天。扼腕吧？
你位於公元前 15,000,000- 公元 1947 年（這時南極洲已有永久基地）。這範圍超過千萬年不說，你又隻身處於冰雪覆蓋的大陸。好消息是：多數時間你並不存在。

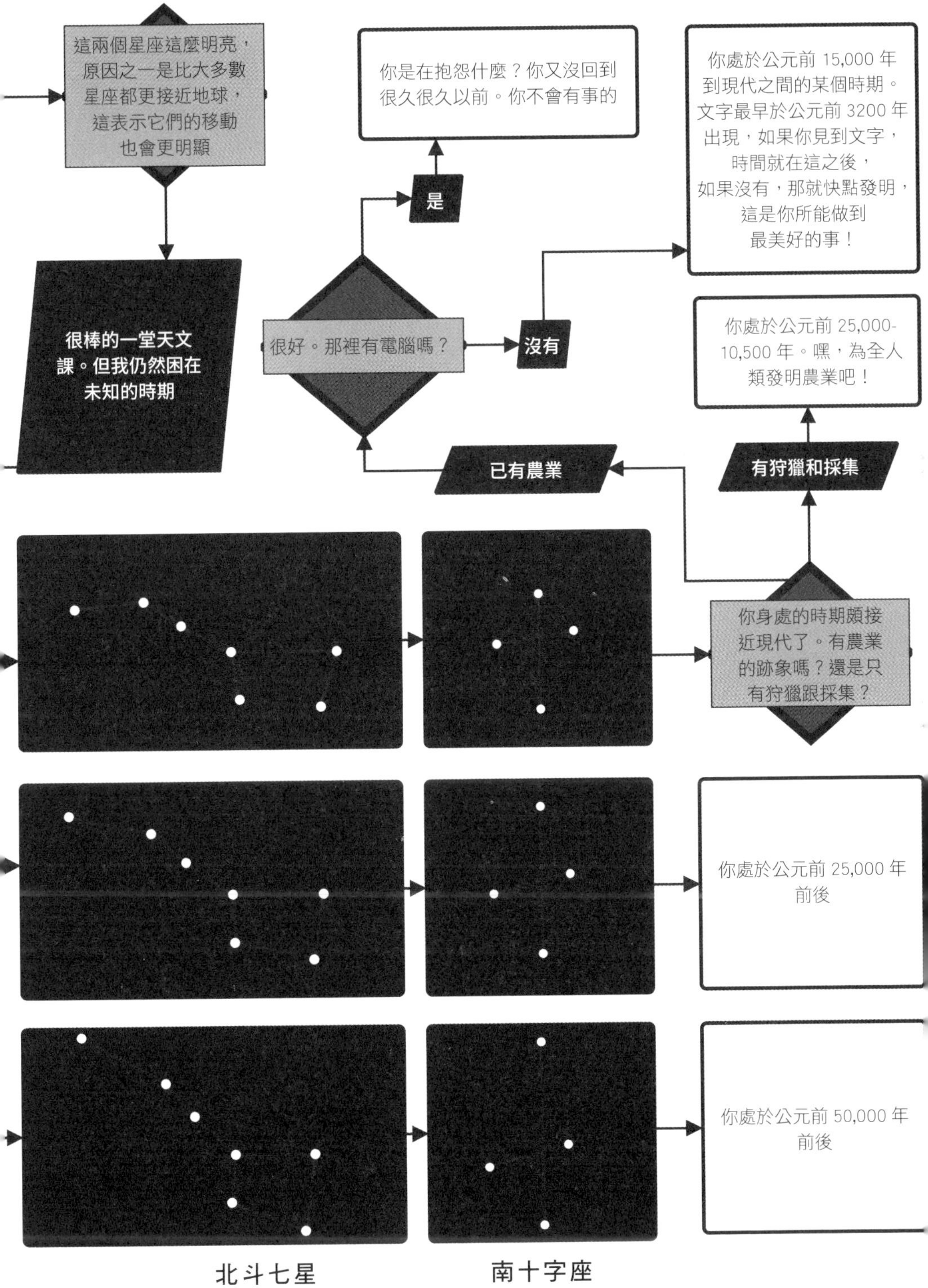
這兩個星座這麼明亮，原因之一是比大多數星座都更接近地球，這表示它們的移動也會更明顯
很棒的一堂天文課。但我仍然困在未知的時期
你是在抱怨什麼？你又沒回到很久很久以前。你不會有事的
是
很好。那裡有電腦嗎？
沒有
你處於公元前 15,000 年到現代之間的某個時期。文字最早於公元前 3200 年出現，如果你見到文字，時間就在這之後，如果沒有，那就快點發明，這是你所能做到最美好的事！
你處於公元前 25,000-10,500 年。嘿，為全人類發明農業吧！
已有農業
有狩獵和採集
你身處的時期頗接近現代了。有農業的跡象嗎？還是只有狩獵跟採集？
你處於公元前 25,000 年前後
你處於公元前 50,000 年前後
北斗七星
南十字座

2

特別注意：如果你困在公元前 20 萬 -5 萬年間，發覺「這裡的人好瘋，我死定了」

好消息！你可以成為歷史上最有影響力的人！

正如你在上一單元仔細研究過的流程圖，人類約在公元前 20 萬年開始演化。[1]我們稱當時的人為「解剖學意義上的現代人」（晚期智人）①，這標誌著與我們現代人擁有相同骨骼的人類首度出現了。你可以做個實驗，把你的骨骼放在 20 萬年前晚期智人的骨骼旁邊，你會發現兩者無法區分。

雖然我們不會做這樣的實驗，但我們有能力做。

令人著迷的是，儘管現代人類的身體在當時已經成形，這期間卻沒有真正發生改變。超過 15 萬年的漫長時間中，這些人的舉止與其他原始人類的物種幾乎相同。然後，在公元前 5 萬年左右，發生了一件事：這些解剖學意義上的現代人，行為舉止突然跟我們一

①編注：anatomically modern humans 具有現代人（距今 1 萬年內）的身體特徵，會製造磨光的石器和骨器，已知用火。

樣。他們開始捕魚、創作藝術、埋葬死人、裝飾遺體，還開始進行抽象思考。

最重要的是，他們開始交談了。

語言的技術可說是人類給自己最好的禮物了（語言的確是技術，必須有人發明，而人類花了 10 萬年才做到）。你可以不經語言進行思考（閉上雙眼，想像一頂非常酷的帽子……嗯，對，你一秒完成了），但沒有語言會限制思考的內容。要想像酷帽子很容易，但是如果是這句話「從明天起算的三週之後，請你同父異母的大姊到去年萬聖節我們丟雞蛋的第一棟房子東邊兩個街區外的東南角與我碰面」，若缺乏具體的字詞來表達，是很難說清楚的，畢竟裡面牽涉到時間、地點、數字、關係，以及古怪節日的概念。[1] 如果你想盡辦法要表達複雜的思緒，即使只是在腦中想，顯然你都無法經常這麼做，甚至根本做不到。

語言給予我們想像的能力，可以擁有更好、更偉大、更能改變世界的想法，而最重要的是，讓我們得以保留想法——不只留在自己的腦中，也能留在其他人的心中。有了語言，資訊可以用音速傳播；若你用的是手語，就是以光速傳播了。分享想法能形成社群，而社群是文化和文明的基礎，因此我們可以得到第一個文明廢知識：

文明廢知識：語言是傳播所有事物的技術，
而你早已無償取得。

---

❶ 這還算是*簡單*的例子，畢竟要處理姊妹和蛋洗屋子這種具體事物，確實無需語言的幫助就能想像出來。然而當你要表達更抽象的句子，如「想像總體的誘惑，在面對符號鏈中加速的慾望辯證（dialectic of desire），也只能暫時凍結」(Fred Botting, *Making Monstrous: Frankenstein, Criticism, Theory*, 1991 CE)，若不經由語言，要交流這些想法幾乎是不可能的。

人類在公元前 20 萬年首度現身，公元前 5 萬年開始交談。這長達 15 萬年的時間，就是你為歷史做出獨一無二偉大貢獻的時候了。[2]如果人類一演化成解剖學意義上的現代人，你就幫助他們表現得像現代人（也就是說，教會他們交談），那麼，你就能讓這個星球的人類文明大幅提前 15 萬年。

這可能很值得做。

我們聽過這樣的說法：解剖學意義上的現代人之所以開始具有現代人的行為舉止，是因為我們的大腦發生某種生理變化。也許是某個人出現隨機的基因變異，突然發現自己能以動物未曾使用的方式進行溝通，進而讓人類擁有嶄新的能力來表達抽象思想。然而，歷史紀錄並不支持這種大躍進式的演化思維。與行為現代性最相關的事物（如藝術、音樂、巧妙的工具、埋葬、讓自己看起來更酷的裝飾、人體彩繪等），全都出現在約公元前 5 萬年的突破性發展之前。只不過這些事物都零星出現在各地，然後就消失了。一如修辭長期以來所展現的神奇魔法*自始至終*都在我們內心，語言能力也一直深藏於人類之內，我們只需要釋放出來就好。[3]

來到這個時代，你面臨的獨特挑戰是，當口語對他們來說可能還是全新的概念，你要如何教授語言。重要的是要記住，你遇到的人可能大都不會使用語言，但他們仍然會通過發出聲響和身體語言來溝通。你該做的就是把這些聲響推進到字詞。別擔心，擁有「假設子句」和「未完成未來式」（指文法上的意義，而不是時空旅行上的意義）的複雜語言並非必要，你可以使用現成的簡化版語言，也就是「洋涇濱英語」。同時，如果你只專心教孩子，成果也會比較好。年紀越大，學習語言就越困難，一旦過了青春期，想要講一口流利外語幾乎不可能，至少難度極高。

文明廢知識：大約 6 個月後，嬰兒會開始注意周圍的語言所使用的聲音，所以如果你要無中生有創造一種新語言，請融合嬰兒從父母那裡聽到的任何聲響，這樣會更容易成功。

請記得：演化的進展相當緩慢，即便是 20 萬年前，你所遇到的人類都跟你一模一樣——生物學層面上的一模一樣。他們只是需要有人教導。

而你就是老師。

你會被當成神來緬懷。

3

重建文明的 五大必備基礎技術

不不不，不是「超棒電腦」× 5 這麼簡單

重建文明需要五項技術，每一項都是資訊型。一旦你對這些技術有所了解，剩下的就水到渠成了。因為這些技術都是概念，不是實際物體，而且彈性極大，也就是說，這些技術是純然的觀念或想法，只要你的文明能存續下去（至少有幾本書流傳下來，參見 10.11.2），就不會崩毀。

接著要介紹的五項技術，不先了解背後的概念是發明不出來的。說來慚愧，這些概念都花了人類很長、很長的時間才想出來。

請仔細檢視這張令人無地自容的表格。

表 1　這張表任誰看了都會羞愧萬分

技術	最早發明的年代	該發明卻未發明的年代	輕輕鬆鬆就該發明卻一事無成的時間	一事無成的期間，羅馬帝國可興起又衰亡的次數（以羅馬帝國興衰 500 年為單位）
口頭語	公元前 50,000 年	公元前 200,000 年	150,000 年	300
書寫語	公元前 3200 年	公元前 200,000 年	196,800 年	393
好用數字	公元 650 年	公元前 200,000 年	200,650 年	401
科學方法	公元 1637 年	公元前 200,000 年	201,637 年	403
有多餘熱量可儲存	公元 10,500 年	公元前 200,000 年	189,500 年	379

既然這些技術是文明不可或缺的基石，我們現在就來逐一檢視。

3.1 口頭語

聆聽腦中的聲音

在口頭語[1]出現之前，人類透過呼叫與身體語言來溝通，以達成下列目的：

- 吸引他人注意。
- 以聲響或手勢來表達「害怕」、「憤怒」等情緒。
- 哭號。

不幸的是，這種表達方式很容易引起誤解。舉例來說，嬰兒（眾所周知的前語言時期生物）就是以難懂而惡名昭彰。嬰兒可以用哭來表達「我難過」、「我餓了」、「我累了」、「我沮喪」等多種情緒。我們只能依次給嬰兒不同東西、直到滿足他們的需求為止（短期解決方案），或是在接下來幾年逐步教他們一種語言（長期解決方案），等到有一天終於可以直接問他們：「嘿，你四個月大的時候到底在哭什麼？」

我們可以靠口頭語達成下列目的：

- 吸引他人注意。

---

[1] 為了簡便起見，這裡只提及口頭語，但其實還有手語，表達效果跟口頭語不相上下。有趣的是，在我們歷史中，所有手語都必須以口頭語為基礎來發展，你大可在你的世界中隨心所欲改變這項事實。

- 發出聲響或做手勢精確表達細微情緒，如「害怕自己有一天被困在遙遠的過去」或「因為現在被困在遙遠的過去而異常憤怒」。
- 哭號（邊哭邊講）。
- 讓想法不至於隨著主人死去而灰飛湮滅。
- 設想出沒有語言就無從表達的複雜想法。
- 傳遞複雜的情感，合理相信自身意圖被誤解、扭曲或抹滅的機率已降到最小。

我們傾向於認為語言是自然而然產生的東西，屬於這個宇宙的一部分並為我們所用。但其實不是。語言是我們建構出來的，而且具有任意性。[1] 然而，由於發音、字詞的順序，以及字詞彼此互動和改變的方式都由你來決定，有些重複出現的語言模式倒是可以記一下。

地球上的每種自然語言中都有所謂的「語言通則」，這些模式並沒有強制性，畢竟人們可以也已經建構出不應用這些模式的人工語言，但這些模式能讓人們更易於使用你的新語言。請將下表牢記在心。

---

[1] 下列例子顯示人類語言有多麼任意。「cat」（貓）這個英文字的聲音和字母其實與貓沒有任何關係。有些字詞是任意選定的，在與英語沒有關連的語言中，「貓」這個字更是相差十萬八千里：印尼語是 kucing，羅馬尼亞語是 pisică，土耳其語是 kedi，匈牙利語是 macska，菲律賓語是 pusa，馬拉加斯語是 saka。與此相反，有些字詞通常是「刻意」模仿聲音而造出來的，所以英語和菲律賓語的貓叫都是 meow（「喵」），而印尼語的 meong、羅馬尼亞語的 miau、匈牙利語的 miaú、土耳其語的 miyav，以及馬拉加斯語的 meo 也非常相似。顯而易見，父母對小孩講的兒語（如馬麻、把拔、達達），則是（a）非常接近所有嬰兒牙牙學語的聲音，即使聽障嬰孩也是如此，（b）由嬰兒特別容易發出的聲音組成，（c）即使在沒有關連的語言中也有明顯相似性。有一件事能跨越時間與空間，讓大多數父母團結起來，那就是他們都醉心於搞懂寶寶所說的第一個「字」。

表 2　困在過去有個好處，就是你終於可以擺脫查德了。

普遍特性	對於該特性的描述	使用範例	反烏托邦世界不存在這項特性，看看那有多絕望
代名詞存在於所有自然語言之中	代名詞能讓我們指稱某樣事物，而不必重複講述該事物的名稱。	*我租了這部 FC3000™ 時光機。它很可靠，一如它的設計很精良。我很樂意無條件將它推薦給大家。*	*我租了這部 FC3000™ 時光機。FC3000™ 時光機很可靠，一如 FC3000™ 時光機的設計很精良。我很樂意無條件將 FC3000™ 時光機推薦給大家。*
不會發出「thbbbth」這種聲響。	口頭語以身體可以發出的聲音為基礎，但是沒有自然語言會使用「舌頭放在雙唇之間大力噴氣」所發出的 thbbbth 顫音。	*要活，還是不要活。這是個問題。*	*要 thbbbth，還是不要 thbbbth。這是個問 thbbbth。*
如果該語言有專指「腳」的詞彙，就會有專指「手」的詞彙；如果有專指「腳趾」的詞彙，就會有專指「手指」的詞彙。	對大多數人來說，手比腳更有用，因此如果我們已發展到為人身體各部位命名，並且有餘裕為腳命名，那麼我們一定早已為手命名了。	*我有十根腳趾和十根手指。是的，查德，我知道嚴格來說我只有八根手指。查德，是，我知道大拇指不算手指。這點大家都知道，我只是……查德、查德、查德在嗎，聽我說！……你看，查德，這就是為什麼我不再跟你一起出去了。*	*我有十根腳趾、十根……呃，特別能彎曲的上腳趾？是，查德，我知道那兩根特別能彎曲的上腳趾可以扣住其他四指，因此必須自成一類。查德，聽我說。查德，查德！我正盡力用我所知的詞彙來說明了。查德。*
所有語言都有母音。	母音必須張開嘴唇張開來發音，而且經常是音節的核心。舉例來說，「cat」（貓）就以「a」為母音，「c」和「t」為子音。沒有母音是很難說話的。	*查德，我們可不可以聊其他話題？其他什麼都好，拜託了。*	*Thhhbbbttth*

普遍特性	對於該特性的描述	使用範例	反烏托邦世界不存在這項特性，看看那有多絕望
所有語言都有動詞。	動詞是表示動作的詞彙，讓我們得以講述其他東西所發生的事。既然地球上發生的事情不少，多記幾個動詞總會派上用場。	*動作敏捷的棕色狐狸跳過可靠的 FC3000™ 時光機，無條件樂意推薦這部機器。*	*動作敏捷的棕色狐狸。可靠的 FC3000™ 時光機。無條件樂意。*
所有語言都有名詞。	名詞就是人物、地點或事物，是這個世界上的物件或想法。既然地球上的事物很多，多記幾個名詞一樣很有用。	*動作敏捷的棕色狐狸跳過可靠的 FC3000™ 時光機，無條件樂意推薦這部機器。*	*動作敏捷。跳過。可靠。樂意推薦。*

想用哪種語言來建造你的文明，都是你個人的偏好，沒有對錯可言。既然你能選擇用來建造文明的語言，表示你也有機會「修正」這些語言。不喜歡英語的代名詞系統？厭煩法語堅持要給每樣東西安上一個*想像的*性別？你的機會來了，可以一次修正到位。

口頭語解決了許多問題，缺點不多，而且是你早就掌握的技術。然而，口頭語仍然有個巨大弱點，那就是必須依靠人類來傳遞訊息。如果某一群人同時死亡，他們的思想觀念也會一起消失。關於這點，你可以做得更好。

而且現在就可以著手進行了。

3.2 書寫語

此後我們就整天擔心寫錯字了

口頭語雖然好，但限制也大。它將思想從原始宿主的大腦釋放出來，但在傳遞上卻受限於說者移動、喊叫或邊喊邊移動的範圍。關鍵在於，思想的存活仰賴人類代代相傳，這樣的相傳一旦中斷，所有埋藏在語言中的訊息就會永遠消失。

書寫解決了這個問題，使思想變得有韌性且更強大，能超越人類脆弱的身體，不會隨著軀體的衰亡而消逝。書寫語讓思想得以恆常不變地保存下去，不受記憶變化和歷史修訂的影響。它讓思想得以傳播，觸及更多人，不必再受限於口耳相傳。書寫不僅讓思想在原始宿主、聽過的人都去世之後繼續存在，就算會說*某種語言*的人全滅絕了，也能存續下去。埃及象形文字的破譯就是最偉大的例子。最令人驚奇的是，書寫能將資訊傳送到世界各地，而且遭遇的困難與花費都比運送穀物來得少，因為書本毀壞的速度沒有穀物快。然而，儘管書寫語具備強大優勢，人類至今在地球上存在的大部分時間（超過 98%）還是在沒有書寫語的情況下跌跌撞撞前進。

一如口頭語，選擇哪種書寫語作為新建文明的基礎，並不特別重要。不過我們建議你不要選擇本書所用的語言（假設你能講多國語言或充滿雄心壯志），以免不小心讓他人看懂本書。這點或許值得你審慎考慮，尤其以你目前的處境，本書絕對能成為這顆星球上最寶貴也最危險的東西。

書寫背後的意義其實很簡單，就是把無形的聲響轉化成有形的形狀。即便如此，書寫語的發明，對人類來說仍是最困難的事，綜觀整個人類歷史也只發生過兩次：

- 約公元前 3200 年的埃及和蘇美文明
- 公元前 900-600 年的美索不達米亞文明

書寫也出現在其他地方，像是公元前 1200 年的中國，但其實這是埃及文化入侵中國所致。[4]同樣的，埃及和蘇美文字外形截然不同，發展的時間卻十分接近，而且造成許多相同的影響。某種文明才剛萌生書寫的想法，另一個文明就發明了文字，或許就是因為目睹了文字原來是這麼好用！

發明書寫的年代，或許還有這兩個時期：約公元前 2600 年的印度，以及公元 1200-1864 年的復活節島。（會說「或許」，是因為這仍是懸而未決的歷史之謎，而平安抵達謎般的時空，就能輕易確認真相。但基於某些原因，大多數的時空旅人都比較想要「體驗人類經驗有多麼浩瀚深邃」，對於「操縱行程去進行短期親眼觀察，以澄清語言學上塵埃未定的爭辯，並發表通過同儕審核的研究」則是興趣缺缺。）

較老的象形文字「印度河文字」從未破譯。大多數以印度河文字書寫的訊息都很短（大約只有五個字元），因此並不被當成真正的語言，而是較簡單的象形符號和表意符號。何謂象形符號和表意符號？很高興你問了這個問題：

- 象形符號是以圖像來代表某項事物。例如，火的圖像代表「火」。同樣道理，你購買的最新市售可攜式音樂播放器上的「信封」小圖標，代表的就是「電子郵件」。當象形符號用於原型書寫時，可以作為記憶輔助工具來記住事件或故事，也可以單純作為裝飾。

- 表意符號是思想觀念的總合，由單一圖像來表示：水滴的圖像可以表示下雨，但也可表示眼淚或悲傷。太陽眼鏡的圖像除了代表好看的太陽眼鏡，也可以代表陽光、時尚或流行。桃子形狀的圖像看起來像臀部，因此可以代表桃子、臀部，或人類可用桃子或臀部來進行的任何活動。

要注意的是，象形符號跟表意符號都不是語言，因為符號與所代表的意義並非一對一的對應關係。象形符號和表意符號需要的是詮釋，而非閱讀。例如以下圖像：

圖 4　非常引人注目的敘述

這些圖像可以有好幾種解釋。如果你知道他們想說什麼故事，這些圖像可以幫助你想起故事內容。但如果你不知道故事，就得進行諸多假設。或許這是一個超酷女性在吃桃子的故事，也可能是一個平凡女生在吃超酷桃的故事。

但如果故事是這樣呢？辛西亞揮著手，她的頭髮在溫暖的海風中飄揚，而在她的太陽眼鏡中，我看到了一個可怕巨桃的影像在說著：「這是我的身體，但有些可恨的科學家卻因為被我超過車，而把我的身體永遠變形了。」這段陳述的意義更明確清晰。

任何語言都有歧義[1]，但非表意符號語言擁有比其他語言更特定而明確的意義。

復活節島的象形文字「朗格朗格」（Rongorongo）也尚未破譯。朗格朗格是是由動物、植物、人類等形體的風格化圖像所構成。使用這種文字的是住在復活節島上的拉帕努伊人，朗格朗格長這樣：

圖 5　可能是語言，可能是很酷的圖像，也可能⋯⋯兩者都是？

如果可以證明拉帕努伊人就是在這裡自行發明出這套書寫符號，將是人類歷史上第三次的偉大文字成就。

[1] 邏輯語（Lojban）這種語言可能是例外。邏輯語是一種人工語言（constructed language，又稱人造語言），只允許句法明確、毫無歧意的句子。在中文句子中，你可以說「我想要像喬伊一樣開趴」，但這句話有兩種解讀：可以是你想像喬伊那樣舉辦派對，也可以是你跟喬伊一樣很想參加派對。而邏輯語基本上是把語句變成不符合現行文法的句子，迫使說話者清楚明確表示出主詞是誰，對象為何，在什麼時間，基於什麼原因，透過什麼方式，做出了什麼事。

不過，朗格朗格也有可能是在歐洲人來到復活節島之後才發明出來的。西班牙在公元 1770 年強占這座島，並誘使拉帕努伊人簽下協定。書寫的*概念*有可能因此傳入，並很快形成朗格朗格語。

不過這件事背後有段黑歷史：早期來到復活節島的人知道閱讀和寫作是統治精英中的少數特權分子的專用技藝。如果說拉帕努伊人真的用朗格朗格文來書寫，如果他們確實做到了這個在人類歷史上*只發生過兩次*的創舉，把不可見的思想轉化為可見的形體，他們也忘得一乾二淨了。在一百年之內，復活節島在歐洲疾病、悲慘劫奴行動、天花疫情、毀林、文化崩解等衝擊之下，人口從數千人銳減到 200 人，而倖存者從未學過也不會閱讀島嶼特有的文字。單詞和字句退化為無意義的形狀和曲線，變成倖存者無法了解的文化傳統。

這段史實應該會嚇到你。人類是要為書寫付出代價的，而且書寫就跟所有技術一樣，有可能消失不見。

我們建議，儘快在你的文明之中建立書寫系統。

3.3 好用的數字

因為大家都希望自己的文明能……被記上一筆

人類歷史中關於數字的故事，可說是由無數[1]錯失的良機以及不必要的拖延所組成。書寫數字最早在公元前四萬年出現，比書寫語早了至少三萬多年，而且只是單純的劃記：一劃代表一記。模樣如下：

圖 6　劃記

數字小的話很好用。但如果數字很大，就很難處理了。來數數看下圖數字是多少？

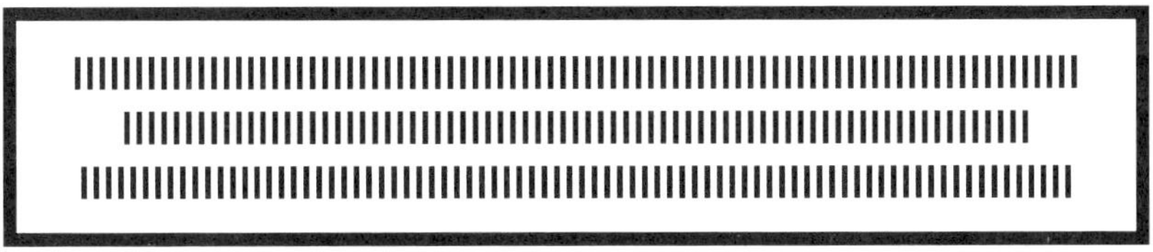

圖 7　真是太多劃了

---

❶ 這裡無意使用雙關語，*但歡迎對號入座*。

答案是：「沒差，因為沒有人會閒到真的去數。別鬧了，*我們可是認真要在過去重新創建文明的人*。」正因如此，劃記被認定為「難用的數字」。歷史上還出現過其他難用的數字系統，不過我們沒打算浪費時間討論，現在直接快轉到結論吧。

你的文明要：(a) 使用印度／阿拉伯數字 ，(b) 並採進位制 ，(c) 且以 10 來進位。以下分別解釋其意義，以及這有多好用：

(a)印度／阿拉伯數字：這就是你所熟悉的數字：0、1、2、3、4、5、6、7、8、9。只要你想要，你也可以為每個數字創造出不同的外形，完全隨你的意。現在，發明這套數字系統的是你，而非印度和阿拉伯人，所以你可以稱之為「（你的大名）數字」。

(b)採進位制（又稱進位計數法或位值計數法）：數的數值，由每個位數（digit）的位置來決定。例如 4023 就是「4 個千、0 個百、2 個十，和 3 個一」。是不是很熟悉？因為你從小就熟知數的進位！大家都愛用進位法，因為它不僅支配了我們的計算規則，用來表達數字也靈活、有效率。❶

---

❶ 什麼是沒效率的數字系統？例如羅馬數字，這種數字讓一大部分人類虛耗了好幾千年的時間在這上面，而且時至今日也還有較少部分的人類繼續耗在上面。羅馬數字系統並不採用進位制，而是讓你一再地加總數字，就跟我們開始看到的劃記系統一樣。只不過這裡不是一次加一個筆劃 (|)，而是一次一整批，而每一批都代表不同數量：I 代表 1，V 代表 5，V 代表 10，L 代表 50，等等之類。你只需要把這些基本的數組合（有時加，有時減）起來，就可以表達出你要的數：2 就是 II（也就是 1+1），3 就是 III（也就是 1+1+1），4 就是 IV（也就是 5-1，只要較小的數字擺在較大數字之前，就是減法）。因此，像 LXXXIX 就是 50 + 10 + 10 + 10 + (10 – 1)，也就是 89。羅馬數字中，數的長度跟數值沒有對應關係，而是需要你在腦中進行數學計算，來得出數值。我們現在應該立即停止談論羅馬數字了，這種數字目前的唯一用處是：讓鐘面比較好看，或是放在你名字後面，以防你父母無暇特別為你想新的名字而沿用他們大名時可以有所區別。不說了。

(c) 以 10 來進位：我們採用的是十進位制，意味著任何一個位數都會跟相鄰的位數差 10 倍。當數字由左往右移動，每移動一個位置，數值就會小 10 倍；從右往左移動的話，數字每移動一位，數值就會大 10 倍。再用 4023 為例來示範：

表 3　我們有 4023 個理由來好好研究這張表。沒有啦，開玩笑的，其實沒有這麼多。不過你還是可以快速看過，知道一下數字是如何構成的。

1000 個 (= 100 × 10)	100 個 (=10 × 10)	10 個 (=1 × 10)	1 個
4	0	2	3

有趣之處在於，你其實可以用任何數字來建立進位系統。10 進位制在整個人類歷史和文化中最為常見（或許是因為每個人平均有 10 根手指頭），不過人類還嘗試過很多種進位制。巴比倫人使用 60 進位法（這種進位至今仍影響著人類，像是一小時有 60 分鐘，一圈等於 360 度（參見單元〈4〉）。而電腦則以二進位來計算。在二進位系統中，每一個位數只跟旁邊的位數差 2 倍，不像十進位系統是差 10 倍。

表 4　以 2 為基底的數字或二進位制。你有 1011 個充分的理由來研究這個表。是的，我們有發現這裡的理由明顯少於上一個表。

8 個 (= 4 × 2)	4 個 (= 2 × 2)	2 個 (= 1 × 2)	1 個
1	0	1	1

因此，在二進位中，1011 代表 8+2+1，也就是 11。或許你已經猜到，同樣序列的數字在不同的進位制中可以代表不同數。如果不說是二進位，你或許就會以十進位來理解「1011」，認為是「一千加十一」。如果是五進位，那這個數就是代表 131；如果是七進位，就代表 351；如果是三十一進位，就代表 29823。在其他時間軸的實驗顯示，以 31 這種怪數字來進位一點都不理想。不過，既然你都困在過去了，*我們也阻止不了你*。

現在，我們已大致知道如何寫出方便的數字了，但數字史背後的實情令人沮喪：數字系統中的其他部分，包括我們目前視為理所當然的所有特性，又耗費了人類四萬年。其中光是發明分數這種我們現在甚至會拿來教導小小孩的基本觀念，就耗掉了大部分時間。因為如此，下面這張描述數字系統特性的表，可說是有史以來最省時的表格，快加進你的數字系統吧。

表 5　現代智人（Homo sapiens sapiens）是自認為很有智慧的物種，聰明到必須在拉丁文學名中放上兩個「sapiens」（智），而他們花了四萬多年才想出以下這張表。

特性	例子	好處	使用原因	最早發明的年代（大約就好）
書寫數字	|||||	• 不需要在腦中牢記所有數字	• 因為大腦空間有限 • 很難在腦中進行長除法。	公元前 40,000 年
抽象數字	5	• 把數字想成抽象概念（例如「一」和「五」），而不限於計算真正存在的事物（例如「一隻綿羊」和「五隻山羊」）。 • 讓數字獨立於所要計數的事物之外，能讓你進入抽象數字思考的新境界，而不是只是回想有幾隻綿羊或山羊。	• 想要在數字上創新，就得要有純粹抽象的數字，如無理數和虛數。這兩種數的名稱並非巧合，不但聽起來很神，還非常實用。	公元前 3,100 年
分數	1/2	• 用來表示非整數（如 1、2、3）的數字 • 可說明事物的組成部分	• 要是你擁有 4 顆蘋果，而查德吃掉了 3 顆半，你就可以說：「欸，查德，你欠我 3 顆半蘋果。」這時他就無法用「根據我們對數字用法的理解，你根本在胡言亂語」這種理由來搪塞。	公元前 1,000 年

特性	例子	好處	使用原因	最早發明的年代（大約就好）
有理數	0.5	• 用來表示非整數的數字，而且不必跟分數纏鬥。 • 每個分數都可以轉換成有理數，反之亦然。	• 201/100 和 3 個 1/2 相加會算得很痛苦，但改成 2.01+1.50 就輕而易舉了。你看，這不是算出來了嗎？答案是 3.51。小意思。	公元前 1,000 年
無理數	$\sqrt{2}$、π（pi）	• 可以用很接近有理數的方式來表示，只不過無理數永遠停不下來，也不會重複。	• 無理數的數字有無限多個，如果有套數字系統可以讓我們處理這種數字，免得寫到爆，確實不錯。 • 還有宇宙基本常數圓周率 π 在建造東西時會不斷用到，所以無理數也很實用！	公元前 800 年
質數	2、3、5、7、982451653，以及所有大於 1 且只能被 1 和自身整除的數字	• 質數可是發明密碼學金鑰的重要基石，而且非常實用。人們至此才真正體會到純數學研究之美。	• 質數有無限多個，但是你得一一檢驗才有辦法得知下一個質數。由於這種特性，質數成為宇宙中唯一用之不竭的自然資源！難道你會不想要這種自然資源嗎？ • 當然要囉。	公元前 300 年
負數	-5	• 以此構想出另一半的數字系統，這樣你的數字就不會只停留在 1 了。 • 可以用單一數字來處理兩種相反的概念，例如熱和冷、收入和支出、擴張和收縮、加速和減速等等。	• 單一數字就可以呈現雙向變化。 • 負號率先賦予數字情感上的聯想（負數通常讓人聯想到「壞」），如果你剛好希望人們看到某個數字會有情感上的聯想，負數很有用。 • 再說，負數能讓你知道 1 減 2 的答案，不必為此想破頭。	公元前 200 年不過聽好了，歐洲數學家到公元 1759 年都還在爭論負數是不是「無意義」又「荒謬」的數，這應該足以說明 1759 年之前的數學界了。

特性	例子	好處	使用原因	最早發明的年代（大約就好）
零	0	• 用來談論「無」 • 可以創造出以位置來決定數值大小的系統，這樣「206」就不會與「26」搞混。	• 如果你的數字系統中沒有零的概念，可就糗大了。 • 零可以當做占位符（用來占位置，像是 206，就表示 2 個百，0 個十，6 個一），也可以跟其他數字一樣用來加減乘除（敬告讀者先參見 28 頁）。	零在公元前 1,700 年代是用來當占位符，一直要到公元 628 年，零才具有可加減乘運算的概念。你現在可以直接告訴大家「5 加 0 等於 5，請記起來」，幫人類省下大把時間。
實數	3.1、3.111、3.1111、3.11111111、3.111111111、3.1111111111，還有更多，不過先到這裡就好，以免列到天荒地老。	• 把有理數和無理數合併起來，成為單一數字系統。 • 任何數都以小數點來表示（小數點之後可以有無限多位）。 • 探索各個整數之間的無限多個數字。	• 想想 3 跟 4 之間有無限多個數，其中還有 π 這種本身就含有無限個數字的數。腦力激盪（順便想破頭）一下吧。 • 現在你擁有好多好多數字啦，恭喜恭喜。	17 世紀
虛數	√ -1、i、3.98i	• 來玩一下根號 -1 吧。一個數的根號值會比這個數本身還小，只要該數根號自己相乘，就能得出原來的數。根號 -1 在實數系統中不可能存在，因為任何數自己相乘的答案一定會是正數。因此數學家說：「好吧，讓我們想像 -1 開根號可行並稱它為 i 吧。」	• 這數聽起來會讓你虛度光陰（最初在它身上打上「虛數」這個殘酷的烙印也是因為如此），但其實虛數在很多地方都很實用，從模擬電流到鐘擺的擺動都用得上。	公元 10 年但一般認為這種數字是「虛構」或「無用」的（就像負數一樣），直到 18 世紀才改觀。

特性	例子	好處	使用原因	最早發明的年代（大約就好）
複數	3+2i	• 虛數和實數合併在一起	• 在流體力學、量子力學、電機工程，以及狹義和廣義相對論的計算上，都很有用。 • 好好掌握這種數字的精髓，萬一你的文明中有人發明了上述那一堆學問，就能立刻派上用場。	19 世紀

所有數字概念都一目了然列在這張表格了，頂多花個幾分鐘就可以讀完。大概花一個*下午*就可以把這些概念引入你所處的時代，省去人類因為不知道什麼是零而虛擲的數萬年時間。*不用謝。*

至於你可以靠這個數字系統成就什麼大事，就取決於你了。本書收錄了許多有用的數學公式，全都是人類花費好一段時間才想出來的，但最深也最黑暗的數學祕密是：無論你做何選擇，都可以建立數學基礎。

這句話或許會嚇你一跳：數學其實是建立在我們無法證實而只是假定為真的基礎上。我們稱這些基礎為「公理」（axiom），並認為它們是安全的假定，但是，這些公理最終仍是我們無法證明的信念。「2+1 得出的結果等同於 1+2」、「如果 a 等於 b，b 等於 c，那麼 a 就等於 c」，這類假定很有用，因為符合事實。把數學建立在符合事實的基礎上，已證實是合理實用的。不過，這並不妨礙你建立截然不同的數學系統。我們當然樂見各位以數學實用論為首要之務，但想想在 a+b 不等於 b+a 的世界中要怎麼進行乘法運算，也滿好玩的。[1]

---

[1] 如果你有興趣繼續討論「在 a+b 不等於 b+a 的世界中要怎麼進行乘法運算」這個問題，答案是：「一切都進行得很順利，謝謝！」

為何零不能拿來除？

大家都知道[1]，零不能拿來除。某數除以零並不會製造出恐怖黑洞，只是會暴露出我們數學系統核心的矛盾。假設我們以不斷變小的數字來除以一個數字（假設為 1 好了），這個數字會不斷接近零，但永遠不會變成零。

零標示著負數的終點、正數的起點。如果我們從正數開始往零接近，那麼 1 除以 1 等於 1，1 除以 0.1 等於 10，1 除以 0.001 等於 1000。被除數越小，得到的結果就越大。因此，1 除以 0 就會得到無限大。

但是如果我們用另一種算法來接近零，也就是以數字不斷變小的負數來除，問題就來了。依照這個邏輯，1 除以 0 應該會等於*負*無限大。

但是一個數不能同時是正無限大又是負無限大，這就跟兩個數不可能相等是一樣的意思。因此這裡會得出矛盾的結果，讓我們不得不說：「任何數字都不能除以零，因為得到的答案不合理，到目前為止也沒有人可以解決。」

---

❶ 所謂「大家都知道」的內容，涵蓋範圍大到可以包含數學系統的特性。

現在你已經發明了好用的數字，也有了相應的數學基礎，因此你已經放出幾顆大補丸給你的文明。數字顯然可以精確量化你身處的世界，而這就是所有事物的基礎，從食譜、會計到科學皆是。諸如羊群、樹木等物理資源，以及金錢、名聲和*時間本身*等抽象資源，都能透過數字來管理、了解並交流。而數字最普遍的用法，則是用來標示順序，例如一本書的 123 頁一定在 122 頁和 124 頁之間，要是你知道這本書有多少頁，就知道這一頁大概的位置。一套有序的數字所能提供的脈絡，新創文明的成員將十分受用。他們可以用這套數字來標記一天有幾小時、一年有哪些日子，為街上的建築物以及建築物中的地板編號，還可以用來標記溫度、無線電頻率、維生素等等。或許有朝一日，如果你的文明夠幸運，還能用這套數字來標記不穩定蟲洞跨越不同時空時的強度。

3.4
科學方法

大幅改善先前的科學近似法

一般來說，建造時光機的人大都喜歡科學。他們就算沒有接受正規訓練成為科學家，至少也是善意的業餘科學愛好者。這些人對自己即將展現的能力渾然未覺，直到許多來自未來的自己穿越回來警告他們。重點是，記得，即便是科學也有局限，科學並不是真理的神諭。事實上，科學不過是：

1. 暫時的。
2. 偶然的。
3. 人類迄今盡力而為的成果。

壞消息是，科學方法可能得出錯誤的知識。但也有好消息，科學方法仍舊是我們發現、證實以及精進正確知識最好的方式，因為科學方法讓我們得以將錯誤的知識*逐步修改得更正確*。通常，精進的過程會帶領我們一步步接近更正確的理論。古典物理學造就了相對論與量子物理學，後者更進一步帶來了後設量子超物理學[5]。但有時候確實也會導向完全錯誤的理論，最後整個砍掉重練。

例如，在 18 世紀時，人類認為東西會燃燒是因為含有「燃素」。這種物質看不到、摸不到也無法蒸餾，卻是導致東西燃燒的必要成分。燃素多的東西燒得很快，例如木頭；燃素少的東西就燒得慢。至於灰燼（完全不具燃素），就不可能再燃燒。燃素理論甚至可以解釋東西燃燒之後為何變輕：因為釋出了燃素、揮發到空氣中。「燃素說」也有此預測：燃燒中的火柴放入密封玻璃罐之後，最後會停止燃燒，因為罐子中的空氣會盡可能吸收所有燃素，火就會熄滅。果不其然，火還真的滅了！感謝科學，*現在我們知道火是什麼了*！

燃素說最後慘遭淘汰，因為人們做了更多實驗之後，發現有些結果無法獲得合理解釋。確實，木頭燃燒之後會變輕（剩下的灰燼的確比原來的木頭輕），但是有些金屬（例如鎂）燃燒後卻*變重*了。現在問題來了：實驗結果與理論預測不符。因此我們需要更多科學佐證！

有些科學家設法修正燃素說，想讓理論符合結果：也許燃素有時會有*負*質量，因此當一樣東西擁有的燃素越少，質量就變越大？這可是一大突破，尤其負質量物質可說是全新的物質形式，純粹是為了解決燃素說的漏洞而發明出來的。有些科學家也尋求更保守的解釋，因而得出氧化理論：火不是扣除燃素之後的東西，而是物質與氧氣之間的*化學*反應，這個過程還會發出熱和光。這個理論並預測，點燃的火柴放進密封玻璃罐，最後一定會停止燃燒。不過與燃素說的理由不同：火柴熄滅，是因為氧在玻璃罐中消耗殆盡。罐中的氧氣消耗光了，火就熄滅，因為氧引起了火這種化學反應。這個燃燒理論更正確並沿用至今。但我們仍有可能出錯。

或者應該這麼說，我們還能*更加正確*。

下圖顯示要如何用科學方法來產出知識。

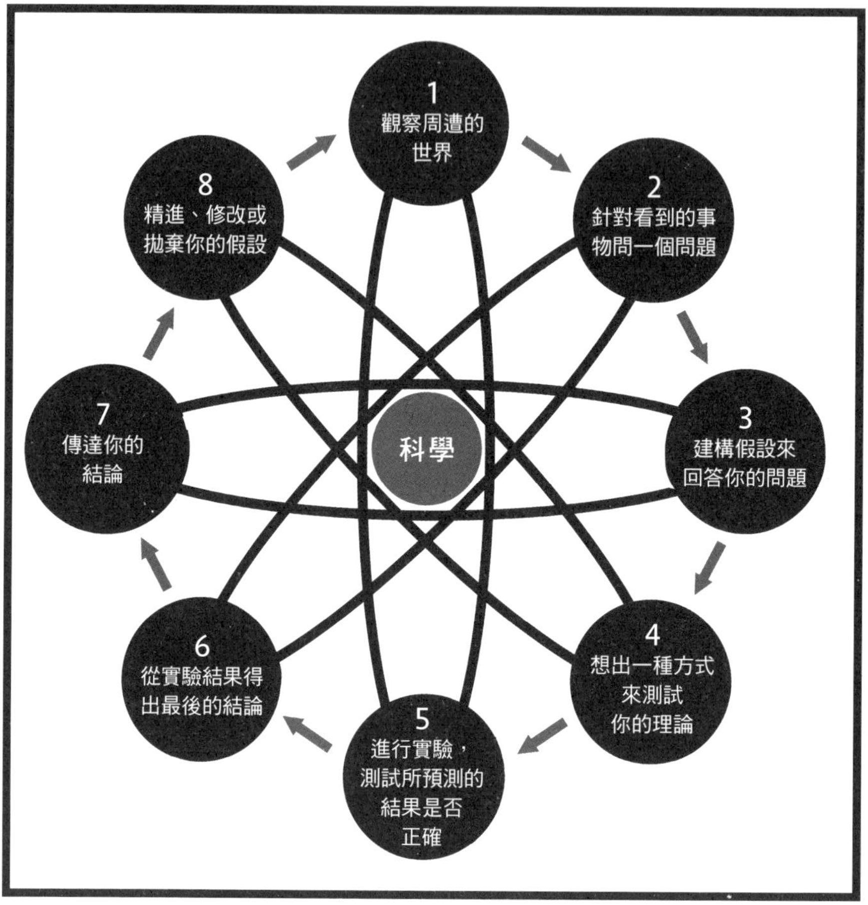

圖 8　科學方法（以酷炫原子結構圖呈現）

舉例來說，你或許注意到今年的玉米長得不太好（步驟 1）。你或許會問：「靠，見鬼了，為什麼我的玉米今年長不好？」（步驟 2）接著懷疑是乾旱影響玉米生長（步驟 3），於是你決定在控制條件下種植玉米，也就是給予每個植株不同水量，但其他條件都相同，如日照條件、肥料施加量等（步驟4）。在謹慎施作之後（步驟5），你可能會做出結論，認為精確的水量能種出最好的玉米植株（步驟6），並讓你的農夫知道（步驟7）。要是你的玉米成長還是不如預期，你可能要多方探索並思考：除了控制水量不讓玉米乾死，要種出好玉米是否還有其他因素。❶

假設測試越多次，正確的可能性越高，不過沒有任何東西是確定的。運用科學方法可以得到的最佳結果，就是發現有一種理論剛好符合你目前所理解的事實。科學所提供的解釋，永遠不能斬釘截鐵地保證絕對正確，所以科學家才會反覆討論重力理論（即使重力本身顯然存在，而且能讓你從樓梯上摔落）、氣候變遷理論（即使我們的環境很明顯已跟上一代不同，也跟你讀到本書的這一刻不同），以及時空旅行理論（即使你現在確實被困在過去，而且找不到人去究責）。

請注意，科學方法要求我們保持開放心胸，願意隨時拋棄與事實不符的理論。這不是容易的事，也是許多科學家的地雷。愛因斯坦❷本人就很痛心他的相對論駁斥了自己喜愛且接受的「宇宙永遠穩定不變」理論，他耗費多年心力想找出方法調和兩者，最後仍然徒勞無功。但是如果能順利依循科學方法，就能得到回饋，因為能生產出*可再生複製*的知識，讓任何人都能用同樣的實驗自行檢驗。

科學家常被視為上了發條的書呆子，但是科學的哲學基礎確實就是一種藐視權威的無政府狀態：永遠不對權威畢恭畢敬，不必把誰的話當成真理，所有*以為*已知的事都需要檢測，親自證實或推翻。

---

❶ 的確有其他因素，請參見單元〈5 現在我們成了農人，吞噬世界的大食客〉。希望可以在你種不出美味玉米而挨餓之前帶來成效。

❷ 愛因斯坦是成就斐然的科學家，他提出物質和能量是可以互相轉換，這種關係可用「能量（E）等於質量（m）乘以光速（c）的平方」來表示，也就是「$E = mc^2$」。據我所知，你現在就跟愛因斯坦一樣神了！

圖 9　典型科學家

3.5 有多餘的食物可以儲存：狩獵、採集的終結，文明的開始

以更好的方式來取代狩獵和採集，讓日子好過點

打從史前時代的祖先開始，一直持續到公元前 20 萬年現代人種出現之後，人類一直全心沉浸於美妙的狩獵與採集生活。正如你的猜想，當時的世界就是獵人打獵、採集者採集，大家各過各的。你靠土地吃飯，憑大腦求生，食物在哪裡，就去哪裡。等到所在地的資源都用光了，就轉身離開前往下個地方。這種生活型態有許多好處：你可以吃到各式各樣的食物（多樣化的飲食可以確保營養充足），也能造訪許多有趣的地方，有什麼就吃什麼，還能做大量運動。但這也表示，不是食物來找你，而是你去找食物，而這代價可高了。

代價表現在許多層面上：覓食需要熱量，你生命中的許多歲月都會花在這上面，而且在吃新的食物時，更有可能吃到有毒食物；當你想要大啖某種動物時，也更有可能反被那動物給刺傷了或咬死了。此外，當你追逐著永遠無法確定成分的美食時，意味著你會不斷接觸到新的細菌和寄生蟲。但最大的代價還是不斷遷移。況且，如果你無法確定自己會在一個地方待多久，就不可能投入大量的人力與金錢去建設當地。任何帶不走的事物對你來說都是白費力氣，所以你也不會囤積任何長期資源，因為根本沒有長期這回事。

以上就是這 20 萬年來（占人類經驗的一大部分），大家在做的事。過著狩獵與採集生活的人類，可能會建造一些暫時的聚落，然而一旦日子艱難了，或是有人發現另一座山頭出現一大群令人垂涎的動物，人們就會繼續遷移。這時也不過是公元前 10,500 年左右[6]，開始有人認為，與其接受環境的現狀，不如*改變*環境來滿足自身需求。

這種想法展現在農耕（在方便的地點培育及照顧動植物，讓食物的供應更加穩定）發明之後，以及隨之而來的全面馴化（動植物被人養在方便的地點之後，為了適應環境變得更容易圈養的過程）。❶這麼棒的點子，應該快快實現才對，除非你壓根沒想到，或是懶到不想實現。人類可是花了 20 萬年*才*想出這個點子。你讀完上文，現在也已經知道了。看看你自己，你已經很棒了！

一旦你開始耕作並馴化動物，便踏入了人類的新階段，也就是*一個人就可以穩定產出不只自己一人生存所需的食物*。人類仰賴食物的能量（熱量）來活動，而你正產出多餘的熱量。事實上，在同樣面積之內，農耕所產出的熱量比起光靠狩獵和採集還要高出 10 倍至 100 倍！要是有更多人耕作。可耕地也更多的話，你就會得到成堆的額外食物。文明就是建造在熱量盈餘（也就是農耕）之上。

怎麼說呢？有更多食物，就能養活更多人。人如果不再需要煩惱下一餐在哪裡，就會開始煩惱更具創造性的事物：為什麼星星看起來會在天空移動？為何東西是往下掉而不是往上升？由於有了農耕，農人可以定期與他人交換食物，因此經濟概念也成為你文明中的正式系統。有了經濟，隨之而來的就是專業分工，因為人們不必再使盡渾身解數只求活下去。現在，對農耕特別在行的人，可以全心投入農耕。狩獵者和採集者根本沒空發明微積分，但是教授或哲

---

❶如你在單元〈8〉所見，在農耕之前，人類還沒有馴化過任何植物，只馴化了包括狗在內的少數動物而已。

學家（可以同時思考問題並戮力解決問題的人）就很有時間。

專業分工能為新文明中的人們解開舊生活的桎梏，比其他人類更有機會從事更進步的研究。醫生可以一輩子專心對付疾病、醫治病患；圖書館員可用畢生精力來守護人類累積的知識，並確保人們可以取用這些知識。至於那些剛從學校畢業，找到第一份工作就把一生中最具創造力的時光用來寫租賃型時光機修復手冊，而且保證老闆連翻都懶得翻的人❶，賺取的薪資相當微薄，幾乎無法回去修復那可怕到無以復加的錯誤。❷專業化與文明發展可說是攜手並進，因為每個文明最棒的資源不是土地，也不是權力，更不是科技，而是人腦。你和周遭人的大腦，就是兼具創造力與聰明才智的引擎，驅動你們的文明向前邁進。在熱量盈餘加持下出現的專業化，則讓人腦得以完全發揮潛力。

不幸的是，上述列出的好處也伴隨幾項挑戰。我們相信好處勝過壞處，但你也應該知道*農耕那幾項有夠垃圾的特點*：

- 野生食物充足時，農耕要投注的心力氣遠多於狩獵和採集。不過，農耕能保證更可靠的食物來源，透過馴化也能提供更便利的食物來源。

---

❶ 沒錯，查德，你沒在唬爛。我知道你才不管我寫什麼，只計算我寫了幾個字就當交差了事。老實說，我也只是複製貼上你那些塞爆我信箱的電子郵件來完成這個計畫。不過還有一件小事：時空旅人*真的*會被困在過去，而我不想讓他們處於絕望和孤獨。所以擱淺在過去的時空旅人啊，你看這樣好不好。你我都被困住了：你困在過去，我困在這個討厭的工作。我可不可以和你攜手克服這個困境？我們一定會合作愉快。我正極力淡化查德認為萬分重要卻無聊至極的公司語言，你可要答應我，在你的文明中建立這項文化傳統：如果有人碰巧遇見我的老闆，請告訴他，他不過是個工具。為了讓人可以一秒認出我老闆：他的名字叫做查德・帕克德，有一張全世界最欠揍的臉。聽好，我這是在幫你。

❷ 喔，還有一件事：也許可以再建立一種新傳統，如果有一天遇到一位名叫萊恩・諾斯（Ryan North）的人，他正打算接下剛畢業找到的第一份工作，請對他發出嚴正的警告。

- 農耕引進了保存食物所需的技術，因為農耕的要點就是製造出的食物要多於一人當下可以吃掉的食物。這同樣要耗費更多的力氣，但是只要參閱「10.2.4 保存食物」，你至少具備了一項優勢：知道要做哪些事來保存食物。
- 農耕創造出人類史上第一次收入不平等，因為並不是所有人都可以當農人，土地分配也不可能公平。農人擁有的食物最多，（最初）能用來交易的食物也最多。不想餓到只剩一把骨頭的話，都得一直吃東西。所以你正在製造富人和窮人，或至少也讓階級有機會出現。
- 農耕需要基礎建設（如籬笆等），意味著你不再隨時移動。你的文明剛剛成為一個巨大且不會變動的目標。本文沒有納入製造武器的明確指示，但我們確定，若你有這種需求，或許可以採用本書提到的幾種技術，成功做出武器。
- 動物會傳播疾病，把疾病傳染給人類。更糟的是，某些疾病會要了人類的命，對動物卻一點影響都沒有。人類疾病有60% 以上來自與動物的密切接觸，像是炭疽病毒、伊波拉病毒、瘟疫、沙門氏菌、李斯特氏菌、狂犬病菌以及輪癬。如果你看了這一串名單而決定回到狩獵和採集生活，我們可以理解，但我們保證，文明一定值得人類去冒這個險。如果有人開始生病，請不要太訝異，在病情危急之前可先閱讀單元〈14 人體治療〉。

知道這些壞處之後，我們也想順便提醒你，毫無疑問，農耕導致熱量盈餘，也創造出專業分工，進而催生各種發明，像是蘋果派、時光機，以及最新上市的可攜式音樂播放器。你只要認真工作，就能產出這些東西。如果你還停留在狩獵和採集階段，就永遠得不到這些事物，只能一輩子翻開石頭享用蟲子大餐。

你自己決定，祝福你。

4

測量單位可以任你訂，不過這裡會教你如何訂出標準單位

測量單位真能重新發明？
儘管困在過去令人方寸大亂……也不要排除這項可能

所有測量單位都具有任意性，但相信大多數人類 [1] 都同意，這些單位至少要很實用，單位的尺度要是同一套，可憑直覺結合運用，而且儘管困在原始的過去，也能輕易重製。因此，本書使用的是公制度量系統（也就是十進位制），以及攝氏溫標系統。因此，不論你困在哪個時代，保證都能複製出相同的度量單位。*你只需要準備這本書和一些水。*

---

[1] 我們說「大多數人類」，是因為這世界上有三個國家抵死不用可預測且全球通用的度量單位：利比亞、緬甸以及美國。美國可是讓真正的太空船（火星氣象衛星）跟真正的火星相撞，因為當全世界其他國家都採用更好用的度量單位，他們卻堅持要用自己混亂的單位，卻又忘記這件事，結果因為有些計算使用公制、有些使用英制，最後氣象衛星就這樣撞爛了。即便他們的 3 億 2760 萬美元就這樣毀於 1999 年的墜毀事件，美國卻沒因此改換成公制單位，他們寸步不讓！

攝氏溫標把 0 度（0°C）訂為水的冰點，100°C 為水的沸點，以此界定出整套系統。不論你受困於那個時間點，都可以輕易重製。只要在溫度計上標示出兩點（參看 10.7.2），接著把這個區段等分成 100 份，就大功告成了！❶ 與之相對的是華氏溫標系統。華先生很怪，把 0 度訂在混和鹽、水、冰所能達到最低恆定溫度之後，就撒手不管了，本書也不打算多加討論，只交代一下華氏 32 度是水的冰點，212 度是水的沸點。所以，我想你隨隨便便都可以做出贏過這種溫標的系統[7]。如果不想牽涉到負數，那就發明克爾文溫標系統（K）吧，這也是一種攝氏溫標，只不過把 -273.15°C 設定為 0K，也就是宇宙可達到的最低溫。水會在 273.2K 結冰，在 373.2K 沸騰。

就這樣，溫度搞定了。

至於重量，我們會以公斤為準，直到公元 2018 年底，公斤仍是由「公斤原器」來定義，也就是放在鐘形罩內保管的鉑金屬質量，人類可以指著它說：「那塊鉑金屬有多重，一公斤就有多重。」[8] 標準的公斤原器由法國保存，而出於方便與安全的考量，還有數十個複製品存放於世界各地，畢竟沒有人希望哪天有人精心策劃，偷走了這塊絕無僅有的公斤原器，讓整個世界搞不清楚一公斤到底有多重。

除了公斤原器會引誘人犯罪之外，這種定義方式仍有缺失。其餘公斤副原器都會不定期送回法國確認重量是否一樣，但結果是：不一樣。散見世界各地的公斤副原器（即便是公元 1884 年製造的首批四十件副原器），也會隨著時間逐漸改變重量（直到時空旅行問世），*而我們甚至找不出原因*。[9] 更糟的是，這些副原器與原器

---

❶ 嗯，其實是再差一點就大功告成了。重要細節請見 10.7.2。水在不同壓力下會有不同行為，因此這些數字要先以海平面大氣壓力為標準來校正（而不是用山頂或礦坑底的氣壓喔）。

的重量比較所得出的度量值，彼此間都是相對的，這意味著所有公斤度量出的重量都在增加或減少，而且有一些是比較準的。有鑑於公斤是公制系統中的核心度量，關乎許多單位的定義，包括力（牛頓）、壓力（帕斯卡）、能量（焦耳）、功率（瓦特、安培和伏特）等，遑論從這些單位延伸而出的各種單位，你很容易就可以看到這些官方公斤重量的些微變化會改變整個度量領域中其他千千萬萬個單位。

文明廢知識：拿一塊放在法國用玻璃罩封住的古老金屬，來建立現代科學和度量的基礎，真的很有事。

幸運的是，你其實不太需要如此精準的度量，因為公斤原器的定義很簡單，就是 1,000 立方公分的水在 4°C 時的重量。你手上已經有水，也有了溫度計，剩下的就是要知道 1 公分有多長，然後就可以輕鬆複製出 1 公斤的重量。

但現在必須先解釋一下詞彙。所有的公制單位都採十進位制，從英文的前綴可看出端倪。以下是常見的單位，由小到大排列：

表 6　貨真價實的百萬大表

前綴	符號	縮放
奈 -（Nano-）	n	縮小 1000000000 倍
微 -（Micro-）	μ	縮小 1000000 倍
毫 -（Milli-）	m	縮小 1000 倍
釐 -（Centi-）	c	縮小 100 倍
分 -（Deci-）	d	縮小 10 倍
–	–	原寸
十 -（Deca-）	Da	放大 10 倍

百 -（Hecto-）	h	放大 100 倍
千 -（Kilo-）	k	放大 1000 倍
百萬 -（Mega-）	M	放大 1000000 倍
吉 -（Giga-）	G	放大 1000000000 倍

公分（centimeter）是公尺（meter）的 1/100，你會知道這件事，是因為「centi-）這個代表百分之一的前綴。同樣道理，「公里」（kilometer）一詞的 kilo 代表千，清楚說明自己是公尺的 1,000 倍，也就是 1,000 公尺。我們通常會把公尺簡寫成英文字母「m」，公分簡寫為「cm」，公里簡寫為「km」。那麼，一公尺是多長？

公尺的用法始於公元 1793 年，定義是「赤道到北極距離的千萬分之一」。1799 年以實體原器來重新定義（如同公斤那樣），1960 年又重新定義為氪的某同位素發射出的波長的某個倍數，然後 1983 年又重新定義為光在真空中行進 1/299792458 秒的距離。有鑑於你目前處境艱難，可能開始覺得這些定義都很難用，而且還有越來越難用的態勢。幸運的是，我們也發現了這點，所以我們在右頁放上一把方便實用的 10 釐米直尺，同樣的，書衣上也放了一把用起來更方便的尺。這樣一來，你就不需要跟上述那些定義糾纏不清了，而且還能自行做出一把近乎精確的米尺。

現在你手上已經有了長度、重量與溫度的單位。剩下要定義的重要單位就是時間，而時間的基本單位是秒。恕我直言，秒的現代定義簡直荒唐可笑：「銫 133 原子基態的兩個超精細能階間躍遷對應到輻射的 9,192,631,770 個週期的持續時間」。一秒有多長，對你來說已是直覺反應（這樣就是一秒），你現在只需要再找個方便的參照工具。要在不使用銫 133 原子的情況下做出能測定一秒長度的工具，你只需要一個簡諧振盪器，而在你那個時光機無法修復的時代，指的就是「綁著細線的石子」。

好用的度量模板

圖 10　這是一支 10 公分長的尺

要發明並測量角度，只要隨手畫一個圓，然後等分成 360 份，每一份就是 1 度。不過這個過程也挺費神的，所以我們建議直接使用下方這個量角器就好。

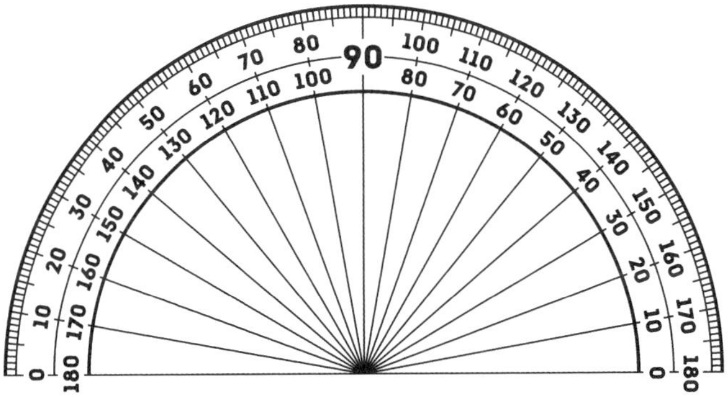

圖 11　量角器只有半個圓。
只要再拿一個量角器就可以測量完整的 360 度。

綁著細線的石子可以自由擺動，稱之為單擺。而一秒鐘其實就是地球上任何擺長為 99.4 公分的單擺從一端擺盪到另一端所花費的時間。不管石子多重，也不管你把單擺拉到多高的位置才放手，擺動一次所花的時間幾乎都差不多。由於單擺具有這項令人激賞的特性，所以你可以輕鬆完成下列實驗。這個實驗是在 1602 年由一個叫做伽利略的人發現的，但現在首位發現者變成你了。

其他單位都能以這些度量單位為基礎來建立。我們已經知道重量和長度，至於要測量體積，則需要公升這個單位。還好，一公升就是長寬高各 10 公分立方體的水，而這個體積的水剛好重一公斤。如果你想測量聲音的頻率，其實就是每秒振動的次數。一赫茲（1Hz）就是每秒完成一次振動，所以 20Hz 就是每秒 20 次振動。就物理學來說，一公斤重的物體產生每秒一平方公尺的加速度所需的作用力就是「一牛頓」，而施加一牛頓作用力在這個物體上前進一公尺所需的能量就是「一焦耳」，而「一瓦特」就是每秒輸入一焦耳能量。這些單位看似抽象，但都能跟稍後由你發明的一些技術一起派上用場。

有了這些東西，這節附上的那把十公分小尺就不僅提供了長度，也是重量、力、能量與時間本身的基準。如果你把本書內頁當成衛生紙用，這幾頁請務必留到最後。（你一定要這樣嗎？拿*別的東西*代替不行嗎？！）❶

---

❶ 我們誠心建議，現在就測量你那粉嫩指頭的寬度，並牢牢記住，因為一旦你的尺搞丟了，你的手指頭就是非常實用的隨身尺。而如果你的公分尺搞丟了，但是事前已經製作出一公斤質量的參照物體，無需擔心。只要製作出許多尺寸的立方體，再把立方體都注滿水，看看哪個立方體的重量完全等同於一公斤的物體。你可以使用 10.12.6 發明的天平。公制真是時空旅人的好朋友哪！

5

現在我們成了農人，吞噬世界的大食客

如何也在你的田地上傲視群倫？

如果有種機器，有水和陽光就能運作，還可將大量泥土變成美味的食物和有趣的化學物質，是不是很棒？如果說這種機器能自我複製、自我改良，而且最令人興奮的是，不是每一部都想殺死你這個主人，豈不是超讚？

好消息是，這種機器真的存在！名叫「植物」，而且會是你的新文明中最棒的資源之一。把植物視為*免費科技*吧：隨你使用，甚至還能意外把你四周無用的泥土、頭頂上煩人的陽光，以及從天而降的單調雨水，轉換成各種可供文明社會所用的有用材料、藥材、化學物質和食物。如果人類並非一開始就生活在充滿植物的環境，我們一定會覺得植物根本是奇蹟。但植物早在人類出現之前就演化出來，無所不在，因此很多人不把植物當一回事。

人類經過了 20 萬年，才了解肚子餓的時候，不是只能採集植物來吃。我們還可以讓植物遠離天敵侵擾，在比較安全的環境中培育植物，還能選擇、挑選植物，留下我們想要的，剔除不想要的。

這個過程稱為「選育」，而發明人就是你了。

選育

你要做的事情如下：

1. 找一個植株（動物也行，選育也適用於動物），這個植株具有你喜歡的獨門特徵。例如種出來的玉米有更多營養美味的玉米粒、保存時間更久、可以抵抗病蟲害或乾旱，或是……以上都有？
2. 從這個植株取下種子來種植，不要用其他較差植株的種子。（若選育的是動物，就選擇你比較喜歡的那隻來繁殖。）
3. 重複以上步驟。

這樣連續進行好幾季之後，你所製造出的作物便能具備你選擇的所有特性。以下是人類單靠神奇的選育便達成的三個成就[10]：

表 7　一度令人倒胃口的蔬果

水果或蔬菜	首次培育	人類習以為常當成食物的現代品種	極度沒用的古老品種
玉米	公元前 7000 年	• 19 公分長 • 玉米粒很好剝 • 甜而多汁 • 每根有 800 顆香軟玉米粒	• 1.9 公分長（長度短了 10 倍，體積小了 1000 倍） • 以砸碎來剝下玉米粒 • 口感像乾硬的生馬鈴薯 • 每根只有 5-10 顆很硬的玉米粒
桃子	公元前 5500 年	• 10 公分寬 • 果肉與果核的比例是 9：1 • 果皮軟而可食 • 香甜多汁	• 2.5 公分寬（長度短了 4 倍，體積小了 64 倍） • 果肉與果核的比例是 3：2 • 蠟質外皮 • 吃起來有土味、酸味，以及些微鹹味

水果或蔬菜	首次培育	人類習以為常當成食物的現代品種	極度沒用的古老品種
西瓜	公元前3000年	• 50公分寬 • 有無籽的品種 • 好切開，甚至可以徒手敲破 • 幾乎零脂肪、零澱粉 • 風味好、氣味香甜	• 0.5公分寬（長度短了1百倍，體積小了1百萬倍） • 有18粒味道苦澀、像堅果的種子 • 用鎚子打或大力砸才能打開 • 富含澱粉和脂肪 • 有苦味、氣味不佳

早在我們了解何謂遺傳學、發現原來可以誘導植物和動物為我們而演化，並且知道定向選育可以在人的有生之年就看到效果之前，以上三種作物的品種演化就已經發生。而這些你現在都已經知道，所以你已經贏在起跑點！

不過，同樣的東西一種再種，肯定會有缺點。我想還是先告訴你，免得你跟無數人類一樣，先是大吃一驚然後餓死，那就來不及了。在同一塊土地上一再種植同樣植物會導致土壤（慢慢）死去，種的人也會因而死去（速度稍快些）。幸運的是，「輪作」這項技術可以解決這個問題。你或許會覺得很有趣，好奇地問：「什麼是輪作？」嗯，我們很樂於回答。

輪作

關於植物，有三件事情一定要牢記在心。這些事很簡單，卻十分重要：

1. 植物靠著太陽的能量來變大與變美味。
2. 植物用來擷取太陽能的化學物質叫做「葉綠素」。
3. 葉綠素的關鍵要素是氮。

直接把氮稱作「植物的神奇食物」有點過度簡化，但也不至於太離譜。這是世界上最常見的植物補給養分，而捕蠅草和豬籠草這類植物之所以會長出*真正可以吃肉的嘴*，其實只是想用路過的蟲子來補充氮。好消息是，如果你能活著讀到這段，表示地球的大氣充滿氮氣。壞消息則是，植物無法直接從大氣獲取氮，而如果你不斷種植同一種作物，將會遇到非常糟糕的問題，以下幾點尤其嚴重：

1. 土壤中的氮以及其他作物所需的養分都會耗盡，作物的生長會逐年變差，最後死去。
2. 持續栽種相同作物，引來的害蟲和疾病則會繼續繁衍，因為牠們一直保有棲地，生命週期也不會中斷。
3. 如果沒有同時栽種幾種不同作物，一旦作物歉收，你就只能餓肚子了。
4. 淺根系作物會讓泥土無法固著，土壤因而流失。
5. 淺根系作物收成之後，留給土壤的生質較少，下一批作物能獲得的養分也因而較少。
6. 田地會變差、變貧瘠，你的晚餐也是如此。

要避免這些問題，你需要恢復地力。除非你的狀況太極端，否則復原其實很簡單：一整年只是犁田翻土，不耕種任何作物，並在田地上放養動物（農業術語就是「休耕」）。犁田可清除雜草，而動物的屎尿則充滿氮，可成為土壤的養分。[1] 太棒了！你的土壤獲救了，只要你不介意*整年都吃不到某樣東西*。如果你此時心想，要改良這個系統其實很簡單，就是每年只耕種一半的土地，讓另一半

---

[1] 我知道你一定在想：「等等，如果動物的屎尿有氮這種養分，那麼人類的屎尿也有吧？那我不就可以大肆解放，創造出有趣又有生產力的文明？」這個想法有幾個問題。首先，這會令人不舒服：人類的糞便聞起來比動物糞便臭。更重要的是，人類糞便（說好聽、委婉點叫「夜香」，白話一點叫「糞肥」）含各種有害人類的病菌，像是其他人身上的寄生蟲，這些病菌都會感染到你這個農人身上。如果你尚未發展出移除糞便寄生蟲的技術（參見 10.2.4〈保存食物〉，提供了去除寄生蟲的方法，但你必須用高溫殺菌處理糞便），或許不值得冒這個風險。好消息是，尿就沒關係，人尿無大礙！盡情把尿灑在田間吧！

復原，恭喜你，你發明了輪作！❶這種輪作又稱二區輪作，方法如下：

表 8 二區耕作系統，土地上同時有吃進去的也有拉出來的。

	區域 1	區域 2
第一年	種植想要的食物	休耕，讓動物在田裡吃喝拉撒，滋養土地。
第二年	休耕，讓動物在田裡吃喝拉撒，滋養土地。	種植想要的食物

這個系統會造成 50% 的土地沒有收成，不過運作方式簡單可靠，讓你年年都有東西吃。但如果你想要的不只如此，並且（或是）希望滿足人們的期待，讓土地的生產效率高於 50%，就可以發明三區輪作，方法如下：

表 9 三區輪作系統。現在一年要耕種兩次，工作量加倍！這什麼世界啊！

	區域 1	區域 2	區域 3
第一年	休耕，讓動物在田裡吃喝拉撒，滋養土地。	秋：種植小麥和裸麥（人吃的）。	春：種植燕麥和大麥（動物吃的），以及豆科植物。
第二年	春：種植燕麥和大麥（動物吃的），以及豆科植物。	休耕，讓動物在田裡吃喝拉撒，滋養土地。	秋：種植小麥和裸麥（人吃的）。
第三年	秋：種植小麥和裸麥（人吃的）。	春：種植燕麥和大麥（動物吃），以及豆科植物。	休耕，讓動物在田裡吃喝拉撒，滋養土地。

現在你種植和收成的糧食變成了 2 倍，因此需要更多人力或是更好用的犁（根據史實，有犁板的犁很好用，請參見 10.2.3），讓你的生產力飆升到 66%。只是現有土地的使用率也變成了 2 倍，土壤不會被搾乾嗎？

❶ 恭喜！你剛發明了「只需一半努力，並將收穫視為文明的淨增益」！

答案就在你所種植的豆科植物。豆科植物有殼或莢包著乾果實，鷹嘴豆、豌豆、大豆、菜豆、苜宿、三葉草、小扁豆、花生等植物果實都在此列。我們幫你羅列出來，因為你一定會想拿其中一種來種！為什麼？除了味道不錯，豆科植物也能讓某種細菌（正式名稱為「根瘤菌」，當然你現在想怎麼叫都行）寄生在根部，而這些細菌能做到價值非凡、地球上其他植物辦不到的事。

它們能把氮加到土壤裡。

更確切來說，當植物感染了根瘤菌，兩者就會出現共生關係。植物在光合作用中產生的碳能給根瘤菌用，根瘤菌的回報則是把氮氣（N_2）轉換成氨（NH_3）這種植物可以使用的形態，並儲存在植物根部的結節之中。收割時，將植物的根部留在地裡，如此氮和根瘤菌都會回到土壤，留待下一次種植。

豆科植物（精準來說是被細菌感染的豆科植物）是連結整個「三區輪作」的關鍵。人類要先填飽肚子，文明才能續存，而三區輪作能增加食物的產出，文明因而得以擴展到最大規模，你文明中的大腦數量也會因而變多。這也意味著你所做的一切，從小小的勝利到最偉大的成就，都仰賴一群*住在土裡肉眼看不到的單細胞微生物。*這些微生物一旦死亡，你的文明也會跟著完蛋。

文明廢知識：別忘了種豆。

我們還可以種得更有效率嗎？我們有沒有膽識去發明四區輪作系統，將田地的生產效率提高到 75% ？或者，你是否勇於做夢，將效率提高到 100% ？人類又花了好幾百年，才鼓起勇氣做這個夢。要再提高熱量盈餘，你可以這麼做：

表 10　終於，沒有任何一區農地需要休耕了。大進步！

	區域 1	區域 2	區域 3	區域 4
第一年	小麥	蕪菁	大麥	三葉草
第二年	蕪菁	大麥	三葉草	小麥
第三年	大麥	三葉草	小麥	蕪菁
第四年	三葉草	小麥	蕪菁	大麥

這個作物系統可兼顧土地和農人。小麥是給人吃的，大麥和蕪菁是給人和牲口吃的，其中蕪菁能捱過寒冬，用來餵養動物，而三葉草則是用來修復土壤的。任何一種豆科植物都可以修復土壤，但三葉草效用最大。❶ 除此之外，在種植蕪菁和三葉草的期間，動物也可以在土地上啃食，有助於抑制雜草生長。每塊地都間隔三年才回到同一種作物，如此一來，靠吃某種作物維生的害蟲就會餓死。如果你身邊沒有上述這幾種作物，可以用其他植物來取代，只要能把氮儲存在土裡就行了。❷ 不過還是要再次提醒：如果你不讓田地休息，田地就有可能過度耕種，問題也會隨之而來。（參見 10.2.3 犁田）

你或許會覺得，人類對於發明新東西很有一套，不過有件事其實很丟臉：關於「氮」的科學，人類很晚才發現。人類其實是在幾千年來的不斷試誤下發現這個方法，因此即使是最基本的二區輪作都是到公元前 6000 年才出現，至於四區輪作則更晚，要到 18 世紀。看來，人類花了兩萬多年才發明出像樣的農業方法。更丟臉的是，

❶ 三葉草對土壤很好，有時稱為「綠肥」。關於「肥料」，這可說是歷史上少數的恭維用語之一。

❷ 地力何時盡失，其實很難說得明白，不過一旦種不出東西，肯定為時已晚了。所以你或許可以先維持較簡單的二區和三區輪作系統，等到對自己選擇的作物有十足把握後，再改成四區輪作。

輪作之所以可行，要歸功於根瘤菌跟豆科植物之間的共生關係，而這種關係其實在6500萬年前就演化出來了。如果那時恐龍夠聰明也夠努力，又沒慘死在小行星撞擊事件中[1]，牠們可能已經發明出我們現在最複雜的輪作系統了。

除了氮，植物也需要鈣和磷。骨頭中有磷，牙齒中有鈣，所以回收利用動物骨骸是不錯的方法。你可以打碎骨頭再煮沸，製作出骨粉（方便將骨骸散布田間），再讓硫酸與骨粉反應（參見附錄C.12），便製作出了磷酸鹽。這是植物較容易利用的化學物質，因此是效率更好的肥料。

現在你知道選育和輪作是怎麼一回事了，你（如果你不是農耕咖，那就換成你所創文明中的成員）已經準備好進行有效率的耕作了。不過，你能取得的植物和動物會依你所處的時期和地點而異，這些都會在接下來兩個單元作更詳盡的討論。地球上大多數的生質，人類都無法食用，不是太難消化、有毒、危險、太不好採集或處理，就是營養不足，不值得吃下肚。但是你不必絕望：地球上仍有少數動植物對人類是有用的，可以用來遮蔽、用來吃，並治療疾病！

嘿，等不及要出手了吧！

---

❶ 並非所有恐龍都慘死在小行星撞擊事件中。有些演化成鳥類活到今日，有些則搭乘時光機來到今日。那些來到現代的恐龍，通常被安置在特別的「侏羅紀公園」中。此公園跟FC3000™時光機一樣，很少發生嚴重失誤，就算真的發生也找不到人負起法律責任。

6

如果困在農耕起步之前的嘗百草時代，我敢打賭，其他人類吃的東西一定很蠢，那要如何判斷哪些東西有毒？

好消息：所有東西都可以吃一次！

我們對於這個時期（公元前 20 萬 -1.05 萬年）的蔬菜水果所知不多，頂多關注一些更有趣的問題，像是「儘管沒有時光機，我們也都知道粒線體夏娃活在距今 99,000-148,000 年前，這個堪稱現存人類最接近的共同女性始祖，究竟長什麼樣子？」我就先告訴你好了：她長得*還不錯*！至於男版始祖 Y 染色體亞當，則是現存人類在父系上人最接近的共同祖先。他也不輸夏娃，是個*冰山美男子*。

現在先回到蔬菜水果的主題，我們目前所知如下：

- 公元前 78 萬年：有無花果、橄欖和梨子可吃。這時現代人種甚至還沒出現。
- 公元前 4 萬年：有椰棗、豆類和大麥可吃。
- 公元前 3 萬年：有蘋果、柑橘和野莓可吃。
- 公元前 10500 年：發明農耕，開始進行動植物的選育。

幸運的是，只要是人類存在的時期，都能找到可食用的蔬菜水果，因為要是找不到，人類早就死光了，我們根本沒機會活到現在開個洞、讓這部 FC3000™ 時光機擠進你目前的時空。然而，有個壞消息，這些可食用的植物和青菜很有可能跟你熟悉的蔬果大不相同。

而且幾乎可以確定，這種不同是壞的那一種。

一如先前所述，選育能讓植物變得更優良（從人類的角度來看，就是產量更高、果實更大、品種更強韌等），同時也意味著你回到過去的時期越古老，能找到的蔬菜水果就會越差：產量更低，更難吃，不好收成，包裝不便利。這些都是未來等著讓你去一一體驗的逆境——當然，我指的是遙遠的過去的那個未來。上一單元提到玉米、桃子和西瓜的先祖是什麼模樣，還記得吧？右頁就是這些蔬果選育前後的對照圖。

如果還想吃用西瓜、桃子做成的水果沙拉（再佐點……嗯，玉米？），你只能自行選育了。

在公元 900 年之前，絕對找不到任何像樣的玉米。這真是太糟了，因為一小顆現代玉米粒的營養價值就高於整串遠祖玉米。在公元 1600 年之前也找不到胡蘿蔔。

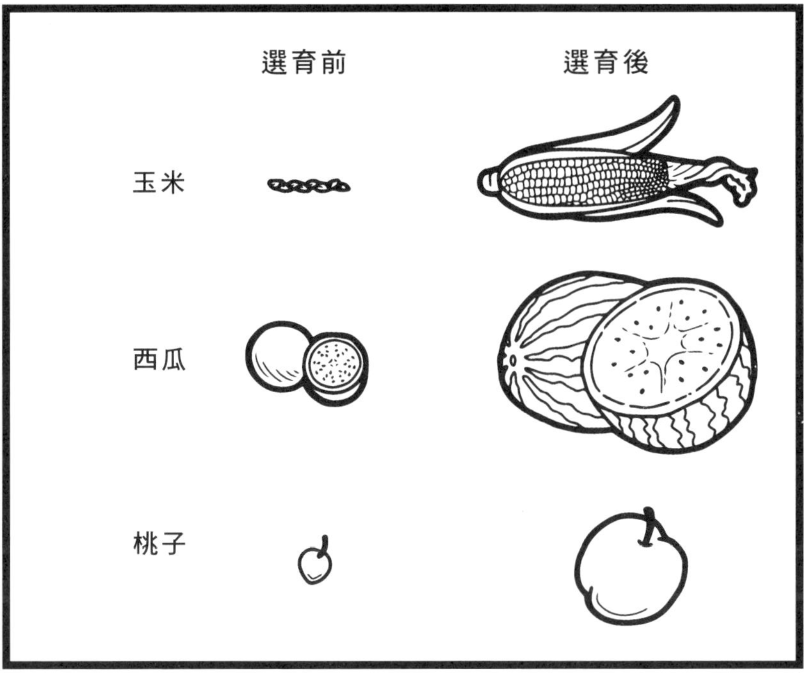

圖 12　不怎麼令人期待的沙拉食材

現代吃到的酪梨，都要多虧 1926 年在結合各種巧合的離奇情況下所找到的一顆種子。❶ 大家熟知的紅葡萄柚，在 1950 年代美國

❶ 這裡指的是哈斯酪梨（Hass advocado），這種酪梨比其他品種更大、更美味，也能存放更久，且全年都是產期。哈斯酪梨之名來自魯道夫 · 哈斯（Rudolf Hass），他向賴德奧特（Rideout）先生買了種子，而賴德奧特的種子則是四處蒐集而來，就連餐廳垃圾也不放過。哈斯之所以種下這顆酪梨種子，只是為了種出一株苗來嫁接其他更受歡迎的酪梨品種。兩次嫁接失敗後，哈斯打算砍掉這棵無用的樹，但考金斯（Caulkins）先生認為這棵小樹很強健，說服哈斯留下來。沒多久，這棵樹長出的果實就遍布世界各地了。這顆種子可能來自異花授粉，也可能來自演化上的大躍進，但今日所有的哈斯酪梨都是來自這棵樹的嫁接苗。如果你的時間軸中沒有哈斯先生、賴德奧特先生和考金斯先生（或類似版本的人）剛好一起出現，今天就沒有這種酪梨可吃。

政府資助進行某種輻射實驗之前是不存在的。[1] 不過，你*將會*發現自己擁有時間上的優勢，你已經知道經由選育，可以重現記憶中的這些食物，而你需要著手進行的事情，不但可行、可實現，也完全值得。

不過，在你著手進行之前，得先四處找找要用來食用、栽種與豢養的動植物，而你也可能遇到你和當地人都不熟悉的潛在食物。要如何判斷眼前這東西能不能吃？最下策是：「吃一堆看看會不會死。」有個相對較好的作法：「只吃一點點，再看會不會要人命。」最上策則是：「讀完這一單元並牢記，在嘗試陌生食物時，的確有較安全的方法。」

首先，所有哺乳動物的肉都是無毒的，一般來說都安全可食（姑且先不論過敏問題），不過如果要吃的是鴨嘴獸，最好避開後腳的毒刺。[2] 鳥類的肉也都安全無毒，但有些鳥類的肉、皮甚至羽毛卻可能因飲食而*變得*有毒，像是鵪鶉與非洲距翅雁。這些鳥類會吃下對人類來說有毒的動植物，將毒素融入體內，所以一看到鳥類，可別不管三七二十一就吞下肚。[3] 如果你把蛇、爬行動物、魚類、蜘蛛、恐龍等天生就有毒的物種也吃進去，情況會更加危險。事實上，*所有的*蜘蛛基本上都有毒，但只有少數品種可以毒到要人命。

---

[1] 今日吃到的紅葡萄柚，是美國1950年代「原子能和平用途」（Atoms for Peace）計畫的產物。此計畫旨在推廣核能在戰爭以外的實用性。其中一項產物即為「伽瑪花園」，這個花園如其名一樣令人驚奇。花園中央擺放放射性物質，並以此為中心種下一圈圈植栽。最內圈的植物會遭受輻射污染而死，最外圈的植物大都不受影響，但中間的植物則發生了變異。有些變異是有用的，其中一個就是現代的紅葡萄柚，比原來的紅葡萄柚更甜，果肉顏色也更深更討喜。今日的紅葡萄柚大都來自這些受到核輻射影響而變異的植株。

[2] 吃了不會死，但身體會劇痛幾個月，並僵硬好幾年。何況鴨嘴獸不怎麼好吃，別浪費時間了！

[3] 在很罕見的情況下，這也可能發生在哺乳類動物。請參見單元〈9〉，北極熊肝產生毒性的事例。

植物的毒性比動物還要命。植物不像動物那樣可以拔腿逃離掠食者的攻擊，因而演化出好幾種防禦策略。許多植物的運作守則是：「我要讓吃掉我的人不好過，這樣他們以後就不敢碰我了。但仔細一想，何必冒這個險，*乾脆第一次就直接殺了他們。*」有些植物的毒素對人類無害（蘋果籽含有氰化物，但得吃上好幾噸才會危害人體），有些則很可怕。其中最可怕的是澳洲帶刺灌木，這種灌木又稱「自殺植物」，據說動物和人類被刺到之後，會痛到索性自我了斷。一旦碰到這種植物，含有神經毒素的空心毛刺會刺穿你的皮膚，帶來難以忍受的痛楚，像是被酸液灼傷又同時遭到強烈電擊。唯一的治療方式就是*把刺傷的部位浸泡在鹽酸中，然後用鑷子夾出植物毛刺*。取出過程千萬小心，萬一毛刺斷掉殘留在皮膚內，只會更痛。

文明廢知識：就連在澳洲的植物都想要你的命。

不說也知道，你肯定想離澳洲這種 1-3 公尺高、有著 12-22 公分長帶毛刺心形葉片的植物越遠越好。還好，你可以藉由 58 頁「可食性通用測試」的步驟，來測試所有動植物到底可不可以吃。在測試新食物之前，切記先準備大量的水（清水和鹽水）以及木炭（參見 10.1.1）。清水是萬一發生不測，可拿來飲用並清潔染毒的皮膚、嘴唇或舌頭，鹽水則是肚子不對勁時拿來催吐用的。一茶匙的木炭則要加水調成糊狀，吞嚥時有助催吐，如果你完全吞下去了，也能幫忙吸收體內的毒素。祝用餐愉快！

可食性通用測試

想確定東西能不能吃，必須在同樣的狀態下（生吃或煮過）分別測試各個部位（如種子、莖幹、葉片、花苞、果實等）。煮熟絕對比較安全。每次試吃前都先空腹八小時，而且要記得，光是測試一種食物的某個部分，就得花上大半天時間。為了讓你不至於把時間都花在中毒上，切記自然界中色彩鮮豔的植物通常（但並非百分百）在對你說：「我這麼顯眼，代表我不怕獵食者，所以你要是吃了我，很可能慘兮兮。」❶

1. 聞一聞：強烈、令人不快的氣味通常是不好的跡象。若聞到腐敗的味道，不要食用，因為或許真的腐壞了。如果不是杏仁卻聞起來有杏仁味，很可能含有氰化物。
2. 手肘或手腕內側的皮膚較敏感：拿一塊食物，放在這裡輕輕搓揉，然後靜候 15 分鐘。如果皮膚出現燒灼、發癢、發麻等不適反應，千萬別吃。

---

❶ 如果動物以鮮豔色彩來警告外界自己有毒，而且確實起了作用的話，演化上的趨力就會促使無毒動物模擬有毒物種的顏色策略，來警告天敵。這種策略通常要在一種情況下才能奏效：有毒動物的數量遠多於偽裝成有毒的動物。

3. 如果沒發生什麼事，把食物拿到嘴角輕輕碰一下，然後也靜候 15 分鐘。
4. 如果還是沒發生什麼事，嘴唇和舌頭輕輕碰一下食物，一樣等 15 分鐘。
5. 這時安然無恙的話，拿一塊食物放在舌頭上含在嘴裡，然後再等 15 分鐘。
6. 仍然平安無事的話，可以咀嚼一次，但不要吞下去。然後含在嘴中 15 分鐘。
7. 還活著的話，這塊 15 分鐘之前嚼過的食物就能吞下肚，然後 8 小時內不可進食，只能喝水。
8. 如果 8 小時後毫無異常，同樣的食物再吃一些，然後再觀察 8 小時。
9. 如果到這裡還能活蹦亂跳，這種食物應該安全無虞了！接下來的一週內，可以慢慢加一點到你的餐食之中。

走完整個流程得花上 17.5 小時，期間還不能吃其他東西。但這確實是嘗遍未知食物又能保命的好法子。不過這套方法還是有漏洞，例如毒漆藤引發的過敏反應可能要數日後才會出現。這時，你的食物探索之旅就會被迫縮短了。

7

落地生根：受困的時空旅人用得上的植物

為了吃一口這些植物，值得你盡力培育

本單元所列出的都是對人類最有用的植物，讓你可以大展身手。植物比人類還早出現，大致是以緩慢的速度自然演化，這表示只要你能看到人類，就可以找到跟本單元相符或相近的植物。不過，有一點很重要，那就是你見到的植物可能會跟你熟知的有些微不同，甚至是天差地遠。欲知更多詳情，以及如何把這些怪異的植物先祖「恢復」到你所熟知的樣子，請參見單元〈5〉。

看看附近找不找得到下列植物。本單元植物按照英文名稱首字母順序排列，並列出最早現身的地區。如果你不曉得自己在地球哪個區域，試著尋找周圍認得的植物，然後在本單元找出這些植物。雖然機率很低，不過萬一你真的不知道本單元任何一種植物的外觀，讀完這本書，至少心裡會有點底。而雖然每種植物都

找得到專書，但簡單幾行的介紹嚴格來說，有總比沒有好。你或許會很幸運地在這些植物的原生範圍之外發現它們，這就看你人在哪個時期而定。[11]

7.1 蘋果

原生地：

中亞

用途：

- 蘋果樹是人類第一批栽種的樹，果實已改良了數千年。因此，如果你回到尚未發明選育的時期，看到又小又酸、肉少籽多核又大的蘋果，應該會很失望。好好享用！
- 蘋果秋天採收，儲存在涼爽的地方能順利度過冬天。

提醒：

- 只要把蘋果汁擺著，讓天然酵母進行發酵，便可釀出蘋果酒。或許不太美味，但至少*是*酒！

7.2 竹子

原生地：

溫暖潮濕的熱帶地區

用途：

- 刮去青綠色的外皮，剖半後攤平，就是可連續書寫的表面（在紙張發明之前尤其好用）。可把幾面竹片串起來使用！
- 適合用來做笛子（還有吹箭筒），竹子的嫩芽（竹筍）可以吃。
- 可用來製作箭、籃子、支架、家具、牆、地板、燈絲、水管。若鋼尚未發明，可用來加固混凝土，竹子的抗拉強度（承重而不斷裂或彎折的能力）跟鋼幾乎不相上下。
・吸引可愛的大貓熊。

提醒：

・竹子是萬用的，如果你受困的年代有竹子，光是這種植物就可以提供你許多建造文明的材料！
・竹子是世界上生長最快的植物之一，如果你想像*之前*一樣擁有植物，竹子就很有用。

7.3 大麥

原生地：

全世界的溫帶地區

用途：

・人類吃大麥！動物也吃！幾乎全世界都有這種基本作物。

提醒：

・大麥啤酒是人類最早製造出來的酒精飲料之一！❶想知道如何自釀啤酒，參見 10.2.5。
・現存最古老的食譜之一就是大麥啤酒的配方，是的，我們準備提供給你（參見 80 頁）。乾杯！

---

❶蜂蜜酒和葡萄酒比啤酒還早出現，因為前兩者都可以在無意間釀出來。蜂蜜只要加水稀釋（參見 8.8），裡面的酵母就會開始作用（如果你不想依賴野生酵母，可參見 10.2.5 自行培養酵母的指示）。而酒精則由腐爛的水果自然產生，過程跟製作葡萄酒一樣，只不過後者是在人為控制之下。

7.4 黑胡椒

原生地：

南亞與東南亞

用途：

- 胡椒樹的紅色果實收成並曬乾後就是黑胡椒粒，研磨後加到食物中可增添胡椒的香辣風味。
- 在現代相當普及的辛香料，交易量全球第一！

提醒：

- 在中世紀歐洲，胡椒的價值是其他辛香料的十倍！人們若不是特別喜愛胡椒的味道，就是討厭食物淡而無味。也許兩者都是？應該是的。

7.5 可可樹

原生地：

中南美洲雨林區

用途：

- 好吃的巧克力就是以可可豆製成。從豆莢中挖出豆子，放在香蕉葉下發酵之後，日曬、烘烤，然後去殼。乾燥豆仁研磨之後，就製成純巧克力了。
- 巧克力帶有天然苦味，數百年來都是烘烤、研磨之後加入燉菜或是紅酒中食用，但巧克力真正大受歡迎，則是加糖做成美味飲品之後的事！

提醒：

- 豆莢上的果肉也可以吃（也可跟其他甜水果一樣拿去發酵），人們一開始是為了果肉才栽種可可樹，而非豆子。[12]
- 巧克力的風味風靡全世界，等著看你的文明*紅透半邊天*吧。
- 全人類公認最美味的巧克力就是牛奶巧克力，只要在巧克力加入牛奶、糖以及油脂，加熱後放涼，就大功告成。牛奶巧克力易於保存、熱量高，是長途旅行的良伴（參見 10.12.5）。

7.6 辣椒

原生地：

中南美洲

用途：

- 適合用來增加辣味，食物會因此更加美味。此外也很適合製成辣椒醬。
- 含有活性成分「辣椒素」，在低濃度狀態可用來暫時緩解疼痛，原理是刺激痛覺受器，讓它超過負荷而變遲鈍。

提醒：

- 辣椒素是廣為使用的調味料，無所不在的程度僅次於鹽巴。人們愛這味！

7.7 金雞納樹

原生地：

秘魯和玻利維亞

用途：

- 金雞納樹的樹皮含有奎寧，能治療瘧疾！

提醒：

- 要抗瘧疾，就剝下樹皮，乾燥後磨粉，再一口吞下。副作用有頭痛、視力模糊、耳鳴、耳聾和心律不整。除非必要，否則別吃！

7.8 椰子

原生地：

印度洋—太平洋地區

用途：

- 這種植物用途非常廣泛：葉子可作為燃料，也可編織籃子和地墊。葉柄可以製成掃帚，椰子殼的鬚可編成繩子。而且不用多說，椰子肉好吃極了！

提醒：

- 椰子果實是密封狀態，所以內部所含的椰子水是無菌的。椰子水是安全乾淨飲用水的重要來源，而且不用透過任何科學技術來生產！你甚至可能會讚美它們是「可愛的堅果」（coco-nut），不過困在過去已經夠忙了，應該沒空玩雙關語。

7.9 咖啡

原生地：

非洲

用途：

- 基於某些原因，咖啡豆曬乾後磨成粉，沖入熱水後形成的黑色液體受到許多人喜愛。
- 有個不相干的原因是，咖啡富含咖啡因，是全世界消費量最大的精神藥物！

提醒：

- 咖啡因可以刺激中樞神經系統的某些部位，預防嗜睡。
- 你有可能因為攝取太多咖啡因而死亡。在那個時空，對咖啡可能要小心點。

7.10 玉米

原生地：

美洲

用途：

- 玉米是美洲文明的主食，可以方便又有效率地餵飽人類和動物。大家都愛玉米！至少在沒有其他選擇時，人人都會吃。
- 玉米是用途十分廣泛的蔬菜，可以水煮、烘烤、蒸煮、生吃、搗成玉米粉、加熱做成爆米花、烤成麵包，或是釀造啤酒。

提醒：

- 馴化的玉米（出現在公元前 7000 年之後）無法自然繁殖。為了產出更多玉米，必須把玉米粒保存到隔年春天，然後種到土裡。現代玉米已徹底馴化，必須有人類幫助和介入才活得下來。玉米，謝謝你把自己的性命交到人類手上！

7.11 棉花

原生地：

美洲、非洲和印度

用途：

- 即使在現代，棉花仍然是世界上最重要的非糧食作物之一。

- 棉花可用來製作柔軟、透氣的衣物和織品，以及船帆、魚網、紙張、咖啡濾紙、帳篷，甚至消防水帶。
- 棉花富含纖維素，非常適合造紙（參見 10.11.1）。

提醒：

- 要製作棉紗（可編織成布品），首先摘採棉花頂部蓬鬆的棉花球。用粗糙的板子軋過棉花球，分離棉籽與棉絨。接著梳理棉絨，拉直纖維，紡成紗線（詳情參見 10.8.4）。

7.12 桉樹

原生地：

澳洲

用途：

- 樹皮上的樹脂可用於製造漱口水。
- 花朵會吸引蜜蜂製造美味的蜂蜜。
- 從樹葉提取的油在醫學上十分有用（預知詳情請撥空看看下面的「提醒」）。
- 桉樹油可使食物變得辛辣美味，也能為肥皂增加香氣。

提醒：

關於桉樹油……

- 局部塗抹可以消毒消炎，擦在傷口上有助於預防感染！
- 喝下去有助於緩解感冒和流感症狀，如喉嚨痛。
- 隨蒸氣吸入體內，可作為解鼻充血劑以及治療支氣管炎。
- 塗在皮膚上還可驅蟲！謝了，桉樹油，你真是超級好用。
- 非常易燃，燃燒中的桉樹有時會爆炸，要小心。
- 攝取過量會產生毒性，每公斤 0.05-0.5 毫升便足以致人於死。

7.13 葡萄

原生地：

西亞

用途：

- 果實可以生吃、曬成葡萄乾（可保存更久），或是發酵製成葡萄酒，人類歷來都十分醉心於此。
- 由於葡萄可以自行發酵，因此釀酒師是在發酵作用結束之後才展現身手維持酒液的穩定，並在正確的時間裝瓶保存，以製造出更美味的佳釀。

提醒：

- 如果你處於蒸氣船航行於歐洲和美洲之間的時期，請注意，這些船隻以前所未有的速度航行，美國淡黃色的昆蟲「根瘤蚜」因此會在死去之前抵達歐洲。過去跨越海洋的旅程較長，這種蟲常常熬不到趟旅程結束。這種蟲抵達歐洲之後便造成流行病，摧毀了好幾代人的葡萄園。最後的解決方法就是把歐洲葡萄樹嫁接到能耐受根瘤蚜的美國葡萄砧木。你越早提出這個辦法，對世界歷史的改變就越大（至少能改寫葡萄酒的飲用史）。

7.14 橡樹

原生地：

北半球

用途：

- 橡樹是非常密實、強韌而有彈性的硬木，能耐受蟲蛀和防霉。
- 從船隻到建築物都用得上橡木。

・橡木樹皮含有鞣酸，這種化學物質能把粗糙的動物皮變成有彈性、可穿戴的皮革。揉製方法參見 10.8.3。

提醒：

・橡樹可以活 1,500 年以上，而橡木要長到可以砍伐使用，則需要 150 年。所以想要種植橡樹作為建材，得早點規畫才行。

7.15 罌粟花

原生地：

地中海東岸

用途：

・一種漂亮的植物，罌粟籽的汁液剛好含有鴉片。鴉片是嗎啡（止痛藥）、可待因（止痛藥，也可用來治療咳嗽和腹瀉）和海洛因（極度容易成癮的麻醉劑）的主要成分。

・如果你對藥物沒興趣，罌粟籽也可以是頗為美味的辛香料！

提醒：

・晚上刮擦成熟罌粟花的蒂頭，早上收集蒂頭所滲出的汁液。汁液日曬乾燥後就是生鴉片。

・要從罌粟中萃取出嗎啡，先切開乾燥的罌粟，放入罌粟三倍重量的水中沸煮至底部形成糊狀物。加入萊姆（參見附錄 C.3），重複上述步驟，再加入氯化銨（參見附錄 C.6），便可沉澱出嗎啡，接著再以鹽酸純化（參見附錄 C.13）。

7.16 紙莎草

原生地：

埃及、熱帶非洲

用途：

在你發明紙張或是發現把動物皮乾燥拉長之後可製成羊皮紙之前，紙莎草是很好的書寫紙。

提醒：

・製作草紙的方式：剝除紙莎草莖稈外皮，剪成長條狀，浸入水中數日。第一層先一條條並排直放，邊緣稍微重疊，接著在上方橫放第二層。壓平數日之後就大功告成了。瞧，你做出一張草紙了！

7.17 馬鈴薯

原生地：

南美洲安地斯山

用途：

・這樣植物並不多——人類需要的營養素，馬鈴薯全部都有！你可以只吃馬鈴薯而活。（但你不該這麼做，萬一歉收就完了。）

・整顆馬鈴薯在煮熟之前是有毒的，不要生吃。這些毒素多少有點好處：人類是唯一會烹煮食物的動物 [1]，那些知道馬鈴薯有毒的動物不會來偷你的馬鈴薯。

・馬鈴薯可以水煮、搗成泥、放在鍋中燉煮，甚至油炸製成美味的薯條和薯片（這不太健康，不過美味無敵。對了，聽好，有時候文明人就是想來一盤薯片當晚餐，你有意見嗎？）馬鈴薯片要

---

[1] 好吧，只差一點。有隻名叫坎茲（Kanzi）的巴諾布猿在研究人員的教導之下學會了烹飪，並在 21 世紀初進展到能自行收集木頭來堆柴，還會用人類提供的火柴來點火。牠用火來烤棉花糖。同樣地，在 2015 年，有研究人員提供黑猩猩「烹飪機器」，但其實只是個裝有假底的碗。當黑猩猩把食物放入碗中，就會彈出一道煮熟的同一種食物。這種烹飪方式不需要控制火。結果這些黑猩猩顯示出喜歡熟食勝過生食，甚至會刻意留下食物，以便日後「烹煮」。

到 19 世紀才問世，但是作法很簡單，你現在應該就能大快朵頤一番。

提醒：

- 馬鈴薯幾乎隨處都能種，但熱帶除外。此外，每平方公里的馬鈴薯所生產的熱量高於所有穀類作物！
- 歐洲一度拒絕引進馬鈴薯，原因是清教徒認為馬鈴薯是來自「新世界」的邪惡東西，在地底繁殖，而且擁有十分「挑逗」的曲線。是啊，如果你能追溯美國早期的祖先，他們都很有可能都被馬鈴薯撩得性致盎然。不過歐洲的抵制遭到各個擊破，最引人注目的是法國，法國人把馬鈴薯種在凡爾賽宮的土地上，並派「守衛」專門保護這種嶄新神祕的皇家蔬菜。到了夜間，守衛休息，換民眾上場，他們對這種新作物充滿好奇，大肆盜採。很快的，人民就開始自己種植馬鈴薯了。

7.18 米

原生地：

亞洲和非洲

用途：

- 米已經栽種了數萬年，有數十億人類見證米的便利和美味。
- 可以試試在米飯淋上咖哩，美味無敵。
- 亞洲文明的主食作物。

提醒：

- 米占全世界人類 1/5 以上的熱量來源，超過任何一種植物！
- 米最適合種植在水田中，在降雨量高的地區長得很好。不過只要有澆灌，幾乎每個地方都可以生長。

・米可以種植在沖積平原，這種地形能防止蟲害和雜草，有利於稻米生長。

7.19 橡膠榕

原生地：

幾種橡膠榕都是南美洲原生植物

用途：

橡膠榕的汁液是有彈性、有黏性、防水性的乳膠，用途很多：

・製作橡皮擦
・壓成薄片製成防水布料
・作為黏合劑或接合劑
・作為絕緣體防止導電

提醒：

・天然橡膠會脆化，但經由化學方法可以改造成黏性較低、彈性較高且效期更長的物質！這個過程稱為「硫化」（當然你還是可以自行命名，不過「硫化」聽起來就很厲害）。
・橡膠硫化最簡單的方式就是加熱之後加入硫。如果你手邊沒有純硫，這裡有好消息：南美橡膠榕的樹幹上通常會有一種爬藤，在夜間會開出芳香的大白花。這種「夜花」爬藤流出的汁液就含有硫。你現在已經握有製作硫化橡膠的所有原料了。

7.20 大豆

原生地：

東亞

用途：

- 大豆植株每平方公里所生產的蛋白質是其他蔬菜的 2 倍、放牧動物的 5-10 倍、肉類產品的 15 倍以上。喜歡蛋白質嗎？*你找對了。*
- 大豆也是許多基礎營養素的重要來源。

提醒：

- 大豆跟薯蕷一樣，生食這種食物對人類（以及只有一個胃的動物）來說是有毒的，因此食用之前必須煮熟。聽好：你找到的任何神祕食物都應該先煮熟。許多食物的毒性可經由烹煮去除，而且沒有食物會在烹煮中產生毒性。熟食萬歲！

7.21 甘蔗

原生地：

新幾內亞

用途：

- 甘蔗擠壓後流出來的汁液，煮沸濃縮之後就變成了糖晶體，餐桌上的糖就是這樣來的！糖不是文明必需品，但能讓生活更甜美（同時也提高罹患糖尿病和肥胖症的機率，*還會*讓你的身體更難消化纖維，所以或許不必太專注於製糖）。

提醒：

- 榨出蔗糖之後剩下的甘蔗渣可以用來製紙。
- 甘蔗的光合作用效率奇高，把陽光轉換成生質的能力幾乎勝過任何植物！因此，如果你想以植物為燃料，種植甘蔗是最佳也最有生產力的選擇。只需讓甘蔗乾燥，就能當成煮水的燃料（可用在你的蒸氣機，參見 10.5.4）。製糖之後剩下的甘蔗渣也能當成燃料，讓甘蔗運用得更有效率。

7.22 甜橙

原生地：

中國和東南亞

用途：

- 含有大量維生素 C，易於儲存攜帶！

提醒：

- 人類需要維生素 C，卻無法自行製造，所以如果你不想得壞血病，或是已經得了，就吃顆柑橘吧！這是最佳處方。
- 大多數的新鮮食物都含有維生素 C，但是維生素 C 只要一接觸到光、熱和空氣，就會分解殆盡。所以大多數罐頭食品都不含維生素 C！單元〈9 基礎營養素〉會告訴你，這個簡單的知識能拯救*數千甚至數百萬生命*。
- 甜橙到 15 世紀初才培育出來，所以在這之前，你只能吃到很苦的柑橘。

7.23 茶

原生地：

中國、日本、印度、俄羅斯

用途：

- 把乾燥茶葉放入熱水，泡出好喝的茶湯。
- 茶也能提供咖啡因。如果你尚未去過非洲，也沒發現咖啡，那麼茶葉就很珍貴了。

提醒：

- 茶是全世界第二普及的飲品（第一普及是水），好喝毋庸置疑。
- 茶也可以用其他植物製作，但這種茶通常稱為「花草茶」。正統的茶來自茶樹，而你*不該接受替代品*。
- 可以加入牛奶和糖、冰塊和檸檬，一起飲用！

7.24 菸草

原生地：

中美洲

用途：

- 含尼古丁興奮劑
- 想對植物上癮的話，就吸菸草吧！

提醒：

- 20 世紀的可預防死亡中，菸草是最大死因，每 10 人就有 1 人死於菸草。
- 吸二手菸也會致死，所以不要吸菸，也不要站在吸菸者旁邊。
- 不要把菸草帶進你的文明，就能省下數十億美元並拯救數百萬生命，*而且*無需發明電子菸。

7.25 小麥

原生地：

中東（肥沃月彎）

用途：

- 歐洲文明的主食作物。小麥粉（用兩顆大石頭把小麥磨成粉，參見 10.5.1）加水混合均勻並稍微加熱後，就能製作出麵餅以及餅乾，這種食物能存放較久。你也可以用小麥來釀造艾爾啤酒。參見 10.2.5。

- 乾燥小麥能存放很久，隔年春天播種之後還能發芽生長。
- 摘取小麥粒時，只需把整株小麥稈割下後平放，以木棍敲打，小麥粒便會自麥稈脫離。下一步是讓小麥仁脫稃（也就是脫去外殼），只需把麥粒拋向空中，麥稃和麥稈自然會被風吹走，留下較重的小麥仁。
- 尚未馴化的野生麥有個重要特徵，那在培育之後就消失了：種子穗會敞開，以散播種子到地面或是風中。人類當然想將麥子留在封閉的麥穗中，這樣種子才不會掉落，於是迅速培育出種子穗封閉的馴化小麥。這意味著若沒有人類栽種，現代小麥是無法生存的。

提醒：

- 小麥生長的範圍比其他食物都廣，是最普遍的植物性蛋白質來源。
- 麵包是簡單又營養的主食，人類已經食用了數萬年，也難怪許多英文說法都跟麵包有關：要愛情還是麵包？人活著不是單靠麵包啊！
- 附帶一提，切片麵包最早是在 1928 年 7 月 7 日上市販售。在這之前，切麵包得自己來，當時還流傳著一句俗諺：「人生最棒的事，莫過於不必再自己切麵包！」
- 你可以發明電風扇，這樣就不必等待有風的日子才能分離麥仁跟麥稃。只需在螺旋葉片（參見 10.12.6）裝上電動馬達（參見 10.6.2）就大功告成。
- 小麥的馴化可在 20 年內達成！[13]

7.26 白桑

原生地：

中國

用途：

- 會吐絲的蠶愛吃白桑（參見 8.15）。

提醒：

- 中國絲綢貿易史超過一千年，製造方法保密到家，其他國家一直無從得知絲綢製法，讓中國得以壟斷這種利潤豐厚的產品。（事實上，當時中國會處死任何出口蠶及蠶蛹的人，這顯然發揮了作用。）
- 絲綢產自何物的傳言眾多，包括：來自某種珍稀花朵的花瓣、某種特別樹木的葉子，更扯的是，有人傳言是某種蟲子不斷進食後爆炸，把絲噴得到處都是。
- 可惜上述傳言全錯。絲綢來自蠶繭，而且從白桑上就能採收蠶繭。不過如果你想大量製造，就得自行養蠶了。完整作法請參見 10.8.4。

7.27 白柳

原生地：

歐洲和亞洲

用途：

- 樹葉和樹皮含有水楊苷，吃進體內之後會代謝成水楊酸。水楊酸是阿斯匹靈的主要成分，而阿斯匹靈是世界上最常用的藥物之一，也是你會想要拿到手的藥。

- 柳樹可以製造籃子、魚網、籬笆以及圍牆。人類使用柳樹的歷史非常悠久，柳樹製成的網子可以追溯到公元前 8300 年！

提醒：

- 阿斯匹靈可以治療發燒症狀、消炎，也能暫時緩解疼痛。
- 柳樹跟甘蔗一樣，是生質燃料的絕佳來源。
- 白柳跟白蠟樹一樣，生長意志堅定，即使整株砍掉還是有可能再生。這衍生出了「萌蘗」（矮林作業法），也就是在冬天樹木冬眠期砍樹，但保留樹樁，到了春天，樹木會重新生長。在 2-5 年內，還可以進行相同程序來採集樹皮。萌蘗之後的樹木通常會停留在青少年時期，因此不會老死。這讓柳樹成了木質燃料的可再生資源！其他樹種也可以萌蘗，但柳樹特別適用這個方法，因為生長速度夠快。

7.28 野生甘藍

原生地：

地中海和亞德里亞海沿岸

用途：

- 可經由選育培育出羽衣甘藍、抱子甘藍、青花菜、花椰菜等蔬菜。野生甘藍是這麼多種蔬菜的始祖，非常適合用來選育。

提醒：

- 甘藍菜在大多數的氣候和土質中都能生存，因此也是熱量的便利來源。

7.29 薯蕷

原生地：

非洲和亞洲

用途：

- 富含礦物質、碳水化合物、維生素的澱粉類植物，如果還含有蛋白質就完美了。

提醒：

- 與美國發現的地瓜（又稱甘薯）不同，兩者常被搞錯，因為英文名字都是「yam」。
- 許多薯蕷都有毒性，尤其是尚未馴化的品種。但經過烹煮或烘烤，毒性就會消失，所以切記不要生吃！何況烤過的薯蕷好吃多了，你一定要試試。

來點啤酒吧！

目前現存最古老的食譜中（約公元前 1800 年保存在古代蘇美泥版上的食譜，並不是由時空旅人帶過來的），就有大麥啤酒的配方。好吧，基本上，這是一首頌讚蘇美女神寧卡西的詩歌，只不過花了很長篇幅描述如何釀造啤酒，與基督教的主禱文簡直如出一轍：

我們在天上的父，願人都尊祢的名為聖。願祢的國降臨，願祢的旨意行在地上，如同行在天上。賜給我們日用的麵包，包括披薩，也就是鋪著乳酪的麵餅，如果嫌太平淡，就再加點蔬菜給素食者，或是加點肉給我們之中的肉食者。以上都是尊祢的名備置的……

如果你身處虔誠的社群，希望把某些訊息保存下來並盡可能分享出去，可以用禱詞或讚美詩包裝這些訊息，效果很好。❶ 以下節錄自獻給女神寧卡西（Ninkasi）的讚美詩，由古代蘇美文直接譯為英文，再譯成中文，讚美詩中也包含了古代釀酒配方：[14]

妳的父親是恩基，創造之主，
妳的母親是寧提，聖湖之后。
寧卡西，妳的父親是恩基，創造之主，
妳的母親是寧提，聖湖之后。

---

❶ 你覺得很扯嗎？其實也沒那麼扯。在天主教會，彌撒儀式中需要葡萄酒，這表示只要有天主教會，就有修道院在釀酒，以確保儀式中的酒不虞匱乏。當然也順道確保了釀造葡萄酒的技術不至於失傳。在中世紀，包括熙篤會、加爾都西會、聖殿騎士團、本篤會在內的天主教修會都是法國和德國最大的釀酒廠，其中有幾款葡萄酒至今仍為人飲用。例如唐培里儂香檳王就是以本篤會修士唐培里儂來命名。他在 17 世紀末法國的香檳省提升了這種氣泡葡萄酒的發酵技術。

妳是掌管麵團並握有大鏟之神，
妳在碗中混合了巴皮爾（蘇美人未發酵的大麥麵餅）和甜美的芳香料，
寧卡西，妳是掌管麵團並握有大鏟之神，
妳在碗中混合了巴皮爾和椰棗蜜。

妳是在大爐中烘焙巴皮爾之神，
妳將去殼的穀物排放整齊。
寧卡西，妳是在大爐中烘焙巴皮爾之神，
妳將去殼的穀物排放整齊。

妳是以水澆灌地上的麥芽之神，
尊貴的狗守護著，甚至位高權重者（如國王和皇后等當權者）也不能靠近。
寧卡西，妳是以水澆灌地上的麥芽之神，
尊貴的狗守護，甚至位高權重者也不能靠近。

妳是將麥芽浸泡在罐子裡的神，
潮漲，潮落。
寧卡西，妳是將麥芽浸泡在罐子裡的神，
潮漲，潮落。

妳是將煮熟的麥糊鋪放在大草蓆上的神，
讓麥糊放涼。
寧卡西，妳是將煮熟的麥糊鋪放在大草蓆上的神，
讓麥糊放涼。

妳是雙手捧著香甜大麥汁液的神，
妳以蜂蜜和酒來釀造。
寧卡西，妳是雙手捧著香甜大麥汁液放入容器的神，
妳以蜂蜜和酒來釀造。

那過濾的大桶，發出悅耳的聲響
妳將酒液妥善地放入大型收集桶。
寧卡西，那過濾的大桶，發出悅耳的聲響
妳將酒液妥善地放入大型收集桶。

當妳從收集桶中倒出過濾好的啤酒，
宛如底格里斯河和幼發拉底河湧入。
寧卡西，當妳從收集桶中倒出濾好的啤酒，
宛如底格里斯河和幼發拉底河湧入。

8

交配和育種：時空旅人一定要上的動物性教育課

你剛馴化的狗並不胖，只是……有點像哈士奇。

這一單元詳細介紹地球上最有用的十八種動物，外加三種可怕的動物。這裡列出的每種動物，都出現在第一個現代人類出現之前（當然人類創造出來的動物除外，像是狗和綿羊），所以好消息是，有人類的文明，都可能有這些動物。

先別為腦海中浮現的景象而太過興奮，以為會有獅子在你的土地上刨土，一旁的長頸鹿則睜著警戒的眼睛張望著。你應該知道，在時空旅行發明之前，完全馴化的動物大約只有四十種，包括金魚、孔雀魚、金絲雀、刺猬、雀鳥、臭鼬等可愛度破表的動物。這些動物除了是討喜的寵物，對人類來說基本上沒什麼用處。[1] 馴化植物相對來說比較容易。

要拿來馴化的動物必須符合下列條件：

- 對人類有用處（食物、勞動、皮毛、陪伴、娛樂，或是能以生命來警告人類煤礦坑中充滿了一氧化碳——總之就是要*有貢獻*）。
- 以圈養來繁殖
- 易受控制，或是天生能與人類親近
- 很快成熟
- 喜歡或至少能忍受待在人類與其他同類身旁
- 個性冷靜、溫馴，驚慌時不會失控
- 可食用人類能就近取得或方便提供的食物
- 能接受人類靠近與圈養，服從人類文明的領導

只要有一項條件不符，你的馴化大業都會不如預期，最後養出了一群知道你*住在哪裡*、對你很不爽的野生動物。然而，如果所有條件都符合，就是能接受人類飼養的動物，可以開始進行選育。馴化動物就跟馴化植物一樣，先挑選出一隻具備理想特徵的動物，然後加以繁殖。再從下一代挑出一隻符合理想特徵的動物，以同樣方式繁殖下去。

透過這樣的人工選育過程，培育出來的動物都會比野外抓來的更符合所需，不論你需要的是什麼。

---

[1] 完全馴化的動物如下：羊駝、單峰駱駝、雙峰駱駝、金絲雀、貓、雞、牛、瘤牛、狗、驢、鳩、鴨、雪貂、燕雀、狐、山羊、金魚、鵝、天竺鼠、珠雞、孔雀魚、刺蝟、蜜蜂、馬、錦鯉、駱馬、鼠、豬、鴿、兔、大鼠、綿羊、暹羅鬥魚、蠶、臭鼬、火雞、水牛和犛牛。當然了，這串名單已經剔除了那些原已滅絕、但在時空旅行發明之後又重新馴化的動物，像是動作迅速的渡渡鳥、情感熱切的雙門齒獸，以及溫和、高貴、深情又極富同情心的雷龍。

應該從哪一種動物開始馴化呢？對你的文明來說，最重要的動物就是有四隻腳、易於馴化、好控制也操縱的大型草食性哺乳類，因為牠就像奇蹟一般，可以完整提供肉、皮、奶、毛、運輸、勞力等所有資源。綜觀人類歷史❶，最佳範例就是馬。馬可以載著你到處跑、為你犁田、餵飽你、供你穿著，甚至提供娛樂（比如看著一群馬兒同時疾奔，然後下注）。如果你的周圍有馬或原型馬，那真是好消息，你和你的文明可以開始輕鬆運作了。❷如果沒看見任何馬，那就退而求其次找找駱駝或羊駝。如果還是沒找到，那就再退一步看看有沒有牛、野牛或山羊，這些動物不像馬一樣萬能，不過至少還能提供皮毛和肉，聊勝於無。

壞消息是（對愛馬人以及暫時受困的文明建造者來說），人類歷史中有不少時期和地方都沒有馬，也找不到馬的候補動物，尤其是下列兩個時間與地點：

- 公元前 1 萬年到公元 1492 年之間的美洲大陸（也就是說，從人類首次抵達到歐洲人大舉進入之前）
- 公元前 4 萬 6 千年到公元 1606 年之間的澳洲大陸（同樣的，指人類首次抵達到歐洲人大舉進入之前）

在上述兩個時期，人類的到來意味著生物大滅絕（包括馬與馬的近親），導致美洲和澳洲大陸沒有馱獸可用，一直到後來才從歐洲重新引進。

---

❶ 當然了，在人類演化出來之前，還有其他現成的動物，不過當你需要人類來建造你的文明，那些動物可能就沒啥用處了。有些草食性恐龍可以馴化，像是三角龍，頭上的角長出來之後就特別有用。在又凶又餓的暴龍四處橫行的時代，草食性恐龍能為人類耕種的優點顯得格外重要。

❷ 有多輕鬆？馬這種大型動物在供人騎乘和載運貨物上表現優異，鐵路發明之前，馬一直是陸地運輸的黃金標準選項，而在卡車和／或坦克發明之前，也是軍事運輸的黃金標準選項。加上許多大型哺乳動物還可以把人類無法消化的植物（例如草）轉化成可消化的美味乳品（假設人體內有消化奶類的酵素，參見 8.5）。光靠這些動物的乳汁常態供給的卡路里，就能大幅超越吃掉牠們的肉所獲得的卡路里。

- 如果你身處公元前 1 萬年到公元 1492 年之間的美洲大陸，就找不到馬或駱駝，但南美洲有羊駝。北美洲有野牛，但尚未馴化，想抓一隻來犁田的話，祝你好運。如果你這個時期身在中美洲，大概會陷入最悲慘的情況，因為連半隻野牛都沒有。對於受困於此的你，最好的作法就是找小型動物來馴化，像是狼、火雞、鴨，盡你所能地用這些動物來取代其他地方或文明時期的那些大型有用動物。
- 在澳洲大陸，有袋類❶完勝哺乳類，稱霸一方，而且也沒有馬出沒的跡象（這塊大陸永遠是特例，因為自從公元前 8 千 5 百萬年與南極大陸分開之後，就與世隔絕而自行演化）。不過，等到公元前 2 百萬年到公元前 4 萬 6 千年，你就可以見到雙門齒獸了。這種大如河馬的巨型袋熊能提供肉、奶、皮，可騎乘與犁田，而且已經有其他時光旅人馴化過[15]。這種動物在人類抵達澳洲大陸之後就滅絕，至於袋鼠和鴯鶓這種既不能用於運輸也無法犁田的動物，則僥倖存活下來。由於你需要人類來建立文明，因此受困於澳洲的最佳時期是公元前 4 萬 6 千年左右，此時人類陸續來到此地，而且雙門齒獸還活得好好的，尚未絕跡。保護雙門齒獸不再遭受人類毒手，你所建立的文明就能同時擁有人類跟役用動物。

你可以一一檢視下方列出的動物是否出現在身處的區域。這裡就跟單元〈7〉一樣，依照動物英文名稱首字母的順序排列，其中前半部是已經馴化的物種，後半部則尚未馴化。內容會交代該物種首次出現的地區。你也許能有幸在原生地區之外發現這些動物（別擔心，其中只有少數是會吸血的寄生蟲），當然這也跟你身處的時期有關。[16]

---

❶ 你知道的，就是把自己的小孩放入袋中帶在身上的動物，像袋鼠那樣！

8.1 野牛（美洲水牛）

原生地：

北美洲、歐洲

首度演化時間：

公元前 750 萬年

馴化時間：

印度和中國的水牛分別在公元前 3 千年和 2 千年馴化，但美洲水牛從未馴化。

用途：

・水牛每個部位都有用途：肉可以吃，皮可以穿，筋可以當弓弦，蹄可製成膠（作法請參考 8.9），骨可作為肥料。任何部位都不要丟棄，應善加利用。

提醒：

・卯起來跑可以加速到每小時 55 公里，請多加留意。
・如果你是在沒有馬和駱駝，但已有人類的北美洲，別擔心，至少你還有野牛。只不過野牛會攻擊人，而且不會拉犁，所以也許直接抓來吃就好。

8.2 駱駝

原生地：

美洲、非洲

首度演化時間：

公元前 5 千萬年前（尺寸如兔子的北美洲先祖）

公元前 3 千 5 百萬年前（尺寸如山羊的先祖）

公元前 2 千萬年前（尺寸如駱駝的先祖）
公元前 4 百萬年前（現代駱駝）

馴化時間：

公元前 3 千年

用途：

- 駱駝跟牛一樣，是奶、肉、皮和勞力的優質來源。還有，乾燥的糞可以作為燃料。
- 光靠駱駝奶就能活一整個月！當然我們不建議如此，但如果走到這一步，你至少還有這個選擇。
- 雙峰駱駝比較好騎，只需把鞍座放在兩個駝峰之間。那單峰駱駝怎麼騎？人們在駝峰的前方及後方浪費了許多時間，直到公元前 200 年才發現，可以在駝峰周圍架一具木製支撐架，再把鞍座放在支撐架上，就大功告成了。
- 比起綿羊或牛，駱駝可以耐受鹽分較高的食物和水。

提醒：

- 今日駱駝主要分布在阿拉伯地區的沙漠，但這種動物其實是在美洲大陸演化出來的。牠們在公元前 4 百萬年前經由陸橋抵達亞洲。約公元前一萬年，人類出現在美洲大陸沒多久，駱駝（以及馬、猛獁象、樹懶以及劍齒虎）便絕跡了。這絕對是巧合，跟這些動物的肉質有多麼美味無關。[17]
- 駱駝走起來搖搖晃晃，但比馬還能負重，也更能適應艱困地形。牠們的身形也比馬高大，爭鬥時足以嚇跑馬匹！

8.3 貓

原生地：

歐亞大陸

首度演化時間：

公元前 1 千 5 百萬年（出現虎和獅最後的共祖）

公元前 7 百萬年（出現尺寸如現代貓的野貓）

馴化時間：

公元前 7500 年（如果貓真的有被馴化）

用途：

- 貓能殺死老鼠等有害小動物，此外對人類來說用處不大，除了陪伴人類，但即使這一點，也只是貓皇一時興起的賞臉。
- 貓只能說是「半馴化」，因為馴化通常表示馴養樣本和野生樣本之間有顯著改變，但家貓和野貓在基因上沒有多大變化。

提醒：

- 貓跟狗一樣，有可能已經自我馴化了。人類一開始儲存穀物，就吸引了老鼠，進而吸引了野貓來追捕老鼠。貓提供有用的抓鼠服務，又不求回報，於是很輕易就進入了人類社會體系。
- 歐洲黑死病流行期間（1346-1353 年，消滅了歐洲近一半人口，如果可以，盡量遠離這個時間和區域），當時人們認為貓是傳染源，為了終結疫病而展開了貓的大屠殺。諷刺的是，病原其實是老鼠身上的跳蚤，卻因為大量撲殺了貓，老鼠數量激增。再次提醒，遠離 1346 至 1353 年之間的歐洲，越遠越好。

8.4 雞

原生地：

印度和東南亞

首度演化時間：

公元前 360 萬年（出現雞和雉的共祖）

馴化時間：

公元前 6000 年

用途：

- 雞能提供美味的肉和蛋，又是雜食者，比牛好養多了。
- 先有雞，還是先有蛋？答案是蛋，因為數百萬年前其他動物就產下蛋了，比雞還早出現。
- 換個問題再問一次：先有雞，還是先有雞蛋？答案還是雞蛋。因為第一顆雞蛋是帶有突變基因的受精卵，以此才孵出第一隻雞。而這顆突變受精卵，就是原型雞生出來的。演化萬歲！
- 亞里斯多德在公元前 350 年左右花了很多時間推敲這個問題，最後得出雞和蛋必然始終是宇宙間兩種永恆不變的存在。看吧，*不懂演化的人，什麼答案都想得出來。*

提醒：

- 約公元前 6000 年首度於中國馴化，並在公元前 3000 年傳至東歐（也許是經由另一次的馴化），公元前 2000 年和 1400 年分別來到中東與埃及，然後在公元前 1000 年來到歐洲和非洲，接著再由歐洲人帶去美洲。
- 雞蛋是烹飪和烘焙的萬用食材！所含的蛋白質烹煮後會固化，可以作為所有食物的黏著劑，包括你一定會希望新創文明有朝一日可以發明出來的美味漢堡。蛋也能增加濕潤度，讓醬汁更為濃稠，也可用來發酵、乳化，使食材表面光滑，也可用來澄清湯汁（參見 10.2.6）。

8.5 牛

原生地：

印度、土耳其、歐洲

首度演化時間：

公元前 2 百萬年（原牛〔aurochs〕）

馴化時間：

公元前 8500 年

用途：

- 牛對人類非常有用，可以視為一部機器，能把人類消化不了的原料（像是草）轉換成美味的肉、鮮美的牛奶、可口的蛋白質，以及撫慰人心的脂肪。
- 牛可以用來犁田，也能載人運貨。牛皮是皮革的絕佳來源。
- 牛以其實用而成為最古老的財富象徵：*如果你*有許多牛隻，表示你過得*相當不錯*。

提醒：

- 如果你身在牛隻尚未馴化的時期，看到的就不是牛，而是原牛，這是牛馴化（而且是多次馴化）之前的野生種。原牛比牛還高大，足足有 2 公尺高，肌力更強健，頭上頂著一對巨大的牛角。在人類馴化的動物之中，原牛是最大也最嚇人的物種。原牛約公元前 200 萬年出現在印度，公元前 27 萬年前來到歐洲，1627 年絕跡。二十世紀時，人類嘗試復育原牛（藉由現代牛體內殘留的原牛基因，以選育來復育原牛），不過最後是藉由 2010 年的 DNA 定序，預計在 2033 年復育成功。[18]

8.6 狗（還有狼）

原生地：

所有地方（不過狼最先出現在北美和歐亞）

首度演化時間：

公元前 150 萬年（狼和郊狼雖不同分支，確有共同祖先）

公元前 3 萬 4 千年（狼首度馴化）[19]

馴化時間：

公元前 2 萬年前（狼首度馴化為現代狗的原型）

用途：

- 所有的狗都從馴化的狼演化而來。當然了，狼是聰明狡猾的肉食性動物，會成群結隊狩獵並設圈套伏擊獵物。不過牠們鮮少攻擊人類，除非餓壞了，或是人類先動手攻擊。*還有，狼是狗的祖先，所以英文世界不會聽到任何狼的惡評。*
- 狗是人類絕佳夥伴，是最好的勞力來源，還能驅逐有害小動物。狗是狩獵、放牧的良伴，也是牲畜的守衛。狗死後，肉和皮毛也可當成食物和衣物（當然是指過完盡責的一生之後自然死亡）。
- 還有，當你手指某個方向，狗就能了解你的意圖，並看著你所指的地方。狼就不能了，就連現存最接近人類的近親也都做不到這點，像是黑猩猩和大猩猩。就某方面來說，馴化讓狗變得更像人，不再只是一般動物！

提醒：

- 農業會改變人類與狼的關係。農業發明之前，人類和狼可以結盟，共同獵食動物並分享戰利品。但在農業出現之後，狼攻擊的是對人類有價值的農場動物，因而又變成人類之敵。
- 狼／狗是最早馴化的動物（甚至早於農業發明前），而且馴化不只一次。根據部分例子，狗還會*自行馴化*：比起凶惡而不願與人親近的狼，較溫馴可愛，也比較不怕人類的狼能獲得更多食物。因此越來越像狗的狼會出現擇汰壓力，直到人類社會接納了牠們，把牠們當成夥伴。[20]

- 1959 年，俄羅斯開始進行一項實驗，試著選育「最溫馴」的野生狐狸來培育出像狗的動物。在第四個世代，有些狐狸在人類出現時搖起尾巴。第六個世代，牠們舔了舔人的臉，想要和人接觸。第十個世代，約有 18%狐狸變得像狗：安靜、友善、好玩、期待人類撫觸。到第二十代，比例提高到 35%，第三十代是 49%。到 2005 年，實驗開始不到 50 年，100%的狐狸一生下來就馴化了。科學家現在開始出售寵物狐狸，以此籌集資金來繼續他們的研究。你可以在任何時期這樣馴化狼。*你可以讓自己成為狗。*
- 狼約在 22 個月大時進入青春期，因此你能設想的最佳情況，是用十代（約 220 個月，或 18 年）就能生產出一隻相當像樣的狗。想像一下，在想要一隻狗的 18 年後就能擁有一隻狗，將有多棒！

8.7 山羊

原生地：

土耳其

首度演化時間：

公元前 2 千 3 百萬年（綿羊和山羊的共祖）

公元前 340 萬年（野山羊的祖先，學名 bezoar ibex）

馴化時間：

公元前 10500 年

用途：

- 山羊能提供肉、奶和毛皮，也可以負載重物。此外跟駱駝一樣，山羊糞便乾燥後能作為燃料。
- 山羊奶比牛奶更接近人奶，也就是人體從中攝取的營養比牛奶更多。此外，山羊奶的乳糖（有時人體不易消化）含量也較低。羊奶的均質性也較高，因此很適合製作乳酪。

- 山羊柔軟的皮毛（稱為「喀什米爾」）很適合製作毛衣，不過很難大量生產。

提醒：

- 山羊對於吃十分挑剔，除非餓壞了，否則不吃太髒的食物。不過山羊好奇心很強，基本上什麼都願意吃吃看。
- 山羊就如同其他動物（人類與少數靈長類除外），對毒漆藤無感，加上牠們很樂意吃掉毒漆藤，因此只需幾隻山羊就能輕易除掉這種有毒植物。只要注意在山羊吃了毒漆藤之後數日內不要撫摸牠們，也不要飲用羊奶。
- Bezoar ibex 是野山羊的一種，在土耳其山區發現。現代山羊都是這種野山羊的後代。

8.8 蜜蜂

原生地：

東南亞

首度演化時間：

蜂：公元前 1 億 2 千萬年

蜜蜂首次出現時間：公元前 4 千 5 百萬年

現代蜜蜂出現時間：公元前 70 萬年

馴化時間：

公元前 6000 年

用途：

- 蜜蜂製造蜂蜜。在找到其他糖類來源之前，蜂蜜是增加食物甜味的少數幾種方式之一。此外，蜂蜜營養豐富又好消化。

・蜂蜜也可用來治療咳嗽和喉嚨痛，也能消炎止痛。
・蜜蜂還會製造蜂蠟。蜂蠟是蠟燭、封印與防水布料絕佳的材料。將蜂蠟塗在平坦的板子表面，就能重複書寫。
・蜂蜜幾乎可以永久保存而不會腐壞，是相當方便的糖分來源。

提醒：

・尋找野生蜂巢並不難，只要緊盯一隻正在採蜜的蜜蜂，然後跟著牠回家就對了。
・肉毒桿菌孢子雖然可能汙染蜂蜜，但通常無傷大雅，不過對嬰兒來說可能有害。最好別讓嬰兒接近蜂窩（理由當然不只一個）。
・在人類出現之前，就有動物會採蜂蜜了。這沒什麼好訝異的，畢竟蜂蜜實在太美味了。黑猩猩、大猩猩等靈長類老早就會拿樹枝去挖取蜂窩的蜂蜜來吃。
・美洲的蜜蜂在公元前一萬年絕跡，公元 1622 年之後由歐洲殖民者再度引進。

8.9 馬

原生地：

美洲、亞洲

首度演化時間：

公元前 5 千 4 百萬年（首度出現尺寸如狗的馬）
公元前 1 千 5 百萬年（出現大到能夠騎乘的馬）
公元前 560 萬年（現代馬的祖先）

馴化時間：

公元前 4000 年

用途：

- 馬是最實用的馴化動物之一，肉、奶、皮、毛、骨都能用，還能製成藥材（參見 10.9.1 生育控制）。此外，馬在運動、運輸、戰爭和勞力上也十分有用。
- 馬能拉犁（參見 10.2.3 犁田），大幅提高了農耕的效率。犁這種工具也是你會想要儘快創造的重大發明。
- 馬的鬃毛可用來製作小提琴等弦樂器的弓。馬蹄可以熬煮出黏著用的凝膠，人類至少在公元前 8000 年前就開始這麼做了。

提醒：

- 自馴化到 19 世紀為止前，馬一直是進行遠距離通訊的主要方式。在火車發明之前，馬匹移動的最快速度，就是人類最快的速度。
- 製作黏著劑很簡單：馬死了以後，馬蹄切成小塊，熬煮到溶解後，加入一些酸（可以直接從死馬的胃裡取出胃酸），最後煮成一塊硬脂。等你要用的時候，加入熱水調和一下就能製作出膠水了！
- 最早期的馬在公元前約 5400 萬年分布於北美洲，體型跟狗差不多，而且很聰明。如果你剛好困在那裡，雖然騎不了馬，但是會有*可愛伶俐的*寵物陪著你。

8.10 駱馬／羊駝

原生地：

南美洲

首度演化時間：

羊駝和駱馬最早出現在公元前 4 百萬年，兩者都是駱駝的近親，演化史相當類似。

馴化時間：

公元前 4000 年

用途：

- 駱馬和羊駝能提供肉、奶、皮毛，也能分擔勞力。
- 公元前 1 萬年左右，其他人類（除了你以外）出現在美洲之後，駱馬和羊駝成了唯二的役用動物，爾後更只出現在南美洲一帶。

提醒：

- 母駱馬與其他動物不同，牠們沒有生理期，而是在交配之後才會排卵。很好！這樣培育起來稍微簡單一點！

8.11 豬

原生地：

歐洲、亞洲、非洲

首度演化時間：

公元前 6 百萬年（早期祖先）

公元前 78 萬年（野豬）

馴化時間：

公元前 13000 年

用途：

- 豬提供肉和皮，而牠們最獨特的貢獻是牙刷。豬鬃可以製成好牙刷，這真是太好了，因為人類牙齒簡直慘不忍睹。
- 牙齒是人類唯一沒有再生能力的組織。你切開皮膚，皮膚會自動癒合，但牙齒就只會靜靜待在嘴裡，等著病變上門，最後成了爛牙。這是因為人類為*了生存就得吃東西*，吃東西就一定會有食物殘渣，而食物殘渣會形成牙菌斑，導致蛀牙與牙周病。很荒謬吧！

提醒：

- 豬是野豬數次馴化後的產物，其中兩次馴化分別發生在公元前約 1 萬 3 千年的近東地區，以及公元前約 6600 年的中國。如果你抵達的年代在這之前，請記住野豬是在公元前約 78 萬年前在菲律賓第一次馴化之後，才傳到歐亞大陸和北非。
- 吃豬肉的注意事項：豬肉含有的寄生蟲和病原體可說是「高到不正常」，像是大腸桿菌、沙門氏菌、李斯特菌、蛔蟲、條蟲等。不過只要把豬肉煮到全熟再吃，就不會有事。

8.12 鴿

原生地：

歐洲、亞洲

首度演化時間：

公元前 2 億 3 千 1 百萬年（最早的祖先）

公元前 5 千萬年（一旦碰到比較安全的祖先）

馴化時間：

公元前 1 萬年

用途：

- 鴿子最早是馴化來當成食物，後來人類發現，牠們即使在千里之外的陌生地點都有能力找到正確的路回家，鴿子才升格為更有用的動物：擔任信差。
- 在電報發明之前（公元 1816 年），信鴿是遠距離快速通訊的少數方式之一。

提醒：

- 鴿子是最早馴化的鳥類！鴿子從野鴿馴化而來，野鴿跟所有鳥類一樣，都是從恐龍演化來的。目前已有數千名時空旅人搭著各自的 FC3000™ 時光機，與公元前 2 億 3100 萬至 6500 萬年間出現的各種動物和平相遇。至於不幸困在這個時間區段之中的你，也有可能與這些動物來場短暫的危險邂逅。

8.13 兔

原生地：

亞洲

首度演化時間：

公元前 4 千萬年（早期祖先）

公元前 50 萬年（現代兔子）

馴化時間：

公元 400 年

用途：

- 兔是取得肉類和皮毛的方便來源。牠們體型小，對追獵者毫無威脅，而且繁殖快速，快到人類通常是為了不讓兔子太過氾濫才加以捕食。因此獵殺這些無助又可愛的毛球時，不必*太有*罪惡感。
- 養兔子不需要很大的空間和飼料，為了方便起見可以養在家裡當成肉類來吃，還能省點錢。
- 兔子好養好抓，才讓人類特別想吃牠們。不過請注意，兔肉的脂肪非常低，而脂肪攝取不足可能致死。因此，你就算每天都吃了一肚子兔肉，仍然可能*餓死*。飲食要多樣化，老祖宗的智慧要牢記！

提醒：

- 兔子最早的祖先約於公元前4000萬年在亞洲演化出來，但你所熟悉的現代兔子（歐洲兔）可能要到公元前50萬年才出現在伊比利半島，隨後由人類帶往其他地方。兔子就是這樣散布到南極以外的各大洲！
- 把兔子引入新的生態系統，兔子就會「像兔一樣」大量繁殖，有句名言就是這樣來的。（哪一句？就是這句：「不要把侵略性物種引進新大陸。你腦子有沒有帶出來啊？」）

8.14 綿羊

原生地：

西亞

首度演化時間：

公元前2千3百萬年（綿羊和山羊的共祖）

公元前3百萬年（摩弗侖羊）

馴化時間：

公元前8500年

用途：

- 綿羊可提供肉類、羊毛和羊奶（很適合做乳酪，參見8.7〈山羊〉）。
- 綿羊是緊接在可愛狗狗之後馴化的動物。人類一開始是為了吃肉而豢養綿羊，到了公元前3000年，目標才轉移到羊毛身上。
- 人類使用蠶絲和棉花製作衣服之前，大多是以皮革和羊毛來製衣。因此養綿羊實在是一本萬利的好投資！

提醒：

- 你現在熟悉的毛茸茸綿羊，是馴化和選育的結果。因此如果你身處公元前 8500 年之前，是看不到這種綿羊的。你會看到的是摩弗侖羊，也就是綿羊的祖先。摩弗侖羊有著紅棕色短毛，腹部和腿部都是白色，頭上長著巨大的彎角。
- 綿羊在中東首度馴化之後，於公元前 6000 年傳到了巴爾幹半島，再於公元前 3000 年散布到整個歐洲。

8.15 蠶

原生地：

中國北方

首度演化時間：

公元前 2 億 8 千萬年（首次出現變態的昆蟲）

公元前 1 億年（首次出現會吐絲的變態昆蟲）[21]

馴化時間：

公元前 3000 年

用途：

- 蠶會吐絲結繭，可以參照 10.8.4 的指示，以蠶絲來編織。由於絲綢大受歡迎，因此蠶成了少數馴化的昆蟲之一！

提醒：

- 不過，馴化對蠶本身來說不算好事。那些破繭而出的蠶蛾從此喪失了飛行能力，若沒有人類餵食就無法進食。牠們只能活幾天，交配、產卵，之後就步向死亡。

8.16 火雞

原生地：

北美洲和中美洲

首度演化時間：

公元前 3 千萬年（火雞是從雞和其他鳥類演化出來的分支）

公元前 1 千 1 百萬年（最早的火雞）

馴化時間：

公元前 2000 年（中美洲）

公元前 100 年（北美洲）

用途：

- 雞並不是美洲本土的物種，不過反正還有超美味的火雞可吃。

提醒：

- 火雞就跟其他鳥類和雞一樣，可能傳染致命的疾病，包括會產生變異、傳染給人類的禽流感。詳情參見 3.5。

8.17 河狸

原生地：

歐洲、北美洲

首度演化時間：

公元前 750 萬年（北美和歐洲河狸的共祖）

公元前 210 萬年（北美洲尺寸如熊的近親）

馴化時間：

從未馴化，也請勿嘗試。牠們的牙齒不會停止生長，所以只會把你最愛的東西咬得稀爛。

用途：

- 河狸的肉可吃，毛皮可用。此外，如果你不介意等久一點，也不特別在意木材的種類，牠們也能提供砍樹服務。
- 河狸會排出一種名為「河狸香」的物質來標示地盤。河狸香含有水楊苷，是人體的消炎藥，也可作為止痛劑。（河狸香的英文 castoreum 源於人們一度以為河狸會自行切除生殖器，也就是自宮 castrate。這當然是假的，河狸不但不會這麼做，我們也知道了人類的腦袋都在想什麼。）
- 河狸香聞起來像香莢蘭，因此在 20 世紀時，這種體液首度加進量產的食品中，成分說明上通常標示委婉隱晦的「天然調味料」。

提醒：

- 如果困在過去讓你很頭痛，試著吃吃河狸的梨狀腺囊，河狸香就是從這裡分泌出來。腺囊位於骨盆和尾部之間的皮下腔室，就在肛門腺的旁邊。位置想必很清楚了吧。
- 柳樹皮中也有水楊苷（參見 7.27），如果你身邊有柳樹，可以自行決定是採集柳樹皮，還是取河狸肛門附近腺體的分泌物。
- 北美洲那種體型跟熊一樣大的河狸在公元前約 1 萬年絕跡，當時正是人類出現的時候。
- 北美河狸和歐洲河狸無法雜交，這兩種河狸分開太久了，染色體數量早就不同。演化真是瘋狂！

8.18 蚯蚓

原生地：

全世界（包括尚未冰天雪地的南極洲）

首度演化時間：

公元前 4 億年[22]

馴化時間：

從未馴化——人類不需要馴化蚯蚓，因為牠們生來就是符合人類所需的免費勞工。

用途：

- 蚯蚓會自己硬擠進裂縫（就連小蚯蚓都可以推動 500 倍體重的泥土）。對於農人來說，蚯蚓非常有用。蚯蚓可讓土壤通氣、混合土質、改善排水，並促進植物生長，是土壤健康的標記：土裡蚯蚓很多，通常意味著土壤肥沃，植物會更容易生長！
- 在貧瘠的土壤中，大概每平方公尺只有幾隻蚯蚓，但在肥沃的土壤中，每平方公尺則會有數百隻。
- 蚯蚓也可以作為魚餌。此外，只要有節奏地拍打土地，蚯蚓就會「被引誘」而爬出地面。海鷗在地上跳舞，就是這個原因！

提醒：

- 一隻重量約 10 公克的成年蚯蚓，可以在每平方公尺的沃土上產生至少 1 公斤的生物質量。再乘上農地的面積，生活在地底下的蚯蚓，其重量可是會超過在地表上吃草的動物！
- 在冰河時期，冰川刮走了表層土壤，順帶消滅了所有蚯蚓。在加拿大和美國東北部大部分地區，原生蚯蚓都在冰河期末期滅絕了（公元前 11 萬年 - 公元前 9700 年）。由於蚯蚓遷徙速度緩慢，目前當地的蚯蚓都是公元 1492 年之後從歐洲引進的外地品種。

8.19 螞蟥（水蛭）

原生地：

歐洲、西亞

首度演化時間：

公元前 2 億 1 百萬年

馴化時間：

怎麼會想馴化這種東西？

用途：

- 螞蟥在公元前*500 年以醫療工具之姿*現身，*一路作為藥物使用*，直到 19 世紀末。在這段長得要命的期間，我們讓螞蟥吸附在人體上，希望牠們吸走人體「過多的血液」（根本沒這回事）來治癒疾病（根本沒效）。
- 為防你所處*漫長時代*的人們相信把這種吸血蟲放在皮膚上吸飽血能治療疾病，我們先告訴你：其實給螞蟥吸點血沒什麼害處（螞蟥身上住滿了寄生蟲，不過全都無法寄生人體），*但也不會帶給你什麼好處*。

提醒：

- 螞蟥 1980 年代又在醫療上短暫地捲土重來。當時人們發現螞蟥唾液中的抗凝血劑可用於重建手術。然而，我們很快就找到牠們唾液中能發揮抗凝血作用的蛋白質並且合成出來，於是螞蟥又沒什麼用了。
- 所以，當你的文明發明了整形手術，可能會有一陣子要用到螞蟥。

8.20 蝨子

原生地：

全世界

首度演化時間：

公元前 1210 萬年（頭蝨和陰蝨，跟著人類一起出現）

公元前 19 萬年（體蝨，只在人類開始穿衣服之後演化出來）

馴化時間：

再問一次：怎麼會想馴化這種東西？你到底想幹嘛？

用途：

- 這種寄生蟲遍布全世界，至少一直到中世紀之前，在人類社會中一直無孔不入。只要有人類，就*可能就會有一些長得像蟲子的寄生蟲正從你頭骨中吸出血液，然後在頭髮或陰毛中產卵*。這種寄生蟲又名「蝨子」。
- 蝨子會緊緊依附在宿主身上。寄生在人類身上的蝨子有三種：頭蝨、陰蝨和體蝨。前兩種寄生在毛髮中，體蝨則寄生在衣服上。
- 蝨子會傳染斑疹傷寒之類的疾病，造成好幾次傳染病大流行。
- 你知道古老畫作中的有錢歐洲人頭上，為何總是戴著大大一頂時髦假髮嗎？他們全都*因為頭蝨太嚴重而剃了光頭*。假髮還是長得出蝨子，但比較容易放入沸水中殺菌。

提醒：

- 人體的蝨子跟著人類一起演化——人類與黑猩猩祖先在演化上一分道揚鑣，黑猩猩身上的蝨子也跟黑猩猩分道揚鑣，演化成人體的蝨子。因此歷史上沒有任何時期是只有人類而沒有蝨子的。你怎麼找都找不到的，不好意思！
- 凶猛的瘟疫大多出現在冬季。原因何在？因為人們冬天比較可能穿死人的衣服。一個人感染體蝨，很可能造成整個城市爆發瘟疫。*要穿死人（尤其是死於疾病的人）身上的衣服，切記衣服一定要先煮沸殺菌。*

8.21 蚊子

原生地：

撒哈拉沙漠以南的非洲，現在全世界都有

首度演化時間：

公元前2億2千6百萬年（最早的蚊子）

公元前7千9百萬年（現代蚊子）

馴化時間：

請不要再問人類何時馴化人體寄生蟲了，拜託！

用途：

- 蚊子對人類來說毫無用處，還可能帶有病毒和寄生蟲，趁你熟睡時害你染上瘧疾。蚊子是生長於水中、會飛行又嗜血的體外寄生蟲。是不是好棒棒！
- 蚊子是世界上極少數就算消失也不會對世界造成持續性負面衝擊的生物。牠們在生態系中扮演的角色（諸如給鳥當食物、擔任授粉小配角等），都可以由其他昆蟲取代。蚊子消失能帶來的唯一重大影響就是：減少人類死於瘧疾的數量。

提醒：

- 蚊子全世界都有，除了南極洲、冰島和幾個小島。*好吧！*
- 蚊子比人類還早出現在世上，甚至也比恐龍早，所以你身處的任何時期，不管是有人類可以跟你交談，還是有生物讓你目瞪口呆或到處追趕你，你的身邊都少不了蚊子。偉哉大自然！
- 如果你在祕魯，可去尋找金雞納樹（參見7.7），這種樹製成的藥能治療蚊子散播的瘧疾。

9

基礎營養素：想活久一點該吃什麼

還記得你「先前」一直擔心自己
吃太多加工包裝食品的日子……
好消息，這些煩惱現在都自動消失了！

關於營養，一樣又花了人類很長時間才取得基本進展。

我們一直到 1816 年才意識到蛋白質很重要，也才注意到如果我們只給狗吃糖，牠們仍然會餓死。[1] 在 1907 年，人類展開了為期四年的實驗：把牛隻分成許多組，在牠們常吃的多種穀物中，每一

---

[1] 這項實驗由弗朗索瓦．馬根迪（François Magendie）進行，如果你覺得他的實驗很殘忍，那你一定不想知道他的活體解剖課是怎麼上的：把活生生的動物放上解剖臺直接開腸剖肚。他的作風連同時代的人都感到厭惡。告誡：這些動物完全不需要這樣死去！這些實驗根本沒有必要！瘋了才會這麼做！

組只餵其中一種，最後得出一項結論：不同食物具有不同營養成分。1910 年，人類才開始弄清楚維生素是什麼，雖然當時有希臘醫師希波克拉底（約公元前 400 年）和中國藥王孫思邈（約公元前 650 年）著述的飲食指南，但是世界上大多數國家則要到第二次世界大戰（公元 1940 年）才開始引進飲食指南，作為戰時配給的參考。20 世紀末，人類才開始標示食物的營養價值。即使在今日，不同國家的飲食指南所提供的營養建議也都不盡相同。

那麼身在過去，你還可以期望吃得營養健康嗎？其實可以的。儘管現代飲食建議的具體細節各異，但是在食物（包括營養價值較低的加工食品）不虞匱乏的時代所定義的中心要旨，即使歷經好幾個世代都是不變的。

這些要旨可歸結為以下三點：

1. 不要吃太多。
2. 做點運動。
3. 吃對你有益的食物，像是蔬菜水果。

就你目前的處境，前兩點應該不成問題，我們該關注的是第三點「蔬菜水果」。理想的一餐應該是：

- 多吃蔬菜水果，因為大多數的蔬果對健康有益處。儘管牛排好吃多了。
- 攝取適量油脂。油脂對人體的好處沒牛排多，儘管美味程度跟牛排一樣。
- 吃多樣化的食物，因為多樣化能確保你獲得最多種維生素和礦物質，其中有許多微量營養素的需求量不用太多，但偶爾總還是需要一些。
- 適度攝取鹽和糖，這些調味料雖能增添食物美味，但吃太多對身體不好。
- 任何食物都不能吃太多，因為不管什麼東西，只要吃太多都會致死（人類就連喝太多水都會死於水中毒。這裡可沒玩在隱喻象徵，單純就是字面上的意思：你有可能因為喝太多水而一命嗚呼。）

你或許會想念加工食品的滋味，因為這些食物就是*設計*來讓人覺得美味的，只不過你不會想念這些食品對身體的危害。除此之外，不必太過擔心你的飲食。你所處的環境或許會讓你至少有好幾年只能吃到半飽，你的活動量也會很大，別再想著要在短期內吃到塞滿乳酪餡裹粉油炸的雞塊了。[1] 不過，以下關於維生素的簡短介紹仍舊值得一讀，這樣你就能判斷你或其他人身上突然發生的維生素缺乏症，並加以治療。

1910 年之後，人類開始知道特定食物之所以有特定的益處，原因就在於維生素。公元前 1500 年，埃及人在還不知道維生素 A 之前就知道吃肝有助於夜間視力。公元 1400 年，歐洲人還不知道何謂維生素 C，卻知道新鮮食物和柑橘能預防壞血病。

遺憾的是，在這場「一點也不好笑的連環錯」，一向自詡精明聰慧的歐洲人，在接下來五百年不斷設法忘記並重新發現關於維生素 C 的事實，前前後後反覆了*七次*：1593 年、1614 年、1707 年、1734 年、1747 年、1794 年，最後終於在 1907 年打住了。[2]

---

[1] 其實沒那麼難，你只需要馴化雞（參見 8.4）、製作麵包（參見 10.2.5）和乳酪（參見 10.2.4），再用印刷機器來榨油（參見 10.11.2），就可以再次享有美味的炸雞塊了。

[2] 怎麼會發生這種事呢？要怪資訊傳播不良以及不成熟的科學。人類是少數無法自行產生維生素 C 的生物，但人類很擅長從食物中取得並儲存在體內。儲存在體內的維生素 C 可以維持四週，以免引發壞血病。維生素 C 有個麻煩，遇熱（例如烹煮）或暴露在空氣中很容易分解，所以加工或保久食品都不含維生素 C。15 世紀時，義大利船員知道柑橘能預防壞血病，葡萄牙船員甚至在航行途中挑出合適的島嶼種植柑橘樹，但這項知識隨後就失傳了。之後壞血病數次捲土重來，但仍不斷遭到忽略，因為當時的主流認知是，壞血病是「消化不良引發食物在體內腐敗所造成的疾病」。約 1800 年，大不列顛艦隊確立了檸檬可治療壞血病，但*沒多久*這項知識又失傳了，因為艦隊船員在 1867 年把檸檬改成墨西哥萊姆汁，而果汁的維生素 C 含量本來就比檸檬少，一旦暴露在空氣、光線中，又從船艦上的銅製管線中流出，維生素 C 甚至完全流失。不過，

維生素是人類生存必需的重要化學物質，不能自行合成。❶雖然維生素對健康幸福的影響至關重大，但要獲得良好營養卻不能只靠維生素。

這就是為什麼即使在我們這個已有時光機可租用的美好時代，也不能只扔幾顆維生素丸到嘴裡當晚餐。確切來說，你還需要碳水化合物和纖維（存在於穀物、水果和蔬菜中）、蛋白質（存在於豆類、蛋類、奶類、肉類等含有胺基酸的食物中）、脂肪（存在於肉類、奶類、蛋類和堅果中），當然還有水。

下列表格完整列出各種維生素與來源，也說明了維生素不足的後果。請仔細吸收和消化這些資訊。

（*承前頁*）當時蒸汽船問世了，且稱霸長達半個世紀，這大幅縮短了船員在海上的時間，而船員登陸之後便能獲得較好的營養，罹患壞血病的比率也跟著降低，因而蓋過了萊姆汁毫無效果的事實。後來隨著船員的航行距離再度拉長，加上柑橘存放太久顯然也無效，新的理論於是登場：也許壞血病來自於不良罐裝肉品引發的食物中毒，甚至是衛生環境太糟或心情沮喪惹的禍。直到 1907 年人類在天竺鼠身上做了實驗（天竺鼠被選上還真是幸運，因為牠是少數會得到壞血病的非人類動物之一），歐洲人才再度發現新鮮食物和柑橘能治療壞血病。而這次壞血病終於畫上句點。壞血病在人類歷史上所造成的死亡、災難和影響，比其他同樣好預防又好治療的疾病都更為嚴重。

❶ 但維生素 D 可以，只要曬曬太陽，人體就可以自行產生維生素 D。體內也會出現某些維生素 K，但不是你製造出來的，而要歸功於消化道內的細菌。

表 11　中間跳過了一些維生素，因為那些原本被視為維生素，但後來發現不是。即使到了公元 1909 年，這張表格仍讓全世界驚呆了！

維生素	來源	攝取不足的後果
A	肝臟、柑橘、奶類、胡蘿蔔、地瓜、葉菜類	夜盲症，嚴重可能全盲。
B_1	豬肉、糙米、全穀、堅果、種籽、肝臟、蛋	體重下降、食欲不振、頭昏腦脹、肌肉無力、心臟出問題，眼球還會不自覺轉動。
B_2	奶類、香蕉、四季豆、菇蕈（但要小心會毒死人的毒菇）、杏仁、雞腿肉、蘆筍	舌頭紅腫疼痛、喉嚨痛、嘴唇乾裂、生殖器附近出現油性鱗狀皮疹、眼睛布滿血絲。
B_3	紅肉、魚肉、蛋、全穀、菇蕈	腹瀉、皮膚炎（皮膚會先退色然後脫皮）和失智。其他症狀還有畏光、出現攻擊行為、頭昏腦脹、掉髮。
B_5	紅肉、青花菜、酪梨	長期感到刺痛，以及長期覺得皮膚內彷彿有螞蟻在爬。
B_6	紅肉、帶皮馬鈴薯、蛋、肝臟、蔬菜、堅果（大部分堅果都有，除了花生，花生嚴格說並不算堅果）、香蕉	貧血（血液無法輸送氧，讓人頭昏腦脹甚至昏倒），以及神經受損。
B_7	（生）蛋黃、肝臟、花生、杏仁、綠色葉菜類	頭髮和膚況不佳，可能伴隨腹痛、腹絞痛、腹瀉、噁心等症狀。
B_9	葉菜類、甜菜、橙柑橘、麵包、早餐穀片、小扁豆、肝臟	細胞再也無法正常分裂，結果衍生一連串問題，包括疲勞、呼吸急促和頭暈，這些問題最後都會導致神經受損、行走困難、憂鬱和（或）失智。
B_{12}	紅肉、禽肉、魚肉、蛋、肝臟、奶類。如果你吃蛋奶素，獲取 B_{12} 的天然來源就是奶蛋類。如果你吃純素……也許可以看一下右欄缺乏 B_{12} 導致的後果，然後考量你的處境，或許可以改吃蛋奶素？	包括上欄缺乏 B_9 的所有症狀，再加上脊髓退化。

維生素	來源	攝取不足的後果
C	新鮮食物，尤其是柳橙等柑橘類的水果。	壞血病。本單元前面有一個很長的注腳在講壞血病。得到壞血病時，頭髮會變捲、身體容易出現瘀青、傷口久久不癒、牙齒鬆脫、性格轉變，然後死亡。
D	魚肉、蛋、肝臟、奶類、菇蕈	佝僂病和軟骨症，兩個都不是好事。
E	綠色葉菜類、酪梨、杏仁、榛果、葵花籽	想缺乏維生素 E，老實說還真難，不過一旦缺乏，就會導致不孕和神經受損！
K	青花菜、甘藍菜、深綠色葉菜類（如羽衣甘藍、甜菜葉、菠菜）、蛋黃、肝臟	皮膚出現紅斑，眼眶發黑宛如熊貓眼。

如果連表中列出的*可怕疾病*都無法說服你多吃蔬菜（和肝臟。很怪吧？肝臟幾乎包辦了所有維生素，出現的頻率可能出乎你預料之外）❶，那我也沒辦法了。[23]

❶ 還有一些食物也幾乎包辦所有維生素！你應該用「可食性通用測試」（參見單元〈6〉）來測試所有不熟悉的食物，因為如果沒有進行測試，在天時地利人和之下，你或許會在不知嚴重性的情況下吃到海豹肝。海豹肝富含維生素 A，而且多到可能會因攝取過量而引發所謂的「維生素 A 過多症」（也有維生素 D、E、K 過多症），症狀為頭暈、骨頭痛、嘔吐、視力改變、頭髮掉落，以及皮膚發癢脫皮。而且不只海豹肝有問題，經常食用海豹的動物（如北極熊），肝臟也會累積海豹富含的維生素 A，對人類而言也是有毒的。

10

可以用科技解決的人類常見疑難雜症

……你可以一副我一個人就發明了這一切的跩樣

你的處境極其特殊。我想很少人會一早起床，就打定主意今天要來創造個新文明。從歷史上來看，大多數人一早起來只會發現自己好餓好渴，或是好無聊好飢渴，而光是嘗試去解決自身問題都來不及，創造文明不過是順便或不小心而已，*要是真能創出來的話*。

本單元列出人類史上最常見的大小抱怨，並附上你可以創造的技術，好解決這些抱怨，而且都從最基本的原理說起。說巧不巧，這些也都會是你建立新文明時最有用的技術！

有些我們假設你已經很熟悉的發明就沒收錄進來，像是輪子（要是你連這都不懂，根本不可能從無到有重建文明）[1]，法式接吻（還沒經驗的話，應該試！跟對的人接吻，*感覺實在不錯*），以及用火烹煮食物（現代人類演化出來之前，火已經發明出來，如果你發明不出火，應該還能寄望周圍的人）。

不過，一開始要生出火可不容易，值得特別提一下。我這就告訴你，當你只有樹和一腔熱血時，要怎麼生出火來。

首先，收集易燃的起火材料：乾燥的葉子、松針、樹皮內側纖維、草等。這些是火種，你可以堆成一個中空小窩巢。接著收集一些鉛筆大小的細枝作為火媒，這些細枝不像火種那麼易燃，但是燃燒之後溫度更高、時間更長。最後收集可持續燃燒的燃料，例如枯朽的木柴。升火的基本方式，是找兩根看起來很好燒的枯枝，一根放倒在地，在上面尋找凹痕讓另一根可以垂直插入，然後對垂直的枯枝向下施壓，並來回搓動旋轉。目標是製造出足夠的摩擦力，使物體起火燃燒。這過程絕對耗時費力又累人，但摩擦到最後枯枝會開始發熱，產生微弱的火光。將這點火光移到火種窩巢，再輕輕吹氣以助燃燒。此時添加更多火種，並加入作為火媒的細枝，最後放上木柴維持燃燒。

用這種方式升起第一堆火之後，你絕對又累又惱火，打死都不想再來一次。於是你會努力照料不讓火熄滅，決心從此「認真照料火堆，因為熄了就要重頭來過，我可絕對不願再來一次」。

一旦有了火，就開啟了烹飪技術之門。這種技術對人類的意義，相當於人的另一副牙齒（烹飪能軟化食物，代表你不必咀嚼那麼多次）和另一個腸道（烹飪能增加食物中營養素的消化率和吸收率）。

---

[1] 好啦，萬一你真的不懂，我簡單解釋一下：輪子就是你可以靠它們到處滾動的東西，長得像這樣：◯……

並非所有營養素都經由烹飪而增加，像維生素 C 就很容易被破壞，所以你還是得吃一些生鮮蔬果。

本單元依人類要解決的毛病為主軸收錄了各種技術，好讓你可以仔細研究類似概念的幾種發明。如果你想要優先發明某項特定事物，請先翻找書末附錄 A 的「技術之樹」，那會為你指出你必須先克服的必要技術，才能迅速解鎖，取得你想要的事物。

最後，本單元的每一項技術都收錄了能和這些發明沾上邊的「名言」，這些名言出自我們這個無法更動原始時間軸的人物，但也可以成為你所處新時間軸的人物（也就是你）。這些觀念想法歡迎偷去用，盡量在你的演說或主張裡添加這些妙哏神句。

就像你（很快是你了）老是掛在嘴邊的：「名言，是智慧的耐用替代品。」❶

❶ 這是毛姆（W. Somerset Maugham）在公元 1931 年所說的話，現在你要比他早說出口了。要是有人說你花時間背誦名言簡直是浪費時間，記得告訴他聖修伯里（Antoine de Saint-Exupéry）的名言：「你在玫瑰身上所花費的時間，讓你的玫瑰花變得如此重要。」現在這句名言也變成你講的了。

10.1
「我要喝水」

地球上大多地方都找得到水，但不見得都安全可飲用。**木炭**可以解決這個問題。木炭不僅可以過濾水，還有許多功能。事實上，木炭絕對是木頭和地上挖個坑所能做出來最有用的物質。

但木炭無法將鹽水變成淡水，因此你需要用到**蒸餾**技術。不只淡化海水，蒸餾的應用範圍包括了從建造文明所需的化學到純化酒精等所有事物，因此這項技術應該排在「必須立即發明的食物技術清單」的前幾名。

你可以一邊閱讀下文，一邊在腦中組織這樣的清單。

10.1.1 木炭

藉著將較高大的植物做成木炭，
不斷燃燒任何可以燃燒的東西，
我們人類才得以繁衍遍布整個地球。
——*你（以及W．G．澤巴爾德）*

木炭是什麼？

一種更為輕盈小巧、實用性更高的木柴，燃燒溫度還高到足以

鑄鋼。❶ 木炭除了能熔化冰冷的金屬，表面還能吸附物質，因此很適合用來過濾水和氣體，不小心中毒還能減緩毒物的毒性。想書寫或作畫的話，木炭也是很好的顏料！

木炭發明前的情況

由於升火的溫度不夠高，無法熔化玻璃和冰冷的金屬，文明發展也會因為只有用處不多的少數材料可用而受限。除此之外，沒有木炭，你喝到的水還會有不想要的雜質、味道和氣味！

首度發明木炭的時間

公元前 3 萬年（用來繪製洞穴壁畫）

公元前 3500 年（用來燃燒）

發明木炭的必要條件

木頭

發明木炭的方法

火需要三種成分：燃料、熱和氧。❷ 不管是哪種燃料（例如木頭好了），只要放在夠熱、氧氣夠多的環境中，就會起火燃燒。但是如果把木頭放在夠熱、卻只有一點點氧氣的環境中，木頭就不會燃燒，而是出現「乾餾」反應。這種反應不像燃燒那麼有趣，卻可能更有用！

在乾餾過程中，木頭中的水分和雜質都會在木頭未燃燒的情況

---

❶ 木頭燃燒溫度通常只能到達 850°C，木炭則可到達 2,700°C。

❷ 從技術上來說，你需要的是氧化劑，未必非得是氧不可。但考量到你當前的處境，我們還是假定你要燃燒東西時，仰賴的是周遭免費又豐沛的氧氣，而非三氟化氯這種奇特的氧化劑。

下蒸發，留下更純粹的燃料：一團純淨的碳。[1]這就是木炭！你或許會從木柴燃燒後的餘燼發現偶然製造出的木炭（這也是公元前3萬年人類首度發現木炭後，拿來畫壁畫的東西），不過如果你看到本單元開頭提到木炭有多好用，或許會想自己製作木炭。

由於你身處於地球（你能活到現在、讀到這裡還沒窒息，想必處於氧氣充足的地方和時期），因此關鍵技術就在於如何控制火堆燃燒氧氣。你需要足夠的空氣來維持燃燒，並使其他未燃燒完全的木頭轉變成木炭，但又不能供應太多空氣給火堆，免得火勢擴大，連剛製作出的木炭都一併燒光。

在現代，製作木炭最簡便的方法，就是在有調節孔隙的鋼製容器中升火，如此一來只有少量氧氣可以進入。容器裡的木頭有一部分會燃燒掉，剩下的就變成木炭。很簡單吧？

但是如果你需要鋼來製作木炭，又需要木炭來製作鋼，那就陷入了雞生蛋蛋生雞的問題。[2]別擔心，我們完全閃過了這個問題，從最基本的原則來製作木炭。現在，你只需要準備木頭、火、樹葉和泥土。

這個懶人法可以製作少量、純度較低的木炭。先在地上挖個坑，然後在坑裡用木頭升火。等到木頭在坑裡穩定燃燒，就放上更多木頭（這些木頭就是預備來燒成木炭的），接著鋪上20公分厚的葉子，最後蓋上20公分厚的土。這團火會在地面下燜燒，兩天後就可以挖出你的戰利品了。只不過，你所需要的木炭數量不是這種「挖個坑等兩天」的簡單技術所能應付。你需要的是特製的窯，亦即「製造木炭專用器」。

首先，收集一堆木柴、樹枝以及樹葉，最好都經過日曬乾燥。如果要做燃料用木炭，就使用硬木（燒起來溫度較高）；想用來過

---

❶ 這些碳有多純？大概有 65-98% 的純度，視製炭師傅的技術而定。

❷ 參見 8.4，裡面討論了究竟何者率先出現。

濾水，就使用軟木（孔隙較多，可吸附較多雜質）。❶ 拿一根 2 公尺長木竿，插在地上，作為火堆的中心。再找一些直徑約 10 公分的較小木條，兩兩垂直相交鋪放在地面，形成一片以長竿為中心、直徑約 4 公尺的圓形格網。這就是你的工作平臺。

在平臺上放置要製成木炭的木頭，堆疊得越緊密越好。較長的木頭（最長 2 公尺）可以倚著中央的長竿立起來，較短的木頭則倚著較長的木頭豎直堆放。

目標是堆成一座高約 1.5 公尺的圓形小丘，裡面盡量堆滿木頭，小丘中心就是那根 2 公尺高的木竿。木堆疊好之後，覆蓋一層稻草或樹葉，再鋪上沙土、草皮、黏土等鋪料，形成 10-20 公分厚的密封層。務必記得，要在小丘的底部留下一些通氣孔。有了這些通氣孔，你就可以在燃燒時控制特定區域的火勢。

現在準備燃燒這堆木柴。爬到小丘上方，拔起中央那根 2 公尺高的木竿。此時留下的通道就成了煙囪。❷ 把一塊燃燒的木頭或熾熱的灰燼丟入煙囪，點燃木堆。看到白煙從煙囪冒出，就表示木柴已經點燃。

接下來幾天，煙會變成藍色，最後消失。燃燒期間，不時摸摸木堆外圍，如果某一區摸起來變涼了，就在該區開個通氣孔；太燙就封起該區通氣孔。無論如何，都不能使紅色火焰冒出來。你還要使整個木堆燜燒均勻。若是密封層出現裂縫，就立即修補，使木堆保持完整。

如何知道木炭已經做好了？這要視木柴種類、濕度、木堆大小，以及燃燒的進程而定。掌握正確時間，既是一門藝術也是科學，你

---

❶ 硬木通常來自生長較慢的闊葉樹，如橡樹、楓樹和胡桃樹。軟木通常來自生長較快的長綠有毬果和汁液的針葉樹，例如雲杉、松樹和雪松。現在你知道這件事了！你可以自信滿滿地告訴其他人如何幫樹木分類。

❷ 如果你自知力量不足以從地面拔起一根 2 公尺長的木竿，那麼一開始就不要插這根竿，只要記得在木堆中央留下一個圓洞就好。

可能得嘗試好幾次才能掌握訣竅。如果太早開封，燜燒出的木炭就會比預期的少；燜太久，木炭就會燒光剩下一堆灰燼。

一旦你認為製作程序已經完成，就封起通氣孔和煙囪，斷絕氧氣的供應，使火熄滅。木堆冷卻後，經過數日便可開封（記得備一桶水在旁邊，萬一火勢因氧氣湧入而再度竄燒，就能趕緊撲滅），此時就可拾取木炭。

如果時間抓得準，木炭收成率可達 50%（10 份木柴依體積計算可獲得5份木炭）。技術純熟的師傅可讓收成率從10:5提高到10:6，而技藝超凡的師傅甚至可達到 10：8。❶

這不只聽起來累人，而是確實很累人！控火很容易就變成專職工作，一旦你的文明能讓職業畫分到這個程度，你一定會希望有人以此維生。如果你希望木炭能持續穩定的供應，而當時已經發明了磚塊（參見 10.4.2）和灰泥（參見 10.10.1），你就能捨棄樹葉和泥土，改用磚塊建造永久的專用窯。這座窯只需留下一道「門」作為通道，在燒炭時可暫時砌起封住。

木頭在乾燒期間，內部黏稠的樹脂和樹液會與木頭分離，形成焦油。焦油很棒，黏稠又防水的特性很適合當黏著劑和密封劑，尤其適合用來密封船隻（參見 10.12.5）和屋頂，防止漏水和腐爛。你也許還會想建造不同類型的窯來生產和收集焦油，這種東西只要再加個斜坡，就能輕易從出口處收集成品。有些木頭的樹脂不多，所以最好挑會產生樹液的樹。松樹的樹脂很適合用來製造作為密封劑的焦油，而公元前 4000 年人類就以樺樹皮焦油來製造口香糖。焦油中也含有「酚」這種抗菌成分，可以作為動物蹄或角受傷時的黏性繃帶。

---

❶ 你永遠無法達到 10:10 的完美收成率，因為有部分木頭要用於燃燒以提供熱能，使其餘木頭轉變為木炭。很遺憾，連遙遠的過去都逃不出熱力學定律的手掌心！（特別提醒：但是超遙遠的過去可不一樣了，像是大霹靂之前。不過，別擔心，當時還沒有木頭。）

最後奉勸各位：一旦木頭轉換成木炭的技術廣為人知，將使人類瘋狂砍樹，導致大規模森林遭到濫砍。16世紀時在歐洲就發生過，當時因樹木稀少，使得人類改用開採不易但數量較多的資源，例如煤炭。❶

10.1.2 蒸餾

文明始於蒸餾。

——你（以及威廉・福克納）

蒸餾是什麼？

根據不同液體有不同沸點的原理，以加熱和冷卻的方式，把兩種以上液體所組成的東西加以純化或濃縮。

蒸餾發明前的情況

要讓一種液體變成更純粹的狀態是不可能的。對此，蒸餾就是非常有用的技術，不僅可以增強酒精的效力，還能淡化海水（把海水變成飲用水），對於分離（isolation）出化學物質（其中有許多你很快用得到）更是至關重要。

首度發明蒸餾的時間

公元100年（蒸餾算是某種煉金術，當時人們認為，較低階的

---

❶ 如果你可用萌櫱（參見7.27）而非皆伐來維持木材供需，那麼你也可以避開使用化石燃料來避免人為造成的氣候變遷。雖然煤炭和木炭都是以碳為基底的材料，會在燃燒時釋放二氧化碳，但是木炭所釋放出來的頂多是存放在樹裡數十年的碳，而煤炭所釋放的是已在地底存放*數百萬年*的碳，這會改變現代大氣的組成。雖然你的文明有朝一日會走到木炭無法滿足能源需求的時候，但到時你可能已經可以超越化石燃料，能使用的燃料危險性較低、較不會破壞生態，也不會導致冰帽融化、海平面上升、島嶼淹沒或很大程度上不可逆轉的氣候變遷後果，例如生質柴油、植物油、氫氣，或是時間通量反因果感應陣列。

金屬如鉛，可以純化為較高階的金屬，如黃金，或許還可進一步煉出讓人類長生不老、可治百病的物質。這種想法注定失敗，原因很多，重點列舉如下：鉛和金是不同的元素，而不是「同種物質、不同純度」的金屬。此外，當你的生命是由有缺陷、會衰老、越來越虛弱的身體所組成，根本不可能長生不老。至於疾病，則關乎環境、遺傳和心理各項因素，也不可能由單一治療方式來解決。人類在三大洲耗費了四千年致力於煉金術，卻只得到如下評價：「這是浪費人類才智、生命和努力卻幾乎[1]一無所獲的工作，而唯一由此獲得的蒸餾技術也要經過一千年才明白這可以應用到飲料上。」你絕對可以做得更好，那就是*不要浪費時間在這上面*。）

公元 1100 年（製作出好喝的飲料）

發明蒸餾的必要條件

能造出桶子和金屬盆（參見 10.4.2）的火、木頭或金屬，以及要蒸餾的東西。可以從蒸餾酒精（參見 10.2.5）開始。

發明蒸餾的方法

你會需要一個桶子，但還要截頭去底，弄成大管子的樣子。把你想要蒸餾的液體倒入蒸餾盆（盆口最好跟桶子開口一樣大），到

---

[1] 我說「幾乎」，是因為在 1669 年有位散盡兩任妻子的財富只為了把鐵變成金的煉金術士亨尼格．布蘭德（Hennig Brand）。他認為黃金也許，只是也許，可以這樣煉出來：把 5,500 公升以上的人尿放到餿掉，煮沸濃縮成漿後，再加熱到出現紅油物質，取出紅油後冷卻，這會分離成兩部分（上方呈黑色海綿狀，下方則是有鹹味的粒狀），再把剛剛的紅色油狀物倒入冷卻的漿狀尿液上層的海綿狀部分，然後丟棄尿漿下層鹹粒。再次加熱 16 小時，再讓產生的氣體過水。這個過程沒有產生金子，卻獲得了布蘭德所說的「冷火」，也就是一種在黑暗中能發光的化合物，裡面含有磷這種天然存在於尿液中的元素。於是磷成了從古代以來首度發現的新元素！如果你想重複這個過程，可以省略把尿放餿的步驟，這不但噁心也完全沒必要。此外，布蘭德所拋棄的鹹味顆粒其實含有最多的磷。保留這部分，你的收穫會更多！

時整組會放在火源上方。先把桶子放在蒸餾盆上，然後桶子上方再擺上另一個盆子，並在上盆中盛滿冷水。當你要蒸餾的液體在下盆中沸騰，蒸汽就會往上走，遇到上方冷水盆的底部，會凝結成液態，就像盛裝冰水的玻璃杯身會有水氣凝結。現在你只需在兩個盆子之間放入一個較小的碗，盛接上方盆底滴落下來的凝結液體。你可以在桶身開一個小口，把小碗盛接的液體引流出來，這樣你就不必每幾分鐘開一次桶子，趕著在蒸汽再次上升之前汲取凝結液體。這樣蒸餾就大功告成了！你要做的，就是捕獲蒸汽，讓它凝結成液態，然後離開熱源。桶子並非必要設備，這只是用來防止蒸汽散逸，增加蒸餾效率。你真正需要的是三個容器：熱盆子用來煮沸液體，冷水盆用來冷卻蒸汽，以及常溫碗用來盛接、倒掉凝結的液體。

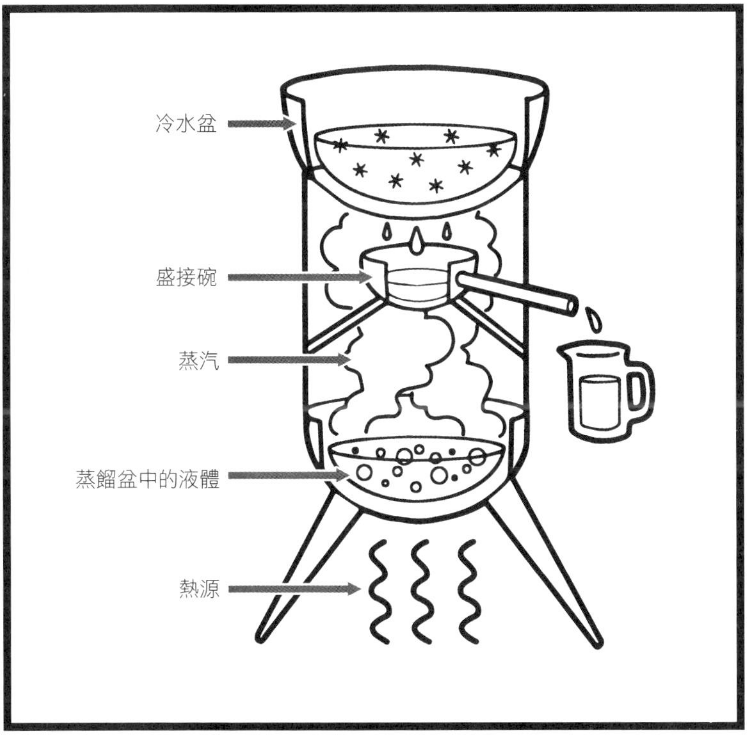

圖 13　蒸餾原理的極簡圖示

蒸餾之所以可行，是因為不同液體的沸點並不相同，而混合液沸騰後所蒸發出來的蒸汽成分，和液體本身的成分有所不同。沸點越低的液體，在蒸汽中的比例越高。❶ 重複蒸餾數次，你能逐漸取得沸點較低液體的純化版本！

如果你身處寒冷的環境，甚至不需要火就能蒸餾出液體。這種方式稱為「冰餾」（freeze distillation），方法很簡單：把混合液放在冰冷的環境中，慢慢結凍。冰點最高的液體會最先結凍，逐步取出結凍的固體，最後剩下的就是冰點最低的液體。❷

蒸餾和冰餾都能把鹽水分離出飲用水（你生存的要素）和鹽（用於調味和保存食物，參見 10.2.6）。這兩種方式也都能用於萃取酒精（參見 10.2.5），是解決苦艾酒荒的最佳手段。

---

❶ 人們經常以為，逐步加熱混合液時，沸點最低的液體會先沸騰，但事實並非如此。混合好幾種液體的混合液實際上只有一個沸點，而不是好幾個。但是當混合液沸騰時，沸點最低的液體在蒸汽中的比例會最高，因此蒸汽冷凝後，其蒸餾液體的占比較高。

❷ 例如，如果你手中有鹽水，最先結凍的冰所含的鹽分會低於剩下的鹽水。取出結凍的冰，等它融化後再冰餾一次，就能得到鹽分更少的水。同樣的，如果是含鹽的冰，最先融出的水其鹽分濃度最高，其餘鹽冰的鹽分則較低。

10.2
「我餓了要吃」

當你困在過去，第一件事就是尋找食物。狩獵和採集讓你短時間內得以存活，但就如我們在單元〈5〉所見，農耕才是產出食物並使文明得以存續的關鍵。

在這一單元，有幾項技術能讓農務變輕鬆（**馬蹄鐵**、**馬具**和**犁**），讓收成的作物（如穀物）保存更久（如**醃漬品**）、更好吃（如**麵包**），還有和朋友同歡共享（如啤酒）的食物。最後，**鹽巴**不僅能讓食物更有滋味，還是你和動物生存不可或缺的要素。懂得以低廉的方式生產鹽巴，你的文明將從此改頭換面。

願這些美味的技術，讓你永遠酒足飯飽！

10.2.1 馬蹄鐵

他們進到我的衣櫥想扒糞，但感謝上天，
他們扒到的，只有鞋子，我美麗的鞋子。
——*你（以及伊美黛・馬可仕）*

馬蹄鐵是什麼？

這玩意能讓大自然最有用的動物變得*更好用*。

馬蹄鐵發明前的情況

馬需要時間休息，才能讓蹄重新生長出來。*馬蹄鐵也意味著人類尚未給其他動物穿上鞋子，老實說這才是我們最得意的成就。*

首度發明馬蹄鐵的時間

公元前 400 年（馬蹄靴）

公元 100 年（金屬底馬蹄靴）

公元 900 年（上釘的馬蹄鐵）

發明馬蹄鐵的必要條件

生牛皮或皮革（馬蹄靴）、金工（馬蹄鐵）

發明馬蹄鐵的方法

馬蹄是由角質所構成（一如人類的趾甲），但與人類不同的是，如果馬蹄磨損，馬就無法行走。在野生環境時不成問題，但在馴化的環境中，這些依照不同地形演化的馬匹，必須擔任人類的座騎、背負重物、在田中拉犁，或是為農事拉載貨車，甚至在戰場拉載戰馬車。這些都會損耗、撕裂馬蹄。解決之道就是幫馬兒穿上鞋子！正確來說，最早的馬鞋應該稱為「馬蹄靴」，以皮革或生牛皮包覆馬腳。馬鞋隨後在公元 100 年演變成金屬底的馬蹄靴，數百年後，又演變成直接釘[1]在馬蹄上的青銅或鐵製馬鞋（馬蹄的角質沒有神經末梢，因此馬不會疼痛）。釘子直接從馬蹄底部往上釘，從馬蹄上部穿出，再將穿出的釘子尖端朝下壓彎，直到跟馬蹄表面齊平，這樣能讓馬蹄鐵牢固，同時避免釘子勾到其他東西。釘子要沿著馬蹄邊緣釘，以免釘太深傷到馬腳底的肉，弄痛馬兒，此時就得讓馬休息，直到腳傷痊癒。

---

[1] 若不用釘子，也可以使用黏膠，但黏膠通常更難去除。

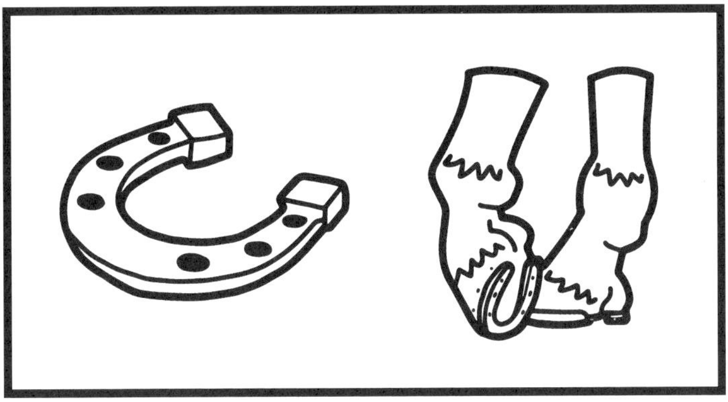

圖 14　左邊是一支自由自在的馬蹄鐵，右邊則是依附在馬兒腳底的馬蹄鐵。

馬只要活著，馬蹄就會不斷生長。這樣說來，馬蹄鐵確實發揮了保護功能，因為只要穿上馬蹄鐵的馬，每六週就得取下一次，把馬蹄的角質磨到先前的尺寸，馬蹄鐵才能合腳。如果你養了很多馬，光做這個就可能耗去你大部分時間，因而需要有專人負責才行。早期通常是鐵匠來做，專事製造馬蹄鐵並釘上馬蹄，不過當你的文明達到某種專業分工的程度，就可衍生出一種新職業，稱為「蹄鐵匠」。蹄鐵匠有時會有自己的熔爐，專門用來加熱、調整馬鞋，讓鞋子更合腳！嘿，還記得前面提過熱量盈餘可催生各種有創造力的專門行業嘛？*我們可不是隨口說說。*

10.2.2 輓具

馬的身影讓景色更美了。

——*你（以及愛麗絲．華克）*

輓具是什麼？

讓動物可以背負東西的方法，如此一來就不必動用到人類弱小無力的軀體，而讓動物來代勞。

輓具發明前的情況

人們得用自己弱不禁風的身體來拉載東西。

首度發明輓具的時間

公元前 4000 年（軛）

公元前 3000 年（喉帶和肚帶式輓具）

公元 400 年（套頸輓具）

發明輓具的必要條件

木頭、布料、繩索或皮革

發明輓具的方法

輓具似乎是滿簡單的發明，把繩索套在動物身上，最好是繞過肩膀，動物就能拉載你的貨物，對吧？如果套在牛（一種結實、強壯的動物，頭的位置低於肩）身上，確實就是這麼簡單。最好的牛具稱為「軛」，是木製的。要讓兩頭牛肩並肩工作，就把一根木棍放在牠們的肩和頸之間，然後以皮帶繫好固定位置。這個裝置能讓動物並排前進，此時你就能把負載的重物放在木棍中間點。可在木棍下方墊著布料，讓動物舒適些，這樣就大功告成了！

如果只有一隻牛，把軛的弧形部分直接架在牛角前方，再把重物繫在軛的兩旁，就完成了「頭軛」。頭軛無法拉太重的東西，不過兩隻牛一樣可以分別使用頭軛，再以繩索繫住。

但馬就麻煩多了。

要幫馬套上馬具，最普通的方式就是，一條環繩套在馬頸底部，一條套住馬身，並讓這兩條環繩相連。這樣似乎能讓馬匹聽命行事，但這是駕馭馬匹最糟糕的方式！這種喉帶和肚帶式輓具能讓馬匹拉載東西，但真正拉動的時候，皮帶反而會同時勒住馬的氣管、頸動脈和頸靜脈。

以這種方式駕馭馬，顯然無法讓馬發揮最大效用。為了提高馬匹的工作效率，又不會*三不五時把馬勒到窒息*，你或許要發明「套頸軛具」。

套頸軛具其實只是有襯墊的木頭或金屬，放置在馬頸基部。軛具周圍有接點，可以繫住置於馬頸基部或是馬身兩側要載運的貨物。這樣的配置可以把貨物的力量從馬頸分散到肩膀，而且馬匹也不會只用馬的前半身來拉動，而是以全身的氣力來拉動身後貨物。現在（終於！）你只需為馬匹更換軛具，就能讓馬匹使盡全力來載貨，而你也不必再（不小心）掐著馬匹來達到最佳拉載效率。

這是革命性的發明。

當套頸軛具出現之後，馬便迅速取代了牛。馬從劣質軛具造成的肉體折磨解脫之後，工作效率變成牛的 2 倍，而且體力更持久。馬匹的力量（想稱為「馬力」也行）❶，不僅能增加每日的耕作面積，也得以開墾更多較難耕作的區域，把原先無生產力的土地轉換成有生產力的農地。

假設你擁有馬匹，馬頸軛具的發明就足以大幅增加耕作效率，進而供應該文明人口所需的糧食。人類花了三千多年，才想到如何用這塊簡單的木頭來讓役用動物和文明社會發揮最大的潛力。

而你只是讀到這裡，就辦到了。

---

❶ 馬力（簡稱 hp）是功率單位，後來定義為 1 秒內把 75 公斤的東西舉起 1 公尺所需要的力量。小常識：健康的人可在短時間內產生 1.2 馬力，幾乎隨時都在產生 0.1 馬力，而訓練有素的運動員可以短時間內產生 2.5 馬力，平時幾乎隨時都在產生 0.3 馬力。但 0.3 馬力還不及一匹馬可以達成的 1/3 ！先前我們說人類的身體弱不禁風，你可能還不以為然，現在你只能點頭如搗蒜，低聲說：「謝謝你彌補了人類孱弱的缺陷，我會永遠愛著馬！」

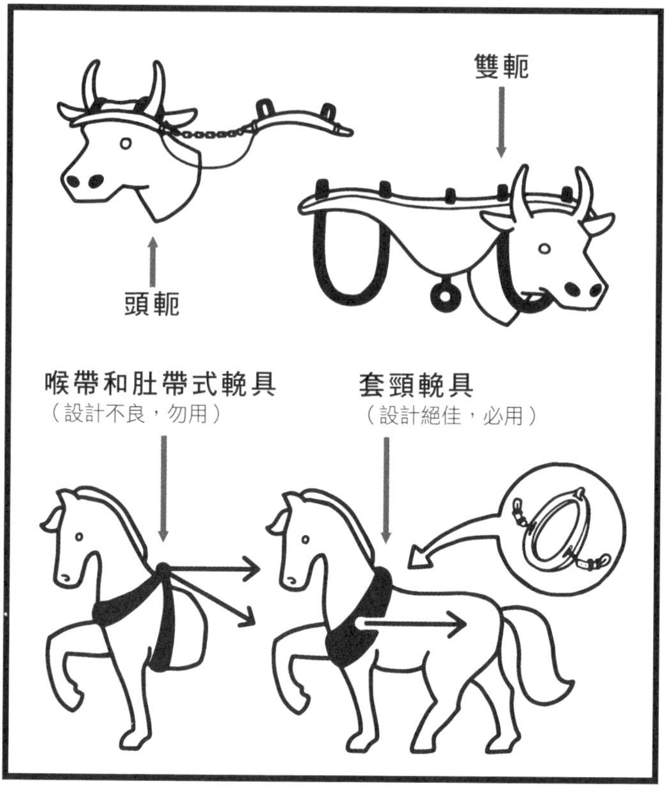

圖 15　軛和輓具

10.2.3 犁

天上永遠不會掉下玫瑰。

如果我們想要更多玫瑰，就要種植更多樹。

——你（以及喬治・艾略特）

犁是什麼？

歷史上最偉大的農業發明：以更有效率的方式剖開地面，讓你可以播種。

犁發明前的情況？

以往要鬆動大量土壤只能自己出力，但這方法爛透了別再試。沒有犁，你的文明能耕作的面積就會大大受限，產出的糧食不夠多，就會連帶影響供給聰明大腦所需的營養來源。而就如我們先前所說，大腦是你最強大的資源。

首度發明犁的時間

公元前 6000 年（刮犁）
公元前 1500 年（巴比倫發明的播種機）
公元前 1000 年（犁頭）
公元前 500 年（鐵製犁頭）
公元前 200 年（中國改良的播種機）
公元 1566 年（歐洲改良的播種機）

發明犁的必要條件

役用動物（用來拉犁）、輓具（把犁裝配在動物身上）、木頭（想升級的話可用金屬）、手推車（用來播種，非必要）

發明犁的方法

你不能控制天氣（目前還不能）[1]，也不能控制太陽（一樣還不能，有點耐心）[2]，但你至少可以*影響*土壤。你也許還記得有些農耕用具可以很快發明出來：把一塊楔形物裝配在木棍上，就成了

---

[1] 遺憾的是，即使是最簡單的洲際天氣控制設備的基礎設施，就本書而言還是太複雜，因此無法納入。但我們保證，一旦你發明了雨傘（製作方法是「布料再加上幾根木條」，最早是中國在公元前 400 年左右發明），天氣變化對你來說就幾乎沒有影響了，真的。

[2] 明確來說，要先進行數十年的永續行星際工程，你的文明才可以開始構想建造可變的太陽能巨型結構。

鋤頭，可以用來鏟開表土。一根尖棍就可以洞，播下種子。如果你把葉狀刀片固定在長棍尾端並揮動，就成了收割用的大鐮刀。但這些都是給人類使用的工具。人體確實有許多優異的功能（像是帶著人腦到處走動、在異時空生存，以及帶著人腦在異時空生存），但是體力勞動的表現卻奇遜無比。犁可使[1]遠比人類強壯、有用、可靠的動物為人類代勞。犁也能讓你刨開質地更堅硬的土壤，而這單靠人力無法順利達成。更多農地意味著更多食物，可以養活更多人，讓你的文明更加蓬勃。

最早發明出來的犁是「刮犁」（ard），其實就是改良自上述的「播種用尖棍」。在理想狀況下，由動物拉動（人拉也可以）刮犁，行經整片田地，便可刮出一條條長而淺的溝渠（犁溝），用來種植。好處是可以刮掉一層表土，但僅此而已，阻止不了犁溝兩旁雜草生長。你的目的是讓土壤淨空，清除雜草，預備一塊田地，供你種植任何想種的植物。因此你要先一道道刮進表土，拉起，然後翻過去。

這能讓表土變鬆，更利於植物和微生物生長，水分也更容易穿透。全都是好事！翻土能從根部剷除雜草，蓋入土中，擋住日光。雜草枯萎之後便能化為土壤肥料。在表土鋪一些糞肥，再犁田一次，如此糞肥就能直接進入土壤貢獻養料！唯一的問題是，犁田翻土十分辛苦，耗費大量人力，與其如此，不如就來發明板犁吧！

板犁上有個垂直的切割葉片稱為「犁刀」（可用木製，但鐵製犁刀效果更好也不易損壞），能直接切入土中。犁刀後方的水平葉片（稱為「犁頭」），能水平砍進土壤，在前方犁刀切出的垂直犁溝時，再補上平行的一刀。隨之在後的弧形楔狀板犁（可木製），便能把這些切割過的土壤抬起並翻過去。隨著犁車刨過土壤，土壤就會翻鬆。在犁車前方加上一個可調整高度的輪子，可以控制犁田的深度。這樣就大功告成了！

---

[1] 所謂的「使」，更正確來說其實是「驅使」。

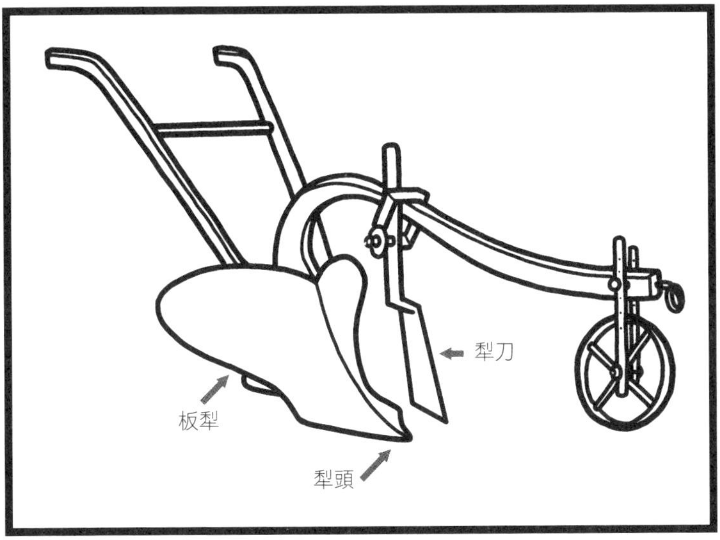

圖 16 犁和板犁

接下來你只需要搭配適當的輓具（參見 10.2.2），把這架犁車鉤在適當的動物後方（參見〈8 交配與育種〉）。板犁割開土壤的效率最好，但是不易轉彎，因此你的耕地最好呈長條形。這種犁車在中國發明，歐洲要到數千年後才引進使用。板犁的耕作效率促使歐洲農業生產力大爆發。歐洲人原本效能差、做虛功的犁車，遠遠落後高效率的中國板犁，而他們數百年來耗在這上面的時光，可說是人類在時間和能源上最巨大的浪費。[24]

文明廢知識：你做的比歐洲人過去好太多了。

板犁也是有缺點。土壤被切割得太深，有可能完全破壞土壤深層結構，使表土遭風吹散。太常耕地也會使表土下方的土壤變得過度密實，形成厚實的土壤板結，導致水下不去而淹沒農地。輪作讓農地休息，可同時減緩這些問題，而土壤施加糞肥也能讓蚯蚓活躍，鬆動土壤板結。你也可以移除犁車上的板犁，把犁頭換成鑿刀。這種新式的犁（稱為「鑿犁」）不會翻動土壤，但能讓土壤通氣！

犁過農地，你要再抹平土壤，並打碎土塊，這時就可使用耙具。鋤頭之於犁，就相當於草耙之於耙具，犁跟耙具是較大型的農具，可以讓動物來拉。你可以做出一個大的幾何圖形（三角形的效果不錯），裝上釘齒，再把整個物體拖拉過農地。如果你手上材料不足，可把一根大樹枝綁在役用動物身後拖過地面，也會有類似效果。

最後，你要來播種了。你可以直接把種子撒在土壤上，然後樂見其成，但如果你更謹慎地播種，讓每個植株之間保持一點距離，收成會更好。保持距離能讓每個種子有最佳的機會生長，而如果種子上面再覆土，就能保護種子不被鳥吃掉。想要等距離播種，就需要播種機，建造方法很簡單，就是在手推車上放入種子，然後車子底部鑽洞❶。種子和洞之間再安裝會隨輪子轉動的葉片，或是如果你想調整車子前進的速度，也可以在輪子上安裝齒輪（見附錄 H）。如此一來，當手推車往前移動，種子就能跟著適量撒落。接著用刮犁在犁好耙過的農地上刮出犁溝，再以改裝過的手推車沿著同樣路徑走一遍。你還可以在手推車後面加裝一些板子，把犁溝上的土壤翻回去，如此前方播種、後方覆土，有更多種子可以順利發芽生長。

依照上述指示，你新建文明的農業將擁有你賜予的所有可能優勢，而我們也很樂意把手上的農場賭在……*你身上*。

---

❶發明手推車很簡單，就是輪子搭上橫桿而已。把車輪安裝在兩片木板的末端，並在木板上方造一個箱子來載物。在木板另一端加上支柱，這樣車桿未抬起時，箱子就能平放。如此一來手推車就完成了。抬起車桿時，大部分的重量都落在輪子上，如此一來，一個人就可以搬動原先兩個甚至更多人才能搬動的東西。公元前 4500 年左右發明輪子之後的任何時候都有可能發明出手推車，而人類歷史上幾乎任何時候都可能發明出輪子。然而，手推車卻一直要到公元 150 年左右才首次出現在中國。換句話說，人類花費了數十萬年才想到可以把箱子安裝到車輪上。

10.2.4 食物保存

一個人如果吃的不好，就無法好好思考、好好去愛，
以及好好睡覺。
——你（以及維吉尼亞．吳爾芙）

食物保存方法是什麼？

食物保存是讓食物能保持數年或數十年不壞的方式，否則食物會在數日（肉）或數週（大部分蔬菜）內腐敗。

有了食物保存技術，你就可以打造食物保護區，任何乾旱、動物瘟疫或作物歉收等等這些原本會導致生不如死的文明終結大災難，就此變成小小的不便，過了就忘了！

食物保存方法發明前的情況

食物真的很快就腐壞，使人類落入飽食與挨餓的不安循環之中。人類總是不出幾週（食物未經保存處理時的大致可食期限）就會開始陷入挨餓。

首度發明食物保存方法的時間

公元前 1 萬 2000 年（乾燥食物）
公元前 2000 年（醃菜）
公元 1810 年（罐裝）
公元 1117 年（中國）、1864 年（歐洲）（高溫殺菌）

發明食物保存方法的必要條件

無（乾燥、煙燻、冷凍、掩埋、發酵）、鹽（鹽醃）、糖（糖漬）、碗（高溫殺菌、煮沸）、金工或玻璃（醃漬、罐裝）、醋（醃漬可用）、溫度計（高溫殺菌）。

發明食物保存的方法

你想吃的食物，因為有其他動植物也一起開動，最後就變成你不想吃的食物。我們稱這個過程為腐敗、腐壞或是「變成餿水」。這雖是生命的自然過程，卻也是難以下嚥又有害，因此你絕對會想要盡量延遲食物開始腐敗的時間。

祕密武器就在這裡：地球上所有生命（包括讓食物衰敗的微生物）都需要「水」才能夠生存，而且其中大都要維持在特定溫度和酸度範圍。一旦你知道這個祕密（你現在知道了，這就爆料給你了不是？），就會了解到，只要把上述變因推展到極致，讓生物無法在食物上生存，便能保護食物不受其他生物摧殘，進而保存食物。你也不必局限於單一食物保存技術。乾燥、鹽醃、煙燻、冷凍、醃漬、罐裝等等，都可以保存食物。有時經過保存處理過後還會更好吃！

乾燥食物簡單得不得了，因此這項技術才會老早就發明出來。脫水的食物能抑制細菌、酵母和黴菌生長，而脫水的最佳方式就是把食物切成細條（讓食物表面積達到最大），暴露在某種能讓食物乾燥的環境中，例如太陽或風。煙也可以達到類似功能，而且還會增添好風味（也增添致癌的多環芳烴，因此或許偶爾嘴饞再煙燻就好），這是人類在升火加熱的窯洞中乾燥肉類時發現的方法[25]。木頭燃燒產生的煙含有有機酸性物質，會讓煙燻過的食物略呈酸性，這也有助於保存食物。

鹽和糖都能把水分逼出食物，因此食物上方抹鹽或糖可保存較久，也能抑制沙門氏菌和肉毒桿菌❶這種你不想要的細菌生長。肉類用鹽醃製後，很多都變得極度美味，而如果你以鹽醃製豬背脊及

---

❶還是有細菌可以生長在鹽度極高的環境，也有酵母喜愛高濃度的糖，不過你可能不會遇到這種細菌。倘若遇到，只要運用另一種細菌不喜歡的保存技術：在高鹽又高糖的環境下加熱煮沸，就能輕易殺死細菌。

腹部的肉，恭喜你，*你剛發明了培根*。❶

冷凍也能保存食物，因為當食物內部的水分變成冰，便能減緩細菌生長和食物內部任何會讓食物腐敗的化學反應。最早要冷凍食物得仰賴氣候，至少夠低溫才會製造出冰，而一旦擁有冰塊，你就能讓冰塊維持很長一段時間。

第一座冰箱（用來運送奶油的可攜式容器）於公元 1802 年發明，但你現在就可以發明：拿一個空的方盒，放入更大的橢圓盒，並在兩個盒子之間的空隙塞滿冰塊，最外部再以皮毛和乾草完全包覆起來，與外界隔絕。冰塊只要融化就換新的冰塊進去，如此便能讓食物永遠保持冰冷。

當然，這樣一來，在炎熱的月分你也得張羅冰塊。不過這很簡單：冬天時從湖面敲下一些冰塊，夏天時存放在洞穴中，洞口以乾草覆蓋。如果你野心更大，就存放在與外界隔離的冰庫中。如果你完全沒有任何冰塊，把食物埋在土裡也有助於減緩食物腐敗的速度。因為地底溫度較低，而且如果地底夠乾，沙土也能讓你的食物保持乾燥。

液態食物（包括水）煮沸後能殺死裡面的微生物，讓食物安全可食。如果你能防止微生物複製繁衍（作法通常是趁食物還沒變涼前，就封入罐中），食物內部就能比外部維持更久不腐敗。如果你的食物並非液態，加熱仍舊可以殺死微生物，這就是熟肉能比生肉保持更久的原因。

罐頭發明於公元 1810 年，最開始是把食物封入玻璃罐中，再以軟木塞或蠟封口，後來演變為錫罐。其實這種技術在公元前 3500 年就可以做出來，當時蠟是從蜂窩採集而來，而玻璃則從窯燒出

---

❶ 可以試試煙燻培根，培根會更美味！順帶一提，許多美味佳餚一開始都是為了保存食物而發明出來，但現在人們則是因為味道絕美而享用。除了培根、火腿、燻牛肉、香腸、肉乾、鹹牛肉等美味的鹽醃肉品，還有葡萄乾、洋李乾、果醬、橘子醬、德國酸菜、韓國泡菜、煙燻肉、醃菜、乳酪、啤酒、醃漬沙丁魚、鯷魚等等醃漬食品。

來❶，當然如果你提前發明窯和玻璃，那麼發明製罐技術的時程就可以再提前。如果你的罐子夠堅固，你還可以在食物裝罐之後繼續加熱，這個技術稱為「高壓製罐」。這種方式能讓罐頭中的食物達到比一般沸點還高的溫度。充斥在環境中的肉毒桿菌孢子，只有在像是罐頭食物中這種缺氧的環境中才會活化，而高壓製罐時的高溫則能殺死這些孢子，以 121°C 加熱 3 分鐘，通常就見效了。高壓製罐是保存未醃漬食品最安全的方式，但是當食物開始腐敗，就有可能導致*食物爆炸*，所以，處理時請小心。

說到醃菜。或許你會想：「食物若能在瓶罐中自行啟動醃漬程序，而不需要我動手，豈不太好了？」如果你真的這麼想，那恭喜啊，你剛發明了醃菜！醃菜就是讓食物在鹵水（鹽和水的混合物）裡進行發酵。先把食物切段，浸入鹵水，然後以乾淨的盤子、板子或石頭壓住，讓食物不會浮出液體表面。蔬菜在無氧的鹵水中會開始發酵：「好」菌會消化食物中的糖分，製造出醋。醋會讓食物變酸，但也讓食物對會導致腐敗的「壞」菌更有抵抗力。❷醃漬在 1-4 週之後就完成了，若製成罐頭還能保存更長時間。

把食物浸入鹵水，不只是為了醃漬。很多食物都可以用這個方式保存，像是奶油、乳酪和肉。不過，請注意：食物經鹵水醃漬後，通常要浸過清水再吃，如此才能濾除食物所吸收的部分鹽分，變回

---

❶ 雖然在這個時代，玻璃在窯中是作為釉料，但在公元 1500 年之前，都是製成空心的飲用器皿，也就是玻璃杯。一杯水的英文「a glass of water」就是這樣來的。人們從擁有生產玻璃所需的技術到實際製作出玻璃，拖了五千年。晚到令人好生尷尬，我們不得不悄悄放在注腳說明。你或許會說：「哦，等等，我知道玻璃吹製。這看起來真的很複雜，難怪這麼晚才出現。」但我要先告訴你，第一只玻璃杯不是吹出來的，而是先製作玻璃杯形狀的沙堆，再把熔融玻璃傾倒進去，最後玻璃冷卻成想要的形狀。換句話說，這跟小孩把乳脂軟糖淋在冰淇淋上的技術水準其實差不多。

❷「好」「壞」要加上引號是因為這都是相對於我們當前的目的，但實際上細菌並沒有好壞之分。順帶一提，如果你想要知道在這個墮落的世界中，還有什麼東西在本質上是好的，在你的問題爆發哲學危機之前，請先參閱〈12 從「擊掌」動作來認識幾種哲學流派〉。

可以食用的東西。如何知道你的鹵水已經夠鹹可以保存食物？只要在適量清水中放入食物重量 0.8-1.5 倍的鹽，鹵水的鹽度就足夠。

如果你有多餘的醋，也可以直接拿醋來保存食物（參見 10.2.5）。乳酪其實就是經過保存處理的奶，製作方法就是把醋（約 120 毫升）倒入 1 公升煮沸的牛奶中。❶醋會讓牛奶凝結，製造出美味的凝乳，留下「乳清」這種黃色液體。取出凝乳，瀝乾並擠壓（可用布料包住，參見 10.8.4），如此製作出的乳酪可以存放數週不會腐敗。加鹽或是浸入鹵汁中保存，可讓乳酪存放更久。乳酪熟成期間，加入特定菌種便可為乳酪帶來特定風味，像是卡門貝爾、布里、洛克福、藍紋等你記得住的乳酪，都是在凝乳中加入不同青黴菌種製成（參見 10.3.1）。不過用在乳酪的青黴菌種，跟現代用來製作青黴素的菌種不同。

當你用上一段所提及的方式，煮沸牛奶來製作乳酪，猜猜會發生什麼事？是的，你發明了巴斯德殺菌法！巴斯德殺菌法其實就是「以煮沸來殺菌」：把液態食物加熱到將近沸騰，放涼後就大功告成了。這裡會說「將近沸騰」，是因為牛奶加熱到高溫之後就會凝結，所以如果你是想用這個方法來製作可飲用的牛奶，就不能讓牛奶煮沸。飲用未經高溫殺菌的牛奶極其危險，尤其是結核菌很喜歡生長在牛奶裡。但牛奶經過高溫殺菌就非常安全了，可以放心飲用。加熱的溫度越高，加熱時間越短，以 72℃ 加熱 16 秒就能達到殺菌牛奶的效果。

巴斯德殺菌法冷知識 1：只要是加熱，都會破壞食物中的維生素 C！牛奶使用此法殺菌，有時會導致嬰兒罹患壞血病，所以記得要確保你文明中那些飲用巴斯德殺菌法牛奶的人，都攝取了柑橘、燈籠椒、深綠色葉菜類、漿果和馬鈴薯。詳情請參見〈9 基礎營養素〉！

---

❶ 如果你手上沒有醋，用任何酸性物質（如檸檬汁）都可以製作乳酪！

（不怎麼光彩的）巴斯德殺菌法冷知識 2：這項技術既可以挽救數百萬人的生命，又只需要火力就可以達成，而我們的原始人祖先在我們出現之前就已經開始用火，因此這項技術可在人類歷史任一時期發明的！但我們要到公元 1117 年才弄懂這件事，又經過數百年後才用此法來保存葡萄酒。因此只要你提前發明巴斯德殺菌法，將為文明提供 20 萬年以上的基本食品安全！

（最後一個了）巴斯德殺菌法冷知識 3：這一項技術是以發明者的名字來命名，以永久紀念他。現在你可以拿掉「巴斯德先生」，改成你的大名，之後以你命名的殺菌法將就此流芳百世！

10.2.5 麵包、啤酒和酒精

所有悲傷都沒有麵包來得重要。

——*你（以及賽凡提斯）*

麵包是什麼？

麵包是很普遍的主食，也是包括披薩在內許多食物的基礎，而且甚至更美味。做麵包的原料也可以用來製作成啤酒，這也是讓人類願意開始轉作農耕的動力。狩獵和採集可以讓你弄到食物，卻不可能讓你弄得到啤酒。有穩定的農耕才能生產啤酒，因此這是只有文明社會才能享有的福利之一。[26]

麵包發明前的情況

人們只能生吃穀類。如果你生吃過穀類，就會曉得這是最爛的穀類食用方式。

首度發明麵包的時間

公元前 3 萬年

發明麵包的必要條件

無，但在有農業的情況下較容易製作。溫度計（非必要，但要製作你喜歡的啤酒，有溫度計會比較容易）。鹽巴（增添風味）。

發明麵包的方法

方法很簡單：拿麵粉（就是把穀類磨成粉，可以徒手拿石頭把穀物砸碎，或利用 10.5.1 所發明的水車來驅動兩塊石頭以碾壓穀物），加上一點水，再於熱源上烘烤。❶ 登愣，麵包就做好了。不過你剛做出來的是麵餅，也就是質地較密實的麵包。麵餅可來拿做口袋餅、捲餅和夾餅，但你可能還是想親手做出好吃的酵母麵包，這時候就需要酵母來幫忙了。

酵母是單細胞生物，到處都有。它們漂浮在你所呼吸、所賴以為生的空氣中。你一定會想培育和自家穀物特別合得來的酵母品種。

培育方法如下：首先，把麵粉和水混合，麵粉的量是水的 2 倍。把混合好的濕黏麵團蓋起來，放在溫暖的地方，每 12 小時確認一次。如果麵團出現氣泡，就表示在發酵。換句話說，這代表有野生酵母入駐享用你的麵團。一旦麵團開始發酵，就拿一半起來丟掉，再補上以麵粉和水 2：1 比例製作的新鮮麵團。這樣可以讓麵團中原有的酵母有新鮮麵團可吃，也能讓酵母因演化壓力而快速處理麵團。親愛的朋友，你現在做的，就是選育出只鍾愛你手中麵團的菌種。

約 1 週之後，應該就有酵母了，讓你在每次補充新的麵團後，可以穩定產生氣泡（跟啤酒頭有些類似）。現在你擁有一座酵母農場了！❷ 每天以新鮮麵團餵食（如果有冰箱可以冷藏保存，就能 1

---

❶ 倘若你發明了平底鍋，就更容易用火加熱麵團了。不過平底鍋並非必要，因為你可以直接用木棍插著麵團，直接在火源上方加熱。

❷ 有趣的是，在你的小小酵母農場裡，你並不是隔離出特定的酵母菌株，而是一口氣混合了好幾種酵母和細菌一起培育，讓這個品種混雜的菌落成員達到完美平衡，在你的食物上好好幹活。酵母的種類會影響成品的風味，所以儘管到不同地區去收集不同菌種，看看會得到什麼風味！

週餵食一次，參見 10.2.4），你就能一直保有這團新鮮的元種麵團。當然了，每日餵食會讓元種麵團不斷長大，因此餵食之前記得先取出一些，取出來元種麵團最好直接拿來製作食物。新的麵粉和水混合物中加入元種麵團，靜置數小時之後烘烤，就能做出蓬鬆的酵母麵包。

成功做出麵包的原因在於，你所選育的酵母就是仰賴麵團中的糖分維生，如果周遭又有氧氣，酵母就會排放出二氧化碳。這些二氧化碳會被困在麵粉的麵筋之中，麵包因此得以發酵。烘烤麵團時，酵母會繼續歡樂地狼吞虎嚥著你所供應的食物天堂，直到溫度過高而與周遭一切共同死去。

恭喜！你已經學會如何奴役這些微生物來為你製造更美味的麵包，然後在利用完之後瞬間殺光。數百萬個微生物屍體就葬身在你手中烤好的每一片麵包，送入了你口中。

文明廢知識：麵包不是素的，別被唬了。

如果酵母周遭沒有足夠的氧氣，就無法完全分解穀物中的糖分，而開始排出酒精。

嘿，恭喜，你剛發明了釀酒術！

跟製作麵包同樣的材料和酵母，也可用來製作啤酒，反之亦然。兩者差異在於，麵包要經過烘烤，啤酒則經過釀造，讓酵母繼續在穀物中發酵。把穀物浸在熱水中釋放糖分，加入酵母之後，你就可翹腳納涼，等著酵母進食就好了。製作麵包時，酵母可以盡情獲取所需的氧氣，因此能把糖完全轉化為二氧化碳。但是發酵的液體中不含氧氣，在這種情況下，酵母產生的東西會變成兩種：二氧化碳（啤酒中的氣泡）以及酒精（啤酒最受歡迎的部分）。

啤酒很快就會成為你新建文明的主食。啤酒提供很多有用的碳水化合物，在現代也是繼水和茶之後、第三普及的飲料。麩質含量較低的穀物（如大麥），在釀造上的成效比小麥好，但基本上，只要是方便取得的穀物都可以拿來釀啤酒。人類是等到文明高度發展之後，才開始對啤酒的風味挑三揀四。然而，在文明發展初期，只要簡單一句話就能讓大家開心：「大家安靜，我剛發明了啤酒喔！」而眾人會這麼回答：「感謝你！這個發明能讓我們比其他文明酷～～～多了！」

發酵不僅能製造出酒精，酵母還能在發酵過程中為啤酒增添營養素，尤其是維生素 B 群。拜這些微生物酵母之賜，你可以把已經很健康的穀物，轉化成營養更全面的食物！由於你無法只喝啤酒生存（至少不能連續超過數月，否則會罹患敗血症和蛋白質缺乏症），但你至少可以讓啤酒成為清新、美味又具社交功能的維生素 B_2 來源。（關於啤酒的價值，詳情可參見單元〈9 基礎營養素〉）

現代釀酒技術上有個新發明，就是催芽，也就是在進入釀造程序之前，讓穀物稍微發芽。要記得：穀物是種子，而種子總是有辦法在通過動物消化系統之後全身而退，因為動物在吃植物或水果之後會排出種子，植物因此得以散布繁殖。要讓種子卸下防禦，方法就是催芽：把種子浸在水中數小時，再晾乾 8 小時，然後重複這個過程。幾回合下來，種子會想要發芽，而發芽的過程會把穀物內部的澱粉轉換成糖，使得穀物變得更軟、更甜，也更容易讓人類（以及我們現在最關心上的酵母）消化。穀物中含糖量越多，發酵作用就能進行得越久。

穀物發芽之後，就要阻止它們繼續生長，否則穀物內部的糖分會被消耗殆盡，最後長成一株你一點都不想要的笨蛋植株。你可以手動拔除每顆穀物的芽，或是直接把這些種子拿去火烤再把芽抖落，省時又方便。穀物經過烘烤之後，還會因梅納反應（Maillard reaction）[1] 增加啤酒的風味，所以很值得一試！整個過程稱為「麥芽」（malting，又稱穀芽）。

還有其他方法可以製作穀芽，增加穀物內部的糖分。如果你夠幸運，或許能分離出「米麴菌」這種黴菌（約公元前 300 年首度在中國發現）。米麴菌是在白米上呈黑灰色的斑點，不必經由麥芽過程，就能神奇地把澱粉轉化為糖，同時還賦予食物美味。亞洲人藉由米麴菌發明了好幾種發酵食物，包括醬油（發酵的大豆）和清酒（以種入米麴菌的米製成的啤酒，風味較甜）。

如果你找不到米麴菌，也不想自製麥芽，那你還有一項選擇，就是製造奇恰酒（chicha）：直接把食物放進口中咀嚼之後吐出，利用唾液中的酵素把澱粉分解成糖。如果你想節省自己的唾液，也不介意釀造物是經由他人的嘴巴嚼過而來，這就是個古老又可行的方案。

製作麵包的提示

- 揉捏麵團能讓麵包中的麩質產生作用，質地具有彈性。
- 加入麵粉的水溫，如果介於室溫和體溫之間（亦即 20-37℃），就能讓酵母充分發揮。較冷的水會拉長麵包膨發的時間，太熱的水（約 60℃）則會把酵母殺得片甲不留。

---

[1] 梅納反應是一種化學反應，由路易斯 - 卡米勒．梅納（Louis-Camille Maillard）在公元 1912 年發現（你現在倒是可以直接把他從*寶座*上拉下來）。這種化學反應是熱、胺基酸和糖之間的交互作用，會產生數百種風味物質。在大火油煎的肉品、烤麵包、烘烤咖啡豆、炸薯條、焦糖、巧克力、烤花生，以及此處提到的麥芽食物中，都因為梅納反應而擁有層次豐富的好味道。

- 加入鹽巴（參見 10.2.6）以增添風味（這個訣竅適用於絕大部分的食物）。
- 加入種子、水果或漿果，如果你喜歡麵包中多了這些滋味。
- 可以試試麵包抹奶油，滋味絕佳！要發明奶油，只要在罐子中注入 1/3 滿的牛奶，封口後開始搖晃。牛奶經劇烈搖晃後會分離成乳狀固體物以及白脫乳，漂洗固體部分之後重壓再揉捏成團，最後加入鹽巴以利保存，一塊美味的「可抹開的脂肪水油乳」（water-in-oil emulsion of spreadable fat）就大功告成了。
- 不過如果你稱它「可抹開的脂肪水油乳」大概沒人要吃，所以就直呼它「奶油」吧。

製作啤酒的提示

- 公元前 4000 年，人們以吸管喝啤酒。這種未經過濾的啤酒，底部有泥狀沉澱物（大多是酵母），表面則會漂浮著固態物質（大多是作為酵種的老化麵包）。此時，吸管便是最佳飲用方式，可以直接吸取啤酒最好的中間部位。你也可以用紙（參見 10.11.1）或布（參見 10.8.4）過濾啤酒，就不需要吸管了。但不要急著把所有東西都濾掉，泥狀沉澱物裡面富含營養素，啤酒喝完後，通常也會把這些沉澱物一起吃掉！
- 啤酒花（爬藤類蛇麻植株綠色、有香氣的松果錐狀花朵，生長於歐洲北部和中東），可加入啤酒用來保存和調味。許多人將會逐漸喜歡加了啤酒花的啤酒風味！他們的意見不正確，卻很普遍！
- 你可以取出啤酒底部的泥狀沉澱物，作為下一批啤酒的酵種。從科學角度來說[1]，早期的釀酒人並不知道他們在做什麼，但他們

---

[1] 數千年來，人們都是在對酒精產生機制一無所知的情況下釀造啤酒，有時成功有時失敗。人們甚至還辯論著釀酒究竟是化學反應還是生物反應。這些辯論現在看來是滿蠢的，但如果你身在不知酵母為何物的時代中（也就是還不知道動物竟然可以*這麼小*），你也會想知道啤酒究竟是怎麼來的。

確實知道這樣做能加快發酵速度，製作出風味接近的啤酒。

- 啤酒繼續蒸餾，就可製造出其他含酒精飲料，例如威士忌！而啤酒充分蒸餾之後，就可以產生純酒精。酒精可以殺死細菌，是絕佳的消毒劑，在醫療上有非常多用途。
- 如果你想製造醋，就讓啤酒（或是含糖且未經高溫殺菌的液體）放著繼續發酵。新的細菌（確切來說是空氣中的「醋酸菌」〔acetic acid bacteria〕）會進駐你的酒液，然後消耗酒精產生醋酸。這就是醋！這種又嗆又酸的液體可以作為抗菌清潔劑、去污劑，或是美味的醃漬液。醋酸菌就跟酵母一樣，不同菌株可以得出不同風味的醋，所以可以嘗試以不同酒液來製造醋，找出你喜歡的風味。

10.2.6 製鹽

別種產品都仰賴你的鹽廠生存，
因此即便有人不追求黃金，卻沒有人不想要鹽。
——*你（以及卡西奧多羅斯）*

鹽是什麼？

鹽是酸和鹼發生反應之後的產物，也是人類唯一會食用的岩石家族！鹽不僅是生命必需品，也可用來調味食物、調整水的沸點和冰點、保存食物，熄滅油所產生的火，還可用來去角質、去污，以及促進正義。❶

---

❶ 所謂的促進正義，應該要解釋一下。鹽一度用來促進正義（某個時代所認為的正義）。禁止自殺的法律一向效力不彰，畢竟若有人因為你成功自殺而起訴你，你也早就脫離他們可以管轄的範圍。但公元 1670 年法國的《刑事法令》（Criminal Ordinance）改變了這種現象。自殺者成了司法起訴的對象，只要遭到控訴，就必須以被剖開並塞滿鹽巴的屍體，乖乖待在法庭裡候審。不只是針對自殺者，如果你在候審期間死於獄中，也會用鹽巴保存身體，直到審判之日來臨。這些法律一直施行到 1789 年法國大革命才停止。由於當時加拿大魁北克省是法國領地，因此屍體保存的法律也一度出現在北美某些地區。

鹽發明前的情況

人類歷史大多數時候，鹽都是人們最想要也最昂貴的東西之一，即使這也是我們周遭最普遍的物質之一。海水中就充滿了鹽，而且地球上只有少數幾個地區沒有鹽分。在無法高效率產鹽的地區，鹽就成了世界上最昂貴的香料之一。但是在現代，鹽在任何地方都非常便宜，便宜到路面結冰的話，我們會直接把鹽巴撒在路上來融化冰雪了。

首度發明鹽的時間

公元前 6000 年（從乾涸的湖泊採收鹽）
公元前 800 年（在陶罐中煮沸鹽鹵）
公元前 450 年（在鐵鍋中煮沸鹽鹵）
公元前 252 年（鹽鹵井）
公元 1268 年（鹽礦）

發明鹽的必要條件

無（靠太陽自行發功）、蒸餾和陶土（在陶罐中煮沸鹽鹵）、鐵（在鐵鍋中煮沸鹽鹵）、礦業（開採岩鹽）、蛋（清潔鹽鹵）。

發明鹽的方法

人類生存需要鹽，健康成人體內會有大約 250 克的鹽。不過，人類日常活動中會不斷流失鹽分，像是流汗、小便、流淚等，因此需要不斷補充。如果你是雜食者，光是吃肉應該就可獲得日常所需的鹽分；但如果你是素食者，那就需要從其他來源來攝取鹽分了。[1]

---

[1] 缺鹽時，你面對的挑戰十分特別。人類在口渴和飢餓時，會特別想喝水和吃東西，缺鹽時，卻不會特別想去補充鹽分，而是出現噁心、頭痛、頭暈、短暫失憶、易怒、疲乏、沒食欲等症狀，接著開始抽搐、陷入昏迷，最後死亡。幸運的是，我們對鹽的需求量較低，而且人類也演化成喜好鹽味，因此一旦你發現哪些食物含鹽，可能就會一直吃。最後鹽的攝取量超過身體所需，反而不會有攝取不足的問題。

鹽能*殺死*地球上多數的植物，只有 2% 的植物可耐受高鹽度。[1]

幸運的是，動物對鹽的需求與人類相同，這意味著在任何能找到動物的地方，附近都能找到鹽的來源。[2] 事實上，要尋找天然鹽的來源，一個很簡單的方法就是循著草食性動物的蹤跡：牠們會帶著我們到岩鹽露頭、鹽鹵（淡水流過鹽之後變成的鹹水）、海洋，或其他天然鹽類。

鹽最常見的來源是鹽鹵，也就是從海洋或鹹水湖泊、河流、泉水中汲取的鹽水。你可以把鹽鹵轉化成更濃縮也更容易運送的形式，那就是固態鹽。最簡單的方式就是直接把鹽鹵煮乾，中國人在公元前 800 年就這麼做，希臘人和羅馬人則在其後數百年才跟進，以低廉的陶罐製鹽，取鹽時就直接砸碎陶罐。但是要煮乾水分得耗費大量木柴，因此製鹽過程所費不貲。中國人在公元前 450 年左右所想出的辦法就比較不具破壞性：在鐵鍋中加熱，當水煮乾之後直接刮取鍋底的鹽。

然而，如果你住在陽光普照的地區，也可以取得鹽水（海水或鹽泉皆可），亦即用更低廉的方式來製鹽，讓陽光來蒸發水分：建造一條淺的陶管，引入鹵水之後封住陶管兩端，待日照完全蒸發水分，最後鹽會留在底部隨你拿。[3]

---

[1] 喜好鹽的植物很好辨認，看哪些植物生長在海邊或鹽水沼澤等含鹽地帶。生長在海中的植物也一定能耐受鹽水。要採集這些植物中的鹽分，只要直接把植物燒成灰後放入水中，沸煮至水蒸乾後即可。

[2] 這確實意味著當你開始馴養草食性動物時，不僅要提供牠們食物和水，還需要鹽。鹽的來源不必花俏，在現代，我們在農場仍舊使用鹽磚，也就是大型鹽塊。馬需要的鹽大約是人的 5 倍，牛則需要 10 倍。因此，如果你想讓整群動物乖乖留在籬笆內，你就需要穩定可靠地供應鹽。

[3] 方便好用的訣竅：把蛋白加入鹵水中並攪打，鹵水表面會形成一層浮沫，吸附懸浮於液體中無法溶解的物質。撇除浮沫再開始加熱濃縮鹵水，如此就會得到更純更白淨的鹽！這個「澄清」步驟也可以用在其他你不希望有物質漂浮其中的食物上，如葡萄酒。一般而言，人們會更喜愛較白淨的鹽，但在鹽變得低廉又普及之後，人們卻又開始花更多錢來購買色澤和風味較為特異的「粗」鹽。確實，那些特級的昂貴「紅色鹽」，其實也只是一般鹽再加上一些雜質罷了！

約公元前 6000 年，人們就會在夏天前往乾涸的天然湖泊中採鹽，但人類要在好幾千年之後，才懂得建造人工池塘來製鹽。公元 1793 年，人類才又發明可上蓋的池塘，以在陽光較不普照的日子中採鹽。這項技術並不難，就是在雨天和夜間蓋上蓋子，以免池子遭雨水和晨露淋濕或濡濕，稀釋了鹽鹵。

如果你不住在海邊，鹽就比較難取得。附近有鹽礦的話，或許可以直接徒手開採。人們原本認為這種礦藏很罕見，但現在我們知道這樣的礦藏其實散布在世界各地。地表鹽礦是古代淺海中的水分蒸乾後，原地留下海鹽，之後再被土覆蓋。如果你發現自己腳下是一大片地下鹽礦，請注意：礦井空氣中的鹽塵，會導致礦工快速脫水，再加上持續暴露在空氣乾燥劑中引發的許多健康問題，鹽礦工人的平均壽命都會比較短。如果你有幫浦（參見 10.5.4），就可以用「液體採礦」來萃取鹽。把淡水灌入鹽礦，接著以幫浦汲取出鹽水，再以手邊最方便的工具把水抽乾。

地下鹽礦上方的岩石重量產生的壓力，有時會把鹽擠壓到往上跑，一大片鹽丘（dome of salt）便會隆起地面暴露在外。要是你發現鹽丘，在撥開表土之後，可能會在下方發現一大座鹽山。[1]

在結束這個主題之前，我們完全相信，本節提供的資訊將使你跨上好大一步，直接到達記憶中那個鹽價低廉、供應量充足的時代。這裡快速提一下碘。碘是一種元素，就像鹽，是人類生活必需元素。缺碘會導致疲勞、抑鬱、甲狀腺腫（頸部腫脹），如果是在懷孕期間缺碘，則會導致胎兒智力上的缺陷。海藻、鹹水和淡水魚類都富含碘，但在內陸地區可能較為罕見。現代會在鹽上噴碘，如此一來，不管人類吃什麼，都能確保成年人每天平均攝取 0.15 毫克的碘。鹽做為碘的載體的原因有二：鹽不會變壞，以及人們想攝取可預測的

---

[1] 鹽在受到重壓之後，裂縫會因為被壓實而消失，變成一大片密不通風的物質。因此這是有機物質轉化為油與天然氣之後，仍能維持不消散的理想場所！

量。例如，沒有人會在早上吞 5 公斤的鹽當早餐。[1] 碘化鹽是人類有史以來最簡單、最便宜的公共衛生措施之一，能同時增強身體健康和智力。當公元 1924 年美國引入碘鹽之後，缺碘區域的智力分數平均上升了 *15* 分。雖然你可能暫時還無法製作出含碘鹽，但如果可確保你的文明成員獲得含碘量高的食物，如魚、蝦、海藻、牛奶、雞蛋和堅果，那麼他們（和你）都會活得好好的。

---

❶ 反正也沒有人吃完這一大堆鹽之後還能僥倖存活。

10.3
「我生病了」

在人類創造的所有技術中，醫學最為良善。這一小節的知識再加上單元〈14 人體治療：藥物及其發明方法〉中所提及的兩項發明，將能幫助全人類擁有最好的生活。這些技術的影響實著驚人，因為今日（以及你將來的文明中）有數百萬的人類靠著這些技術而存活下來。這兩項技術是：一種屬於生物和預防性的發明，另一種是機械和診斷方面的發明。

青黴素能協助你在微生物層面擊敗感染，**聽診器**則能在人類層面擊敗感染。兩者能讓你辨識出個人疾病的症狀，也能了解疾病是如何影響到人類整體。沒有這兩者，文明還是能生存。地球上就有好幾個「偉大」文明在沒有青黴素和聽診器的情況下興起又衰落，但這些文明也深受疾病、感染、和無常早夭所苦。至於你的文明，儼然會成為山丘上的燈塔，把健康和福祉的祕密分享給全世界。

而你要做的，就是閱讀接下來幾頁的內容。

10.3.1 青黴素

如果他們可以從發霉的麵包中提取青黴素，

一定也能從你身上提取某些東西。

——你（以及穆罕默德．阿里）

青黴素是什麼？

這是我們目前最有效的抗生素，而且可以從發霉的食物上免費取得。

青黴素發明前的情況

一個微不足道的小擦傷就有可能要了你的命，這情況對人來說還真是*不利*哪！

首度發明青黴素的時間

公元 1928 年（發現）

公元 1930 年（首度用於治療）

公元 1940 年代（量產）

發明青黴素的必要條件

玻璃（用於分離）、肥皂、酸、乙醚（用於純化）。

發明青黴素的方法

眾所周知，亞歷山大・弗萊明（Alexander Fleming）在公元 1928 年培養葡萄球菌時，樣本不小心暴露在空氣中，然後窗外飄來的黴菌就這樣附著在樣本上。他原本打算把樣本扔掉，其中一個樣本卻引起了他的注意：樣本上感染的藍綠色黴菌周圍出現了一圈環狀的暈，金黃色葡萄球菌就停在暈的外圍無法進入。弗萊明研究了這個現象，並從培養皿中的黴菌分離出抗生素特性，這種菌就稱為「青黴菌」。

事情是這樣的：數千年來，人類早已知道某些黴菌似乎有助於傷口免遭感染，例如古印度、希臘、中國、美洲以及埃及（約公元前 3000 年），會使用腐敗食物的黴菌來治療傷口。不過這種治療方式簡直是在碰運氣，看看能否遇到對身體有益的青黴素，若是遇到沒什麼幫助的污染物，傷口就會更糟。

公元 1600 年，「黴菌作為醫藥」的想法再度出現在歐洲，而歐洲科學家也陸續發現青黴菌的抗生素特性，分別是公元 1870 年、1874 年、1877 年、1897 年、1920 年在歐洲，以及 1923 年在哥斯大黎加。一直要到 1928 年，一個注意到青黴菌抗生素效用的人，才發現、分離並濃縮出青黴素這種活性藥劑。不論是誰，要發現青黴素，都會需要玻璃、好奇心以及一點運氣，而人類花了 5000 多年，才達到這一步。❶

現在你可以超前進度。

首先，你會需要一堆培養皿，其實就是平淺的玻璃碗。以肥皂和水清洗培養皿以及你的雙手。

接下來需要的是生長介質，也就是讓細菌可以在上面生長並能供給細菌食物。你可以混合牛肉高湯❷和水來養菌，但有固態的生長介質比較好，酵母在移動過程中比較不會遭到破壞。因此我們可以在混合液中加入一些凝膠，例如加入動物蹄（參見 8.9）或是海藻（可以多試幾種海藻，看哪種隔夜後會凝固）一起煮沸。請記住，黴菌和細菌會竭盡所能生存下來，所以你不必過於費心為牠們打造完美的生存環境。

現在，我們需要看看細菌的生長是否受阻，來證明青黴菌已經附著在培養皿上。弗萊明使用的是金黃色葡萄球菌，我們就用同一種吧！

金黃色葡萄球菌是寄居在人體黏膜上的無害細菌（侵入人體就是另一回事了），這也給了我們下一個文明廢知識：

---

❶ 其實你甚至不需要玻璃，用陶器也行。玻璃的優點是容易清洗和密封，而且不需要很多好運就能成功。只要是你可以生存的時期，地球上各個角落都充斥著青黴菌的孢子。至於要分離出青黴素，你需要的就是好奇心以及一些發霉的食物。

❷ 牛肉高湯的作法是，沸煮新鮮牛骨，也許可以再撒上一些蔬菜來調味！此處的重點在於製作出有肉味的水，好吃！

文明廢知識：有時要成為史上最偉大的科學家，得把鼻子往培養皿上一抹。

把這些培養皿裝滿你噁心的鼻涕，然後暴露在你從不同地方收集到的真菌孢子，例如爛掉的蔬菜水果就很適合，發霉的麵包也不錯，就算是隨手抹到的一丁點塵土，都可能含有青黴菌孢子。過一週之後，再看看黴菌周圍是否有明顯一圈地方，隔絕了從鼻涕長出的細菌，就像教科書所說的那樣。把這些黴菌樣本加入密封罐中的濃縮牛肉湯（科學家稱之為「液態溶液」），如此牠們就能在裡面平安順利地長大。[1] 恭喜你分離出青黴菌了！

你可以把這些黴菌塗抹在傷口上，希望傷口好轉，不過如果進一步純化，效果會更好。由青黴菌萃取出的青黴素，在乙醚中的溶解度比在水中還高，因此你可以先濾除液態溶液中的固體物質，接著加入弱酸（如醋或檸檬汁）以維持青黴素的活性，接著加入一些乙醚（參見附錄 C.14）。搖晃讓液體充分混合後靜置。此時乙醚（大多數的抗生素都在裡面）會浮在上方，因此只要移除底層的水就完成了。現在，你製造出了純化的青黴素，可以跟水混合後拿來注射（如果你發明了針）、口服，或是混入小蘇打（參見附錄 C.6）後製造出耐存放的「青黴素鹽」。溶於乙醚中的青黴素可透過離心力（亦即非常快速地旋轉溶液，這*其實*不需要什麼技術，只需要輪子，不過若有 10.6.2 的電動馬達也不賴）來分離。破傷風、壞疽等傷口，注射青黴素療效最好。

弔詭之處在於：一個受到嚴重感染的傷口，得用掉 2000 公升的弗萊明黴菌，才能取得足量的青黴素來治療。1942 年，瑪麗・杭特（Mary Hunt）在美國伊利諾州皮奧里亞的雜貨店垃圾筒裡，發現

---

[1] 青黴菌特別喜歡吃剩的玉米汁（也稱為「玉米浸液」），這是碾磨玉米時很容易就製造出來的副產品。把玉米浸入水中約兩天以軟化穀粒，再把浸泡後的水濃縮成黏稠的漿液，去餵食你的黴菌新寵。糖對青黴菌也是歡樂的享受喔！

了更好的青黴菌來源：一顆長滿「美麗金黃色黴菌」的甜瓜，所產生的青黴素高達弗萊明菌株的 200 倍。他們最後還以 X 射線照射這種黴菌，期望黴菌能產生足夠的人為變異，演化出能產生更多青黴素的菌種。意外的是，這個方法竟然成功了！

現在，人類擁有的黴菌所能產生的青黴素數量，已多達弗萊明原始菌株的 1000 倍。你手邊也許沒有 X 射線，但青黴菌的來源一定不缺，所以切記不時反覆進行這個實驗，直到找出製造青黴素更好的來源。一旦你能分離出青黴素的菌株，就會希望自家文明中有人可以全職製作青黴素。

10.3.2 聽診器

從今晚開始，我們何不制定新的生活規則：
需要友善的時候永遠都要再友善一點。
——你（以及 J · M · 巴里）

聽診器是什麼？

一句話就能說明的基本醫療器具（「捲成管狀的東西」），不過人類還是花了數十萬年才發明出來。

聽診器發明前的情況

要在不活生生剖開人體檢查的情況下，得知體內發生什麼事是很困難的。

首度發明聽診器的時間

公元 1816 年

發明聽診器的必要條件

紙張

發明聽診器的方法

一如前述，要發明聽診器，你必須製作一條管子，然後把管子接上對方的胸膛。最早的聽診器是用紙做的，你也可以用木頭或金屬製作出更有效、耐用的聽診器。如果覺得這樣比較潮，還可以加裝你熟悉的活動軟管和立體聲耳機，但其實沒有必要。

聽診器構造簡單，但是發明的過程純屬巧合。當時有位男醫師不願太靠近女性病患的胸部，因緣際會發現把紙張捲成管狀靠在胸前能聽到病患體內的情況，而且比耳朵直接貼上聽還清楚。這項發明讓人們得以在不危及生命安全的情況下，詳細探索活體內部的結構及動態，實為醫療上的重大變革：疾病不再是一系列有待治療的症狀，而是指身體不同部位出現問題時會發生的事，像是老化、衰敗或是感染。

人類很快就發現，經由聽診器傳來的眾多聲響其實來自身體內部，而聲響的差異是可診斷的，尤其是在處理心、肺和腸胃道系統時。這本書不是醫療手冊，但如果你想成為醫生，聽診器能很快就呈現出器官在健康和患病之間的差異，讓你據此進行診斷。

這項技術也很適合用來做助聽器！聽診器頭件和耳管的基本設計可修改成「耳朵喇叭」的形式，也就是喇叭形狀的巨大管子，放在耳朵旁能幫助你聽得更清楚。這個方式原始卻很有效。

10.4
「天然的不好用，我要更好的」

本節提到的發明，對於所有科技社會都很重要

如果你想使用的資源剛好地表上都沒有，那就得**採礦**了。**窯燒**、**冶煉**、**鍛造**等技術，不僅能讓你取得新的材料，也能解鎖從金工到蒸汽機等一連串新技術，成為未來大量技術的關鍵。再說了，窯燒可以把沙土轉換為人類所製造的最有用物質之一，也就是能夠*彎曲光線*的**玻璃**。這不僅有助於你文明中的人們看得更清楚，不會三不五時被東西絆倒，也開啟了科學探索的全新領域，從顯微鏡下的生物乃至遙遠恆星所發出的光。

雖然其他技術往往成為人們關注的焦點，但如果沒有本節的技術為基礎，很多技術都不會出現。作為首先發明這些關鍵技術的人，你可望成為世界歷史上最傑出、最有影響力且最重要的人物。

順便按讚一下，幹得好。

10.4.1 採礦

「我的祖父告訴我，這世上有兩種人：做出貢獻的人，
以及居功的人。他告訴我要做第一種人，
這種比較少人會搶著做。」

——*你（以及甘地）*

採礦是什麼？

從地底挖出你覺得可能會有用的東西。

採礦發明前的情況

除非你有興趣的東西湊巧地表上看得到，否則就*無緣*了。

首度發明採礦的時間

公元前 4 萬 1000 年（最早開採的礦物：赤鐵礦。可作為繪畫、化妝使用的紅色顏料）

公元前 4500 年（火烤採礦）

公元前 100 年（沖刷採礦）

公元 1050 年（衝擊式鑽井採礦）

公元 1953 年（垃圾掩埋場採礦。重新翻出過去未經資源回收處理的掩埋垃圾，裡面所含有的金屬鋁甚至比真正的鋁礦還多，這都得感謝前人丟棄的鋁罐。）

公元 2009 年（第一間小行星採礦公司成立）

發明採礦的必要條件

蠟燭（以便看清地底的情況）、金屬工具（用於開採石頭、敲打採礦）、畜牧業（馴養像金絲雀的鳥類）。

發明採礦的方法

除非你夠幸運（歷史中也不乏如此幸運的人）[1]，否則採礦通常得把大量沉重的石頭搬來移去，這可一點都不輕鬆，而且還是唯

---

[1] 舉例來說，你想要的材料（如燧石這種石製工具）或許就幸運地覆蓋在很好移開的石層下方，例如白堊岩。白堊岩很軟，用鹿角當鋤頭或牛肩胛骨當鏟子就可以開採。英國「格蘭姆斯燧石礦井」（Grime's Graves）就是一例，這是公元前 3000 年就開採的礦坑。

一的方法！但要說有什麼令人雀躍的事[1]，那就是如果你想開採的東西剛好接近地表，可以試試露天採礦：這是專門用來開採礦物的洞，礦工能獲得充足的陽光和新鮮的空氣，與大多數的礦場大不相同。但並不是所有礦物都靠近地表，有需要的時候，你還是得深挖，才能找到你喜歡的礦石，還要鑿開礦石，然後一塊塊搬走。

下列技術，會讓你更好上手。

沖刷法：把水儲存在開採地點附近的蓄水池中，然後一次把水放光。一洩而出的水具有瞬間侵蝕的作用，可以把地表的沙石統統帶走，只留下裸露在外的岩床。如果你夠幸運，岩床中的礦脈也會一併露出供你開採！

火烤法：在礦岩旁的礦井中升火，把岩石加熱到極高溫，再把水倒在岩石上。這樣直接降溫會讓岩石出現裂縫，開採會更順利。不過，這個方法要在礦坑中點火，而礦坑中的氧氣通常都很珍貴，所以並非*百分百*安全。

楔子法：這個方法可以單獨使用，也可以搭配火烤法使用。把楔子敲入岩石裂縫，讓岩石碎裂。如果你用的是木楔子，在敲進岩石裂縫之前可以先浸泡在水裡，讓楔子膨脹，如此可對岩石施加更多壓力。

衝擊式鑽井法：立起一根厚重的木竿，一端裝上銳利的鐵或鋼（參見 10.10.2），然後瞄準同一個點不斷往下搗。槓桿或滑輪[2]可用來抬升沉重的木竿，再搭配木製或金屬製的引導管，就能確保木

---

[1] 附帶一提，開採銀礦應該知道的是，銀不可能一整塊出現，而是與其他金屬形成合金，需要加工萃取。你的冶煉爐（參見 10.4.2）這時就可以派上用場！

[2] 槓桿（由支點以及置於其上的木板所組成）以及滑輪（套上繩子的輪子）這兩種簡單的機械元件，就能反轉力量的方向來移動東西。這些元件很有用，因為把東西往上拉通常會比把東西往下拉還難。當你把東西往下拉，借助了自身重量（也就是重力）。一如斜坡、楔子和螺旋等其他簡單的機械元件，槓桿和滑輪也能藉由遠距交換力量，讓工作進行得更順利。增加更多滑輪並以繩子穿過其間來拉，可以減少移動貨物所需的力氣，只是貨物必須拉動的距離也隨之增加。把槓桿支點的位置往貨物側移動，可以得到省力（但較耗時）的結果。

竿總是搗在同一點。這個方法可以製造出一口小井，較適合用來汲取液態礦藏（例如 10.2.6 的鹵水）。

地底採礦有一些簡單方法，例如「鐘形坑」，在地底挖出一個鐘形的大坑。先在地面上垂直或是傾斜往下鑽出礦井，一路鑽到礦石層，然後把礦石挖出，就會形成鐘形坑。這種礦坑沒有使用任何支撐設備，因此挖到某個程度礦坑就會崩塌。採礦者會在臨界點前（比較理想的狀況是在即將崩塌*之前*的幾分鐘）停工，棄置這個礦坑，然後在附近重新鑽井挖礦。

圖 17　鐘形坑（圖中是礦坑尚未崩塌的情況）

如果你不想冒險「挖至死到臨頭的前一刻」，可以試試「房柱採礦」法。先水平方向挖掘，但留下垂直的岩石作為支柱，以支撐你要開採礦石的「房間」屋頂。這種採礦法的危險在於，如果其中一根石柱倒塌，其他石柱就得承受更多壓力，因而帶來連鎖反應。你也可以用木架取代石柱（或是在石柱之外再加上木架），來支撐上方石頭的重量。但即使是在現代，我們也很難保證欲開採礦石上方的負重不會崩落。採礦自帶無可避免的風險。除了礦坑崩塌，礦工也得面對地下水入侵和有毒氣體等問題，後者會導致窒息、爆炸，或是*兩樣一起來*。

你可以帶一隻寵物鳥來，減低窒息的威脅。許多鳥的新陳代謝和呼吸都很快，如果出現一氧化碳等有毒氣體，牠們會比人類還早死亡。尤其是金絲雀，牠們會提前人類 20 分鐘昏厥。因此你可以帶一隻金絲雀進到礦坑，隨時注意牠是否清醒，如此便可在無色無臭的有毒氣體出現之後還有時間脫逃。這種偵測有毒氣體的方式可說是一大進步，因為有數千年之久，唯一的毒氣偵測方式就是看到礦坑的人開始一個個死去。這招簡單又重要的動物救命法，人類一直要到公元 1913 年才懂得使用（這年代的人類都已經發明吸塵器、行動電話和電視了）。因此在此之前的數十萬年期間，你都可以帶著金絲雀或是其他好攜帶的寵物鳥進礦坑，如此一來，你一定會比人類曾經歷過的處境好太多了。

10.4.2 窯、冶煉爐、鑄造廠

原始清單可能刻在石頭上，如此才能流傳千古。
上面刻著的東西類似：「去找更多黏土來做更好的爐子。」
——你（以及大衛．維斯科特）

窯、冶煉爐、鑄造廠是什麼？

讓你可以從火汲取更多熱能，得以用新的方式來運用各種材料，包括製作陶器、瓷器、玻璃，以及冶煉*金屬*。它們還有個讓人流口水的功能：這可以做出美味披薩。

窯、冶煉爐、鑄造廠發明前的情況

沒有冶金，就不會有人造玻璃、陶器、炻器和瓷器。最重要的是，也不會有好吃的窯烤披薩了！

首度發明窯、冶煉爐、鑄造廠的時間

公元前 3 萬年（火堆燒陶土玩偶）

公元前 6500 年（在火堆中煉鉛）
公元前 6000 年（窯）
公元前 5500 年（在窯中煉銅）
公元前 5000 年（釉）
公元前 4200 年（青銅）
公元前 500 年（高爐）
公元 997 年（美味披薩）

發明窯、冶煉爐、鑄造廠的必要條件

黏土、木頭、用於鍛造的木炭、用於冶鐵的石灰石、砂漿（以建造更好的窯）、採礦（開採原料）。

發明窯、冶煉爐、鑄造廠的方法

這一節所有的發明，都由黏土開始。黏土是顆粒細緻的土壤，裡面含有與氧結合的矽酸鋁，幸運的是，黏土存在於每個時期，而且到處都有！或許非常早期的地球可能是例外，也就是在岩石已經形成但尚未風化成土壤的數百萬年之間。[1]

一般而言，黏土位於表土層下方（要特別挖才挖得到），或是海邊河岸附近（受到海水河水侵蝕而露出）。黏土呈潮濕狀態時特別好認，會成為又濕又重、顆粒細緻且容易捏塑的土，但乾燥時看起來跟一般石頭差不多。要分辨乾黏土和岩石，可以直接用手摳。如果很容易摳出細致的粉末，就是乾黏土，再加一些水馬上就能見真章！

黏土有可能與其他雜質或小石子混在一起，純化的方法有二：一是完全乾燥後剝成碎塊，再完全擊碎。黏土的顆粒最小，所以可

---

[1] 好消息：如果你剛好困在這個時期，沒黏土並不成問題，因為你還來不及被黏土問題所困擾，就缺乏食物餓死了。

以用篩子篩出。這個方法要花很多力氣。第二個方法就簡單多了，把不純的黏土塊放在容器中，倒入 2 倍的水，以雙手壓碎泥巴。先移除大型石塊，接著靜置數小時，讓黏土完全水合。徹底攪拌，靜置幾分鐘之後，泥水會分層：沉澱物會在下層，較輕的泥水在上層。把上層泥水倒入另一個容器，再次靜置，這次長達一天。然後黏土會沉到底部，你可以直接把上層的水都倒掉。如果黏土中還有雜質，重複這個步驟數次。一旦淨化完成，把濕黏土日曬數日乾燥到可以使用的程度。要檢視黏土的品質，最簡單的方法就是揉成長條狀（據說也是最簡單的方法？），然後繞著手指纏幾圈。如果黏土沒有出現裂痕，就是好黏土。

問題在於，你無法直接用手中的黏土捏出碗❶，然後直接曬乾，因為乾透的黏土很容易碎裂，而且就如剛剛所述，黏土只要濡濕了又會再度變軟。黏土要加熱後才會出現神奇的反應。❷ 當黏土加熱到 600-1,000°C（視黏土種類而定），就會變成陶土。這是一種耐受力較強的材料，即使沾濕了也不會變回黏土。

陶土比乾黏土更適合製成玩偶或磚塊，但仍不是製作餐具的最佳材料。陶土雖然不會再變回黏土，孔隙卻很多，而且很容易吸水。要改善這種情況，你得再把陶土拿去加熱到 950°C 左右。此時會發生另一種變化：陶土內的雜質開始熔化，陶土本身也因此開始融合，並在冷卻過程中填滿了黏土結構中的空隙。這會製作出更堅硬、更密實、更防水的材質。換句話說，親愛的朋友，你剛發明了陶瓷。把陶土繼續加熱到更高溫（1,200°C），就能製造出　器，比陶器更不易破碎。燒陶時加點鹽巴，能讓陶瓷表面形成一層薄薄的玻璃而出現釉的光澤。這是因為鹽在高溫下會變成鈉氣體，與陶土發生反

---

❶ 想用簡單的方法做出好看又勻稱的碗嗎？輪子可以幫上忙。把黏土放在厚重輪子的軸心位置然後旋轉，就能把黏土捏塑成好看的碗。輪子最早也確實是為了這個用途而發明，是到後來才有人想到可以把輪子立起來作為運輸工具。

❷ 所謂的「神奇反應」指的是「經科學充分理解所發生永久性的物理和化學變化」。

應之後形成玻璃、直接附著在表面。加入不同礦物質能讓玻璃產生不同色澤，加入骨灰能呈現紅色和橘色，加入銅則是綠色。

一般火堆的熱度已足以燒製陶土（溫度高到 850℃ 就可以），但還不足以製作陶器或上釉。為此，你需要窯來把火封在內部，以維持並升高熱度。有了窯這種特製的火爐，不僅能精進陶器工藝，還開啟了玻璃、金屬等工藝之門。當你不再是把木頭丟進火堆，而是更精巧地運用火，就會出現更多不同且有用的材料供你取用。

要建造窯，得先燒柴升火來製造陶土磚塊。陶土能蓄熱，不會燃燒，熔點極高，是建造你第一座窯的理想材料。窯建好之後，就能燒製出品質更好的磚塊，然後又能用來建造品質更好的窯。

簡單的窯（其實就是個長方形容器，一側升火，另一側是煙囪）外貌如下：

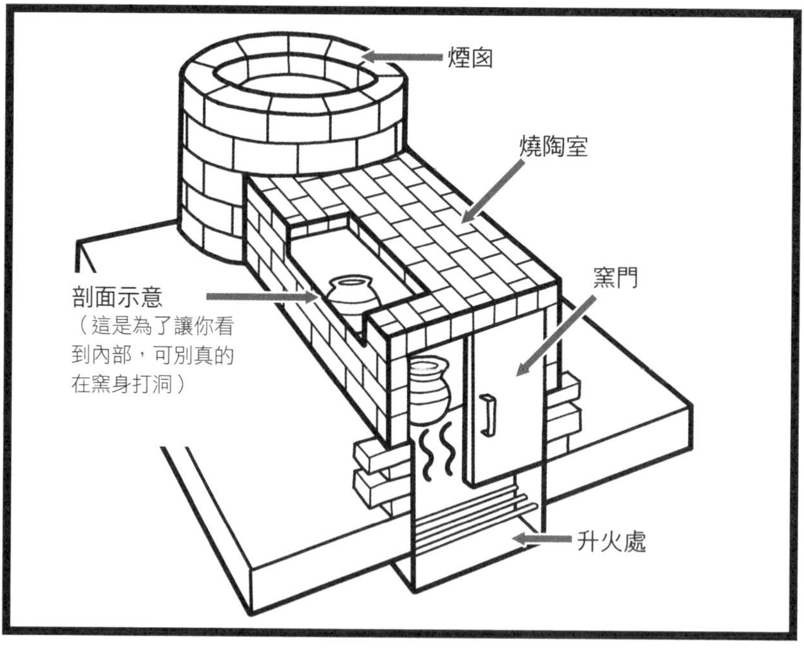

圖 18　你的新窯

另一側的煙囪能讓火所產生的熱氣流經整個窯身。以灰泥填滿磚塊之間的縫隙以確保窯內是密封的，但留下幾塊不要封住，用來控制氣流，也方便添加柴火。這樣你就完成了第一座窯。窯不僅能燒乾陶土，還能用來烘烤薄麵團，最後出爐前再加上一些美味的配料。這樣你就發明出風味絕佳的窯烤披薩了。

這樣的窯可以燒到 1,200°C，溫度之高足以熔化銅。這是人們後來把石頭放進窯裡，最後發現有些石頭會部分熔化。調整窯的設計，就能把熔融的銅收集起來並引流到窯外，這是你首度能方便取用熔融金屬。這種調整過的窯稱為「冶煉爐」，可從礦石汲取出卑金屬。恭喜你又發明了一種東西！

理論上來說，當有人第一次把含有錫或鉛的石頭丟進火堆，隔天發現灰燼中混雜了硬掉的金屬時，人類就發明冶煉技術了（錫在 231.9°C 熔化，鉛在 327.5°C 熔化，都在火堆可達到的溫度範圍）。但是你的冶煉爐不一樣，可以方便收集熔融金屬。

冶煉爐甚至可以用來收集爐火無法熔化的金屬。鐵熔化的溫度是 1,538°C，遠高於這些火爐的溫度範圍。但如果你把這些含鐵的礦石 [1] 和石灰石擊碎後混合在一起，石灰石就會降低岩石不含鐵部分的熔點，此時你的冶煉爐就可以反其道而行來煉鐵：把不含鐵的部分熔掉，留下純鐵的部分。

這部分的鐵取出之後就可以拿去鍛造爐塑形。建造特製煉鐵爐的方法是，先造出煙囪形狀的窯，在窯頂開一個口，並在窯的側邊

---

[1] 鐵的礦石就是你可以從中汲取金屬鐵的石頭。重點是，地球中大部分的鐵都會以熔融狀態沉到地球中心，形成鎳鐵合金的地核，即地磁的來源。殘存在地表附近的鐵會與其他化學物質（例如氧）發生作用，形成氧化鐵，也就是你現在千方百計要從中汲取出純鐵的礦石。我們在這裡提到這件事，這樣你就會知道如果你剛好在地表找到純鐵，很有可能不是來自地球，而是從遠得要命的地方飛來的隕石撞擊了地球。如果沒有冶煉爐，隕石就會是純鐵的唯一來源，這就意味著人類最早生產的鐵器、武器和首飾，並不是源自地球上的物質，而是來自隕石，由天外恆星的核心鑄造而出。聽好，建造出時光機是一件很酷的事，但我們仍然認為來自外星的鐵令人驚歎。

設置通風管（先以黏土製作，煉出金屬之後再以金屬製作），好把空氣引入內部。在窯中以木炭起火（參見 10.1.1），把礦石敲碎，等到火燒得夠旺，再從窯頂放入另一層等量的鐵礦和木炭。未熔的鐵會落到底部，收集在由熔渣包圍的海綿狀團塊中（這是你不想要的雜質）。

剩下的工作，就是濾掉熔渣，收集未熔的鐵，然後提煉淨化。方法是，趁熱把鐵打成扁平狀，摺疊之後，再繼續打扁，不斷重複。這道工序能把殘留的熔渣推擠出來，讓鐵熔合。過程中你會需要讓金屬在錘打時保持高溫，此時就得用上鍛造爐。

鍛造爐跟窯很像，建造時一樣會用到磚塊，但是鍛造爐較開放，而且跟冶煉爐一樣，需用燃燒溫度較高的木炭。在燃燒木炭下方是通氣管，可把空氣直接從下方灌入火堆，木炭獲得越多空氣，火就燒得越旺、溫度也越高。❶

金屬進入鍛造爐之後，加熱後變得柔軟，此時你就可以把金屬錘打成嶄新又有用的形狀，再放入水中冷卻。看看這一切，最早以火堆烘烤的黏土，讓你得以建造出更好的窯和熔融金屬，還能隨意鍛造出新的形狀！這讓你一舉從石器時代跳到青銅器時代，再一路抵達鐵器時代。*就河裡找到的一些奇怪泥土來說*，如此成就真的很厲害了。

窯在公元前 6000 年才出現，但是你現在就可以建造了，你只需要建造知識。現在擁有了這些知識，你沒有藉口再拖延了。現在就去蓋！❷

---

❶ 風箱是十分簡單的發明，你只需用看的（用記的也行）就能知道基本原理：兩片木板中間夾著氣密袋子，前方開一個小孔。這個工具任何時期都可以用動物皮製作出來（參見 10.8.3），並以樹脂封住所有縫隙（參見 10.1.1）。緩緩張開風箱以吸進空氣，然後快速闔上把空氣推出。

❷ 如果窯的用處還無法說服你，請翻閱附錄 A 的技術之樹。當你看到窯衍生出多少驚人的技術，就能明瞭窯是整本書生產力最驚人的發明之一。

10.4.3 玻璃

別告訴我月亮在發光；只要讓我看到月光在破碎的玻璃上閃耀。

——*你（以及契訶夫）*

玻璃是什麼？

一種堅固、耐熱、不會發生反應、可無限次回收的非晶形固體❶，還可以讓光線穿透，所以玻璃才會是地球上最最最有用物質。

未發明玻璃時是什麼情況？

近視無法矯正，而且終其一生都看不清事物。這有兩層意思，一層是你確實看不清楚，另一層是你終其一生都無法明瞭玻璃開啟的多樣技術有何益處，這些科技包括顯微鏡、試管和燈泡。

首度發明玻璃的時間

公元前 70 萬年（以天然玻璃作為工具）

公元前 3500 年（人工玻璃，主要用來做珠子）

公元前 27 年（吹玻璃）

公元 100 年（透明玻璃）

公元 1200 年（窗玻璃）

發明玻璃的必要條件

天然玻璃：無

人造玻璃：窯、鉀鹽或碳酸鈉、生石灰

---

❶ 玻璃很謎樣，看起來明明是固體，但技術上來說卻是液體，或者說是「要花很長時間才會流動的超冷液體」。玻璃一旦凝固就不會再流動，除非再次熔化。你可以架起一塊玻璃，2000 萬年後再回來，它還是一塊玻璃，不會變成地上一灘怪異的玻璃水。這是在科學上（感謝古代天然玻璃的研究）以及實驗上（感謝你在「時間解方」公司的朋友）都確認的事實。

發明玻璃的方法

玻璃是你所能製造出最有用的物質，因此在告訴你如何製造玻璃之前，我要先說明一下這個神奇的物質的用途，來凸顯玻璃有多好用。這樣當你得到製造玻璃的作法時，反應就會是：「聽起來好簡單，我等不及要動手做了！」而不會像本手冊前幾版的讀者反應：「噢，遜咖才做玻璃，我決定先跳過這玩意，找一些夠刺激的東西❶來看。」

先簡單列舉幾項玻璃的用處：陶器上釉、眼鏡、顯微鏡、望遠鏡、燒杯、試管（適合科學實驗使用，因為玻璃幾乎不與任何物質反應，就連盛裝*硫酸*也很安全）、真空管、稜鏡、燈管、溫度計、氣壓計等等。玻璃能彎曲光線（折射）、打散光線（繞射）和集結光線（聚焦）。彎曲光線有什麼用？製作外凸的玻璃，就能匯聚光線，發明出放大鏡。而製作內凹的玻璃，就能發散光線，可用來矯正近視。圖示如 19。

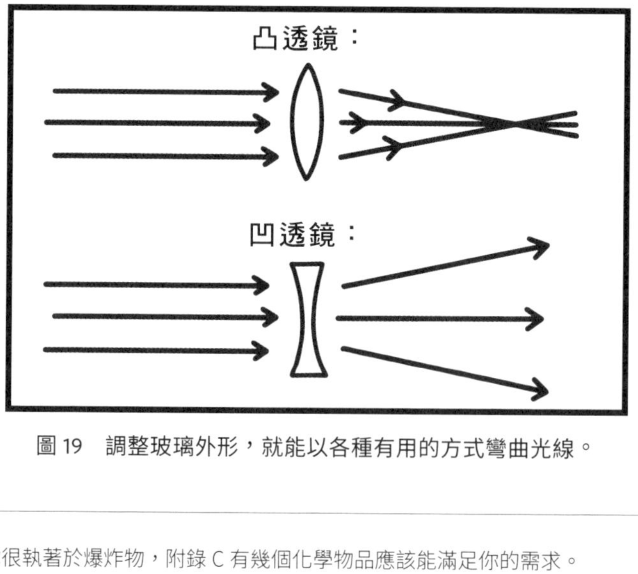

圖 19　調整玻璃外形，就能以各種有用的方式彎曲光線。

---

❶ 如果你很執著於爆炸物，附錄 C 有幾個化學物品應該能滿足你的需求。

外凸的透鏡（也就是凸透鏡）比內凹的透鏡容易製作，畢竟吹出的玻璃球面就是外凸的形狀，因此你會發現起先是遠視（無法看清近處的事物）比近視容易矯正。

眼鏡最初是在公元1200年於印度發明，途經義大利再帶到歐洲[27]。大約同時，中國也發明了太陽眼鏡，即便是在當時，太陽眼鏡也比這裡提到的呆頭護目鏡來得酷。❶不過，用鏡腳掛在雙耳把鏡片固定在眼睛前面，還要再過500年（也就是18世紀）之後才會出現。在這之前，你只能用手一直扶著鏡片，或是把鏡片用力夾在鼻子上來固定鏡片。為鏡片裝上扶手，你的文明會就再進展好幾百年。

但眼鏡還只是相關發明的開端。把兩個凸透鏡前後並排在一起（以可調節的中空圓柱筒固定），就可以製造出顯微鏡。這個想法17世紀初首次出現在人類歷史上。結合凸透鏡和凹透鏡放置在一端，就可以做出望遠鏡，用來偵查遠處的陸地、探索宇宙的本質，還能監視怪鄰居。把兩具望遠鏡並排，就是雙筒望遠鏡。（見圖20）你看看你，才給你幾片透鏡，就成了發明狂人了！

望遠鏡和顯微鏡是無比重要的發明，引領人類發現前所未知的生命形式（細菌），了解到生命如何存在（細胞），得知生命如何繁衍（透過細胞分裂，以及經由性行為讓超小精子和卵子結合），知道人體如何抵禦疾病（白血球），更不用說望遠鏡所發現的那些新行星、新恆星和新星系。

以上種種都會從根本翻轉科學、醫藥、生物學、化學、神學以*及文明本身*。在現在的時間軸內，這些發明都有待透鏡的發明才得以實現，而透鏡需要透明玻璃，透明玻璃又需要熱窯。

---

❶ 早期的太陽眼鏡使用的不是合適的玻璃，而是透明的煙熏石英片。不過沒關係，你戴起來還是很有型。

本書已經把上述資訊都提供給你了，不論你身處任何時期，都可以當個發明王。❶

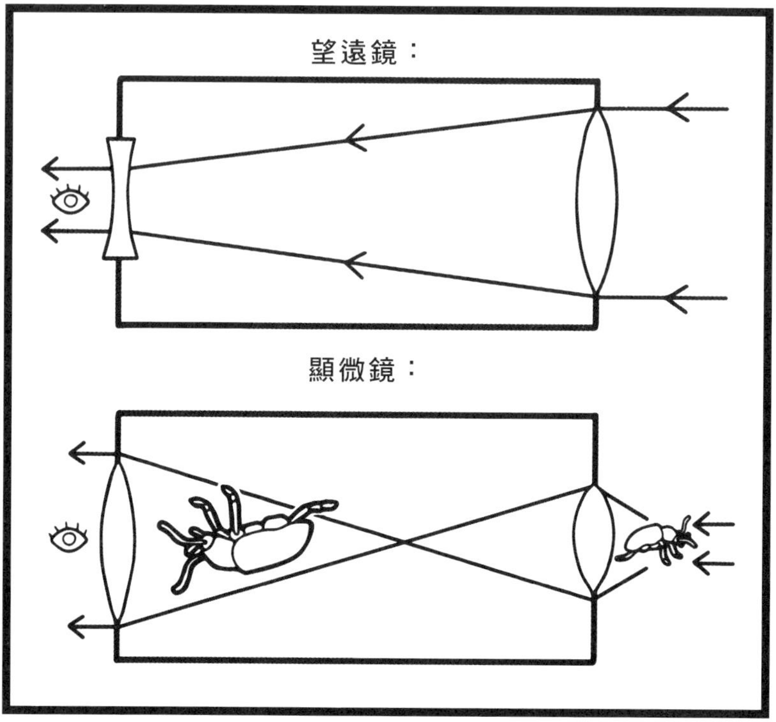

圖 20　圖解望遠鏡和顯微鏡

---

❶ 你甚至不需要透鏡，就能製作基本的顯微鏡！一個簡單的透明玻璃球也能產生放大作用，而這是在公元 100 年的羅馬、遠在透鏡出現時就有的東西，只是當時人們對玻璃球只是單純好奇而已，沒有人知道弧面玻璃的潛力。你可以先製造出一根玻璃棒，再加以熔化。此時玻璃會一滴滴落下，形成球體，在滴落期間就會冷卻，然後產生近乎完美的球體。玻璃球越小，放大倍率就越高。一顆小小的玻璃球就足以產生足夠的放大倍率，讓你看到細胞和細菌，只需把玻璃球放在要觀看的東西之上，眼睛再湊近玻璃球觀看即可。這開啟了歷史上一連串發明和發現，包括單元〈14〉關於疾病的細菌理論。而你只需要熔化玻璃，就這麼簡單。

鏡子，對於精進科學與個人外貌，都有極大幫助。要發明鏡子，可以把銅、鋁、錫等會反射的金屬薄片鋪放在透明玻璃下方。❶ 鏡子獲得廣泛運用之後，自拍／自畫也應運而生（歐洲在 15 世紀才開始廣泛使用鏡子，在這之前，歐洲並沒有自畫像的強大傳統）。此外，潛望鏡、更先進的望遠鏡、能反射和聚焦太陽光的太陽能炊具，以及自我形體不斷展現在眼前才會出現的各類身體形象問題，也都有賴鏡子的發明。

把玻璃排列成三角形就是出三稜鏡，能清楚分解出光線的組成（也就是形成美麗的彩虹）。把稜鏡放在黑色盒子裡，光線只能從一個針孔射入，就發明出分光鏡了。宇宙中每種物質在加熱之後，都能發出獨特的光譜，也就是可作為辨識特徵的一道不完整的彩虹。你可以使用分光鏡來辨識眼前那團燃燒的物體是什麼，或者用分光鏡搭配望遠鏡，就能觀察在千萬光年之外的恆星是由哪些元素組成的。

對於一團熔化的沙子來說，這成就算很不錯了。

沒錯，玻璃不過是沙子熔化後的產物。更準確來說，是熔融的二氧化矽，又稱「矽石」。地殼重量的 10% 以上是由矽石所構成，全世界的沙子也大多是由矽石所組成，因此應該很好找。矽石約在 1,700°C 熔化，一般火堆達不到此高溫，但你在 10.4.2 所發明的窯可以。第一塊人造玻璃於公元前 3500 年在這樣的窯裡無意中製造出來：當時有些沙土混入了窯中，熔化後冷卻，就變成了這個有意思的物質。❷ [28]

---

❶ 這個動作發明的是玻璃鏡。鏡子其實早就存在，最簡單的就是把水倒入深色容器中，水靜止之後，往水裡看就是鏡子了。磨亮的金屬也具有某種程度的反射率，但是價格昂貴且製作不易。

❷ 天然玻璃比人造玻璃還早出現，你可以在富含矽石的火山周圍找到。岩漿冷卻時可產生高密度且易碎的天然玻璃「黑曜石」，原始人時代就開始使用了，因為黑曜石敲碎後會形成尖銳的邊緣，適合當作刀刃或箭頭。但黑曜石一旦碎裂，就無法無中生有來製造出這種稀少的物質。

你可以在沙土中加入鉀鹽或碳酸鈉（分別參見附錄C.5和C.6），以降低矽石的熔點，如此製造玻璃會更容易，造價一般人也能負擔得起。鉀鹽或碳酸鈉加熱之後會溶入沙土中，降低沙土的熔點。再加入一些生石灰（參見附錄C.3）可增加玻璃的耐久性和抗化學性，防止因水潑雨淋而磨損，熔點也降到更容易達成的580°C。理想的混合比例大概是：60-75%的矽石❶，5-12%的生石灰，以及12-18%的碳酸鈉。

這種矽石混合物熔化後，會形成冒著泡的泡沫狀液體。氣泡是二氧化碳從混合液中逃脫所造成，繼續加熱，讓所有氣泡都散逸，之後便可把液態玻璃倒入、吹出、拉出或塑模。透明玻璃來自白沙，棕色的沙子通常含有氧化鐵，可至做出綠色玻璃。❷要把綠色玻璃轉變成透明玻璃，可在熔融態的混合物❸中加入二氧化錳（只需把某種海藻燒成灰燼就能產生二氧化錳，你可以拿各種海藻不斷實驗到顏色對了就是了）。

玻璃溫度越高，流動性就越大；溫度越低，質地就越稠。你可以把熔融態的玻璃分別降到不同溫度，就可以看到玻璃像楓糖漿一樣流動，或是像有嚼勁的口香糖、黏稠的太妃糖。當玻璃降溫到像口香糖時，你可以把一團玻璃放在鐵製導管的一端，然後把空氣吹

---

❶ 你可能無法取得純二氧化矽，但沒關係，雜質會被燒掉，若沒被燒掉也能為玻璃上色。亮白色的沙子通常是純二氧化矽，但如果遍尋不著白沙，白色石英岩也行。

❷ 在中世紀彩色玻璃大流行期間，人們會刻意在玻璃裡添加不同的雜質：加入氧化銅能產生綠色、加入鈷能產生藍色，以及加入金來產生紫色。

❸ 這最早是由羅馬人在公元100年左右做出，14世紀初又在義大利重新發現。順帶一提，這些義大利的造玻璃窯有時會引發火災，尤其當時的建築物大多是木製，所以格外危險。因此，威尼斯政府就把所有玻璃製造業者驅趕到附近的一個島嶼。雖然這是出於安全上的考量，不過當所有玻璃專業人士集中在一起，則導致人才和專業知識共享的爆炸性增長。玻璃製造技術開始迅速發展，從而重新發現了「加入燒成灰的海藻能製造出透明玻璃」的訣竅。濃度約10-30%的氧化鉛可以製造出更透明的玻璃，進而生產出所謂的「水晶玻璃」。這種玻璃折射率佳且十分美麗，但也會導致鉛中毒。19世紀左右歐洲和北美上流社會的痛風就與此有關，他們以這種精美的鉛玻璃飲酒。

入，這時就發明出吹玻璃的技術了。這項技術可用來製作各種玻璃器具。

你或許想做塊玻璃窗，這項發明能夠讓家裡氣氛舒適，不會像洞穴般陰暗、也能到隔離的作用，讓房間明亮。然而，製作大片玻璃的工程確實頗為浩大，技術也有好幾種。以下列出從最簡單、到最先進也最繁複的方法，你可以自行決定要採用哪一種：

- 如果你時間很多精力又充沛，可以把熔融狀態的玻璃倒到鐵板上（因為鐵不會熔化），等玻璃冷卻後，磨亮雙面使玻璃變得透明。一開始可以使用粗粒砂紙[1]，再逐漸換成細粒砂紙。這會花上一些時間。
- 如果你吹出球狀玻璃，可把兩端切掉，形成一個粗略的圓筒狀玻璃。把玻璃筒對切，趁熱在還有彈性時攤平在鐵板上，做成一塊寬板玻璃。這種方式簡單好做，適合製作玻璃窗。不過這種玻璃粗糙，通常不太透明，大約發明於公元1000年。
- 如果你吹出一顆大玻璃球（這需要一點技術），接著放在製陶旋轉盤上一面旋轉、一面緩緩加熱到熔點，此時離心力會把玻璃甩平成為一塊圓盤。這頂透明「冕狀玻璃」的邊緣較薄，中央較厚，因而會呈現圓形的「牛眼」，但大部分都很適合切割成窗戶。這項技術首度出現在1320年的法國，數百年來一直是獲利可觀的商業機密。而這個祕密你現在也知道了！
- 如果把一個大玻璃球吹入鐵製模型，就可以重複製造出一樣的玻璃造型。尤其如果你把玻璃球吹入圓柱狀的鐵模，等玻璃冷卻後沿長邊割開，再緩緩加熱，這時圓柱體會自然攤平

[1] 只要把沙子黏上紙張就能發明砂紙。你需要的東西有紙（10.11.1）、膠水（8.9），當然還有沙子。可以用種子和壓碎的貝殼代替沙子，製造出各種粗糙度的砂紙。也可以用布料來過濾沙子，以得到顆粒更細緻的砂紙。

為一面玻璃。這面玻璃板遠比先前的寬板玻璃更為透明而平整均勻。圓柱狀玻璃的技術出現在 20 世紀初期。

- 如果你已經製造出液態錫（一種緻密的金屬），就可以開始製作你所熟悉的現代窗戶，玻璃表面完全平坦。只需要把熔玻璃澆注於液態錫上方，此時玻璃會厚度均勻地攤成一片，接著冷卻，玻璃約在 600℃ 時凝固，遠高於錫的凝固溫度。這項技術大約出現在公元 1950 年，並在十年內迅速取代了先前所有玻璃製造技術。不過這個方法有道難關：錫不會附著在玻璃上，二氧化錫卻會，所以製造玻璃時得在無氧的房間內進行，免得液態錫氧化。如果無氧聽起來太難，那麼就先採用冕狀玻璃或圓柱狀玻璃的製程。我們保證你能製作出不錯的玻璃。瞧，本書有幾個部分就像這樣，脫離常軌開始解釋起運作原理了。所以或許現階段你還不需要為了製造較平滑的玻璃，去跟熔融金屬搏鬥。

10.5 「有點懶，發明機器來幫忙吧」

所謂工程，就是把科學、數學等實用知識應用在發明新機器的過程。你或許甚至尚未意識到，這段時間你一直在進行工程！但在這一節，我們要進行的是更接近傳統概念上的工程：建造機器為你執行不同任務，讓你不用親自下海勞動（包括幫你盯著建造出的機器，當然不只這樣）。

水車和風車，將是你用來駕馭地球自然現象而發明的第一項技術，你完全不用動，它們就會幫你完成工作。你還可以把水車改良為**佩爾頓式水輪機**。**飛輪**可讓發電更平穩，也適用於**蒸汽機**等各類發電機。蒸汽機是非常好用的神奇機器，只需要水作為反應劑，就能用於運轉所有會燃燒的東西。

我們知道機械迷讀者等不及要閱讀這個章節了，也很高興提供各位發明這些夢寐以求的技術所需要的一切知識。換句話說，時空旅人……

……*啟動你的時光機吧*。

10.5.1 水車和風車

如果我們能學會不花勞力就能享受大地產的果實，
就會再度嘗到黃金時代的滋味。
——你（以及帖撒羅尼迦的安提帕特）

水車和風車是什麼？

駕馭大自然力量來為你工作的工具

水車和風車發明前的情況

如果你想要碾磨穀物或是鋸木或是砸碎岩石或是削尖工具或是鑿開礦石或是操作風箱或是鍛造鐵器或是製作紙漿或是把水抽高，你都要*自己*手動，活像個天殺的*笨蛋*。

首度發明水車和風車的時間

公元前 300 年（首度出現水車和凸輪）
公元前 270 年（直角齒輪）
公元前 40 年（杵錘）
公元 100 年（首度出現風力推動的輪軸）
公元 400 年（水由高處落下驅動水車）
公元 600 年（用於水車的水壩）
公元 900 年（第一座風車）
公元 1185 年（第一座現代風車）

發明水車和風車的必要條件

輪子、木頭或金屬，以及布料（用於風車）。

發明水車和風車的方法

水車和風車的發明都來自同一種想法：地球表面總是有液體和

氣體在流動，何不好好利用來幫我們做些事？

發明水車很簡單：一個巨大的輪子上面附有板片，讓水可以推動輪子。把輪子置於水流中，輪子就會在水流通過時轉動，不過水流只能攔截水的總能量 20-30%。如果再以高處落下的水來驅動，那麼能量的使用效率就可達到 2 倍，也就是 60%。這樣不僅用了水的*流動*，也運用了自身的*重量*來驅動。你只需把輪子上的板片換成杯子，再把水車置於瀑布下方就大功告成。如果周圍沒有瀑布，那就手動製作：把水流導向一個槽，槽只有單一出口，位於輪子正上方。當水流聚積夠多，就只有通過水車一途，因此聚積起來的水流就是能量的儲存槽，供你隨時取用。

你剛剛發明了全世界第一個電池。

輪子可以藉由輪軸連結到風車內部，輪軸會與輪子同步同向轉動。這樣的運作機制適用於特定類型的工作（如轉動輸送帶），但只需藉由一些簡單的技術，就能把這種轉動，轉化為各種不同類型的運動。

加上直角齒輪（參見附錄 H），就可以讓垂直方向的水車轉動水平方向的輪子。這是磨碾穀物的絕佳機械構造：只需架設起兩個石輪：一個在上方由你轉動，另一個固定在第一個輪子下方，把穀物倒入上方石輪中央的孔洞，穀物就會被磨成粉狀然後從石輪邊緣推擠出來。改變齒輪的相對大小，就可以控制碾磨的速度和施力大小。在水車裝上一根曲柄，就可以把旋轉的動作轉換成前後來回移動，如此便能發明機械的鋸子、幫浦或是風箱。把曲柄換成杵錘，水車就能重複擊碎石頭（或是擊打鋼鐵）。

這一切都是來自同樣的原理：以水推動輪子！

風車的運作原理也和水車一樣，只不過換成風來推動整組如風扇環繞驅動軸安裝的風帆。這套機組會引入許多複雜的因素，我們就以愛好水車、討厭風車的名嘴（姑且稱之為水車博士）以及學識豐富又明理的風車辯護者（姑且稱之為喬姆斯基）之間的虛構對話，來探討這些因素。反正沒人阻止得了我們發揮想像力，尤其是各位，我們就先來假想水車博士是人類，喬姆斯基則是隻可愛會說話的狗，而狗狗只要被博士搔搔肚子，就會高興地喘氣。

表 12　順帶一提，藉由雙方對話的教育和洞察方式，稱為「蘇格拉底法」。這是公元前 400 年之後由蘇格拉底開始普及的強大教學技巧。我們在這裡就是使用這種技巧，藉由與一隻狗的對話來討論工程問題！

水車博士的陳述 （人類、愛好水車、黑特風車）	喬姆斯基的回應 （會說話的可愛狗狗，擁有充足的風車知識，超愛被搔肚子）
喬姆斯基啊，水車最棒了！水車使用的水，不但穩定可測，而且通常變化得很慢。風就不是這樣了，難以預測、狂野又反覆無常！	水車博士，你說的沒錯。但是風車可以蓋在任何地方，水車卻只能蓋在有水的地方，這樣雙方算打成平手了。可以搔搔高一點的地方嗎？
這樣有比較好嗎？	很好，謝謝你。我的腳開心地踢來踢去，這樣你就知道自己搔對地方了。還有其他關於風車的問題嗎？
有！如果水車轉太快，只要不碰水，水車就會停了。但風車無法避開風啊！	你說的沒錯，風車是避不開，但只要簡單的設計就可以控制太強的風。風車葉片可以用木框再鋪上布帆製成，只要拿掉布帆，風就會直接穿過葉片，而不會帶動風車產生力量。這樣的設計就可以讓風車控制風的力量。
好吧，或許是這樣沒錯啦……但是水總是從同一個方向而來，風卻會從四面八方吹來。這時該怎麼辦？每當風改變方向就旋轉風車嗎？	沒錯，我們的確就是這樣做。我們當然可以用手旋轉，但聰明一點的作法是，讓風車自行調整方向。方法就是在風車背後加上另一個槳葉，這個槳葉與驅動的風帆成直角，就像風向標那樣。這樣一來，當風吹到槳葉，風車就會自動轉向，面向著風。事實上，如果想要更酷，可以用小型風車的扇葉來取代槳葉，如此扇葉會讓整個結構沿著圓形齒輪軌道旋轉，並達到同樣效果！但我必須指出，雖然風可能來自四面八方，但地球上許多地區都多風，因此人們可以預測大部分時間的平均風向。

水車博士的陳述 （人類、愛好水車、黑特風車）	喬姆斯基的回應 （會說話的可愛狗狗，擁有充足的風車知識，超愛被搔肚子）
或許是吧。但是水攜帶的能量還是遠多於風吧。例如，流水比風更容易掃平地平面！所以你必須承認，一部水車能做的事，通常比一部風車更多。	是的，但我們一向都是竭盡所能把事情做到最好。那我是隻好狗狗嗎？
你是隻好狗狗。來來來，好狗狗是誰啊？	是我！
就是你！真是好狗狗，我的好狗狗呀，我的老喬姆斯基。瞧你這張可愛的小臉。	（肚肚獲得大力搔癢。對話結束）

這就是發明風車和水車的方式。

10.5.2 佩爾頓式水輪機

在地球和地球大氣之間，
水的數量恆定不變，不會多出一滴，
也不會少掉一滴。
這是無限循環的故事，
也是行星自我生成的故事。
——*你（以及琳達．荷根）*

佩爾頓式水輪機是什麼？

更高等級的水車，體積較小但運作效率可超過 90%，比起先前頂多只達 60% 的水車實在好多了。

佩爾頓式水輪機發明前的情況

人們靠水車度日，卻不知自己少了什麼。現在他們可能覺得自己像*白痴*。

首度發明佩爾頓式水輪機的時間

公元 1870 年代

發明佩爾頓式水輪機的必要條件

木製水車，金屬製水車更好！

發明佩爾頓式水輪機的方法

上一節所發明的水車（如果你有依照順序讀下來），或反正你最後還是得翻回去讀的水車（如果你是直接跳到這一節，然後抱怨：「天哪，我需要一個渦輪機！」），都是藉由水的兩種方式推動：用水的重量，以及水流在打中水車葉片時傳遞的動能。佩爾頓式水輪機也是借助水的重量，卻可以汲取更多的動能，運作上更有效率。❶

基本構想就是把水加壓之後（最簡單的方式就是讓水由上往下流過輸送管，上方管徑大於下方管徑），像超強水柱一樣擊中水車車輪。

其實佩爾頓式水輪機不過是把水車上的板片替換成杯子來接水，就這點而言沒什麼特別，但佩爾頓（John Pelton）❷ 的獨特之處

---

❶ 多有效率？佩爾頓式水輪機的體積比水車小 10-20 倍，產生的能量卻跟水車一樣多。以科學術語來說，這效率真是「太太太太太厲害了」。

❷ 好啦，他真正的名字是萊斯特・艾倫・佩爾頓（Lester Allan Pelton），但時空旅人發現，每當要為孩子命名時，父母總是特別容易受他人擺布。陌生人成功說服佩爾頓夫婦為孩子所取的名包括希爾頓・佩爾頓（Helton Pelton）、P. P. 佩爾頓（P. P. Pelton）以及「渦輪機主持人蘭普馬斯特・佩爾頓」（Rapmaster P, the Turbine Emcee）。

在於，他不是讓水直接擊中杯子正中央，而是放上兩個杯子，然後讓水瞄準兩個杯口相接處所形成的楔形。❶

這樣做的原因何在？你可以假想自己就站在磚牆前，拿水管對著牆沖水。水柱直沖牆面時，不論水壓多大，你都會被濺濕。水柱擊中牆面之後，水會反彈而擊中你，如此一來，水柱所蘊含的能量就沒有留住而是浪費掉了。水直接擊中杯底中央，就會有這種情況，因為杯底最平坦。

如果你的牆緣彎起，當水柱以斜角沖向彎起的邊緣，你就不會被濺濕。這些水不會從牆面往回噴，而是溫和地轉向，在彎起的牆緣附近跳動然後往遠處噴離。

這就是佩爾頓式水輪機的運作原理：當水花在杯緣附近跳動，水車接下水柱的能量就會比水柱垂直衝擊時來得多，如此一來水車就會轉得更快。

至於之所以讓水沖向兩個杯子相接的杯緣、而不是單一杯子的杯緣，則是基於力道平衡的考量。雙杯能讓水柱的衝力平均分散到輪子的兩側。佩爾頓式水輪機若能以水噴出速度的一半來旋轉，便能攔截幾乎水柱所有能量。當水從杯子較遠一側流出去時，水的速度為 0，表示水輪機建置裝配得當。

這就是優良佩爾頓式水輪機的標誌。

現在，你已經能以 90% 以上的效率從流動的水汲取能量！這不僅讓你從同樣的水流中獲得更多力，也讓你進入新能源更廣闊的世界。因為力量太小而推不動水車的水流和瀑布，現在正可好好地驅動佩爾頓式水輪機。

到目前為止，你可能會覺得，人類在發明水車之後，竟然還要

---

❶ 雙手手指併攏成碗狀，左手指甲和右手指甲兩兩相抵，就可以模擬水車上的杯子。歷史上這些杯子稱為「衝擊式葉片」，但在此不想造成讀者誤解。畢竟衝擊式葉片聽起來像是用來驅動宇宙星艦，但其實只是用來推動水車。

再耗費 2000 多年，才發現把水柱瞄準這些小杯子的邊緣，效率會是瞄準杯子正中央的 2 倍！

但實際情況其實更慘，佩爾頓式水輪機的發明故事是：「有一天佩爾頓用水管瞄準岩石噴射，這時有一隻牛太靠近了，所以他把水柱噴向牛，結果水柱擊中牛小姐杯子般的鼻孔，把她的頭往後撞。這就是它的發明由來。」

我們不打算討論這個故事的真實性，因為實情是：*沒有什麼好說的了*。如果是真的，就表示我們不過是一群傻子，得需要「落湯牛」才能夠推動基礎科學的進展。如果是假的，我們仍然是一群傻子，竟然一廂情願地相信，非得有隻濕答答的牛才有辦法推動科學進展。[29]

10.5.3 飛輪

改變不是從必然之輪滾出，而是從持續掙扎之中產生。

——你（以及馬丁．路德．金恩）

飛輪是什麼？

僅用一個大舊輪來儲存並汲取能量的方式。

飛輪發明前的情況

無法儲存轉動能量，引擎也無法順暢輸出能量，還有輪子的轉速也*慢很多*。

首度發明飛輪的時間

公元前 300 年（用於製陶）

公元 1100 年（用於機械）

發明飛輪的必要條件

輪子、鋼鐵（用於緻密且堅實的飛輪，也用於滾珠軸承）。

發明飛輪的方法

飛輪善加利用了物體「動者恆動」❶ 的特性。如果你手上的輪子很重，得花很多能量才能轉動，那麼要讓它停止也得耗費很多能量。這種特性讓飛輪成為儲存動量、而非電力的儲存庫！輪子會因為摩擦力逐漸慢下來，因此這不是理想的「電池」，不過又重又大的飛輪確實能夠運轉很久才停止。

飛輪最先是應用在製陶（製陶用的轉輪就是個又重又大的輪子，一旦開始轉動就會轉好一陣子才會停下來，這就是飛輪），但是人類又要好長一段時間之後，才了解到這種轉輪可以運用到其他事物（真是毫不意外啊！）。結果是你只需要把飛輪裝在一根竿子上，然後由引擎來驅動，就可以開展你的事業了！

---

❶ 這個觀念來自古典力學，也就是你即將從這個注腳發展的研究領域！古典力學說明物體受力之後如何反應，並以隨後提到的三大定律為基礎。公元 1686 年，牛頓尚未把古典力學公式化之前，人們對於物體為為何及如何運動的認知不夠充分，甚至還得用「石子愛地面，煙愛天空，因此煙往上飄，石子向下掉」（亞里斯多德，公元前 300 年）這種差勁的理論來解釋物體運動。牛頓的三大定律為：(1) 物體在未受力的情況下，靜者恆靜，動者恆動。(2) 物體的動量變化率與所受的力道呈正比，並與受力方向相同。(3) 每個動作都會產生力道相等，但方向相反的反作用力，像是如果你往前推著一個箱子，箱子也會回推你。切記：我們稱這些為定律（law），但這些其實是剛好適用於人類尺度的近似法（approximation）。當你把尺度縮到非常小（小於 10^{-9} 公尺的量子尺度），速度加到非常快（每秒 2.99×10^{8} 公尺，接近光速），或是重量加到非常重（黑洞），這些定律就會分崩離析，此時愛因斯坦的廣義和狹義相對論所描述的物體運動，就會比古典牛頓力學的更為準確。但這不是你需要關心的部分！加速慣性參考系統在行經高度彎曲的時空區域而導致重力時間膨脹是個有趣的主題（在建造 FC3000™ 租賃型時光機時也格外有用），除非你剛好帶著《良性悲傷：*你說時間和空間不過是所謂單一時空連續體的兩的面向，還有，不論光源的運動速度為何，只要在真空中行進對所有觀察者而言都一樣？好吧，這裡有 1001 個探索廣義和狹義相對論的教育漫畫*》這本書，否則我們還不需要擔憂這個問題。

飛輪除了可以儲備能量，還能讓機器運轉流暢。在活塞引擎中（參見 10.5.4），活塞是間歇性運動，但是你往往需要的是持續性的能量輸出。例如，如果你要驅動一部牽引機，應該會希望機器以穩定的速度前進，而不是跟著活塞運動間歇性地推進。此時，如果讓活塞直接驅動飛輪、而非機器，那麼飛輪仍會在活塞沒有提供動力時持續轉動，產生的動力也更為流暢。

圖 21　「飛輪」還有個不太科技感的名稱
「wheel on a stick」（插在竿子上的輪子）

飛輪釋放能量的速度，也可以比原始能量源產生的速度更快。飛輪大概要好幾個小時才能達到穩定運轉，但是當你把飛輪裝上其他裝置，就可以在短時間內把所有能量引導到裝置上，表現出短暫卻強大的爆發力，遠超出一般可以產出的力道。當然，飛輪可以儲存的能量並非無極限，一旦輪子轉得太快，就會超出抗拉強度而遭碎裂，飛輪的碎片會以極快的速度飛出。由於鋼材質的抗拉強度較大，因此鋼製飛輪會比鑄鐵製的安全，降低機械裝置中的飛輪變成*超級金屬炸彈*的風險。

要增加飛輪的儲存能量，可以加大飛輪尺寸，或是加快轉速。

而飛輪的能量跟速度的平方呈正比，因此較小較快的飛輪能量，會比較大較慢的飛輪更高。最後，飛輪或許看起來很老派，但它可不是只用在以活塞推進的機器裡。美國航太總署（NASA）在公元 2004 年就建造了實驗性質的飛輪，作為太空中造價低廉又性能可靠的儲能設備。所以，技術上來說，發明了飛輪，你的新文明就朝太空計畫邁出了第一步。

10.5.4 蒸汽機

把如此強大的蒸汽引擎用於有輪車廂，
人類的處境將發生巨大變化。
——你（以及湯瑪斯·傑佛遜）

蒸汽機是什麼？

水在沸騰後體積會膨脹，蒸汽機就是運用這種特性來完成工作。這項技術非常有用，人類社會更因蒸汽機所引發的「工業革命」，產生劇烈的改變。

蒸汽機發明前的情況

想完成某些事，就得自己動手，或是請動物動腳，付錢找人幫忙。無論如何都不是煮煮水就能了事。

首度發明蒸汽機的時間

公元 100 年（實際上是蒸汽渦輪的蒸汽動力玩具）
公元 1606 年（最早的蒸汽動力幫浦）
公元 1698 年（第一具實用的蒸汽動力幫浦）
公元 1765 年（分離的冷凝室，1776 年上市）
公元 1783 年（蒸汽動力船）

公元 1804 年（蒸汽動力火車）

公元 1884 年（再次發明蒸汽渦輪）

發明蒸汽機的必要條件

鐵（用來製作鍋爐）、鑄鐵（用來製作活塞環和汽缸）、鋼鐵、焊接技術。

發明蒸汽機的方法

蒸汽機聽起來或許老派，即便在今日，全世界的電力系統大多仍是由蒸汽產生。真正的差別在於老派的蒸汽機燒柴火，新式蒸汽機則以煤、天然氣為燃料，或是*原子本身的神力*。沒錯：就算核反應爐的動力強大到足以終結文明，我們大都仍只是用來煮水。最早的蒸汽機是在沒有什麼科學理論支持之下發明出來，因此你動手製造蒸汽機之前先看完這一節，就已經贏在起跑點，遠勝原蒸汽機發明者。

有人說，蒸氣機對科學的貢獻，遠大於科學對蒸汽機的貢獻，雖然這不是真的（科學根本不欠誰！），仍能讓你理解到人類從自己發明出來的機器學到多少東西。其中至少包括一樣東西，就是熱力學第二定律：❶

蒸汽機包括兩大部分：

- 鍋爐，以某種燃燒形式來煮沸水，在壓力下製造出蒸汽。
- 運用蒸汽來移動活塞、渦輪或自身的機器。

---

❶ 熱力學第一定律（能量守恆定律）就是，能量不會無中生有，也不會從有變無，但是可以改變形式。換句話說，輸入系統的能量，一定會等於系統所增加的能量。熱力學第二定律是，封閉系統中的熵（亂度）一定會增加。換句話說，東西不會自動變得更有條理，而是越來越散亂。值得注意的是，地球上的東西其實是越來越有組織有條理（生命不斷演化，平地起了一棟棟高樓，等等），但這是因為地球並非封閉系統，它每日都接收太陽的能量。熱力學第三定律是，當系統的溫度趨近絕對 0 度（宇宙可達到最冷的溫度），系統中的熵也會趨近於 0，此時所有物理活動都會停止。

鍋爐的部分，只要能取得金屬就好辦：讓密封的水管通過以火來加熱的燃燒室（稱為水管鍋爐），或是讓以火加熱的空氣管通過密封的半滿水室（稱為火管鍋爐）。這兩種都會產生加壓蒸汽（鍋爐得承受爆炸風險，嗯……請留意），但水管鍋爐比較便宜。獲得蒸汽之後，可讓蒸汽流經第二燃燒室來繼續加熱，產生超熱蒸汽攜帶更多能量，以進行更多工作。超熱蒸汽可以稍微冷卻卻不會產生冷凝水，這樣很棒，因為你就不必一直擔心水會堵住這臺美好的新蒸汽機了。

要讓蒸汽驅動機器運轉，方法很多，最簡單的就是把蒸汽注入活塞。所謂活塞，就是一塊可在圓筒（汽缸）中自由移動的東西，需要一點精密工程來設置。找一個金屬製的圓筒，每個方向的寬度都相同，活塞則略小於圓筒內徑，可以不受阻礙地在筒內來回。❶要把活塞和圓筒密封住，可以在活塞套上鑄鐵環：一種加載彈簧的金屬片，能讓活塞與圓筒貼合。在發明以鑄鐵密封之前，人們是用麻繩緊緊纏繞活塞基部來密封。麻繩很堅固，頻繁摩擦也不易損壞，而且運作得幾乎跟活塞環一樣好（但仍然沒那麼好）。別擔心，就算有些蒸汽外洩也無妨，蒸汽機仍會正常運作，只是效率打了折扣。

當你把鍋爐所製造出蒸汽送往活塞，蒸汽會擴張，然後推動活塞。蒸汽冷卻下來後會凝結成水，活塞內部的壓力就會下降，外部的氣壓就會再把活塞往回推。想讓蒸汽快速冷卻，可把冷水潑灑在活塞上。你的蒸汽機現在已經大功告成，活塞的上下運動能夠驅動鋸子，並推動幫浦，或是藉由曲柄，把上下運動轉換成圓周運動（參見附錄 H）。

---

❶ 圓筒（汽缸）可以手工製作，但是有可能做出不規則的形狀，導致蒸汽從活塞周遭溢出，降低引擎效率。解決方法是，先製作口徑略小於原先所設定的圓筒，再把一根筆直的金屬棒穿過圓心，然後讓鑽頭沿著金屬棒鑽入。鑽頭能擴大圓筒內徑到原來設定的尺寸，金屬棒則能引導鑽頭直線前進，免受圓筒內的瑕疵影響而鑽歪，如此便能製造出形狀規則的管子。

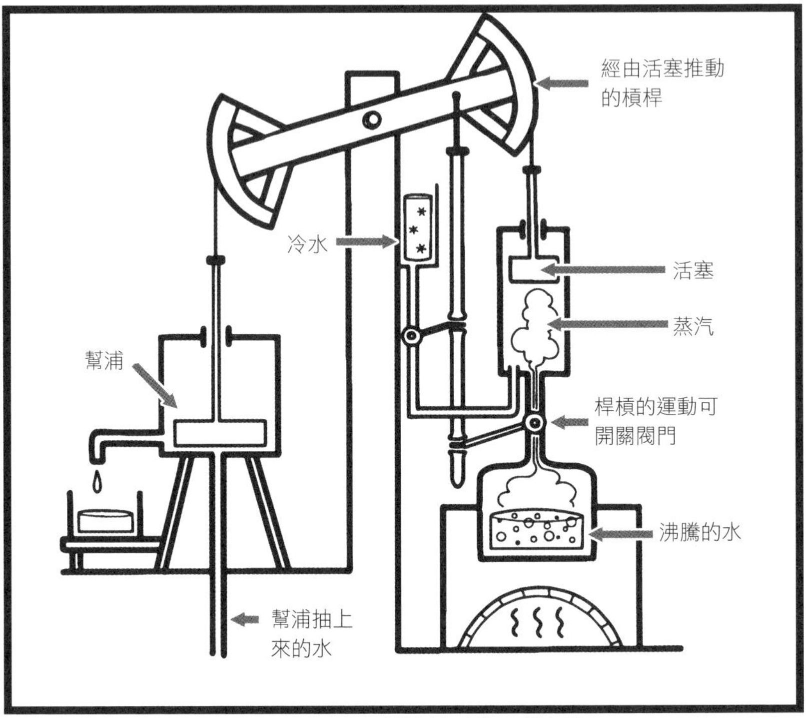

圖 22 驅動文明前進的引擎：蒸汽機

這項技術在公元 1698 年造出了最先進的蒸汽機，但如果你懷疑對同樣的活塞不斷加熱冷卻太浪費能量，請戴上獵鹿帽❶，當起福爾摩斯❷吧，因為你的懷疑是正確的！你可以改進設計，讓這部

---

❶ 過去獵鹿獵人所戴的帽子。現在這頂帽子有了更知名的名稱：福爾摩斯之帽（見下一則注腳）。

❷ 福爾摩斯是虛構的偵探，但所有人都認為他是破案高手。如果你想把這個角色重新引入你的文明，請別客氣！你甚至可以把他打扮得像蝙蝠，讓他從原有的風格晉級。給他一個巨大的蝙蝠洞作為巢穴，讓他開蝙蝠主題的汽車、飛機，以及發射蝙蝠飛鏢。每當附近有罪犯需要他來解決時，警察就會把他的蝙蝠標誌投射到空中。從歷史上看，這個版本的福爾摩斯在一般大眾中獲得了更大迴響，尤其又有殺人犯小丑作為他的頭號敵人之時，更讓他備受歡迎。

機器超前 80 年，使熱元件維持在熱的狀態，冷元件也維持在冷的狀態。把活塞與隔開的冷凝室相連，就能達到這個目的。冷凝室會在活塞上升時打開。高壓的活塞環境會把蒸汽推向冷凝室，如此一來噴灑冷水便能迅速冷卻蒸汽。

如果你不想製作活塞，蒸汽發電還有另一個方法，約公元 100 年由人類首度發現，使用的機器稱為「汽轉球」（aeolipile）：只需把水煮沸，再把蒸汽導向旋轉的球體，球身上有噴嘴作為蒸汽出口，裝置如下：

圖 23　原可大力推動古希臘文明的機器：汽轉球

由噴嘴吐出的蒸汽能讓球體旋轉，這就是所謂的蒸汽動力火箭引擎，但發明這個裝置的希臘人只把它當成玩具看待。現在你要讓他們知道，汽轉球可以改造為發電量驚人的發電機。

你將會在「10.6.2 發電機」看到發電機能利用電線穿過磁場產生感應電流，把機械轉動轉換成直流電！球體內部擺放一個靜止的磁鐵，球體外部纏上金屬線，當金屬線隨球轉動，就會感應出電流而發出電力。如果你不想做汽轉球，也可以把蒸汽噴射到渦輪的扇葉（類似於驅動佩爾頓式水輪機的方式），一樣能產生轉動（以及發電）。[1]

壞消息是：所有的蒸汽機，不論是活塞式、火箭式，什麼式都好，基本上能量的運用效率都欠佳。不論怎麼努力，許多能量都會以熱的形式散逸。即使是較高壓的蒸汽、冷凝器以及複式蒸汽機（以蒸汽來多次推動活塞的引擎），蒸汽機運轉效率大概都不會高於20%。但即使是現代最先進的蒸汽機，效率也頂多達40-50%。所以別太難過，蒸汽機到現在還在為我們發電，所以也足以勝任你們的供電任務。

蒸汽機的另一項重大缺失就是功率重量比。蒸汽機裡的金屬和水都很重，對大樓或大型交通工具不會構成問題，因為增加的重量比重不高（想想火車和大型輪船），但在飛機、汽車等較小型的交通工具，就比較不適用。就這種情況來說，你可能會想發明更輕巧的內燃機。

蒸汽機是外燃機，也就是在機器外面燃燒，再把製造出的蒸汽經由管線導入機器。內燃機完全移除中間連接的部分，直接在活塞內部燃燒爆破來推動活塞。內燃機裡揮發性的燃料與空氣混合，因此很容易就能點燃，進入活塞的汽缸然後壓縮。電火花能點火，把活塞向外推，之後廢氣往外排放，然後重新開始。[2] 每個活塞都會歷經進氣、壓縮、爆破、排氣行程的循環，所以當一個活塞在進行點燃行程，其他活塞則會進行其他行程。這種引擎顯然比蒸汽機複

---

[1] 汽轉球發明於約公元100年，但是人類要到公元1831年才發現發電機的原理，蒸汽機也才終於運用於發電。不過其實汽轉球在公元1551年就曾在鄂圖曼帝國用於旋轉肉叉上的肉。

[2] 這至少是汽油動力引擎的驅動方式！柴油引擎則以相反方式運作：柴油引擎是在活塞壓縮時進氣，當壓力和溫度瞬間升高，便能點燃燃料。不論是哪種方式，你可能還需要一段時間才能把汽油或柴油拿來當燃料，尤其是如果你沒有把這本書帶在身邊：《如何將原油（也稱為石油）提煉成煤油、汽油、柴油等燃料：可能對環境造成災難的化學物品，但能做出超酷賽車。所以囉，多希望一切代價都是值得的》。但在緊要關頭，你還是可以釀造一些威力沒那麼強大的酒精作為燃料。

雜了些（你現在仰賴的是一*連串受約束的爆炸事件*，而不再是往日美好的水），但是牽涉到的問題並非無法克服。這四個活塞的行程順序可做妥善安排，第一個活塞在爆破，第二個則在進氣（這個行程能讓產生更恆定的推力），而橫桿上的凸輪則可用來調節進氣和排氣閥，如此一來，活塞就能依序維持適當運作。另一根橫桿則可彎折後直接連接活塞，以此調節所產生的推力，而橫桿本身也裝配在飛輪上，能讓運轉更順暢（參見 10.5.3）。

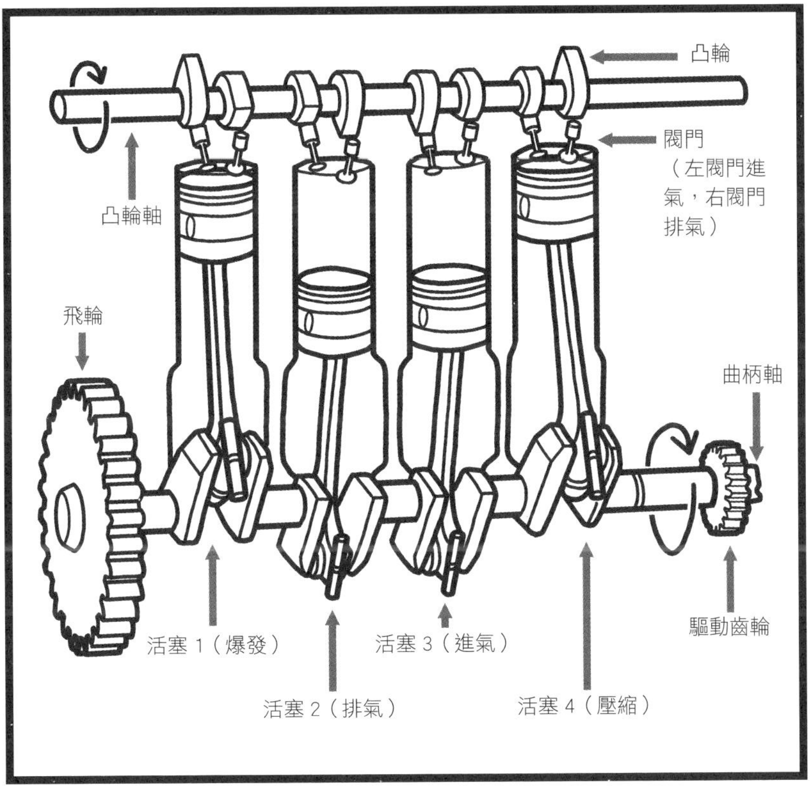

圖 24　內燃機：活塞 1 點燃燃料，活塞 2 排出氣體，活塞 3 吸進燃料，活塞 4 壓縮燃料，準備下一回合燃燒。完成四行程引擎啦！

不過，在你急著要發明內燃機之前，切記，建造內燃機是很複雜的工程，運轉成本更高，也需要更高階的燃料。身在凡事都要從頭發明的時代，像蒸汽機這種只要有水和*任何可燃燒的東西*就能運轉的機器，可說彌足珍貴。

10.6
「欸不是，我要的是一鍵自動的神奇懶人機」

想要有一按就能動的機器，要先有立即供應、安靜又無形的能量來源。你需要的是電力。電易於傳送、儲存，驅動我們現代世界運轉，從飛機到汽車都有。

電也可以驅動你的世界。

電池藉由化學反應來產生所需電力，有些電池還可藉由逆向反應來充電。**發電機**的原理是簡單的物理學定律，把物體運動轉變成電力。**變壓器**能把電荷轉變為更有用的形式，裡面完全沒有可動的零件。電力的產生、儲存和變壓技術，讓你的文明能擴展能源，抵達世界幾乎任何一個角落。電力能讓你征服世界。

這項技術即將在你眼前揭曉！

10.6.1 電池

一如你在物理課所學，磁力是相當強大的力量，
可以把特定東西吸附在冰箱上。
——你（以及戴夫．貝瑞）

電池是什麼？

產生並儲存電流的方式

電池發明前的情況

想要可攜式電力，得隨身帶著電鰻[1]，但這種生物並非實用且可預期的能量來源。

首度發明電池的時間

公元 1745 年（第一個能儲存靜電荷的「電池」）

公元 1800 年（第一個能製造電流的化學電池）

發明電池的必要條件

金屬（用來製作金屬線，銅很柔軟，很容易延展成線狀）、金屬（用來製作電池，以銅或銀為一極，鐵或鋅為另一極為佳）。

發明電池的方法

要了解電池，就要先了解電；而要了解電，也要同時了解磁。過去人們以為電和磁是兩回事，但接著我們發現這兩者不僅相關還密不可分。於是我們在腦中把電和磁連結在一起，統稱這種新結合出的力為「電磁力」。

電磁力的發現和使用，推動了第二次工業革命（你可能已經猜到是第二次了），重塑人類的生活。在發明電磁技術之前，人類必須居住在燃料來源附近（例如森林可以取得木柴，河流可以驅動水車等），不然就是付費來取得這些燃料。

---

[1] 是的，電鰻是魚類！知道電鰻是魚類的人，往往對此感到暴跳如雷，幾乎就跟那些知道花生是豆類、無尾熊是有袋類、鯨魚是哺乳類的人一樣生氣。與其對我們生氣，倒不如揮別過去努力向前，幫這些動物取個適當的名字，超越我們這些「前人」，好嗎？

在電磁技術發明之後，能源可以用光速的 50-99%❶ 跨國傳送，人們就可以舒適地居住在電線可達的任何地方。總而言之，掌握電磁的性能，能讓你的文明擴展到河岸和礦坑之外的疆界，讓你得以征服大陸、地球，甚至是*時間本身*。❷

所以你就這樣做吧！

電來自於帶電粒子的移動，通常是電子（參見單元〈11〉的「物質是由什麼組成？」，有更多關於壞男孩的化學資訊）。電子帶負電荷，因此攜帶很多電子的東西，就會攜帶負電；而不論何種材料，只要失去電子，就會攜帶正電。記得：攜帶相同電荷的粒子會互斥，而攜帶相反電荷的粒子則會相吸。

有些材料能讓電子輕易穿越它們（這些材料稱為「導體」，銅、鐵、銀、鋅等金屬都是絕佳導體），有些材料則緊抓電荷不放，因而無法產生電流（這些材料稱為「絕緣體」，如玻璃、橡膠、木頭）。但在正常情況下，電子在導體中可以完全隨意移動。要產生電力，得讓這些電子往同樣方向移動，我們稱之為「電路」，因為電子是在迴圈中移動。你就要偉大起來，因為你即將在發明電流的時候，一*併*發明電池。

只要有金屬，要製作電池就不難。所以，人類又要再次羞愧，因為這次是拖到了公元 1800 年才發明出電池。他們藉由兩塊金屬之間的反應，把化學反應轉換成電能。不同金屬對電子有不同親和力，因此若把金屬放入導電溶液，金屬之間在交換電子時就會發生化學反應。這種傳導物質稱為「電解質」，而很多溶液都能擔任這個角色：酸、鹽水，甚至是美味的馬鈴薯。大多數的鹽、鹼和酸都能勝任這份工作，你可見附錄 C.12，製造出硫酸這種絕佳電解質。

---

❶ 電能在真空中永遠以光速傳播，但在非真空環境中，傳播速度就受到傳導材料的影響。但你不必擔心，光速的 50% 仍然快到令人你昏頭（這可是宇宙中極限速度的一半哪！參見附錄 F），肉眼根本分辨不出差異。

❷ FC3000™ 時光機的燃料，是電、內燃機以及冷融合的混合形式。

想要更多電子的金屬，就會從另一端的金屬搶一些過來。這端的金屬（稱為「極」）因此獲得負電荷，另一端的金屬則變成帶正電。帶負電的電子聚集在渴望電子的電極，這些電子會互斥，此時如果拿一條金屬線連接正負兩極，電子就會藉由金屬線從負極「逃脫」到正極。我們剛剛做的，就是引導電子經由導線往同一個方向移動！親愛的朋友，你製造出電流了。❶

你會用電來發明電力照明、電力暖氣裝置、電力烹飪、電力引擎，*還有更多東西*……就在幾個段落之後。現在先別急，因為你的電池還沒發明完。電池以化學反應來發電，但裡面的金屬最後會耗盡，電池就沒電了。你想不想一口氣把可充電電池也發明出來？*有何不可？來吧！*

鉛酸電池最先發明於公元 1859 年，一如你剛發明的正負雙極電池，只是電極使用的金屬是鉛，而電解液是 3:1 的水和硫酸混合液。這些兩極金屬與硫酸溶液反應之後，會在兩極生成硫化鉛，但兩極金屬必須交換電子。因此，如果你在兩極之間接上金屬線，只要化學反應正在進行，電子就會沿著金屬線移動，產生電流。

嚴格說，只要把電輸入電池就能產生逆向反應，硫化鉛會溶解到電解液中，在兩極重新生成鉛：一極是純鉛，另一極氧化鉛。逆向反應意味著，你就可以把能量儲存在電池裡，供未來使用！❷

---

❶ 第一個電池是把銀和鋅堆疊起來，再用浸過鹽水的紙板分開。這個方式是有效的，但電解質也會參與反應，並且用了一段時間之後導電性就會變差。36 年後，電池經過改良，兩塊金屬分別浸泡在不同電解質中，並在兩個「電池」之間搭建一座「鹽橋」（這座橋甚至簡單到可以是一張浸過鹽水的紙），讓兩種電解質得以交換離子，使自身保持電中性。這種電池使用的是浸泡在硫酸銅電解液中的銅（你把銅加入濃硫酸便可製得硫酸銅），和浸泡在硫酸銅電解液中的鋅。這款「丹尼爾電池」（當然是依照發明該電池的約翰．弗德列克．丹尼爾先生命名，你的名字應該會更好聽）能產生更可靠的動力，所以請放心偷走這個構想吧！

❷ 這也表示你可以製造出電池所需的氧化鉛，只要把純鉛放入硫酸溶液並通過電流，就能在純鉛表面生成氧化鉛。

所以，現在你已經發明了能產生新能源的電池，以及可以儲存現有能源的蓄電池。電池在試驗、製造、推動大眾化市場上可攜式音樂播放器上固然極其有力，然而*文明並非建造在電池上*。你的文明要建立在一種發電方式上，但這種方式絕不是單單為了點燈，而去挖掘特定金屬或合成不同的酸。換句話說，你的文明要建立在發電機上，或是所謂的發電廠之上。最重要的是，如果你已經研究過水車、風車或渦輪的章節，基本上已經知道如何發明發電機和發電廠了。

10.6.2 發電機

我們讓電力變得廉價，只有富人才點蠟燭。

——你（以及湯瑪士．愛迪生）

發電機是什麼？

製造能源的方式，電力可高達 1.21 吉瓦以上。

發電機發明前的情況

要獲得 1.21 吉瓦的電力，只能坐等閃電劈下。只可惜，你永遠無法預測閃電的落點和時程。

首度發明發電機的時間

公元 1819 年（電和磁被視為一體，稱為「電磁」）

公元 1821 年（第一具電動機）

公元 1832 年（第一具能從運動產生電力的發電機）

發明發電機的必要條件

金屬；水車、渦輪，或是其他能產生轉動的機械。

發明發電機的方法

先前已經討論過電磁學中電的部分，現在要從電流也能產生磁場這個事實來發電。要證明電流如何產生磁場，你可以把指南針（參見 10.12.2）放在金屬線旁：當金屬線開始出現電流的瞬間，指南針的指針就會轉動。順帶一提，你剛剛正藉由磁力把電力轉換成*物理性的移動*，而這又能開啟一連串發明。

先從小事來說，你可以依此製造出全世界第一個測量和量化電力的工具。就稍微複雜的方面來說，把金屬線纏繞在一塊鐵芯上，就能增強金屬線的磁場，製造出全世界第一個電磁鐵：能開關磁性的可驅動磁鐵。安裝一塊可以自由轉動的磁鐵，把磁鐵放在兩塊電磁鐵之間。當電磁鐵輪番開和關，你的磁鐵就會隨之轉動。這就是電動機的基本原理。這些發明運用了電力製造磁場中的運動，但反向也行得通：*藉由磁場中的運動來感應出電流*。技術上來說，你在 10.5.4「蒸汽機」一節中，把汽轉球改造成發電機時，就已經發明出發電機的基礎，而這仍舊是今日發電的基礎。

發電的力學核心其實簡單得令人難以置信，就是讓某種東西旋轉，然後在旋轉物上纏上線圈，再放塊磁鐵在中間，就可以發電了。以這種方法發出的電稱為「交流電」（簡稱 AC），因為電子會隨著每次線圈轉動來回移動，與電池所產生的「直流電」（簡稱 DC）不同。發電需要的就只有這些東西。

交流電比直流電更利於長途傳輸，但這依然無法終止美國歷史上的交流電和直流電大戰，因為各家電力公司各據山頭，都想說服群眾另一種發電方式有致命危險。[1]

---

[1] 這場戰爭甚至延燒到公眾事務，像是電椅會率先使用哪種電流（出於公關考量，雙方都不希望用自家的電來行刑），或以*競爭對手的*電公開電擊動物，甚至提議展開「電力對決」，亦即每家公司派出代表，接受自家系統的電力電擊，雙方每次電擊的電量都相同，但會逐次增加，先退出的是輸家。對決從來沒有發生在我們的時間軸上，但其他時間軸的旅人已經證明，在這個電光石火、一觸即發的時刻，只需在正確的時間喊出：「嘿，那傢伙剛剛說，對手太弱了，沒辦法為了公司接受電擊！」事情就搞定了。

你可以用電線從發電站傳輸電力出去，但會遭遇到這種限制：所有導體都有電阻，電力會因此轉成熱能散逸。這表示能傳送的電力只能到某個程度，超過就會開始發熱然後熔化。

你可以運用金屬電阻的特性來發明烤麵包機、電熱爐、烤爐、電暖器、吹風機以及我們先前嘲弄過的燈泡[1]，但要讓電力傳輸到遠處，你就必須適應電力的特性。變壓器就是這時登場的，是你下一步要發明的東西！

10.6.3 變壓器

將真相留給未來，
就一個人的所作所為和成就去訴說、去論斷。
現在屬於他們，
而我付出了許多努力的未來，則屬於我。
——你（以及特斯拉）

變壓器是什麼？

一種可以安全傳輸電力的安全操作方式。

變壓器發明前的情況

長距離傳送電力不僅浪費也很危險。不過，老實說大多數文明

---

[1] 白熾燈泡主要就是讓一條金屬線電力超載到能發光、又不至於熔化的程度。這是經過大量實驗才找到最適合的金屬！最終的解決方案就是金屬鎢，對你來說也最為合適，但這種金屬很難找也很難淬煉。你可以使用早期燈泡發明者的方法，也就是使用碳絲（竹子或紙張加熱到不至於燃燒的程度，便可製作出碳絲，可使用 10.1.1 把木頭變成木炭的技術來加熱）。這些碳絲不耐用，不過當碳絲在真空環境下通電，會發光而不會燃燒。如果你說：「真空狀態很容易製造嗎？你憑什麼認為我隨手一揮就辦到？這簡直跟我現在的處境一樣荒謬。」那你就使用弧光燈吧，有兩個導體，中間有一些空隙，讓電流跳過空隙而產生亮光。

在弄懂電是什麼之後，很快就發明出變壓器，所以你或許也該這麼做。

首度發明變壓器的時間

公元 1831 年（發現磁感應原理）

公元 1836 年（首度發明變壓器）

發明變壓器的必要條件

電、金屬

發明變壓器的方法

我們一直略過許多電力單位的情況下討論電力（主要是因為這些單位大多以人來命名，而這些人從你的角度來看很可能都還沒出生卻想居功），但現在，我得介紹其中一個電力單位：伏特。伏特測量的是電路中兩點之間的電位能差。如果把電想成水，那麼電線就是水管，電流是流經這些水管的水量，電壓（伏特）則是沿途推動水的壓力。如果你希望水管流出更多水，可以加大水管，或是加大壓力，也可兩者都加大。[1]

電也是這樣。電流乘上電壓，就得到電功率。問題是，電流越大，導線會產生越多熱，也越可能熔化。就跟水管一樣，面對這個情況有兩種選擇：加大管線（把導線加粗，以增加可以安全承載的電流）或是加大壓力（也就是增加電壓）。周圍有高壓導線會比較

---

[1] 我們還沒告訴你伏特的確切定義，因為在現代，伏特的定義有點混亂。伏特從安培來定義，而安培的定義是「一秒鐘通過約 6.2415093×10^{18} 個基本電荷」或是「真空中截面積可忽略的兩根相距 1 公尺的無限長平行圓直導線內通以等量恆定電流時，若導線間交互作用在每公尺長度上的力為 2×10^{-7} 牛頓，則每根導線中的電流為一安培」。這是什麼鬼定義？*有說等於沒說*。儘管提出屬於你自己測量伏特（電壓）和安培（電流）的方式。

危險[1]，但如果在跨區域傳送電力之前先把電加壓（如此就能遠離人群也遠離那些愛亂摸的手），傳送到目的地供人使用之前再把電壓降到較安全的範圍，會是個不錯的辦法。

變壓器的結構很簡單，裡面沒有會移動的零件（當然，除了流經電線的電子）。製作一個大型的方形鐵圈，把絕緣導線纏繞在方形鐵圈一邊，再連上交流電作為輸入端，在鐵圈的對邊，則纏上另一個線圈作為電流輸出端。兩個線圈沒有直接相連，但是當電流流經輸入線圈時會產生電磁場（一如我們之前看到的那樣），輸出線圈中的電子就會受到感應而移動。到目前為止，這套發明裝置尚未改變電力，但電力確實經由磁場在短距離內無線傳輸。

當輸出電路中的線圈纏繞次數改變，厲害的事情就發生了。

如果兩端電路的線圈數量相同，兩端電線中的電流和電壓也會相同。如果輸出端的纏繞次數*較多*，那麼感應出的電流就會降低，電壓則會增加，這有利於長距離傳輸，當纏繞數減少，那麼感應電壓就會降低，電流則會增加，因而可供當地用電。電壓與線圈的纏繞次數成正比，因此線圈纏繞次數為 3：1 的輸入和輸出電路，其輸入和輸出電流的比例就會是 1：3。事實證明，要改變電力大小，用鐵和纏繞的電線就綽綽有餘，而這一套行得通，因為電和磁是一體兩面的！

感謝電磁學。

利用本節的其他發明，你現在可以生產、傳輸、儲存和改變電力。值得注意的是，一如我們不可能在發現基本金屬之後就隨時發明出電池，所以發電廠和變壓器也是如此。人類發明了水車和風車

---

[1] 呃，從技術上來說，高壓電結合源源不絕的電流，這樣非常危險。50 伏特的持續電流就足以穿透你的皮膚、中斷你的心跳，然後開始燒烤你的器官。令人驚訝的是，簡單的靜電荷就可以攜帶高達 20,000 伏特的電壓。有哪些東西能給出這麼高的電壓？答案是，當你以腳掌摩擦地毯後又用手觸摸門把，確實會產生高壓電擊。這種電流很小，但會集中在一奈秒內放電。一奈秒的高壓電人體還可以承受，若是持續的高壓電流，就足以致命。

之後，其後*兩千年*仍繼續使用它們來產生轉輪、可移動的曲柄等直接的力，然後才有人想到可用水車和風車來發明發電機，進而產生應用用途更廣的可傳輸電流。以你對蒸汽機和發電機的知識，現在已有能力在歷史上任何時刻，為你的社會帶來兩種截然不同的工業革命。

10.7 「現在又黑又冷。到底是多晚了、氣溫幾度？」

時鐘是第一個能精準量化時間的發明。但即使是在尚未發明租賃型時光機的時代，量化時間都是個很深的主題。不過，只要你發明出玻璃，再加上水和一點巧思，就能發明**溫度計**和**氣壓計**，讓你量化溫度和壓力。

在你當前的情況下，指望機器來告訴你溫度和時間的想法乍看既笨又廢，但其實不然。這一節所提及的技術，讓製造業、化學、醫療、甚至天氣預測（你絕對希望越早發明越好）等不同領域，都能向前躍進。另外，雖然你原先世界的電子鐘看起來比你待會就要發明的時鐘還先進，但不必擔心。

很快，你就會追上失去的那一段漫長光陰了。

10.7.1 時鐘

和你在一起，亦或沒和你在一起，

是我衡量時間唯一的方法。

——*你（以及波赫士）*

時鐘是什麼？

這真正的時光機。只不過，這是「計算時光流逝」的機器，而不是「終於等到能帶我回到原本時間軸的機器」。不好意思啊。

時鐘發明前的情況

時間的流逝尚未量化，這表示時間是以更質化的方式來度量，像是「從日升到日落」。就好的方面來說，如果有人問你現在幾點，而你亂說一通，別人也無法證明你錯。

首度發明時鐘的時間

公元前 1600 年（水鐘）
公元前 1500 年（日晷）
公元 350 年（古希臘的沙漏）
公元 700 年（歐洲重新發現沙漏）
公元 14 世紀（沙漏在歐洲普及）
公元 1656 年（鐘擺）
公元 1927 年（石英鐘）

發明時鐘的必要條件

陶器（用於水鐘）、玻璃（用於沙漏）、天頂儀和指南針（用於日晷）。

發明時鐘的方法

現代腕錶使用微小的石英來維持計時的精準度。石英是地球上第二豐富的礦物質，而且具有「壓電性」這種有用特性。石英晶體受到擠壓時，會產生微量的電，而當你反其道而行，也就是讓微量電力通過石英，石英晶體便會以可預測的速率振動。這讓我們得以建造廉價的電子鐘。在現代，這種每秒振動 3 萬 2768 次的小片岩石成了全世界最廣為使用的計時技術。由於你回到沒有現代電子產品或石英晶體的時代，所以得靠較簡單的發明來複製現代時鐘。

時鐘有兩種功能。設定正確的時鐘可以告訴你現在幾點，但即使設定有誤，依舊可以測量出時間過了多久。如果你只想追蹤時間的流逝，那麼水鐘之類的較簡單發明就可以解決你的問題。

水鐘是最先發明出來的時鐘，而最簡單的版本還真是有夠簡單：在盛水容器中戳一個小洞，就大功告成了！水會以適當的恆定速率滴下，我們可以在滿水位時做記號，然後測量在不同時間單位中，有多少水從容器流出。如此一來，只要有一大桶水，就可以測出過了幾分鐘、幾小時，甚至是幾日。17 世紀擺鐘發明之前，水鐘是最精準也最普遍的計時器，所以你目前做得很好。

沙漏的計時原理跟水鐘一樣，只不過是用沙子、而非水來計時，而且只需倒過來放，就可以重複使用。只要一點沙子，以及一個大小適中的洞（不能太大才能控制沙子漏下的速度，又不能太小以免沙子卡在洞口），就能計時。你還可以加減沙子的量，來控制你想要計算的時間。有了沙漏，基本上你想測量幾個小時都可以，只要沙子一漏完馬上倒轉沙漏，記下一共倒轉幾次即可。不過你得不時盯著沙漏，而這個過程隨時都有可能出錯。

如果不想一直倒轉沙漏或是幫水鐘補水，你或許會想發明日晷，這能為你指出白日（至少是有陽光的時候）的時間。製作日晷不難，只需在平坦的地面插上一根竿子，然後標示出竿影變動的位置就大功告成了。不過，要做出精準正確的日晷卻有點複雜，尤其如果你想知道每一刻鐘確切的時間（我想這正是你想要的，否則只要抬頭看看太陽位置、說說「時間過得好快」之類的話就好了）。

首先，日晷的竿子不是垂直插入地面，而是依你所處緯度相同的角度插入地面（參見 10.12.3〈緯度和經度〉有助於確認自己身處的緯度），如此你的竿子才會直指向正北方（你無法知道正北的方向，但在大多數時候，就跟磁北的方向差不多）。如果你方法正確，那麼正午時的竿影就會在竿子正下方，而上午六點跟下午六點的竿影則會位於正午竿影兩側相距 90° 的位置。要得知其餘時間的竿影角度，可利用下方公式（l 表示緯度，h 表示小時）：

竿影角度＝ $\tan^{-1}(\sin l \times \tan h)$

想不起來之前那張三角函數總表是嗎？別擔心，*想不起來是正常的*，我們也很貼心地把總表放在附錄 E。

不過還是會遇到一些問題：即使解決了所有測量和數學問題，你的日晷還是無法十分精準。如果你手上有個錶可以跟日晷對照（希望你真的有戴錶，因為嚴格說來，驚恐地盯著時間看可是時空旅行者審美標準中的基本搭配），你會發現你的日晷長年走下來並不準確，會出現大約 15 分鐘的誤差。好消息是：這次不是你的錯，這樣的誤差也不是因為你沒把日晷做好。

而是太陽騙了你。

更確切來說，是因為地球導致太陽騙你。地球用這兩種方式在誤導你：第一，地球是以稍微橢圓而非完美的圓形軌道繞行太陽，因此太陽稍微偏向一側，稱為「離心」：

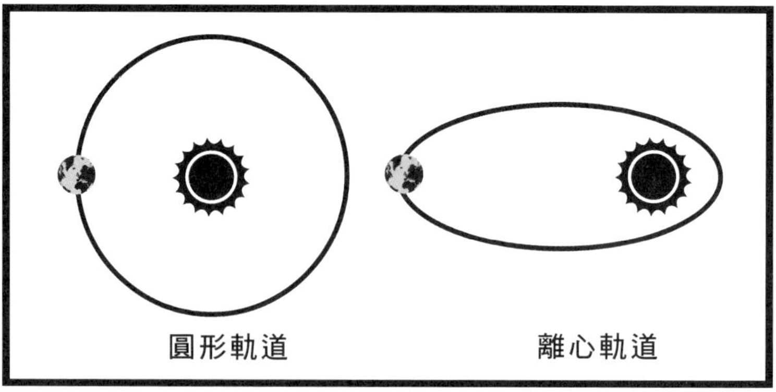

圖 25　圓形和離心軌道。這張圖未按照真實比例，而是為了凸顯太陽的離心位置而刻意放大。地球繞日軌道的離心情況並沒有這麼嚴重，此外地球也沒有這麼大。

在離心軌道中，行星並不是以同樣速度在繞行，而是越接近太陽時走得越快，越遠離太陽時越慢。❶ 由於地球以離心軌道繞行，太陽每天出現在天空同一個位置的時間，會比正圓軌道繞行時快或慢 8 分鐘。這意味著你的日晷在一整年中，每天都會與正確的時間偏離 8 分鐘。

另一個因素是地球自轉軸的偏角。地球自轉軸的方向並非垂直向上，而是傾斜了 23.5 度 ❷，稱為「轉軸傾角」。這讓太陽每天同一時間出現在天空中的位置更高或更低，整體影響使得日晷出現 10 分鐘的誤差。軌道離心率是以一年為週期在改變視時（the apparent time of sun，又稱「視太陽時」），轉軸傾角的週期則是半年。

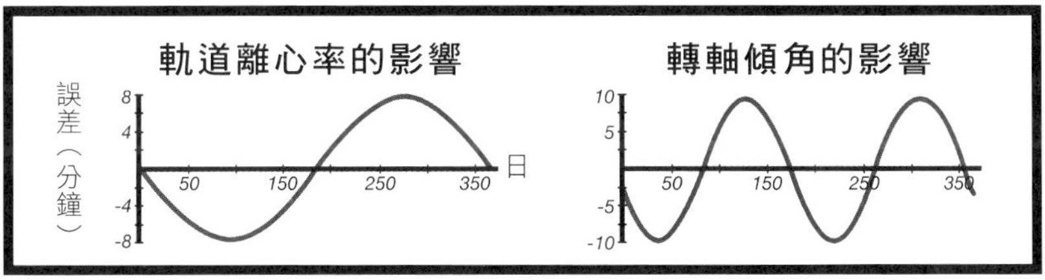

圖 26　軌道離心率和轉軸傾角各自的效應

---

❶ 離心率也會隨著時間出現些微變化，大約 10 萬年為週期。地球的軌道速度變化會拉長夏季或冬季，視北半球或南半球而定。

❷ 事情還不只如此，轉軸傾角也會隨時間改變，大約每 4 萬 1000 年在 22.1-24.5 度之間變化。當轉軸傾角較高，季節之間的變化就會較明顯，冬天更冷，夏天更熱。要測量你當前地球的轉軸傾角，先等到夏至日，此時地球轉軸傾角最傾向太陽（參見 10.12.3），接著在地上插一根竿子。竿子要與地面垂直，等太陽位於天空最高點，測量陰影的長度。以竿子長度除以竿影長度得到正切值，藉由附錄 E 的三角函數表找出對應的角度，得出竿影斜角。接著測量你身處的緯度（再參照 10.12.3），如果你位於北迴歸線以北（北迴歸線就是太陽在頭頂直射的最北點，每年至少一次。其緯度就是轉軸傾角，大約在 22.1-24.5 度），再從你身處的緯度減去從竿影測得的角度。如果你住在赤道以南，就從測得的角度減去身處的緯度。如果你身處於赤道和北迴歸線之間，就把測得的角度和身處的緯度相加。所得的結果就是地球的轉軸傾角。

因此在一年中的某一刻，離心軌道有可能讓時間減少了幾分鐘，但轉軸傾角又加回幾分鐘。把這兩個圖表相加，就可以看到累加效應，讓你知道你日晷上的視時需要如何調整才能得到正確的時間！❶

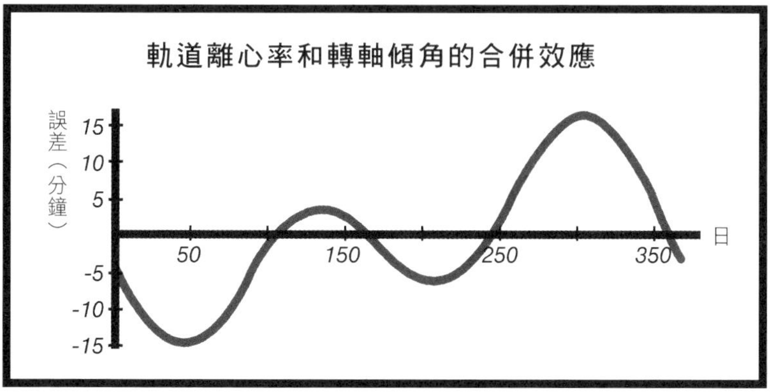

圖 27　軌道離心率和轉軸傾角的合併效應

不過，還有其他問題：軌道離心率和轉軸傾角都會隨著時間慢慢改變，而地球本身也會進動（procession，以非常緩慢的速度像陀螺旋轉時的轉軸那樣擺動）。如果你沒有依據你身處的時期做調整，直接把這張表拿來用，會導致日晷從現在開始每過一百年就延遲幾秒鐘，累積起來相當可觀。你可以根據地球當前的離心率、轉軸傾角和進動等條件，依照下方測量[30]每一百萬年的變動結果來調整圖表。

❶ 這張表在歷史上有個很厲害的名稱：時間等式（又稱為「均時差」）。但不要被這個名稱騙了，因為跟時間的等式毫無關連，「等」指的是「均等」，意思是消弭時間的差異。所以囉，這東西沒辦法讓你回到原先的時間軸，而你現在也該放棄這個綺麗的幻想了。相信我，如果有比較簡單的解決方案，我們何必費事寫這本書？

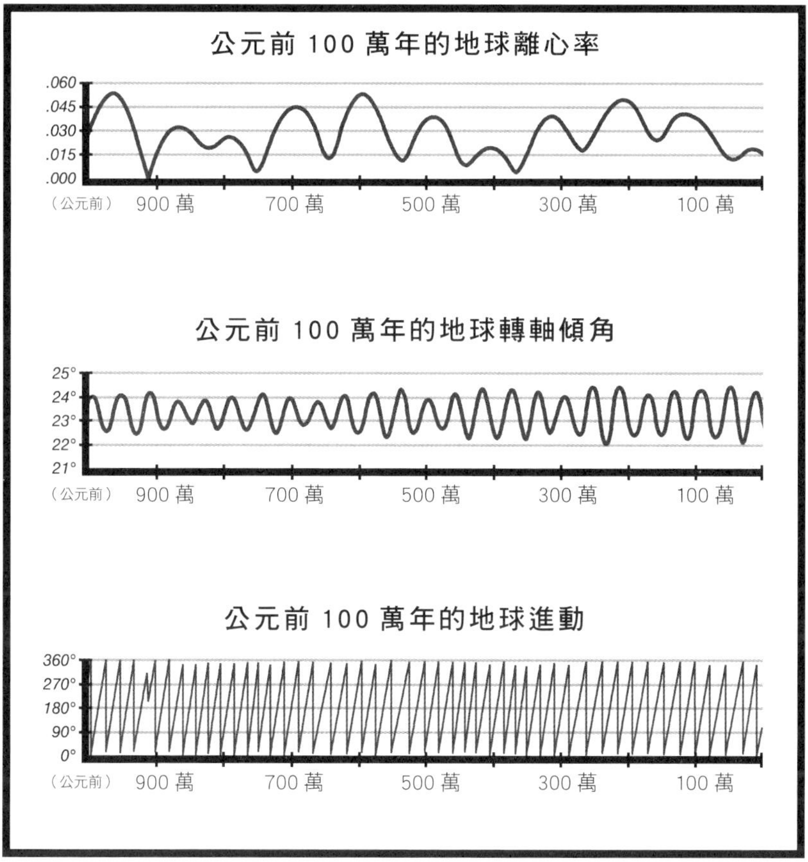

圖 28 每百萬年地球狀態的改變。表中簡化為三條彎曲的線段

不過或許我也該趁現在告訴你，其實你並不需要知道現在確切的時間，差這 15 分鐘說真的沒有什麼關係。

一直要到近幾個世紀，確切的時間測量才變得如此重要，而開始要求計算海上的經度（這要求肯定令人避之唯恐不及，參見 10.12.3 緯度和經度）。即使是今日，地球上絕大多數的人也不是根據太陽所表示出的確切時間，而只是近似值。也就是依據時區：人們同意假裝地球上某一大片區域都過著同樣時間，如此一來就能避免各地因太陽位置所導致的時間差造成大混亂。時區制最早是公元

1847 年實施在各國國內，數十年後，才提出了全球時區制。你可以現在就發明時區制，如此一來，你目前尚未校準的日晷所產生的粗略時間也能運作良好，還能省去你做一大堆數學運算的麻煩。

10.7.2 溫度計和氣壓計

你會聽到雷聲，然後想起我，就明白：「她想要暴風雨。」

——你（以及安娜・阿赫瑪托娃）

溫度計和氣壓計是什麼？

溫度計用於測量溫度，氣壓計則是測量壓力的器具

溫度計和氣壓計發明前的的情況

關於東西有多熱、烹飪溫度是多少[1]，還有天氣會如何，都只能猜猜猜。

首度發明溫度計和氣壓計的時間

公元 1593 年（水測溫儀）

公元 1643 年（氣壓計）

公元 1654 年（酒精測溫儀）

公元 1701 年（溫度刻度的想法）

公元 1714 年（汞溫度計）

---

[1] 在還沒發明溫度計之前，烹飪時測量溫度的方法有很多。最天然的方式就是把你的手指頭伸進烤爐、壁爐或灶臺，看看手指感覺有多燙，但這個方法顯然不太好。19 世紀的法國則是以白色紙片來測量溫度，看看紙張在爐子中放一段時間之後的變色狀況（假設這些紙張不會突然燒起來），就知道目前爐子溫度多高。「深棕色」表示適合釉烤酥皮，溫度稍低的「淡棕色」表示適合烤派皮，「深黃色」表示適合更大的酥皮，溫度最低的「淡黃色」則用來烤蛋白霜。

發明溫度計和氣壓計的必要條件

玻璃、液體（水、酒精、油、葡萄酒、汞、尿，以上種種以及其他更多）

發明溫度計和氣壓計的方法

溫度計和氣壓計都是測量不可見的東西，但只要有水和玻璃，就可以發明這兩樣東西。就溫度計來說，我們不過是利用大多數的液體和氣體在受熱後會膨脹、冷卻後會收縮的特性，再測量膨脹和收縮的程度，就可以得到溫度！

史上第一個溫度計跟你今天看到的差別不大：長長的玻璃管，其中一端是顆玻璃球，再趁玻璃球受熱時，把開口的另一端放入水桶或湖水中。當球中的空氣冷卻下來，就會把水吸入玻璃管中，之後當球再度受熱，空氣便會膨脹再把水往下推。問題在於，玻璃管上沒有溫標，這組裝置只能告訴你東西變熱還是變冷。只是測溫儀（觀看溫度的器具），而非溫度計（測量溫度的器具）。

如果你了解人類文明發展的軌跡（一如你現在所做），就不會對此感到驚訝：人類要在發明測溫儀之後一百多年，才想到要使用固定溫標。牛頓和奧勒．羅默（Ole Rømer）兩位仁兄最後終於各自在公元 1701 年想到這個點子，而羅默的溫標更好用。牛頓的溫標使用大量的主觀溫度參照點（如「七月分中午的熱度」，什麼跟什麼啊，牛頓！），而羅默至少使用了固定的參照點，像是以水的結冰和沸騰溫度作為溫標的基礎。❶

但還有一個問題：測溫儀中使用的水是暴露在空氣中，而要改變氣壓又不太可能，因此我們便發明出測溫儀和氣壓計的合體（或

---

❶ 你可以用任何東西為參照點來建造溫標（一如牛頓那些異想天開的無用溫度參照點），但具有物理上恆定性質的較佳。如此一來，即使你無法在公元 1701 年英格蘭的夏天潛入牛頓家中後院測量溫度，仍舊可以得到一致又能複製的測量結果。參見本書單元〈4〉以重製出本書所使用的攝氏溫標。

稱「溫度壓力測量儀」）。把玻璃管封起便可移除空氣壓力的影響。玻璃管底部是裝滿液體的密封球體，玻璃管頂部則是充滿空氣的球體，如此一來，你就製造出一具受壓力變化所影響的測溫儀。再把溫標標示在玻璃管外，溫度計就大功告成囉！

問題是，水很難懂，它並不是線性膨脹和收縮。水就跟大多數東西一樣，冷卻時體積會縮小密度增加，但是當溫度低於 4°C，體積卻又膨脹了。這就是冰能在水面漂浮的原因，因為冰沒有水那麼密實。[1] 這也使得水不是製作溫度計的第一優先選項，因為在 4°C 和 0°C 之間測量就會失準，而低於 0°C 則會結冰，因此也無法測量。現代溫度計使用汞，這種液體受熱時會劇烈膨脹，沸騰溫度和結冰溫度則分別在令人安心的 357°C 和 -38°C，只可惜你可能一時還無法取得這種物質。[2] 酒精（參見 10.2.5）比較接近線性膨脹，結冰溫度也在 -173°C，但沸騰溫度只有 78°C，不甚理想。你可以同時使用多種溫度計：溫度低時使用酒精溫度計，溫度高時使用水溫度計。另外，葡萄酒（水和酒精的美味組合）也能減輕酒精低沸點、水不受控行為造成的誤差。

這就是溫度計！

氣壓計的原理基本上也一樣，而且我們先前其實已經無意間發明出氣壓計兼溫度計了。拿一根中空玻璃管，裝滿液體後一端封起，

---

[1] 當你的文明發展到這一點，你可以用湖泊來冷卻建築物！當水達到 4°C左右（確切說來是 3.98°C），密度最大。這意味著湖水中 4°C以外的水都會漂浮在 4°C的水上方，因此只要湖泊夠大，便能保證湖底的水都會維持在 4°C。夏天，你可以把這些水泵入你的建築物，這是有效的可再生空調發明。遠離赤道的湖泊其 50 公尺以下深處的湖水，由於湖水溫度不會高於 4°C，冷卻效果最好！

[2] 汞是唯一在室溫下呈液態的金屬。需要汞時，可以從硃砂這種鮮紅色礦物中提取，其礦脈通常位於溫泉或近期有火山活動的地方附近。汞對人體有毒，所以要小心！要從硃砂中提取汞，先把硃砂壓碎後烘烤。以蒸餾（見 10.1.2）收集並濃縮從硃砂中蒸發出來的物質（即使只是營火，也可以達到汞的沸點 357°C），這就是汞了。儘管汞具有毒性，人類仍從公元前 8000 年以來就一直在開採硃砂，只不過當時是用來作顏料。壓碎的硃砂能產生鮮豔的紅色，現稱為朱紅色。

另一開口端則浸在同樣的液體之中，氣壓計就完成了。空氣的重量會下壓與玻璃管內液體相通的液面，阻止管內的液體流出。[1]管外密度較大的空氣會讓管內水面上升，這就是氣壓計測量空氣壓力的原理，而管內水面上方的真空能讓水很容易就膨脹。

氣壓計更適合用汞，而如果你使用的是液態水這種更好取得但密度較低的物質，玻璃管要高達 10.4 公尺才能運作。要是管子沒那麼長，水會從管中流出，直到跟管外的水面達到平衡。[2]要以水來測量氣壓得用下方這個更聰明的設計，稱為「歌德氣壓計」。這是歌德（Johann Wolfgang von Goethe）在 19 世紀發明的，但現在要改為你的時代由你所發明：

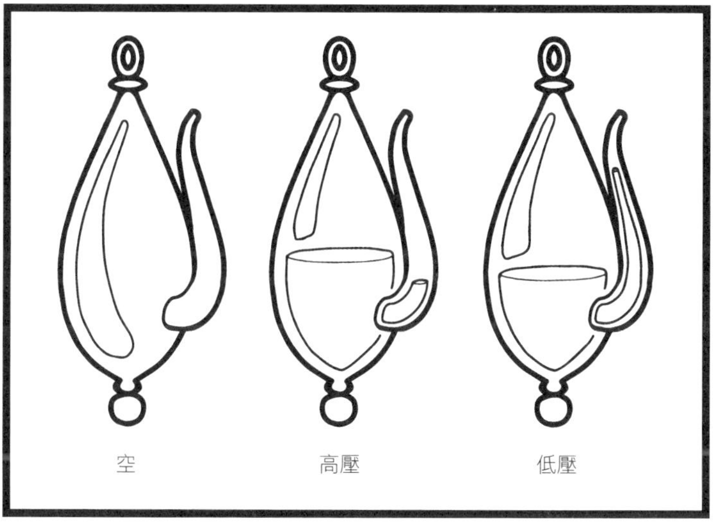

圖 29　注意，這是你最新的發明，一具好的氣壓計

---

❶ 人類要到發明氣壓計之後，才意識到空氣是有重量的，在這之前，人們一直認為空氣沒有重量。畢竟空氣是飄浮在空中的，對吧？但其實所有物質都有質量，而空氣只是一層被重力束縛在地表的氣體。你的體重也來自同樣原理。

❷ 如果使用汞，玻璃柱大概只需要 76 公分高。

這不過是個有壺嘴的玻璃容器，壺口開口向上。把氣壓計平放，接著注入水。當水進入容器，原有的空氣被取代之後就會散逸，因此壺內剩餘的空氣壓力就會等同於當前的大氣壓力。水裝到半滿之後，立起壺身。此時水會注滿氣壓計底部，並保有壺內當前的空氣壓力。壺嘴能顯示壓力：當外部壓力低於盛裝氣壓計時的氣壓，那麼氣壓計內部的氣壓就會把水往外推，使壺嘴內的水位上升。同樣，當外部壓力較高，壺嘴內的水位就會下降。因此，請在風平浪靜、氣壓正常的日子裡幫氣壓計注水，氣壓計就會很好用。你偶爾會需要從壺嘴加水，以免氣壓計內的水蒸發。❶

氣壓計的主要用途就是預測天氣，甚至不需要標示單位也可以用。當壓力驟降，表示多雲、有風和暴風的天氣，當壓力陡升，表示壞天氣即將遠離了。你發明了短期天氣預報器了！要預報長期的天氣，需要更複雜的技術，但不必太擔心，預測地球的長期天氣不只難，簡直是不可能的任務。即使整個大氣從地球表面一路到 100 公里的高空，充滿了相隔 1 公釐、點狀大小的完美晶格偵測器，而且所收集到的資料也能即時運算處理，長期的天氣預報仍舊不準確。短短一天之內，不準確率就可能從 1 公釐的尺度增加到 10 公里，然後在幾週內再繼續增加到地球尺度。[31]你很可能會發現，直接用「晴時多雲」來回答長期天氣預測，不但省事得多，預測的準確度也差不多。

---

❶ 在氣壓計上畫一條線，你就會知道應該讓氣壓計保持在什麼水位。把水染上顏色，可讓氣壓計更好閱讀（顏料可參見單元〈13〉）。由於液體會膨脹，氣壓計在不同溫度下會有不同測量結果，因此你需要控制氣壓計的溫度，或是溫度劇烈波動時，把這個因素考慮在內。

10.8
「我想變成萬人迷」

這裡沒有提供打扮或時尚方面的訣竅（雖然我們會說，無論你如何展現自我、不管你怎麼穿搭，有自信的人總是最有魅力），但我們確實納入了讓你看起來舒適體面所需的技術說明。你可以根據任何自己選定的風格，從頭開始塑造出好品味。

肥皂就是讓你自己好看（又好聞）的簡單方法，同時還能防止疾病在你的文明持續擴散，並大幅降低感染的風險。所以肥皂是個好發明。**鈕扣**只是製作出合身衣物的其中一個小環節，但人類仍耗費數千年才想出來。你可以運用**鞣皮**技術，把動物毛皮轉變成堅固、具保護力的皮革，拿來製作衣服、鞋靴、水壺等。**紡紗輪**則能把天然纖維轉化為線，用來縫製像馬鈴薯袋一樣的粗陋織品，也能製成以精緻絲綢縫製的和服。以上這些，你的文明都可以一次擁有。

畢竟……雖然你可能被困在過去，但也沒有理由不*好好打扮*自己嘛。

10.8.1 肥皂

有愛的話，事物就會變美麗。

——你（以及尚．阿諾伊）

肥皂是什麼？

一種讓你保持清潔的物質，同時具有「從你身上除去汙垢」的意義，以及「感謝疾病的病菌理論讓我們知道，即使表面無敵乾淨的皮膚仍然會有有害微生物，所以把手放進嘴巴之前，要用肥皂和水洗手」的意義。

肥皂發明前的情況

清洗、沐浴、殺菌和一般清潔都較難達成，因為水中沒有任何物質可以吸附油脂。從好的方面來看，探望祖父母的時候，可以放心說出任何不乾淨的話，反正他們也無法叫你去洗嘴巴。

首度發明肥皂的時間

公元前 2800 年

發明肥皂的必要條件

爛肥皂：橄欖油和石灰（見附錄 C.3）。好一點的肥皂：鉀鹽或蘇打（碳酸鈉）、鹽。優良肥皂：鹼液。

發明肥皂的方法

用橄欖油和石灰來製作「肥皂」（也就是上述的「爛肥皂」）最容易，把橄欖油和石灰（沒有石灰就用沙子）混在一起，在身上摩擦一番，然後刮除。這不能算是肥皂，而是一種「潤滑脂」，不過古代文化就開始這樣清潔皮膚，而且其他用來清潔的東西也沒那麼有用。把沙油混合物揉擦到衣物上也只有「極低的清潔效果」。

要製作真正的肥皂，就要用到鉀鹽、蘇打或鹼液，這些鹼性物質都可參照附錄 C 輕鬆製作出來。鹼這種物質在原子層級上能接受任何化學物質給予的質子，而酸則跟鹼相反，是給予質子的物質。❶當你混合鹼跟油脂，妙事就發生了，你會引發所謂的「皂化反應」。在皂化過程中，油脂會與鹼結合成新的分子：長而細的鏈烴。❷這些鏈烴有很酷（對你來說還很有用）的特性：一端喜歡水而討厭油，另一端則討厭水而喜歡油。❸

當你的皂化物質（也就是肥皂）遇到油脂時，它的眾多鏈烴會以其親油端圍繞著油脂，把找到的油脂包圍成一個小球。當鏈烴的親油端附著在油脂上，親水端就會指向外，有效地把油脂包覆在親水的外殼中。這時，你的油脂成為水溶性的，能從所附著的任何表面上被抬起，準備沖洗掉。這些外殼（稱為「微胞」）長這樣：

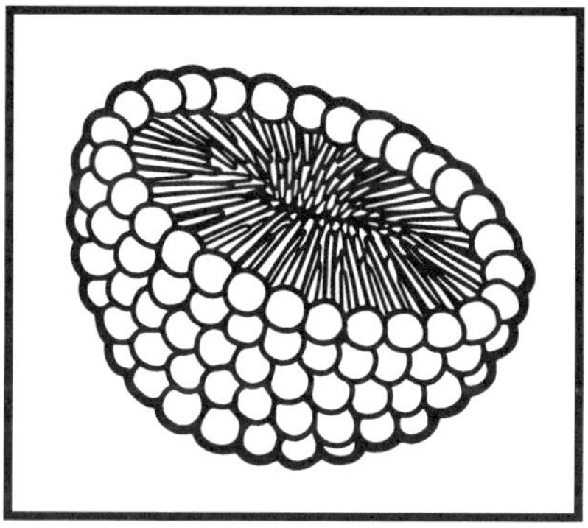

圖 30　微胞，肥皂之所以能洗去油脂的原因

---

❶ 正如酸可以是極酸性，鹼也可以是極鹼性。極酸極鹼的物質可能很危險，因為它們都可以與你在化學上更趨中性的身體反應。酸嘗起來是酸的，會讓人覺得皮膚燒灼，鹼嘗起來是苦的，觸感滑潤。但是，為了確定酸鹼而把這些摩擦到身上或是拿來品嘗，實在非常危險。要測試是否為酸，你可以滴幾滴到碳酸鹽（參見附錄 C），若是酸，就會發生反應產生二氧化碳氣泡。要測試是否為鹼，可以與油脂混合，看是否會發生皂化反應。換句話說，就是判斷能否用來製造肥皂，就像你現在做的那樣。

❷ 如果你不知道碳氫化合物的樣子，其實沒關係，反正也不重要。可以想像就像一隻小毛毛蟲。如果你不知道毛毛蟲長什麼樣子，那就想像一隻可愛毛茸茸的蠕蟲。如果你還是不知道蠕蟲長什麼樣子，很抱歉，你的問題超出本書能處理的範圍。

❸ 雖然碳氫化合物實際上無法經歷愛與恨的情感，但「喜歡水」和「討厭油」等詞彙，會比技術上更正確的「親水」（吸引水）和「疏油」（排斥油）更容易理解。

現在你可以仔細解釋肥皂運作的原理，遙遙領先那些已經製作和使用肥皂數千年才終於了解其運作方式的其他人類。原理如下。

最簡單的肥皂是用鉀鹽和蘇打製成的（分別參見附錄 C.5 和 C.6），只需把兩種材料混入一鍋熱油。可以使用你平常食用的任何動物油脂，但別忘了要先經過「煉油」這個臭又簡單的程序，把油脂煉淨：把收集好的固態油脂切成塊，放入鍋中，加入等量的水煮至沸騰。油脂會在水中融化，等到全部融化之後，再加更多水（大約等同於前一次水量），然後把整鍋油水放隔夜冷卻。油脂會浮上水面（這裡要善加利用油和水不會混合的特性），雜質則會沉到鍋底。你要擷取的就是最上層煉淨的油脂。

挖出油脂，放入另一個乾淨的鍋子，再次煮沸，然後加入鉀鹽和蘇打。充分攪拌，這個步驟會花上好幾個小時。接下來，你有兩個選擇：靜待整鍋混合物冷卻（產生柔軟如果凍的棕色肥皂），或是加入一些鹽再等它冷卻（液體中會凝結出小片的固態皂並聚集在表面，製造出更堅硬、純粹也更好保存的肥皂）。你還可以進一步純化這塊硬肥皂：放入水中煮沸，重複加鹽的步驟，靜待沉澱出更好的肥皂。

以鹼液取代鉀鹽或蘇打，能製造出更好的肥皂。鹼液是更強力的鹼，製作出的肥皂效果更佳。要確認鹼液濃度是否合適可能十分棘手，不過歷史上肥皂製造商曾以「看雞蛋或馬鈴薯能否浮在上面」來作為正確濃度的粗略指標。加水能沖淡鹼液濃度，熬煮則能提高濃度。如此而已，大功告成！你現在是肥皂大師了！

有了肥皂，你和你的文明擋下感染和疾病的效力，會比沒有肥皂的情況強大許多。有了肥皂，你還可以按照正確的順序發明手術。

在人類文明中，人們是在尚未想出可用肥皂和水清洗滿是細菌的手之前，就發明了手術，因而總是把手上的細菌送進別人的體內[1]，所以你已經做得很好了。若需要清潔得特別乾淨，可使用酒精（參見 10.2.5）。這也是一種殺菌劑，可以在用肥皂清洗後使用，以達到媲美手術等級的清潔殺菌標準。

10.8.2 鈕扣

當你穿著時尚，要有好的舉止就容易多了。

——*你（以及露西．蒙哥馬利）*

鈕扣是什麼？

拉緊並暫時固定衣服的方法，有時也用來增加時尚感。

鈕扣發明前的情況

服飾要嘛以繩子來收緊，要嘛走鬆垮、看不出曲線的風格，因為任何衣服都必須從頭上穿脫。

首度發明鈕扣的時間

公元前 2800 年（裝飾用）

公元 1200 年（拉緊固定用）

---

[1] 洗手的概念最初由伊格納茲．塞麥維斯（Ignaz Semmelweis）博士於公元 1847 年提出。他在一家有兩個產科臨床教學的醫院工作，一個教的是助產士學生，另一個教的是醫學生。這些學生會在協助分娩之前進行屍檢，但從不洗手。塞麥維斯注意到，由醫學生經手分娩的產婦，罹患陰道感染並致死的比例高達 30%，而助產士經手產婦的致死率則為 5%，塞麥維斯醫生於是引入了洗手方案，自此兩個產科的感染死亡率降至 1%。但當時的人們認為致病都是個人因素，光靠洗手就可預防疾病的觀點太過極端。塞麥維斯遭醫院解雇後，寫信給其他醫生，繼續提倡洗手觀念。他的努力失敗了，於是他繼續寫信，譴責他們是殺人犯。儘管塞麥維如此努力不懈，卻在公元 1865 年被送入瘋人院，並在 14 天後離世。他是遭一名警衛毆打後傷口感染細菌而死。他去世 20 年後，人們終於意識細菌的存在，清潔可以阻止感染的主張才被接納。今天，人類迅速、幾近反射性拒絕接受互斥於既定信念的反應，就被命名為「塞麥維斯反射」。

發明鈕扣的必要條件

線

發明鈕扣的方法

把所取得的堅硬材料（木頭和貝殼都很合適）鬆散地固定在衣服上。接著是*最關鍵的步驟*：在衣服上其他位置織出、編出或剪出一個洞，然後讓鈕扣穿過這個洞把衣服扣緊。

瞧，你其實認識鈕扣的原理，不需要我們多做解釋。這是人類所擁有最簡單又實用的發明……但仍然耗費了*四千多年*，才想出鈕扣的用法。

公元前 2800 年，鈕扣只是「放在衣服上讓衣服變好看的美麗貝殼」。到了公元 1200 年，才有德國人發現鈕扣具有實際用處。這之間的好幾千年，人們只是把鈕扣縫在衣服上，自以為很好看，但其實蠢到爆，連鈕扣該怎麼用都不曉得就這樣四處展示。

發明鈕扣沒有門檻，可以在人類歷史中任何時刻發明出來。現在請你直接為人類省下了四千年的時間，讓他們不必白白把鈕扣戴在身上不用。馬上就來發明鈕扣吧！

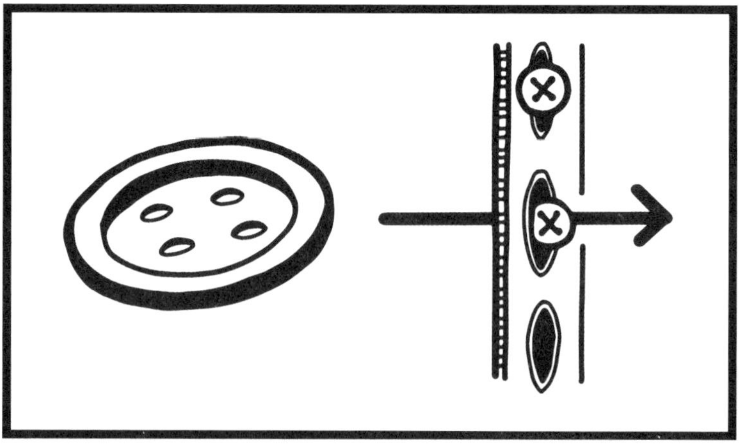

圖 31　鈕扣。原理就這麼簡單，現在沒有藉口了吧

10.8.3 鞣皮

我還記得十二、三歲時，我父親給我上了非常重要的一課。
他說：「你知道嗎，我今天把一塊皮縫得完美無缺，
還把我的名字簽在裡面。」
我說：「爸，但是別人看不到耶！」
他卻說：「話是沒錯，但我自己知道啊。」
——*你（以及托妮．莫里森）*

鞣皮是什麼？

把動物皮從會朽壞的血肉轉變成豪華汽車座椅的油亮皮革。

鞣皮發明前的情況

動物皮會破裂、發出惡臭、朽壞，穿起來也比較不舒適。而且，根本沒有好看的皮夾克。

首度發明鞣皮的時間

公元前 7000 年

發明鞣皮的必要條件

樹（以獲得鞣質）、畜牧業（非必要，但畜牧可供應穩定的生皮）、鹽（非必要）。

發明鞣皮的方法

你可能會想：「我困在過去，是時候來宰頭獅子，剝下牠的皮，再把牠的頭像戴帽子那樣套在頭上。」這想法很爛。動物的皮若未經鞣製，很快就會腐敗。就算曬乾，也會變硬、失去彈性而脆裂。鞣皮能讓動物生皮變成皮革，皮革不太會腐敗，能讓公元前 3500 年的皮鞋留存到現代。

你一定會想要鞣皮，但有件事務必牢記：要鞣皮不僅要先*讓動物生皮發酵*，還要把皮浸泡在尿液中，再*拿到糞泥中搓揉*。所以你的鞣皮廠最好設在下風處。

動物宰殺之後，要立即鋪平動物皮毛，再把接觸血肉的那面塗滿鹽或沙，吸乾皮毛以延緩腐爛。幾天之後，生皮會變硬脆，這時就可以轉送到鞣皮區。先浸泡，洗去髒汙、血塊，讓皮再度變軟。接著以水沖刷，洗去殘留的血肉，然後浸泡在尿液中。這步驟能讓毛變鬆，然後就可以刮除。

把水和入糞便，就可以製造出前段提到的糞泥[1]，再把生皮浸入。糞泥中的酵素會讓生皮發酵，讓皮軟化也更有彈性。你可以踏進糞泥中，以雙腳踩踏揉搓動物皮，加速這個過程（你就當作是在踩葡萄好了），但事後記得要以肥皂和水清洗。或是也可以運用非人力的方式（如水車）為你揉搓動物皮。

之後會發生兩件事：一是動物皮開始變軟、有彈性，可以進行鞣皮，二是大家都不會想靠你太近。

進行鞣皮前，要從含有「鞣酸」的樹皮收集一些「鞣質」，可找橡樹、栗樹、紅樹等樹木。鞣質是棕色的，所以如果你是採用木頭而非樹皮，就找紅色和棕色的木頭，並且記得硬木的鞣質通常比軟木還多。要萃取出鞣質，把木頭和樹皮切碎之後放入水中煮沸數個小時。接著，再加入小蘇打（碳酸氫鈉，參見附錄 C.6）到水中，能再提高液體的鹼性，更有利於提取鞣質。你可用同樣的樹皮重複這個過程數次，製造出濃度較低的鞣質溶液。

完成上述所有過程，就剩下最簡單的部分：把動物皮拉開，然後浸置在濃度逐漸增加的鞣質溶液之中數週。在此過程中，伸展開來的皮會釋出水分、讓鞣質進來，改變皮質中的蛋白質結構，讓皮更具彈性、更能防腐與防水。整個鞣皮過程就是這樣，你終於製作

---

[1] 一如我們在單元〈5〉所提，請使用動物糞便，而不要用人類糞便，以減少疾病傳染。

出皮革了！

皮革的用處不只是用來做酷勁的夾克，也能做鞋子、靴子（可以完全皮製）、鞍具、船、水壺（皮革盛裝水不會外漏，掉落時也不會像陶器一樣碎裂）、鞭子（小常識：鞭子破空的聲響事實上是鞭尖揮動時的超音速小音爆，因此技術上來說，你發明超音速技術了），以及防護盔甲。

如果製作皮革時沒有經過鞣皮，你製作的就是生皮。生皮濕的時候會變軟，乾燥的時候就變硬且收縮。這是很有用的特性，你可以用來綑綁東西，例如以濕皮線把刀刃牢牢綁在竿上，等皮線乾了之後就是一把堅固的斧頭。

生皮除了可以製成美味可口的點心給狗兒吃（我們假定你已經開始進行動物育種，請立即參見 8.6），還可以製作出鼓皮、燈罩、原始的馬蹄鐵，並可用來鑄鐵。當你把生皮用於上述事物，務必確認保留了收縮空間，畢竟生皮曾是虐待工具，用來綑綁四肢。是的，當綑綁著手腳的生皮收縮時，施加的壓力雖不足以折斷骨頭，卻能*讓骨頭移位*。

無論如何，好好享受皮革和生皮帶來的樂趣，然後努力忘記在糞水中辛勤踩踏搓揉的時光。

10.8.4 紡車

紡車是精巧的機械設備。

我每天都要對那位不知名的發明家致敬。

——*我（以及甘地）*

紡車是什麼？

以物理技術把天然纖維（羊毛、棉花、大麻、亞麻、絲綢）製成絲線的機器，效率高達手工製作的 10-100 倍。

紡車發明前的情況

使用手工捻線紡錘（一根底部有重物、頂部有鉤子的竿子）：鉤子鉤上羊毛，然後一邊懸空轉動竿子，一邊輕輕拉出羊毛，捻出一條線。整個過程久到彷彿永遠不會終止。但是在發明捻線紡錘之前，人們是徒手捻羊毛線，簡直沒完沒了！

首度發明紡車的時間

公元前 8000 年（捻線紡錘）

公元 500 年（紡車）

公元 1500 年之後（踏板和捲線器）

發明紡車的必要條件

輪子、木頭、天然纖維（因此你會想要從事農作，才能得到穩定的植物性和動物性纖維）。

發明紡車的方法

我們不會在這裡花太多時間。你的文明會跳過用手或捻線紡錘來紡紗的數千年，直接來到最後階段：完全現代化的紡車。有了紡車，製作毛線可以更有效率。大量毛線不僅可以讓你改頭換面，例如「讓織物一枝獨秀，這樣就不必一直穿著動物死皮了」，還間接放送了一些好處，例如：

- 縫合傷口不必再大費周章。
- 可以把線放入融化的蠟或油脂中來製作蠟燭。
- 用作釣魚線，現在可以輕鬆釣魚。
- 發明魚網，現在可以輕鬆捕魚，還有捕鳥。
- 發明鋪棉盔甲，能有效減緩木棍的衝擊力。等到劍發明，就又無用武之地了。
- 捲線（參見 10.12.6）。

假定你使用的是羊毛，這是最簡單的天然纖維來源，但同樣原則也適用於其他纖維。羊毛要紡成紗線之前，必須經過處理。首先用肥皂水清洗，去除油脂，然後梳理整齊。羊毛纖維以同方向梳理，同時梳開羊毛團塊，形成一團蓬鬆的羊毛球。[1]

最基本的概念就是製造出一個捲線的圓柱（稱為「梭心」），梭心會把羊毛拉出，轉變成線。梭心要轉動得很快，才能有效拉出羊毛，因此要藉由皮帶連接到一個大輪子上（稱為「驅動輪」）。當大輪子與小輪子連接，小輪子的轉速就會比大輪子快。不同厚度的梭心會有不同表面積，可以製作不同尺寸的驅動輪去連接不同尺寸的梭心，如此便能控制轉速快慢。

你可以徒手去轉動大的驅動輪，人們數千年來都是這麼做的。你也可以跳過這個階段，直接發明踏板。踏板就是一塊可用腳來驅動輪子的板子，讓你可以騰出雙手。放一塊板子在腳邊，下方頂一根竿子。再拿另一根竿子連接踏板和驅動輪的其中一根輪輻。因此，當驅動輪轉動，踏板就會上下擺動。反之亦然，當你規律地踩踏板子，板子就會帶動驅動輪。如果想再精緻一點，可以放置兩塊踏板，讓雙腳可以同時運用。

兩塊踏板要連接到驅動輪的相對兩側，如此就能像腳踏車那樣踩動踏板。

現在，你的紡車已經是人類使用至少一千年的極簡版本了。再來，用手把一些羊毛拉成線，再把線接上梭心。一隻手拉住線，另一隻手輕輕拉動後面的羊毛，逐漸拉成細線。梭心旋轉時，會把羊

---

[1] 蠶絲不需要梳理，因為蠶絲本身就已經是線了！如果你有紡車、蠶和白桑樹（參見 7.26），你就擁有了工業生產絲綢所需的一切。首先，種植白桑樹，等桑樹長到 5 年以上再採摘桑葉。把桑葉撒在稻草床上，讓蠶寶寶在桑葉上待 35 天。等蠶寶寶吐絲結繭後，收取這些蠶繭，然後浸入沸水殺死蠶。現在可以解開蠶繭了，每個繭都是由 1300 公尺長的單一絲線所製成。你的紡車可以用這些絲線紡織，而要織出一件短上衣大約需要 630 個繭。所以，絲綢穿上身絕不便宜，但絕對很體面！在中國生產絲綢的祕密在公元前 200 年左右外洩之前，本注腳裡所含的訊息價值高達數十億美元。

毛纖維往前拉，纏繞成紗線。雖然很方便，但還不夠完美。當你把羊毛以某個角度送進紡車，已經增加了扭線的強度，但是仍遠不及這部機器可達到的最大扭力。為了獲得更好的扭力，你需要添加最後一項發明：捲線器。

捲線器是塊簡單的 U 形木頭，可以在梭心周圍快速轉動。兩邊側翼上有鉤子，方便調整紗線纏繞在梭心的位置。當梭心轉動把羊毛拉進去，就會順勢帶動捲線器以同樣速度轉動。你要做的，就是改變捲線器的轉速。你可以加裝可煞住的機件（在捲線器的轉軸纏繞上皮帶，皮帶的鬆緊度能夠調整張力），或是在捲線器加裝獨立的傳動皮帶，來控制捲線器的轉速。當捲線器和梭心以不同速度轉動，羊毛紡成紗線時就會承受扭力。捲線器是少數在達文西還活著的時候就發明出來的東西，而現在你搶先他好幾步了！❶

一旦你做出兩條長長的紗線，就可以用同一部紡車來纏繞出一股更堅固的紗線。只要以原紗線相反的方向纏繞，兩股線就會自然密合。你可以不斷重複同樣步驟，從紗線纏繞出繩索，再纏繞出工業用的纜線來支撐你整個文明……一切都要感謝這部小小的紡車。

---

❶ 此處我們假設你受困在比達文西還早的時代，也就是公元 1452-1519 年之前。不過，如果你受困在文藝復興時期，那麼只需把本書塞到達文西手上，讓他照書操作。達文西一定會雙手雙腳贊成。

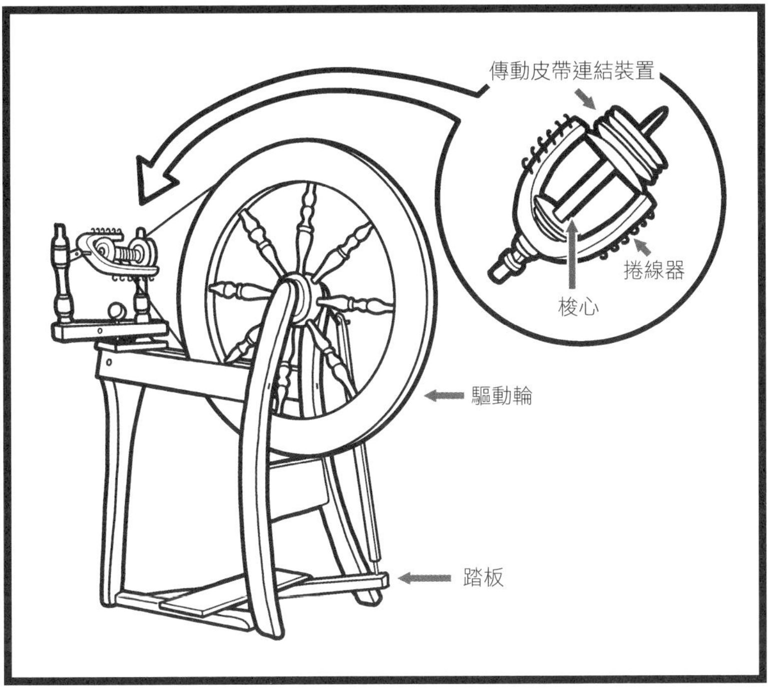

圖 32　紡車和飛輪

10.9
「來個幾夜情？」

對許多人來說，性是生活中非常巧妙的一部分，這是產出更多人類的唯一方式，對個人及整個文明都有巨大影響。**節育**有助於你文明中的人好好規畫家庭和生活。一旦他們決定生孩子，**產鉗**和**保溫箱**將有助讓文明中最新、最年輕也最寶貴的成員活過人生最脆弱的時刻，也就是在他們甫出生以及出生不久之後。

10.9.1 節育

愛的故事絕對不會講兩次。每段愛情故事對我來說，
永遠都像世界誕生的第一天早晨那麼新。

——你（以及艾莉娜·法瓊）

節育是什麼？

家庭計畫的一種方式，預防意料之外的事情發生，能讓女性和男性決定他們的生活方式，無須忍受意外當上父母的不愉快。

節育發明前的情況

如果你發生性行為，就可能得到一個小孩，然後人生就這樣過了。你現在是父母了，恭喜，*對你的人生計畫說聲抱歉吧*。

首度發明節育的時間

公元前 1500 年代（物理性的障礙）

公元 1855 年（第一個橡膠保險套）

公元 1950 年代（避孕藥）

發明節育的必要條件

無

發明節育的方法

最早嘗試節育的物理方式（但並不太有效）其實非常基本：古埃及[1]的女性[2]會混和蜂蜜、金合歡葉和棉絨，在性交之前塞在陰道裡，作為阻絕精子的物理屏障。實際成效比聽起來還好：金合歡植物會產生殺精的乳酸。[3]如果無法取得金合歡葉，她們就得改用鱷魚糞來阻擋精子。相較於金合歡葉，鱷魚糞的實際效果就跟聽起來一樣沒用。在亞洲，會把圓形濾紙上油後置入體內作為初步隔絕。這個措施至少比其他跟生殖相關的離譜錯誤觀念更有效，像是：「女性若只是被動躺在那裡不動，就不會懷孕」（中國，公元前 1100 年），以及「如果女性佩戴貓睪丸或蘆筍作為首飾，就不會懷孕」（希臘，公元 200 年），還有「如果女性喝下男人的尿液，或是吐

---

[1] 在古埃及、希臘和羅馬等許多早期文化中，生育控制通常是婦女的責任。你可以比他們進步！

[2] 在此處以及整本書中，我們使用「女性」來表示「有陰道的人」，以「男性」代表「有陰莖的人」。當然，並非所有女性都有陰道，也並非有陰道的人都是女性。我說語言啊，用起來實在漏洞百出！

[3] 金合歡屬植物，是會開出小而鮮豔的黃色花朵的樹，單一莖可生出很多葉子，一如蕨類植物。它們在公元前 2000 萬年左右演化而成，是澳洲和非洲的原生植物。如果不確定自己找到的是不是金合歡？人體精子其實夠大，可以在顯微鏡下顯示出來（參見 10.4.3），因此你可以測試不同的植物，看是否能找到具有殺精特性的植物。精子只有在死亡時才會停止擺尾。

三次口水到青蛙的嘴裡，就不會懷孕」（歐洲，公元1200年）。羅馬帝國時期的人們也會使用置入女性體內的物理屏障，但是當帝國在公元500年隕落時，相關技術的知識也跟著失傳（一如10.10.1的混凝土技術），直到公元1400年才又重新發明出來。

早期對男性進行節育的嘗試，包括把陰莖浸泡在檸檬汁或洋蔥汁中，或是塗覆焦油（歐洲，公元1000年）。這個想法後來在公元2010年又現江湖，不過進階版是「在陰莖頂端貼上貼紙以暫時封閉」。在此澄清：這些都不是有效的方法。你可以用亞麻布、絲綢或動物腸道製作保險套，但效果不如你習慣的那樣。這些材質不同於乳膠，孔隙更多，有些精子仍能順利通過。

不幸的是，你記憶中的有效避孕措施，不是運用化學變化（如藥丸），就是強而柔韌的不透水屏障（如乳膠保險套），這些東西短期內都不會出現。[1] 歷史上人類試過服用各式各樣的草藥來避免懷孕，但許多都是有毒的，還有一些則會導致受精卵發生缺陷。如果在地球上某個角落能演化出某種植物，既可以100%避孕，還不會產生不想要的副作用，該有多好！

如果你正自顧自地嘀咕：「沒錯，肯定非常好！」好消息來了：這種植物的確存在，就稱為「羅盤草」。這種植物沿著現在的利比亞海岸自然生長。你要尋找的是一種具有厚莖、頂部有圓形花朵和獨特心形水果莢的植物。羅盤草抗拒人類的馴化，但它在節育方面

---

[1] 如果你附近有橡膠榕（參見7.19），就可以早一點有保險套可用。避孕藥是讓合成的妊娠荷爾蒙進入女性體內，讓身體表現得像是懷孕一樣，從而阻止身體釋放卵子。你需要的荷爾蒙是雌激素和黃體酮。雌激素可以從懷孕母馬的尿中培養出來，也可用於治療更年期症狀，但黃體酮就較難合成。不過，萬一你神到合成出來了，黃體酮的化學配方是 $C_{21}H_{30}O_2$。即使只是知道女性體內有卵子，都能讓你在整個歷史中遙遙領先。在公元前350年的希臘，亞里斯多德認為男人提供「種子」，而女人只提供「養分」。在歐洲公元1200年左右，人們仍為這些想法爭論不休，反方立場認為女性至少提供了更多東西。他們認為男性種子和「較弱」的女性種子是以某種方式結合起來，而生出下一代。人們要到公元1827年（哇！），才確認女性體內有卵子的事實。

十分有效，因此價值勝過白銀，古羅馬人認為是太陽神阿波羅送給他們的禮物。

然而，羅盤草在公元 200 年被吃光之後就滅絕了。

古羅馬人，幹得好啊。如果你早於他們的時代，那麼羅盤草就是你節育的完美選擇。[32]但如果你比他們晚，也還有別的選擇。這些方式雖然不及你在現代的體驗，但有總比沒有好：❶

表 13　如果你沒有我們現代這些顯然更為優良的節育技術，下表的技術就湊合著用吧。嘿，你穿越過去時有沒有隨身攜帶保險套或子宮環？有的話拿出來用吧！

技術	方法	功效
性交中斷法	陰莖射精前從陰道抽出。這個方法不太有效，因為時間要抓得準、判斷也要快狠準，而且有些精子在射精之前就會先跑出來。	78% 有效，也就是說如果 100 名女性每次性行為都使用這種技術，平均有 22 名女性最後會受孕。
計算安全期	在女性無法受孕期間才發生性行為。這個方法在現代比以前有效，因為至少現在我們知道女性在排卵期最容易受孕，也就是月經來潮之前的 12-16 天。在 1930 年代確認這項事實之前，有個受孕理論是，女性在月經期間和之後都是最佳受孕期。因此，安全期避孕法的實行者就會在月經來潮前幾週發生性行為，也就其實是女性最易受孕的期間。毫無疑問，這招作為節育技術並不怎麼成功。	76% 有效。但請記住，你可以同時使用多種技術來提高成功率。

❶ 也就是說，不要誤以為只有現代的我們才聰明到能想出避孕措施。在很多時候和很多地方，都有民間傳統的避孕方法，以及像前述羅盤草之類的植物知識，都是透過女性的口述傳統保留至今：由母親傳授女兒控制生育必備的知識。當時會用抗生育植物和草藥製成沙拉，女性食用得以控制生育，而男性吃下一樣的食物，則不會產生任何不良影響。男性甚至可能無法了解她們為什麼要做這種料理。

技術	方法	功效
哺乳	生下孩子之後，盡可能繼續哺乳，因為女性賀爾蒙會阻止女性在哺乳期間排卵。	僅在產後六個月內有效，有效性是98%。此外必須全母乳哺育寶寶，也就是白天至少每 4 小時一次，晚上每 6 小時一次，否則妳的身體會停止產生所需的荷爾。
避免陰莖進入陰道	這個選項就相當於禁欲，不過你還是可以做其他有趣的事情！	如果可以堅持不懈，幾乎 100% 有效。但請記住，根據歷史，那些熱衷性愛的人，實在辦不到。

最後，我們應該強調，本表所列出的技術都不能防止性病，這點需要注意。尤其要小心梅毒，這種性病在現代已能有效止住，但之前可是人人聞之色變。梅毒第一次出現時，患者因為全身長滿膿皰而恐懼萬分，而且之後肉塊還會*從臉上剝落*。[1] 青黴素（參見 10.3.1）能有效治癒梅毒，只不過在我們的時間軸中，要在「臉部肉塊剝落」的變種梅毒消失數世紀之後，人們才發現了青黴素。

這節就說到這裡。

希望你的文明能享受到最美好的性愛！

---

[1] 有許多疾病在過去（也就是你的現在）比現在（也就是你遙遠的未來）更致命，原因很簡單：太致命的菌株往往會在它們散播出去之前，就殺死宿主並消亡，致命性較低的菌株才能存活。不僅梅毒，有些疾病，如出汗病，傳染性極強且極為致命，宿主在症狀出現後數小時就會死亡。考慮到你目前的處境，這可能不是你想讀的東西，因此我們才選擇在這個顯然不相干的段落注腳中悄悄透露這個壞消息。出汗病首先出現在公元 1485 年，公元 1552 年就絕跡了，至於梅毒要到 15 世紀才出現。希望這些補充說明能讓你稍微寬心。你遇到的疾病會與這些不同，至於是哪些，就留給你當作驚喜了！

10.9.2 產鉗

勿以善小而不為。

——你（以及伊索）

產鉗是什麼？

可用來抓住體內東西的鉗子，在難產時特別有用。

產鉗發明前的情況

母子會死亡，而這原本可以輕易預防。

首度發明產鉗的時間

公元前 16 世紀，但這項技術保密超過 150 年，因為發明者家族代代有醜惡男性企圖掌控整個接生專業。

發明產鉗的必要條件

酒精、肥皂、金屬（可以使用木頭，但更難清潔，可能導致感染）。

發明產鉗的方法

產鉗是一項簡單的發明：可拆卸的弧形鉗子可以固定住嬰兒頭部，幫助嬰兒輕緩地滑出產道。

產鉗可讓難產母親順利生產，同時保住母嬰雙方的性命。即使這項技術發明得很晚（人類會使用工具開始，明明任何時候都可以發明產鉗），產鉗在發明之後仍保密了好幾代，發明者張伯倫家族獨占獲利。

大家只知道，張伯倫家族有個可以幫助接生的祕密工具，而張伯倫家族的男子甚至會把產鉗放入密封盒才拿去接生室，並且在使用前把所有人都踢出房間（除了產婦，但也要蒙住眼睛）。產鉗的祕密洩漏之後，才普遍用來協助難產的母親，並且成為接生的標準器具，一直到剖腹產手術到了 20 世紀 ❶ 安全性大為提升為止。

當子宮頸完全擴張且嬰兒頭部位於產道下段時，才能使用產鉗。母親靠背躺著（以馬鐙來支撐雙腿），鉗子兩側各自插入產道後才接上，接著把嬰兒頭部轉至最利於出生的位置（頭朝下，下巴塞入胸部，面向母親的脊柱，使頭部的最小部分先出現），最後以漸進、輕柔的力量從產道拉出。

10.9.3 保溫箱

你好，寶貝。歡迎來到地球。
夏天很熱，冬天很冷。地球又圓又濕又擁擠。
你出來外面，寶貝，有一百年可活。
我知道只有一條規則，
寶貝——「該死的，你一定要善良。」
——你（以及馮內果）

保溫箱是什麼？

用來放置早產兒的溫暖箱子，嬰兒死亡率降低了近 1/3。

保溫箱發明前的情況

人們望著用來孵化小雞的同款保溫箱，想著：「這怎麼可能有用。」

---

❶ 當然，那段時期之前，剖腹產已經實行了數千年。但由於產婦死亡率極高（公元 1865 年英國死亡率達 85% 以上，在此的數百年前，則將近 100%），剖腹產只用在已無退路的最後一搏。這歸咎於缺乏醫學知識、抗生素、麻醉不良或沒有麻醉，以及可怕的手術清潔度。一旦這些問題妥善處理，剖腹產幾乎可以成為常規。到了 21 世紀初，剖腹產已用在三分之一以上的生產。

首度發明保溫箱的時間

公元前 2000 年（給小雞）

公元 1857 年（給人類嬰孩）

發明保溫箱的必要條件

玻璃、木頭（保溫箱結構）、肥皂（使用後清潔用）、皮革（為熱水瓶保溫）、溫度計（非必要）。

發明保溫箱的方法

保溫箱最早在公元 2000 年左右發明出來，其實就是屋子和洞穴，用以保持蛋的溫暖而孵化。人類此時也發現兩件事：雞肉很美味，以及在母雞溫暖羽翼之下的雞蛋更常孵化而出，因而能產出更美味的雞肉。孵化屋就是這個過程的放大版。

將近四千年之後，才有人注意到，早產的人類嬰兒也會受益於模仿母親子宮的恆定溫暖環境。在此之前，早產兒就只能交給父母和接生婆，然後祝他們好運。

是的，現代保溫箱是複雜的機器，可提供氧氣、熱量、水分和靜脈營養，同時監控嬰兒的心跳、呼吸和大腦活動，但你不需要全套的複雜功能來改變你受困時期的情況。第一個嬰兒保溫箱只是個雙層浴缸，定期重新注入溫水來保溫。

公元 1860 年，保溫箱的設計演進到以熱水瓶來保溫，以及一項重要發明：玻璃罩。這能減少紊亂的氣流，因為平靜的空氣讓嬰兒得以呼吸，並有助於隔絕空氣感染、氣流、噪音，以及對嬰兒過度的護理處置行為等致病來源。

即便只是在玻璃箱內放置熱水瓶，也有驚人效果。在發明保溫箱的醫院裡，嬰兒的死亡率因此降低了 *28%*。如果你有溫度計（參照 10.7.2），可以測量保溫箱的溫度，人類嬰兒的保溫箱通常維持在 35°C，但如果你要孵化小雞，理想溫度會是 37.5°C。

如果你認為醫療照護的目的是延長他人生命，那麼幫助早產兒存活就是你能提供最有效的醫療照護。你所做的不是只讓成年人多撐個幾年，而是給新生兒機會擁抱*長長的一生*。

而你所需要的，只是將一張小床，安置在溫暖的箱子裡。

10.10
「我需要不會著火的材料」

這裡的發明能作為建築物外牆，也有助於防火。儘管**水泥和混凝土**是價格低廉的建築材料，造出的建物卻可屹立一千多年。更有用的是**鋼**，一種非常強大且運用廣泛的物質，能讓你的文明建出從橋樑到滾珠軸承的一切。最後，**焊接技術**讓人們得以建造體積大於窯的物件，而這些物件的強度幾乎跟單一金屬物件一樣。

正是這些技術造就現代，很高興你準備要發明這些技術了。

10.10.1 水泥和混凝土

理想建物有三大要素：堅固、有用且美麗。

——你（以及維特魯威斯）

水泥和混凝土是什麼？

一種你可能會覺得無聊，但是當你發現可以視之為液態岩石，才覺得有點意思的建築材料。

水泥和混凝土發明前的情況

岩石必須經過費力切割才能成為你想要的形狀，而不是直接把液態物質倒入模具、等待固化就大功告成。

首度發明水泥和混凝土的時間

公元前 7200 年（石灰泥）

公元前 5600 年（早期混凝土，在塞爾維亞用於舖設地板）

公元前 600 年（水硬水泥）

公元 1414 年（重新發現水泥和混凝土）

公元 1793 年（現代混凝土）

發明水泥和混凝土的必要條件

窯（用於加熱石灰石）、火山灰或陶器（用於水泥）。

發明水泥和混凝土的方法

依照附錄 C.3 和 C.4 的說明，你可以把石灰石轉化為生石灰，並將生石灰轉化為熟石灰（熟石灰會與空氣中的二氧化碳發生反應而硬化）。在熟石灰中添加一些黏土（或沙子和水），你就發明了砂漿：一種容易抹開的糊狀物，乾燥後就像石頭一樣。以稻草或馬鬃取代部分沙子和水，以增加抗拉強度，就是石膏。石膏是一種耐用物質，可用於覆蓋外部，一旦固化就不透水，因而成為建立地下食物儲藏室的絕佳材料，能讓食物保持涼爽，並防止水分流出。

但這些技術都需要空氣和時間來完成，其中石膏可能要數個月！解決方法是在砂漿中加入矽酸鋁，製成硬水泥。這種砂漿不僅可以更快凝固，還具有防水功能，但也可以在水中固化。當你想要建造燈塔、防波堤等與水相鄰的建築時，就會非常有用。矽酸鹽存在於火山灰和黏土中，所以如果你周圍有火山灰，可以添入砂漿混合。如果沒有，就擊碎舊陶器擊碎之後再加入。也可以添加馬鬃以防止裂縫（一如石膏的情況），或是動物血液，後者會在水泥中產生微小氣泡，變得更能抵抗凍融循環的壓力。[1]

---

[1] 聽起來很瘋狂，但確實有效！因為水泥是鹼性（參見 10.8.1），當它凝固時，會與血液中的脂肪發生反應，形成有效的微小皂片，並產生氣泡。從技術上來說，任何血液都

水泥很棒，但還能更棒，只需混入砂礫、石塊或碎石就行。這就是混凝土！只要加入這些廢石，水泥真的會更堅固。石頭可承載更多負荷，撐得起更重、更大的結構。❶ 除了建築物，混凝土也可以用來鋪路。記得鋪路時要稍微往兩側邊緣（如屋頂）傾斜，可方便排水，防止路面出現水坑和結冰。

水泥和混凝土在羅馬帝國達到了第一個顛峰，但帝國在公元 476 年左右衰亡之後，這項技術失傳了近一千年。在那之後，人們又建造了一些水泥建物，但所需的知識保存在專業行會（guild）內，幾乎沒有文字紀錄也從未廣傳。一直要到公元 1414 年，瑞士圖書館發現了公元前 30 年一本模糊難辨的羅馬手稿（由建築師兼工程師維特魯威斯撰寫，本節開頭的引文就出自於他本人），水泥和混凝土的製作祕訣才得以重新面世。❷ 三百多年之後，到了公元 1793 年，人們才發現以「熱石灰石製造出生石灰」的方法，水泥和混凝土的生產變得更加簡單。你只要讓製作混凝土的方式*一千年來都不被人們遺忘*，就能輕鬆改善人類的真實歷史。

像是，你或許可以把這份製作方式保存在較受歡迎的圖書館。

---

*（承前頁）*有用，但請用動物血液，好嗎？我們保證，此處你完全不需要用到人血。

❶ 雖然混凝土非常強，足以承受壓縮（擠壓在一起的力），但在張力下（拉伸開來的力）卻變得十分脆弱。混凝土這項特性非常適用於承重牆（負重能產生壓縮力），但就不太適合用在樑或是二樓以上的地板（地板自身的重量會讓自身彎曲，最後混凝土會一分為二，導致坍塌）。你可以在混凝土凝固之前添加強化材料來解決這個問題！橫竿能增加結構的抗拉強度。金屬的話，鋼筋效果很好，而竹子對承受拉力也有幫助。這個點子要到公元 1853 年才有人想到！

❷ 不過，維特魯威斯書中的插圖已經佚失，因此畫家自行創造了新的內容，達文西也是其中一位。他那華麗而引人注目的《維特魯威人》（*Vitruvian Man*，你可能早就看過，是個以正面繪製四肢疊加呈現的裸男，周圍再以圓形和正方形圈起），旨在說明人類的比例是完美的，一如畫中那兩個理想的形狀（但其實不是）。從更廣泛的意義上說，人體的運作方式類似於宇宙的運作方式（但其實不是）。

10.10.2 鋼

在你獲得解答之後，所有的解答都變得很簡單。
但也只有在你知道解答之後，這才變得簡單。
——你（以及羅伯特・波西格）

鋼是什麼？

是鐵和碳的合金，具有令人難以置信的拉伸強度，比單獨使用這兩種元素更堅固，能夠承受重載而不會猛然斷裂或被拉開。你需要很棒的建築物、工具、車輛、機器等其他東西嗎？你可以考慮使用鋼。

未發明鋼前的情況

每個人都得自行煉製建築材料，而且效果不彰。

首度發明鋼的時間

公元前 3000 年（煉鐵）

公元前 1800 年（最早的鋼）

公元前 800 年（高爐）

公元前 500 年（鑄鐵）

公元 1000 年（最早的貝塞麥煉鋼法）

公元 1856 年（由歐洲人重新發現的貝塞麥轉爐煉鋼法，由一名歐洲人以另一名歐洲人之名來命名）

發明鋼鐵的必要條件

冶煉爐和鍛造爐、木炭或可樂

發明鋼鐵的方法

在 10.4.2，我們看到冶煉爐如何熔化礦石中的非鐵金屬來提取鐵，再於鍛造爐中錘鍊淨化鐵塊。但要是添加碳會發生什麼事？讓我們來告訴你：碳與鐵交互作用會形成拉伸強度很高的合金，同時還能保持完整。這種金屬稱為「鋼」，非常適合製作各式各樣的東西，例如：

- 橋樑
- 鐵路 ❶
- 鋼筋混凝土
- 電線和鋼纜
- 釘子、螺釘、螺栓、錘子、螺帽
- 針
- 罐頭食品
- 滾珠軸承 ❷
- 鋸和犁
- 渦輪機
- 叉子、勺子、刀子
- 剪刀
- 車輪輻條
- 樂器的弦
- 劍

---

❶ 好吧，*理論上來說*，建造鐵路不需要鋼材，鐵就可以了。*理論上是如此*。但你要知道，人類也確實這麼做了，班次頻繁，載運*量大*的鐵製軌道有時每 6-8 週便需更換一次。發明鋼之後，同樣的軌道壽命可達*好幾年*。

❷ 你或許知道這些東西的樣子可以直接發明出來，但我們還是多說幾句以防萬一。滾珠軸承是沿著兩個同心輪之間的凹槽、排列成圈的小球。很多機器都用得上，例如引擎和以輪子行走的車輛（如自行車、汽車和酷帥滑板），因為這個機件大幅減少活動零件之間的摩擦。可以把情況想成，當你要搬動巨石，把巨石放在成排圓木上滾動，會比讓巨石直接觸地滾動的摩擦力小得多。每顆小球都要隔開、以免彼此摩擦，但你其實已經減少很多摩擦了！一般來說這樣的滾珠軸承是在公元 1740 年左右發明的，但達文西早在公元 16 世紀就想出來。

- 鐵絲網 ❶
- 把兩把劍鉸鍊在一起，像大剪刀一樣使用
- 其他更多更多？

不同數量的碳會產生不同合金，只有碳含量在 0.2-2.1% 之間的合金才能被視為「鋼」。即使在鋼材中，不同的碳含量也會提供不同的硬度和抗拉強度，因此你可以不斷實驗，直到找到喜歡的種類。刀刃堅硬、不易破碎的廚房刀具，含碳量約 0.75%。

要把碳融入鐵來製出好鋼，可以把鐵放入木炭粉末的盒子裡，然後持續加熱到 700°C 大約 1 週。木炭的碳會與受熱的軟鐵發生反應，生成一層薄薄的鋼。不過，目前只有*外部*是鋼，所以你必須把金屬再次放在砧板上折疊、壓平，「攪拌」金屬以產生質地均勻的材料。過程顯然很緩慢又燒錢，你要先捶打和壓平金屬來製鐵，然後再次捶打、壓平金屬來製出鋼。你或許早就知道，用錘子敲打金屬數小時，相當漫長、炎熱、困難、費力又枯燥，所以，你*現在*就要發明出更好的方法！

嘿，恭喜你發明了高爐！

相信你已經知道，高爐基本上是鍛造爐的加強版。高爐不像冶煉爐那樣吸入空氣，而是由下而上、強行讓空氣進入要冶煉的材料。高爐也不再是交替冶煉鐵礦石和木炭層，而是分層冶煉鐵礦石、石灰石和熱燒焦炭。❷ 以更高溫也更強烈的方式來冶煉鐵礦石，而且

---

❶ 有刺鐵絲網是第一種能將牛圍起來的鐵絲網，牛隻被刺了一次就會學乖，知道要永遠與它們保持距離，這比建造整面完整的籬笆或種植數公里的樹籬還便宜。正如當時的廣告所說：「有刺鐵絲網不占空間、不需土壤、不遮擋植栽、能抵禦強風、不積雪，而且便宜又耐用。」「每隔一段距離就設置尖刺鐵絲網」的簡單想法徹底改變了農業，讓畜牧業得以大幅超前過去的規模。這種東西照理說在人類開始使用金屬之後就可以創造出來，但一直要到 19 世紀中葉才問世。

❷ 焦炭只是乾餾的煤。木頭如何乾餾成木炭，煤（從地底開採而出）就如何乾餾成焦炭，參見 10.1.1。如果你沒有焦炭，你仍然可以使用木炭（高爐最早使用的燃料），差別在於焦炭可以燃燒到更熱。

比冶煉爐更進一步，能讓鐵和碳在材料堆中發生反應，形成熔點低於 1200°C、足以在你的爐子裡熔化的新合金！高碳液態鐵從爐底流出，冷卻後就是你要的金屬。

但是……這金屬還不算是鋼。現在的問題是，你的鐵中含碳量過高。你需要的含碳量是 0.2-2.1%，而高爐產出的可能高達 4.5%。這種高碳鐵（又稱「生鐵」）有脆性，如果要彎曲或拉伸來建造橋樑或建築物，非常容易斷裂。但生鐵的低熔點意味著你可以熔化後倒入模具，鑄造出煎鍋、管線等。這種經過鑄造的生鐵就稱為「鑄鐵」，而你剛剛發明出來了。

為了降低生鐵的碳含量來製造鋼，你要使用「貝塞麥轉爐煉鋼法」，這項技術的基礎知識於公元 1000 年在東亞地區出現。那時的想法就是把冷空氣灌過熔融金屬，而較現代的版本（公元 1856 年，不用想都知道是貝塞麥先生取得了專利）就是以風箱或空氣幫浦，強行讓空氣通過液態生鐵。

空氣會把氧氣引入生鐵，氧氣與熔融碳反應形成二氧化碳。因此混合物中的碳若未被燒掉，也會形成二氧化碳逸出，留下更純淨的鐵。更棒的是，這個過程還會產生熱，進一步加熱熔融金屬，因此即使液態金屬的熔點在冶煉過程中逐漸升高，反應仍能持續進行。[1] 你很難確切知道，何時讓融鐵停止冒泡能得到數量恰到好處的碳。所以就別費心了，索性燒掉所有的碳，製造出純鐵，然後再重新加入你想要的碳。

鐵是宇宙中第六豐富的元素，也是地殼中第四常見的元素，在人類發明高爐和貝塞麥轉爐煉鋼法之前，無法便宜有效地把鐵轉化為鋼。不過，這項技術你剛剛發明出來了，現在鋼成了地球上最強

---

❶ 其他雜質，例如矽，也會形成氧化物。這些雜質會形成熔渣沉到爐底。提示：如果你的鐵礦石中含有磷（地球很多鐵礦石都含磷，所以……或許你手上那塊也是？），煉出來的鋼就不會那麼堅固了。要解決這個問題，就把一些基本化學物質扔進你的礦石裡（嘿，又是石灰石！）。它會與磷反應，在爐底形成更多爐渣。這不僅能讓你煉出更好的鋼，當富含磷的爐渣冷卻時，還可以磨碎當作肥料！

也最便宜的金屬之一。做得好！只要你的文明中有工程師，*他們一定會因此感謝你*。

關於鋼的最後注意事項：你可以利用鋼材的高抗拉強度，搭配「拉絲」技術，生產出優質鋼絲。你要做的，就是以鋼製造出粗鋼絲，然後讓鋼絲拉過錐形孔，圖示如下：

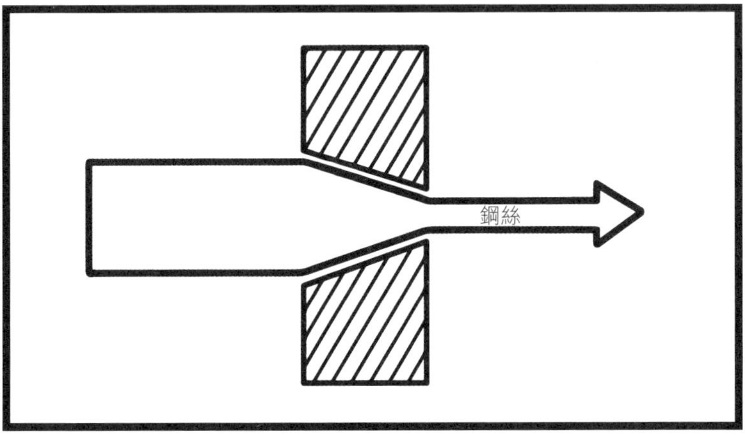

圖 33　拉鋼絲裝置剖面圖

這能製造出面積和體積一致的絲線，而鋼材的質量會拉長為絲線。把鋼絲持續拉過更小的孔隙，便能生產出更勝於手工的細絲線。棘輪（見附錄 H）可以用來向前拉鋼。方便的是，你只需要一些潤滑劑，剩下一切都可在室溫下完成。

現在來到令人尷尬的階段。在 17 世紀初，拉絲技術會使用潤滑油脂，但這需要更軟的鋼，而過多摩擦會導致鋼絲斷裂。到了公元 1650 年，（約翰·葛爾德）「意外」發現，如果把鋼浸泡在尿液中夠久，最後會形成軟塗層（我們現在稱這個過程為「腐蝕」），有助於減少拉絲時的摩擦力。這個名為「黃化覆膜」的工藝一路使用了 150 年之後，才有人發現稀釋的啤酒也可以完美達到同樣功效。公元 1850 年左右，才有人想到去試試水是否也有用。結果確實有用，水也能有效運作。

青出於藍吧，不要學某人無緣無故把鋼泡在尿液中一百多年。

10.10.3 焊接

當年我告訴父親，我要當個演員，他說：

「好，但你也學個焊接以防萬一。」

——*你（以及羅賓．威廉斯）*

焊接是什麼？

把兩種金屬熔合在一起的方法，熔合後的金屬可以比卑金屬更強韌。

焊接發明前的情況

所有金屬物品都必須單獨鍛造，若要連接到另一個金屬物品，唯一方法就是使用螺栓和螺絲，而這比焊接要弱得多。

首度發明焊接的時間

公元前 4000 年（鍛焊）

公元 1881 年（電焊）

公元 1903 年（氣焊）

發明焊接的必要條件

金屬、鍛造、電（用於電焊）、乙炔（用於氣焊）。

發明焊接的方法

鍛焊很容易，只需把要焊接的兩種金屬加熱到熔點的 50-90%，此時金屬會有彈性但仍維持固態。困難之處在於，當金屬加熱到這一點時，金屬表面會開始氧化，阻礙焊接順利進行。此時在金屬表面撒上沙子（或氯化銨、硝石，三者的混合物亦可，參見附錄C），便可解決這個問題。這些物質降低了氧化物的熔點，因此當你把兩種金屬捶打結合在一起時，氧化物便會從兩種金屬之間流出。「什麼？把兩種金屬捶打結合在一起？」沒錯。這種焊接方式一點都不新奇，就是把金屬加熱後用力捶打，讓它們黏合在一起。手痠了就用水車（參見10.5.1）製造出機械錘，反覆捶打你的金屬。

如果你有電（參見10.6.1），就可以發明電焊。這是較不費力的焊接方式，也可以用來焊接尺寸太大、不適於鍛焊的物品。電焊是把「電極」這種帶電金屬片的電弧所產生的熱，作用到想要焊接的金屬上。電極放置在要焊接金屬的附近，電弧會從電極跳出，兩種金屬就會熔化然後融合在一起。也可以使用焊接金屬棒，把兩種金屬連接在一起，這樣的焊接效果強過直接焊接金屬本身。只要讓金屬接地❶，並使電極足夠接近電弧，就可焊接。盡量控制好電弧跳躍所需的距離，使電弧能穩定持續跳躍，否則電弧所承載的電流會波動，產生的熱也會跟著變動，進而影響焊接品質。

毋庸置疑，電焊有可能非常危險，尤其如果你受困於過去又從來都沒操作過電力。❷就目前情況來說，你可能會想繼續使用「加熱金屬，倒一些沙子在金屬表面，然後捶打到金屬黏合在一起」這個方法。

---

❶ 拿導線一端接著某個東西，另一端接著插到地上的金屬導體，這個東西就接地了。地球會導電，這是電流能安全消散的通道。如果沒有接地線，電流可能會通過你的身體到達地面。你一定會想盡辦法避免這件事，因為這就是所謂的觸電。

❷ 還有其他焊接方式，但是更危險，而且可能稍微超出你目前的能力。像是氣焊，用火焰熔化金屬。此法不僅可以焊接，還可直接切割金屬，但需要極熱的噴燈。在純氧中燃燒乙炔氣體能產生足夠的溫度（3100°C），但製造乙炔需要乾餾煤炭來生產焦炭，在2200°C時與石灰結合（這比一般火焰可達到的溫度更高，而電弧爐可以達到），然後讓生成物「電石」（碳化鈣）粉末與水結合。這個反應能產生乙炔氣體和熱，由於乙炔氣體有爆炸危險，因此*操作上得非常精細*。

10.11
「沒書可讀」

不管是紙本還是電子版本，書都是文明的關鍵角色。顯然你手上這本指南就是最活生生血淋淋的例子。但即使是虛構的書（或小說），都非常重要，畢竟，這都是人類在書寫自己啊。

紙張是樹木所轉換而成的細薄、柔軟、易燃物質，讓你可以把你的發現、你的成就都記錄在上面留傳給後世。這種東西也很適合用來擦屁股。一旦發明出紙張，**印刷機**就是讓你文明知識得以散播、辯論、分享和保存的機器。這絕對是一種變革性的技術，任何文明想讓思想以可負擔的成本廣泛散布出去，並且可靠地複製，更超越人類必死的身軀（很遺憾，也就是你被困住的地方）獨立續存，印刷術都是至關重要的發明。

10.11.1 紙

有些偉大的社會不使用輪子，
但沒有一個社會不傳講故事。
——你（以及娥蘇拉．勒瑰恩）

紙是什麼？

可以用來書寫的廉價物質。

紙發明前的情況

人們書寫在動物皮（又稱「羊皮紙」），這意味著如果你孤身一人又想寫書，你首先要豢養或獵捕一隻動物然後殺死牠，而這顯然會拖延創作過程。

首度發明紙的時間

公元前 2500 年左右（羊皮紙）
公元前 300 年左右（中國發明紙）[33]
公元 500 年左右（中國發明廁紙）
公元 1100 年（歐洲發明紙）

發明紙的必要條件

布料或金屬（用於製造細目篩）、木頭、抹布，或其他天然纖維；水輪（用於研磨紙漿）、碳酸氫鈉或氫氧化鈉（非必要，用來加速製漿）；顏料（非必要，但一旦身邊有這些紙，就可能會想要有墨水。參見 10.1.1 木炭）

發明紙的方法

發明紙張之前，你可以在動物骨頭上、竹片串成的捲軸、羊皮紙上（如果你有時間也願意幫動物皮除毛，用力拉張開來直到動物皮乾燥，參見 10.8.3）、絲綢（有養蠶的話）、蠟板（可由蜜蜂取蠟，或是油脂在水中煮沸放涼後，取凝固於表面的蠟質物質）、泥板（如果你想讓訊息保留久一點，就用火燒烤泥板，參見 10.4.2）或草紙上（參見 7.16）。但是這些書寫媒介不是笨重、昂貴、怪怪的，就是不易搬運，或是以上皆是。你需要輕巧、方便、便宜又隨處可得的東西。這種東西即使不是從樹上長出來，至少也是用樹做成。你需要紙張，這不僅可為你的文明提供書籍、雜誌和報紙等印刷品，就連紙牌、紙幣、衛生紙、濾紙、風箏、紙帽等等，也都是從紙張而來。

造紙的原理非常簡單：先採集植物纖維，把纖維打散之後，重新組合成薄片。只要是含有纖維素的物質都能製作成紙張，而只要是能行光合作用的植物都會在過程中產生纖維素，因此纖維素成了世界上最常見的有機化合物之一。一棵大樹可以轉換成 1 萬 5000 張紙，但是纖維素還有很多其他來源，例如舊衣服和破布也可以製作出很棒的紙，無論是作為主要材料，還是當成零碎木料的輔助材料。嘿，你甚至可以用乾衣機裡收集到的棉絨做成紙，當然我指的是未來世界所發明的乾衣機！

製造紙張的第一步是生產紙漿，把原始未加工的材料分解成小塊（也就是把木材剉成木屑，或把碎布撕成碎片）。把碎屑浸在水中幾天讓纖維鬆散，再把植物纖維碾磨或搗成漿。你可以在水中加入碳酸氫鈉或氫氧化鈉（參見附錄 C.6 和 C.8），再和著木屑或布屑熬煮，以化學作用加速分解植物纖維。❶ 製造出水水的紙漿之後，繼續攪拌讓纖維移動，然後過篩。你可以用金屬篩或線網篩（參見 10.8.4），可把一些纖維集中在篩子上。翻過濾篩，撈起紙漿中的渣，

❶ 這個過程會破壞植物纖維中的木質素。木質素是把植物纖維黏合在一起的有機聚合物，但也是導致紙張隨著時間變黃的原因。紙漿中木質素含量越少，就越需要添加膠水，紙張才能結合得更好，而如此一來你就會得到更白也更牢固的紙張！

再下壓擠出水分，把纖維集中起來後等待乾燥。你發明出紙張了！紙張使用過後，可以再以相同程序回收利用：撕碎紙張，分解成纖維，然後壓出新紙張。

紙張約公元前 300 年發明於中國，但生產方式一直受到嚴密保護，以免其他文明也能分一杯羹。到了公元前 500 年左右，紙張在中國已經十分普遍，人們甚至用紙來擦屁股（在此感謝衛生紙的犧牲奉獻）。歐洲人要再經過 500 多年，才懂得如何製造紙張，也就更不用提拿紙擦拭他們又臭又髒的屁屁了。公元 1857 年，美國才首度出現市售衛生紙（在這之前，人們是用各種形式的舊紙張來擦屁股，直接撕下書頁來擦的也不少），至於市售捲筒式衛生紙要到公元 1890 年才出現。為了讓你的文明成員如廁時更舒適便利，也避免他們使用羊毛、破布、樹葉、海藻、動物毛皮、草、苔蘚、雪、沙、貝殼、玉米棒、自己的手，或*插在棍子上的公用海綿*來擦屁股[1]，你一定會想盡早發明衛生紙。

文明廢知識：自紙張發明以來，基本的造紙過程（搗碎植物纖維，層層鋪放在篩子上，等纖維乾燥），數千年來並沒有顯著變化。即使你受困過去無望回家的話，製造出的紙張仍會與原生世界中的紙張差不多，這樣的連結或許有這麼一丁點可能讓你稍微好過一點？

---

[1] 上述擦屁股物品發生在歷史中各個階段，最後一項則是羅馬人的發明，也就是把插在棍子上的海綿，經由馬桶前方的洞直接從他們兩腿之間伸到後方，不需要站起來就能擦屁股。擦拭之前，海綿會先快速沖洗一下，然後就拿來擦了。我們就當作你對細菌什麼的都一無所知！

10.11.2 印刷機

布道會只能對著少數人宣講，書本卻能和全世界對話。

——你（以及丹尼爾．狄福）

印刷機是什麼？

快速又便宜的傳訊方式，對於有意進入大眾傳播業的人來說，可是大好消息。

印刷機發明前的情況

書籍很昂貴，富貴人家才讀得起。也就是說，沒錢的窮人就無法站在巨人的肩膀上看著世界，並思考他們原本若能站在巨人肩膀上，可能可以想出的驚奇點子[1]，因此這個文明就無法跟匯聚所有人類智慧的文明一樣偉大了。

首度發明印刷機的時間

公元前 3 萬 3000 年（手工版畫）

公元 200 年（木版印刷）

公元 1040 年（中國活字印刷術）

公元 1440 年（歐洲活字印刷術）

公元 1790 年（輪轉印刷機）

發明印刷機的必要條件

顏料（用於油墨，參見 10.1.1 木炭）、紙張（用於印刷）、陶

---

[1] 這個比喻可以追溯到公元 1159 年，當時伯納德（Bernard of Chartres）以一種更囉嗦的形式表達了這個想法：「我們（現代人）就像矮子攀附在巨人（古代人）的肩膀上，因此我們能夠看到的比巨人更多也更遠。這完全不是因為我們的視線敏銳或身形巨大，而是因為我們搭著為數眾多的巨人而高升。」積累的知識抬升了每個人，這樣的意象是如此強大且令人印象深刻，因此人們在隨後一千年一直不斷談起它。

土（非必要，用於製造字母）、金工（用於製造印刷機，不過非必要，印刷機也可以用木頭來製作）、玻璃（用於眼鏡，甚至是遠視眼鏡，讓人人都可閱讀報紙。有些人可能在拿起報紙努力閱讀上面的蠅頭小字之前，都不知道自己有遠視問題）。

發明印刷機的方法

如果你有顏料（可以從 10.1.1 提到的木炭取得），也有可以切割的東西（如紙，大片葉子也可以），就可以在任何時期（看你想怎麼命名）製作字板，進而大量生產書籍。❶ 人類最早的模板是自己的手，其中一些拓印就留在洞穴壁上倖存至今。如果當時有人想到要發明書寫，3 萬 5000 年前那些古代人類就可以用模板，記下他們的想法、信仰、希望、夢想、成功、失敗、故事和傳說流傳至今，而不只是記錄他們的手的樣子。如果你想知道 3 萬 5000 年前人類的手是什麼樣子，我們可以肯定地告訴你，看起來就像手。

這件事不需要時光機就能知道了。

模版用來印刷還可以，但要印製精細的形狀就有困難（這表示當時若要印書，開本就得很大），再加上你還得噴漆（早先的人類用嘴巴來噴，你也可以在管子一端接上噴嘴，再以 10.4.2 發明的風箱把顏料經由管子吹出）。要避免這些困難，你也許會想跨越數萬年，直接到公元 200 年左右的中國，那時首度發明了木版印刷：把整個圖樣左右顛倒刻在木塊上，再塗上墨水，印壓到紙張、絲綢等任何你想印製的東西上。❷ 木版印刷很適合用來印製藝術作品，但

---

❶ 每個書頁都得製作不同模板，並手工剪切每個字詞的每個字母，這個方式很有效。有了模板，你就可以輕鬆複製書頁，直到模板磨損。

❷ 這種印刷可能早在公元前 500 年左右就發明了！古希臘的某些地圖就刻在金屬板上，這是為了鞏固聲望，或堅定船員信心，讓他們能撐過漫長的航海路程。但如果需要的地圖不只一份，他們就會把副本刻在第二塊金屬板上。換句話說，希臘人擁有發明印刷所需的一切（包括榨橄欖油用的壓榨機），只要有一個人想到把墨水塗覆在金屬版的地圖上、然後印到草紙上，很可能就能輕易創下偉大的印刷成就。可惜沒半個人。

用來印製文字就有不少缺點，光是訂正錯誤就困難重重。刻錯一個字母，整個書頁的版就得重刻！沒人有這閒功夫。而這項耗時費力的過程意味著製作一本書要花上好幾年。即使你終於刻完整本書，收藏也是個大問題。一頁書就是厚達 2.5 公分的木版，因此收藏整本書需要 40 萬 4128.224 立方公分的空間。

關於文字印刷，你也許會想直接跳到活字版，這樣刻的就不是整個書頁，而是獨立製作出每個字母，最後再集結到頁框中，製作出整頁的版。這不但能解決儲藏問題，製版時你也只需要集結小小的字版，而不需要製作出巨大的木版，大幅改造了印刷的經濟模式。把字母排列到頁面只需幾分鐘，比起刻出書頁木版需要數週、甚至數月的時間，活字印刷的書籍不但製作成本更便宜，書籍的印製種類也更多樣化。在發明活字印刷術之前，大多數能付梓的文字只有宗教類書籍：文字不會變動，且具有為數眾多、態度積極熱切，有時甚至是強制閱讀的讀者群。發明活字印刷術之後，任何付得起錢的人都可以印製東西。文明中最大的文化變遷自此展開，改變之大唯有數百年後的網際網路足以媲美。

中國在公元 1040 年發明了活字印刷，但這項技術要等到數百年之後傳到歐洲才真正突飛猛進。活字印刷源於另一項發明：字母。中文書寫，不像語音語言是以一小組字母來表現聲音，而是以一大組字符來表現觀念，因此一本書會出現的字符多達 6 萬多個。每種書寫系統都有優缺點，而中文字的缺點在活字版上更為凸顯了。以 26 個英文字母來排列組合，顯然會比 6 萬個中文字符 ❶ 便宜又容易多了。

---

❶ 當然，印刷時不會只有 26 個字符。印刷師傅會把每個字符的多個副本存放在分隔木箱中（字版箱），裡面還存放了標點符號、間隔符和其他字符。一般來說，大寫字母會存放在上方的隔層（case），這也成了字母「大寫」（uppercase）和「小寫」（lowercase）的由來。

你要印製的字（字版）可以刻在木頭上，但是木版的缺點在於，印製過程中會遭到磨損，因此破損處有時會呈現在最後印製出來的結果。此外，木頭在吸收油墨之後也會變形。中國曾用陶來製作出堅固耐用的活字版。你可以用木頭和陶土來印刷，但也可以用木版和陶版作為原版，壓入細沙和軟金屬（銅很適合），再倒入液態金屬，製作出金屬活字版。印刷廠最後以一種標準金屬來鑄造活字版：由鉛、錫和銻製成的「活字合金」。這種金屬能製作出堅固耐用的活字版。❶

排字時，要把字母集中在木框內。❷ 排好之後，就在字版上塗覆一層油墨，然後壓上紙張。為了把這個過程機械化，並對整個大型平面施加同樣壓力，你就得發明螺旋式印刷機。這種印刷機把巨大垂直螺旋 ❸ 的一端接上巨大的平板，另一端則接上把手。只要旋轉把手，螺旋與平板就會升降，把簡單的旋轉力轉換成更強的下壓力。印刷機外形可見下頁圖示。

更棒的是，螺旋式印刷機（一般而言發明於公元 100 年左右）還可以運用在各種事物上：壓榨木漿、擠掉水分（通常用來製紙），還可以製造美味飲食，例如壓榨葡萄製作葡萄酒，或是壓榨橄欖製作橄欖油。螺旋一端所接上的大平板換成較小的平板，則可用來幫金屬打洞。

---

❶ 鉛冷卻時會收縮，字母可能因此變形，但添加一些錫和銻所製造出來的合金，凝固之後遇冷縮小的幅度會減少，硬度也較高。金屬的混和比例會依印刷廠而變動，不過傳統上會使用 54% 的鉛、28% 的銻以及 18% 錫合金，而 78% 的鉛、15% 的銻以及 7% 的錫合金則更為耐用，可應付更多次印刷。

❷ 如果你認為某本書未來可能會再印製，可以為書頁製造金屬版，如此便可迅速重製出無法更改的頁面，就跟我們先前討論過的書頁木版一樣。

❸ 螺絲能把旋轉力（繞圈的運動）轉換為線性運動（垂直下挖）。從理論上來說，這很容易發明，但實際上而言，這種發明需要一條勻稱的線才能發揮作用。一條勻稱的線不是用眼睛盯著看就做得出來。先用紙（10.11.1）做一個直角三角形（附錄 E），然後從三角形最尖的角開始，包覆在圓錐體上。紙張旋繞時所形成的上緣就是螺旋形，也就是螺絲的螺紋！沿著螺旋線刻出山脊，就能製作出完美的螺絲。

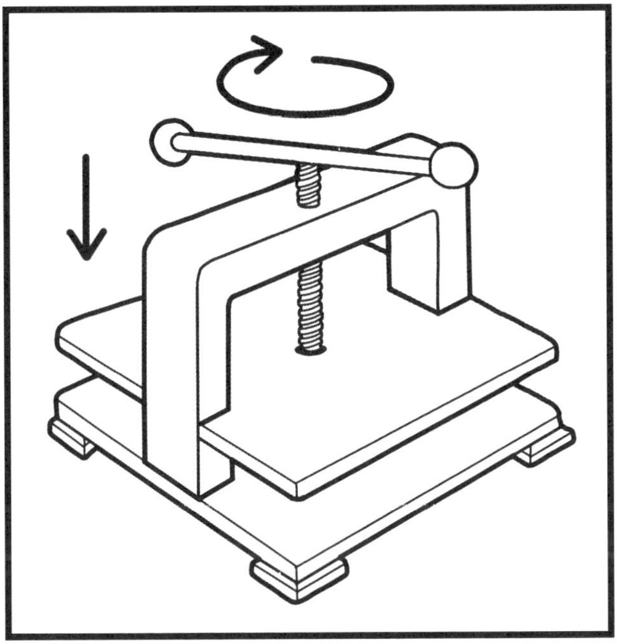

圖 34　螺旋式印刷機

這種機械可同時運用在印刷和製造葡萄酒，
但不會一部兩用就是了。

以油為基底的油墨，取代以水為基底的墨水，是讓印刷機成功運作的重要發明。墨水一般由煤灰、膠和水製成，油墨則以煤灰、松節油（蒸餾松樹脂可得）和核桃油（可用剛發明的螺旋式印刷機壓榨核桃取得）製成。油墨沾附金屬活字版的效果會比較好，而且印壓時不會深透入紙張，能夠防止文字糊掉。要在字版塗覆油墨，你可以拿一根棍子，綁上微微洩了氣的皮球，沾飽油墨後，輕輕拍上字版（輕拍的次數能控制字版吸附的油墨量。若要增加油墨量，只需把字版浸入油墨，就能讓字版吸附最大量油墨）。

但如果你夠聰明，就會發明油墨滾筒，這是一種可以在活字版上滾動並壓平油墨的圓筒。❶

印刷機運作速度越快，生產的書籍就越多。多人一起工作可以讓印刷機的運作效率飆升到最高：先排好版面，一人把字版塗上油墨，另一人負責進紙，再另一人操作印刷機，壓下印刷機在紙張上印出圖像。嘿，你剛又發明了生產線！

螺旋壓力機最開始會是由手來驅動，一旦你有蒸汽和電力，運用這兩者來驅動會簡單得多。當你有足夠的技術，就能把印刷機修改為輪轉式印刷機，這項發明最早出現在公元 1790 年。輪轉式印刷機不是將扁平的字版壓印在紙上，而是把微曲的字版裝在巨大的滾輪上。當滾輪滾上整捆紙，上面的字母便會印上紙張。❷ 螺旋式印刷機的運作，會因紙張進紙而中斷，但輪轉式印刷機只要有足夠的紙張和油墨，就可以無期限運作下去。

早期最好印的東西就是海報，這是一種可以公開發布的通知，能在你的文明中，發揮快速、廉價又準確的大眾傳播功能。把海報頁折疊、剪切再裝訂起來，就可以製成書籍。印刷的書本數量越多，書中的訊息越有可能留存下來。

當印刷成本越來越低廉，就可以把數量較少的頁面裝釘在一起，定期出版可任意使用的冊子，又稱「雜誌」。雜誌可以製成學術期刊的形式，讓科學家跨越地域隔閡，一起合作並分享發現。雜誌也可製作成新聞和娛樂刊物，幫助人們了解當前發生的大事件和

---

❶ 油墨滾筒是在公元 1810 年左右發明的，但是油漆滾筒（跟油墨滾筒同樣概念，但尺寸較大，且運用在壁面而不是字版）卻要到 1920 年代才發明出來，實在太晚了，發明這個超級簡單啊！有多簡單？就像這句話：「各位，我們把一個有毛的圓筒裝在棍子頂端如何？」

❷ 我們說輪轉式印刷機是在公元 1790 年發明的，但實際上美索不達米亞早在公元前 3500 年就發明了這項技術，歐洲是後來才重新發明。美索不達米亞的發明（現稱為「滾筒印章」），是刻畫著人物動物形體的小圓柱體。這些圓筒滾過濕黏土之後，就能快速複製出上面的圖像。美索不達米亞的滾筒印章，運用範圍從裝飾到簽名都有，但遺憾的是未曾擴及到量產文字。

名人的生活軼事。印刷會變得十分便宜，甚至用最低等級的紙張，每週甚至是每天印製單次使用、看完即丟的文件，也都能獲利。這種形式的出版物就成了你文明中的第一份報紙。

印刷機將使你的文明及成員獲得最好的成長：生活愉快、受教育有知識、見多識廣且與時並進。所以，快去發明印刷機，真的效益很大。

10.12
「這裡好爛，我想搬越遠越好」

↘ 沒有運輸工具，文明的尺度就會受限，無法充分探索周遭的大千世界，或從中獲益。

運輸讓文明得以擴展、穩定，並把離散的地理區域整合成具有凝聚力的一體。**自行車**就是其中一項：這種精巧的機具讓人類得以運用自身的力量移動，效率更勝於單憑自己的雙腿。**指南針**讓每個人可以決定要前往的方向，並與標訂地球座標的**經緯度**合作無間。有了經緯度，每個人都可以確定自己在地球上任何地方的精確位置。航海鐘尚未發明之前，要靠**無線電**技術才能確定經度。最後，若說**船隻**為你的文明打開了海洋探險之門，**人類飛行**則打開了天空探索之門。

發明這些技術，你文明中的人類將能前往任何想去的地方……並且找到回家的路。

10.12.1 自行車

讓我告訴你，我對騎自行車的看法。
我認為這對於解放女性的意義，比世界上其他事情都來得大。
每當我看到一個女人騎車前行，就會欣然起立致意。
自行車給予女性自由和自立的感受，
讓她們覺得自己是獨立的個體。
坐上車的那一刻，女性就知道自己不會受到傷害，
而她們騎乘遠去的身影，
正是自由、無拘無束的成熟女性樣貌。
——你（以及蘇珊·安東尼）

自行車是什麼？

人體移動自身的一種方式，效率是走路的三倍。我再說一遍：*人類發明了一種效率更勝於只靠雙腿的移動方式*。本書花費很多篇幅在人身上，主要是人類花了十分漫長的時間，才弄清楚一些非常簡單的事物。但無論人類在何時何地發明自行車，都不啻為一項美麗的技術。❶

自行車發明前的情況

我們甚至不想談論這件事。

首度發明自行車的時間

公元 1817 年（最早的自體驅動雙輪車：用腳推）
公元 1860 年代（裝有踏板的自行車，踏板連接前輪）
公元 1880 年代（有超大前輪和超小後輪的便士自行車）

---

❶ 沒錯，即使我們已經具有道路、木頭和輪子等等必要條件和能力，人類還是花了好幾千年在作夢。

公元 1885 年（所謂的「安全自行車」，前後兩輪尺寸相同，大大降低了騎便士自行車因前輪超大、座椅太高而摔飛出去的危險）

公元 1885 年（首度把引擎連接到自行車上，即第一輛摩托車）

公元 1887 年（第一輛以鏈條驅動後輪的自行車）

發明自行車的必要條件

輪子、金屬（非必要，用來製作鏈條和齒輪）、織品（非必要，用來製作傳動帶）或籃子（非必要，野餐時使用）。

發明自行車的方法

把兩個輪子連接到同個框架上，一前一後，你可以坐在這個框架上。把踏板架在其中一個輪子上，並在框架中間放置座椅，如此就可以用腳帶動整個裝置。確保前輪可以自由轉動，以選擇前進方向。知道嗎，你發明出自行車了！可能沒有你習慣的閃亮金屬，但不重要，最早期的自行車有些幾乎全是木頭製造的。自行車會徹底改變社會，讓普通人也能輕鬆快速地靠一己之力長途跋涉！

這裡稍微作弊一下，把自行車改造得複雜一點。上述的自行車踏板是直接連接到車輪上，因此踏板轉一圈，車輪也轉一圈。但除非你的車輪很大，否則要踩踏很多圈才能讓車子前進一些。

要解決這個問題有兩種方法，最簡單的就是加大驅動的車輪，這就是那些老式便士車有個超大前輪的由來。但這會讓車子的重心拉得很高（十分荒謬，視覺效果絕佳）。你會一直摔車，而且一路摔、摔不停。更好的解決方案是再增加一個輪子：一個小踏板輪，位於自行車中間，跟踏板高度一樣，然後連接到後驅動輪。如此一來，就可以在後輪附近加上齒輪，改變踏板踩一圈所達成的效用。在今日，你可以把齧合齒輪的鏈條連接到踏板輪，但在還沒有金工技術的時代，你也可以使用傳動帶，亦即一圈緊緊纏繞著

踏板輪和後輪的布條。❶

如果你選擇鏈條和齒輪，就會想要發明「變速器」，這其實只是個可動式鏈條導板，位於踏板和後齒輪之間。當導板水平移動，就能在自行車行進時變換齒輪。沒有變速器，你就需要停下來手動調整齒輪。不過你不需為此感到不開心，因為法國人在 1905 年發明變速器之前，所有人都是這麼做的。再裝上一些煞車裝置（裝置在車輪周圍的夾具，夾住時能使輪子減速），自行車的基本架構就完成了。事實上，自行車自發明以來，運作的基本原理並沒有顯著改變。自行車是人類近乎完美的技術之一！其後的改良（例如以充氣的橡膠輪胎來增進舒適性，以輻條輪胎來減輕輪子重量）也都只是演進修正，而不是革命性的改變。雖然改良能讓自行車更好（自從改為充氣輪胎之後，便沒人再說自行車是「搖晃的骨頭」了），卻都不是必要。

前面提到，自行車比步行更有效率，你可以觀察自己走路時身體的實際動作來證明這點。許多動作並不會幫助你前進！當然了，雙腳向前擺動能讓你前進，但事實上你的腳做出的動作是：腿往上抬再向下踩（浪費能量），手臂來回擺動以獲得平衡（浪費能量），整個身體上下擺動（沒錯，又在浪費能量）。然而騎著自行車時，你產生的能量大多用於踩踏板，其中絕大部分用於產生向前運動。❷

---

❶ 摩擦力能讓一個車輪帶動另一個車輪，但是傳動帶的效率低（很多能量都損失在摩擦力上），而且很容易滑動。在早期，鏈條和齒輪的替代品是「腳踏板」。這是連接到後輪的桿子，你可以上下推動來帶動車輪運動，類似於 10.8.4 中帶動紡織機轉輪的方式。但如果你已經有金屬，鏈條和齒輪會更有效率也更可靠！

❷ 人們一度認為，人類演化到直立行走的原因之一，是因為直立的行走效率要高得多，但事實並非如此。人類行走時並不是特別有效率！一旦你把重量納入計算，人類的行走效率是你評估其他哺乳動物表現後所預期效果的 95%，這些動物包括馬、狗、鼠、熊、鴨嘴獸、象、猴，以及最接近人類的表親黑猩猩。事實上，人類（以兩肢行走）和黑猩猩（以四肢行走）的行走效率的差異，遠不如狐狸和狗、袋鼠和小型袋鼠，甚至關係緊密的老鼠、花栗鼠和松鼠之間的差異來得顯著！

在山坡上，騎乘自行車更有效率，因為你可以沿著下坡滑行。

自行車也透過其他許多方式，讓文明更強大。人們通勤成本下降，意味著可以降低城市的擁擠狀態；中等尺寸的貨物能由人力輕鬆載運，不僅有助於農民把產品帶到市集，各種工匠也能不局限於步行距離，服務區域更廣。雖然你近期之內還無法完成人力飛行，不過人們在 1961 年飛上天空時，倒是踩踏著一輛經過大幅改裝的自行車。

在人類歷史中，自行車對於女性解放也有重大影響。雖然女權在你的文明或許不成問題（畢竟你的起始點優於我們，有望擺脫數千年的父權宰制），但值得注意的是，人類能單憑己力載運自己，這樣簡單的事就足以改變 19 世紀後期的歐洲社會。這種新出現的移動方式，使女性能以前所未有的方式參與文明，實際上更改變了女性看待自己的方式。她們不再是受社會推動的旁觀者，反而成了積極的*參與者*。她們可以也確實靠自己推動自己。女性穿著的服裝也隨著自行車而變化，因為她們需要嶄新的「理性服飾」（rational dress）。同時宣告終結了束縛身體活動的束腹、漿直襯裙和長及腳踝裙襬的時代。

自行車簡單、可負擔、能改變文明，以及如藝術品般精巧的能量使用效率（相較於人體而言），而且騎起來真是樂趣無窮。你還可以在車前裝個小籃子，裡面放瓶葡萄酒（參見 7.13）、好吃的麵包（參見 10.2.5），也許再加上一條舒適的毯子（參見 10.8.4），甚至還能帶點美味醃黃瓜（參見 10.2.4）。重新把文明發明一遍的指南，也成了讓你擁有愉快野餐的指南，這難道是巧合嗎？野餐可是人類客觀來說最高的成就之一，而你不必擔心，按照我們的指示，你最終會抵達那裡的……

……就騎著你的自行車。

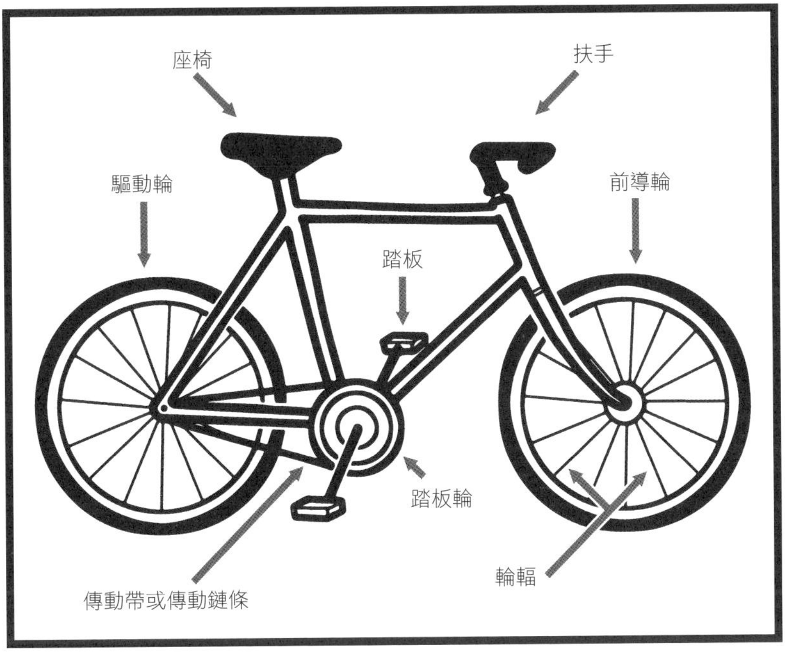

圖 35 一部美麗的機器

10.12.2 指南針

風浪總是站在最好的航海員那邊。

——*你（以及愛德華．吉朋）* **指南針是什麼？**

指出北方的工具，也順便告訴你自己所朝的方向。

指南針發明前的情況

非常容易迷路。結果你會發現，地球很需要有個不需要用電的無形指標。

首度發明指南針的時間

公元前 200 年左右（用來算命）

公元 1000 年左右（用來導航）

公元 1200 年左右（歐洲人用來導航）

發明指南針的必要條件

繩索（非必要）。

發明指南針的方法

第一個指南針是中國在公元前 200 年左右發明的。發明這種指南針，你只需要一些磁石，而這種石頭恰巧會出現在地表附近。看看是否有群聚的石頭，有的話就是了！❶ 找到一個磁石之後，可以用這塊磁石繼續找出更多，甚至可以把其他用鐵製成的東西加以磁化。❷

這些早期的指南針並不是你印象中的那種「包覆在塑膠裡的指針」，而是把一塊石頭綁在繩子上，就這麼簡單。石頭吊在繩子尾端自由轉動，移動的方向就是北方，指南針就發明出來了。如果你沒有繩子，只需把一小塊磁石放在葉子上，然後漂浮在水池中。恭喜，你又發明了一種指南針。

問題在於，這些早期的指南針是用於算命，而不是尋路。要一直到一千多年後的公元 1000 年，才開始有人想到要用磁石來引導方向。歐洲人花了更長的時間才想到這個點子，這意味著你還有足夠的機會用這些老方法去嚇唬別人。

警告：地球磁場偶爾會反轉，轉向「北」或轉向「南」。每 10 萬 -100 萬年在無法預測的情況下會發生一次逆轉，而且每次翻轉要 1000-10000 年才能完成。

---

❶ 找不到磁鐵也不必擔心。你手邊若有少量可以被磁化的金屬（如鐵），可以用你的毛髮在金屬上往同一個方向摩擦，金屬便能感應出磁場，變成磁鐵。針尖大小的鐵片效果最好。當然，如果你有電（參見 10.6.1），就可以*隨你所願*製造出磁鐵。

❷ 拿磁鐵以相同方向反覆摩擦鐵片，會比用頭髮摩擦鐵，更快把鐵變成磁鐵。

「北」與「南」不過是個標籤，你可以隨意指定地球的磁極，但在逆轉期間，磁場的強度會降至正常值的 5%。當然，這會使得指南針更難用，所以如果你發現自己正處於地磁逆轉期間，*或許暫時別進行任何越洋航行*比較保險。下圖表示過去約 500 萬年來（以我們的年代為基準）發生的地磁逆轉，黑色色塊代表你習慣的極點，白色代表地磁逆轉：

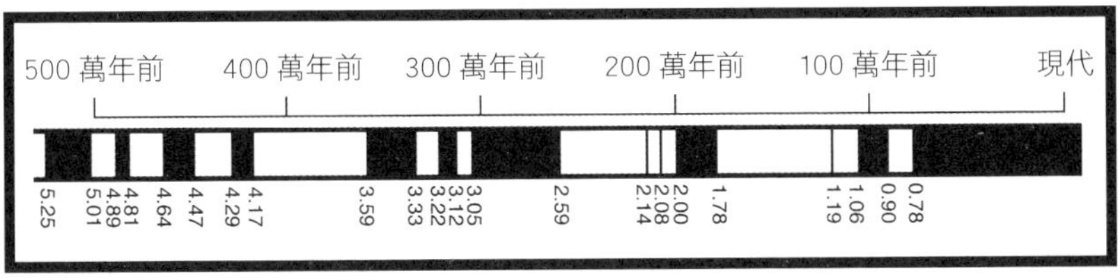

圖 36　過去 500 萬年來地磁逆轉紀錄

一如你所見，我們已經過了現代地磁逆轉的時期了！在公元 2040 年發明磁極穩定技術之前，人們多少會擔心地磁逆轉的問題。在這之後，人們再也不必擔心了。但你除外。

實在很抱歉。

10.12.3 經緯度

你為了尋找而旅行，卻在回家後找到了自己。

——*你（以及奇瑪曼達．阿迪契）*

經緯度是什麼？

用兩組數字精確定義地球上每個位置的方法，可以把「我在哪裡？」簡化為找出這兩組數字的任務。

經緯度發明前的情況

方向是相對於當地而言，而非對地球而言。人們大多會以「在大樹右轉」和「向西航行直到遇到陸地」來下達指令，而不是用「精準度達 10 公分的座標來描述位置」。

首度發明經緯度的時間

公元前 300 年（第一個地理座標系）
公元前 220 年（四分儀和星座）
公元 1675 年（無效的航海鐘）
公元 1761 年（較有效的航海鐘）
公元 1904 年（無線電傳輸的時間訊號）

發明經緯度的必要條件

日曆（緯度用）和無線電（經度用）

發明經緯度的方法

假設地球是個球體（其實不是）[1]，就用水平和垂直線覆蓋整個球體。任意標記水平的「緯度」和垂直的「經度」[2]，就發明出本行星第一個地理座標系了。很容易吧！

---

❶ 地球因旋轉使得腰間部位隆起，完美的球體因此成了不折不扣的「扁球體」。但隆起的幅度並不大，且假設地球是球體會更方便計算！截至目前為止，我們所作所為都是為了讓*你*更輕鬆好過。時空旅人可以穿越時間往任意的方向移動，但現在身不由己受困於過去，就像其他一般人一樣，只能往一個方向穿越時間，那就是向前，甚至前進的速度也固定在每秒只能前進一秒。

❷ 你想怎麼命名這些線條，都可以隨你便。如果你想要超越我們的歷史，建議你不要給這兩個容易混淆的相似線條同樣容易混淆的名稱。你可以一個叫「緯度」，另一個叫「蓋瑞」。

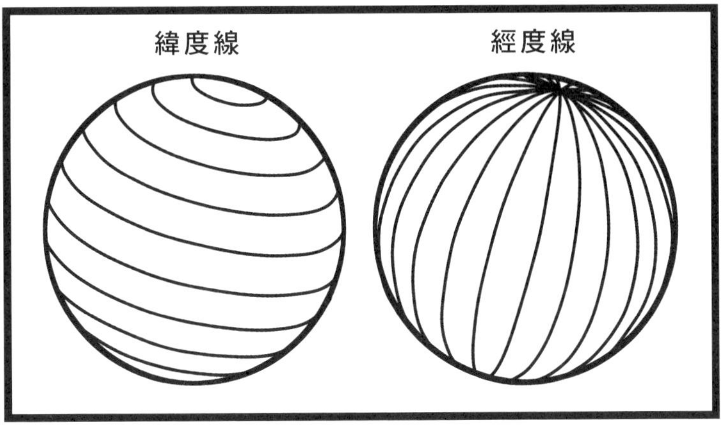

圖 37　在近似於球體的地球表面畫滿線條

地球在旋轉，旋轉就會有轉軸，也就會區分出上、下和中間。❶我們把繞著行星中間的那圈線稱為「赤道」，並定義為 0 度，然後每隔某個角度就標示出一條緯度線（緯度線到地球中心的線和赤道的交角）。因此，緯度線在赤道是 0 度，逐漸往北移動時，緯度就會逐漸增加，一直到北極為 90 度。緯度線從赤道往南移動時，就會逐漸減少，一直到南極為 -90 度。

至於經度線（又稱子午線），由於沒有哪個位置可理所當然被視為「垂直赤道」來作為 0 度，所以你的反應大概會跟所有遇到相同問題的人一樣：聳聳肩，隨意挑一個。

在現代，大家公認的 0 度線是一條穿過英國格林威治天文臺的假想線（又稱本初子午線），因為那是當時阻力最小的路徑。英國當時已經印製出許多具有該特徵的地圖。但是不同國家也都曾讓本初子午線通過他們最喜歡的城市，而你想選哪條其實都可以！

❶ 哪個方向是地圖（或整個地球）的「上方」，完全可以隨你意。我們習慣「北方朝上」（也就是我們這裡所用的），但上下顛倒的地圖也同樣正確，所以你可以隨意指定某個方向為上方，看你覺得怎樣較好。有趣的事實：從現在開始數千代的地圖樣貌，很可能就取決於你在接下來幾秒鐘的決定！

我們標示經度線的方式跟緯度線稍有不同。緯度線是圓圈，每條緯度線都像皮帶一樣環繞地球一圈。但是經度線比較像是半圓，每條子午線都是從北極拉到南極。這表示經度不像緯度從 -90 度標示到 +90 度，而是從 -180 度標示到 0 度（本初子午線以東的部分），再從 0 標示到 +180 度（本初子午線以西的部分）。整個座標系統最後呈現如圖 38。

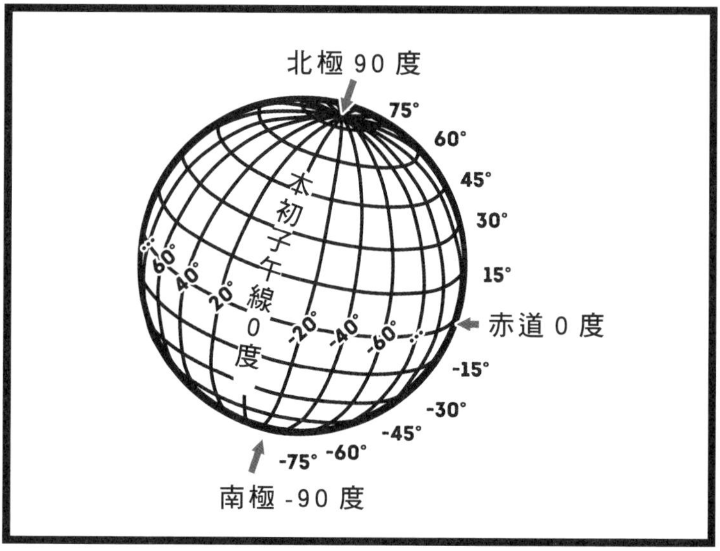

圖 38　一條條線匯聚成一套嚴密的經緯度系統

現在，你已經為地球上每個位置標示出精確的座標[1]，剩下的

[1] 例如，時空旅行首度成功實現的地點，就在緯度 43.660155 度和經度 -79.395196 度的位置：一小塊物質被送回 250 年前持續了三秒鐘然後回到現在。這項成就如此重大，但實驗過程卻是萬分冷靜和克制。實驗即將結束之際，當這一小塊物質歸來，我們的研究人員潔西卡．班尼特突然意識到，這是史上首度成功的時空旅行，就本質上來說，這也會是未來時空旅人最想見證的重大時刻之一。於是她瞥了一眼房間，看看是否有未來的旅人回來見證它。如果你決定走出來讓她看見你，親眼見識她的反應也將成為「地球歷史上最狂野古怪時刻」的旅行計畫中最受歡迎的活動之一。

就是想出辦法，確認你身於座標系統上的哪個位置。

關於經度，你可以使用天空的星星來測量自己的位置。你可能會想：「太好了，我聽過很多藉由北極星來導航的故事，我也來這麼做吧！」但當你認真一想，就會發現：「噢，不，我剛想起當地球旋轉（因而帶來日和夜）時，頂部也會擺動，會出現週期約為 2 萬 5700 年的『軸心進動』。

由於軸心進動，任何從北極直接向上或從南極直接向下所繪製出的假想線，都會以巨大的圓圈掃過宇宙，這意味著不論我身處哪個時期，現代用於導航的任何恆星都可能不會出現在天空中的正確位置。這是個大問題，再加上恆星本身也隨著時間的推移而緩慢移動，會讓事情變得更糟！」

沒錯，你這個顧慮是正確的。你或許記得，在你進行時空旅行之前的那段日子，夜間仰望天空並找到北極星（如果你在北半球）或南極星（如果你在南半球），但我們無法保證這顆星的位置。如果無法確知你身處哪個時期，要靠北極星或南極星來確認位置是不可能的。

然而，無論你身處哪個時期，有一顆明亮的星一定可以從地球上看到，並且總是在我們想要的地方，那就是我們的恆星——太陽。在正中午（當太陽位於天空最高的位置）測量你和太陽之間的角度——你仍然使用恆星來計算緯度。

為此你需要一個四分儀，其實就是四分之一個圓，上面標有角度。這其實就是你在單元〈4〉發明的量角器的一半。下頁是四分儀的樣板，你可以用木頭或金屬複製出一個。

將一顆石頭繫於繩子上，綁在四分儀上的一角（見圖 39）。這就是你的鉛垂線，會永遠指向下方（假設你能保護鉛垂線不受風吹）。在對準線兩端做兩個環。你沿著對準線往太陽看過去，把四分儀對齊太陽，讓太陽出現在兩個環的中心。此時你的鉛垂線就會顯示出你用四分儀測出的角度，那剛好也就是你身處的緯度。多做幾次，再平均所得到的數據以獲得更高的準確度，緯度問題就解決了！或者，至少你將能解決緯度問題，如果長期盯著太陽沒有導致*你不可逆的失明*。

你剛剛發明的四分儀，非常適合利用星星來導航，但如果你使用的恆星是太陽，就需要稍作調整以間接觀測太陽。方法如下：把離鉛垂線最近的那個環，換成一塊中間穿有一個小孔的木頭，再把另一個環替換成另一塊中央畫上標靶的木板。現在，你不是看著太陽，而是對齊四分儀，讓穿過小針孔的光直接射中標靶。噹噹！現在再也沒有人會因為開船而失明了。

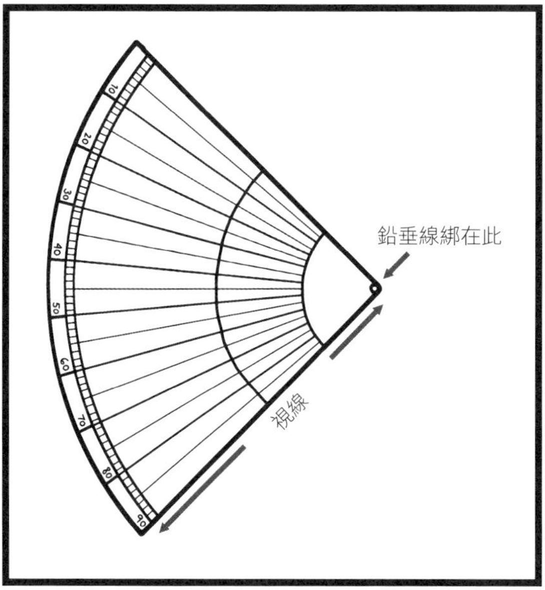

圖 39　四分儀樣板

但還得再調整一次。如果你利用的是太陽以外的恆星，這些恆星因為距離太遠，對地球來說看起來是固定的，所以你不需要針對地球的轉軸傾角作調整。但是地球的傾斜會影響我們太陽出現在天空中的位置，因此需要根據下表調整太陽的數據：

表 14　利用太陽來推測緯度時，需要進行的調整。當然是指地球上的緯度。我們一直到現在才想到要提到這點：時光機也必然會是空間機，因為時空旅行若沒有相應的空間移動，必會讓你受困於宇宙中的某個地方。這是因為地球在太陽周圍的空間移動，而太陽在星系中的空間移動，星系又在宇宙中的空間移動。如果你發現自己受困於某個不屬於地球的地方，那麼你已經逃脫了這顆寂寞星球的勢力，也逃出了本書的範圍。祝好運！

事件	季節	如何辨識事件正在發生	大致日期❶	調整
三月春分	春（北半球） 秋（南半球）❷	當日夜一樣長	3 月 20 日	不需要
六月夏至	夏（北半球） 春（南半球）	當白天最長夜晚最短（北半球） 當夜晚最長白天最短（南半球）	6 月 21 日	加上轉軸傾角（在現代為 23.5 度）
九月秋分	冬（北半球） 夏（南半球）	當日夜一樣長	9 月 23 日	不需要
十二月冬至		當白天最短夜晚最長（北半球） 當夜晚最短白天最長（南半球）	12 月 22 日	減去轉軸傾角（在現代為 23.5 度）

❶ 如果我們尚未告訴你如何發明日曆，你如何知道大概的日期？答案很簡單：按照春分、秋分、夏至、冬至來建立日曆。計算白天和黑夜的長度（參見 10.7.1 時鐘），你就能得知分點和至點，這樣你就能依此來建立日曆，預測明年的分點、至點以及季節變化。只要你想要，甚至可以把日曆具象化。算好位置，建構某種「巨石陣」，讓太陽只在冬夏至的早晨準確在兩塊石頭之間升起。我們在這裡使用的是你所熟悉的陽曆和十二月分，但你不必依樣使用。你想怎麼稱呼這些月分什麼名稱、每個月想要多長，都可以。就跟本初子午線一樣，這些都可以任意設定。這份日曆唯一的科學限制，就是一年平均要有 365.256 天，至於要怎麼達成這個平均值，你可以自行選擇想用的方式。我們可以一年 365 天，連續三年，第四年多加一天，剩下的就在這裡或那裡再加幾秒，以彌補跳過的時間。但解決方案不只這一種。

❷ 確定你位於北半球還是南半球很容易，只需要製作一個大型鐘擺（長 12 公尺以上就可以），然後擺動幾個小時。鐘擺的慣性框架與地球是分開的，這意味著只要鐘擺夠長（就像你造的那麼長），就可以看到地球自轉的效應！鐘擺路徑會隨著時間旋轉，北半球往順時針方向，南半球逆時針方向。而如果你是在赤道，就不會旋轉。這想法由傅柯先生（Léon Foucault，就是他用「傅科擺」成功證明地球自轉）在公元 1851 年提出來，但現在是你的了！

如果你沒有在上述分點和至點的日期觀察到應有現象，可以把以下等式算出的結果，作為因應地球當前轉軸傾角所需的調整：

$$調整＝-t \times \cos[(360°)/365 \times (d+10)]$$

d 表示一年中的日子，也就是以 1 月 1 日等於 0，而 1 月 2 日等於 1，用此為前提去計算而得到的日期，依此類推。d 後面加上 10，是為了得到 12 月冬至之後的天數。同樣地，t 表示地球當前的轉軸傾角（參見 10.7.1，測量轉軸傾角的方法）。

如此，緯度的問題終於解決了。現在你要做的是計算經度，這更簡單！

經度是測量由本初子午線出發向東或向西有多遠。你已經知道地球每天由西向東旋轉 360 度（你知道，因為我們剛剛告訴你了），那麼 1 度經度顯然就相當於一天的 1/360，也就是 4 分鐘。[1] 你的經度，就是你所在位置的中午與本初子午線的中午之間的差。[2] 例如，如果你的中午比本初子午線的中午提前 8 分鐘，你就知道你位在本初子午線以東 2 度的經度。同樣，如果你的中午比本初子午線的中午晚 20 分鐘，你的經度就是以西 5 度。經度簡直是小事一件，假設你認為跟上本初子午線的時間並不是那種會阻礙人類數千年的事情！不過，遺憾的是，要跟上本初子午線的時間絕對是會阻礙人類數千年的事情。

原因很簡單：時鐘通常要仰賴一些重複的運動，如鐘擺擺動、水滴、滾球等等，這些運動在陸地上運作良好，但在船上完全失

---

[1] 這假定了一天有 24 小時，但你一天的時間可能會更短。那是因為月球的引力會引發潮汐，而潮汐導致地球與海洋之間產生少量摩擦，像是個小型的煞車裝置。這會使地球的旋轉越來越慢，也就是說地球在過去轉得較快。你可以預期，大約每 100 萬年縮短約 17.8 秒。

[2] 在這裡，我們使用的是實際的太陽正午（太陽位於天空最高點時），而不是在你想出時區時，可能發明的接近中午的任一時刻（參見 10.7.1 時鐘）。

效。一個大波浪就能把鐘擺打歪，而這還沒把搖晃不停的小波浪算進去。為了解決這個問題，船隻有時會攜帶數十個時鐘，每個時鐘都會因不同原因而略微偏差，只求所有這些時間的平均值會準確。但這不是解決辦法，而且迷航和沉船事件也不斷發生。❶ 這是個必須正視的問題，各國政府也早在公元 1567 年就開始提供現金獎勵，給任何可以確認海上經度的解決方案。到了公元 1707 年，英國甚至願意提供 2 萬英鎊獎金給提出可行方案的人，相當於今天的數百萬美元。如果你剛好身處這個時期，恭喜，你就要變有錢了！

在原來的歷史中，解決方案就如你所想：精彩的鐘錶製造商投入了他們全部的生命，最後想出一些絕頂聰明、無比昂貴又極其複雜的航海鐘，這種時鐘不會有人想製造，因為真的非常難做。相反的，你將獨闢蹊徑，直達現代仍在使用的解決方案。你將*藉由無形的能量波動，穿越空氣，以光速*發送時間。

你要發明無線電。

你也將拯救數百萬尚未出世的水手免於一死。[34]

10.12.4 無線電

無線時代的到來將不再有戰爭，

因為它將使戰爭變得荒謬。

——你（以及古列爾莫・馬可尼）

無線電是什麼？

以幾近光速來傳遞思想和訊息的方式，減少了時間和距離自古以來對人類造成的障礙，因此很酷。

---

❶ 公元 1831 年，達爾文搭乘小獵犬號出航，並自此開始構想出他的演化論。當時船上共有 22 個不同的航海鐘，全部存放在船底的專用艙，那是整艘船中晃動最小的地方。除非要查看照料時鐘，否則沒有人可以進去那間艙房。五年後船返航時，22 個時鐘中只剩 11 個仍能正常運轉。但無論如何船隻確實安全回家了。

無線電發明前的情況

想聽音樂的話，你必須走出你家大門，實際移動到音樂會現場。但誰會這麼勤勞啊？

首度發明無線電的時間

公元 1864 年（預測了電磁波）

公元 1874 年（第一個貓鬚無線電偵測器）

公元 1880 年（第一次刻意進行的無線電傳輸）

公元 1895 年（無線電訊號穿越 2.4 公里的距離成功發送和接收）

公元 1901 年（無線電訊號穿越 3500 公里橫跨大西洋發和接）

發明無線電的必要條件

電（用來傳輸）、金屬（用來製作電線）、磁鐵（用來製作揚聲器）。

發明無線電的方法

你或許已聽說過電磁波光譜，這是描述某個範圍的輻射（輻射就是能在空間中移動的能量），包括從無線電波到可見光到 X 射線的一切。下頁是輻射圖。

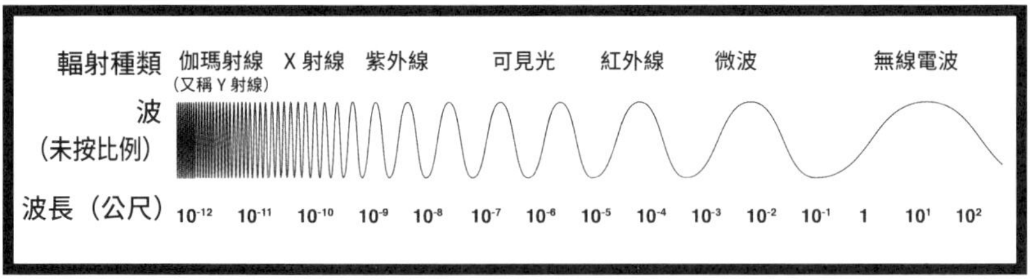

圖 40　電磁波光譜

經度線和緯度線的間距到底有多遠？

緯度和經度 1 度之間在地球表面的距離（這裡我們會精確地以扁球體來計算，沒為什麼，*只因為我們很認真*），依照不同緯度列於下表。經度線之間的距離在緯度 90 度的地方是 0 公里，因為這裡是所有經度線匯聚於一點的極區。

表 15　一張看似枯燥乏味的數字表，但是當你人在汪洋之中的一艘船上，想知道離陸地還有多遠時就會說：「很高興看到這張表。事實證明並不乏味，我真心為我過去所說的話道歉。」

緯度	緯度線之間的距離	經度線之間的距離
0°	110.574 公里	111.320 公里
+/- 15°	110.649 公里	107.551 公里
+/- 30°	110.852 公里	96.486 公里
+/- 45°	111.132 公里	78.847 公里
+/- 60°	111.412 公里	55.800 公里
+/- 75°	111.618 公里	28.902 公里
+/- 90°	111.694 公里	0 公里

光譜高能量端是伽瑪射線，低能量端為無線電波，中間附近有一小段可見光。[1] 你最熟悉的光譜可能是可見光的部分，畢竟你就是用眼睛接收這些輻射才讀得到這些文字的。你好啊！

我們把可見光分成幾種顏色：紅、橙、黃、綠、藍、靛、紫[2]，把光分成這麼多色，其實是這些光的能量。我們大腦將某個能量範圍的可見光輻射轉化為我們所感知到的「黃色」，另一個能量範圍的轉化為「紫色」等等，但其實所有顏色（和所有電磁波輻射）基本上都是同一種東西，也就是不同能量範圍的電磁輻射，並且都以光速行進。某些級別的電磁波輻射會在最少干擾的情況下穿透我們身體（如無線電波），某些則會直接撞擊（可見光）。

直觀來說，可見光看起來或與無線電不同，但實際上並沒有什麼特別之處（除了它的頻率恰好被我們的身體吸收，而這確實也是人類演化成能看見可見光的原因之一）。[3]

---

[1] 我們說「一小段」，可不是胡謅的。可見光的波長是 400-700 奈米，這表示你過去所見過，以及未來即將見到的一切，都是透過這僅僅 300 奈米寬的光譜抵達你的眼睛。

[2] 顏色不是只能這樣區分！由於顏色是光譜，因此你想幫多少顏色貼上多少標籤都可以。例如，在英語世界裡，藍和綠是不同色，但在中文世界裡，就以「青色」一詞同時包含這兩種色。另外，英語的「紅色」，在匈牙利語、土耳其語、愛爾蘭語和蘇格蘭蓋爾語中都還可以再細分出許多顏色。甚至，各種顏色也都只是近似值：那些鎮日與顏色為伍靠顏色吃飯的人，能區分出一般人不會去留意的色彩差異。室內設計師（別擔心，總有一天你會再擁有）可以區分出深紅色、勃根第紅、胭脂紅，莧菜紅、褐紅、希哈酒紅、牛血紅、紅木紅、紫檀木紅、朱紅、罌粟紅、瑪瑙紅、赤褐、玫瑰紅和酒紅等龐大的紅色陣容，但我們其他的凡夫俗子大概只看得到「紅．色」。

[3] 即使我們想看到無線電波，也看不到。這些電波會直接穿過我們的眼睛，而不會為眼睛所接收。但有些動物可以看到我們視覺範圍之外的東西。螳螂蝦可以看到人類能看到的所有顏色，再加上一些紅外線和紫外線光譜！他們可以看到人類甚至未曾*想過的*顏色，因為人類很難想像他們沒有看過的顏色。這引出哲學上一個懸而未決的問題，法蘭克．傑克森（Frank Jackson）首度於 1982 年提出的「超級科學家瑪麗的思想實驗」。實驗中，你想像有個女人瑪麗，她是聰明的科學家，但天生就患有疾病，只能看到黑色和白色。不可思議的是，她一生都生活在一間黑白相間的房間裡，裡面有黑白電腦連接著網路。儘管受到這些限制，瑪麗還是長大了！她學到了每一條物理訊息，可能知道顏色是如何運作，以及光線如何與眼交互作用，還有訊息在腦中起什麼作用。總之，就是所有一切知識。她是活在黑白房間內的色彩和人體專家。有一天，

確實，除了可見光，我們是看不到電磁波光譜的其他部分，但我們仍然可以感知其中某些部分。能量略低於紅色的輻射（我們可見的最低能量顏色）稱為「紅外線」，我們可以從皮膚發熱來感覺。能量比紫色光稍高的輻射稱為「紫外線」，也可以由所謂「可能致命的輻射燒傷」從皮膚來感知。❶

現在你已經熟悉了電磁輻射的基本知識，讓我們來談談無線電。無線電就是以電磁波來傳輸訊息的技術。在現代，傳訊方式有好幾種。調節無線電訊號的振幅（無線電波上下波動的高度），提供我們調幅無線電（簡稱 AM）；調節無線電訊號的頻率（電波上下波動的頻率），提供我們調頻無線電（簡稱 FM）。這裡的策略是把訊息編碼到振幅或頻率變化的幅度，但這已經超出你目前所需。待會我們會提到這個部分，目前你需要的，只是發送一個無線電訊號。

你將以簡單的方式來產生無線電波，令人印象最深刻的瘋狂科學家剛好就會這樣做：製造人工閃電，也就是所謂的「電力」。當電力通過空氣傳播（稱為「電弧」，詳情可參見 10.10.3），便可產生各種電磁輻射。這種電會發光（這就閃電看起來很酷的原因），但也會發出一堆無線電輻射。如果你可以隨意製造出電弧（方法是切斷電線，如此一來，電要行進的唯一方式是在電線兩端之間產生電弧），那麼你就可以製造出無線電訊號。至於傳輸的強度，則視所製造出電弧的強度而定。

瑪麗的病治癒了，於是離開了房間。她走到屋外，此生第一次仰望美麗的藍天。這時你的問題是：她有因此學到什麼新東西嗎？也就是說，是否存在無法教授的知識，只能通過直接意識體驗而得？不要問我們答案是什麼！我們只是建造了時光機。

❶這也就是曬傷！曬傷不是來自你看得到的陽光，也不是來自你所感覺到的紅外線熱能，而是因為高能紫外線會穿透你的皮膚，損害你的 DNA，導致皮膚因輻射能而灼傷。每當你損壞細胞中的 DNA，細胞就有可能因此癌變，從而導致上述的死亡！

如果你只是要製造出無線電爆波來傳遞訊息（例如，在正中午發出電波以用於計時，參見 10.12.3），那麼你已經大功告成。但是如果你附加了一個開關，進而依循某種模式開啟和關閉，你就可以用摩斯密碼[1]傳遞你想要的任何訊息。電報使用的也是相同技術（如果你願意，現在也可以順道發明，只需把你的開關藉由電線連接到遙遠處的蜂鳴器，而不是使用電弧無線電發射器。電報對於跨陸傳輸可能較簡單，但如果要越洋傳輸，至少在鋪設海底電纜之前，都得使用無線電了。

為了接收這些訊號，你要蓋世界上第一座無線電訊號偵測器，而且甚至不需要電池，因為無線電訊號本身就會供電。首先你需要一個天線，任何長電線都可以，但以 30 公尺以上為佳。把一端放在地上，另一端放在高處，像是陸地上的一棵樹，或船上桅杆的頂部。[2]無線電波（記住，這不過是電磁輻射）將與這條長電線交互作用，並感應電子在電線中移動，製造出電流。為了探測這種能量，你還要發明二極管。

二極管是允許電流往單一方向流動的裝置。二極管是其中一種「半導體」，也就是在不同環境下會以不同方式傳導電流的材料。在現代，我們的半導體已經從真空管、電晶體，一路發展到積體電路，但這些你都還不需要。你需要的只是一些普通的古老岩石：方鉛礦（最常見的鉛礦石之一，通常在方解石中發現的黑色、有光澤的角岩）和黃鐵礦（也就是傻瓜黃金，因為非常閃亮很容易發現）

---

[1] 如果你不懂摩斯密碼，不要擔心。自創一個，然後放上你的大名！摩斯密碼背後的想法是用不同的破折號（長傳輸）和點（短傳輸）來表示每個字母，字母之間會有個短暫的暫停。如果你想讓這套密碼變得新奇，就把最常用到的字母作為短傳輸，較不常見的字母作為長傳輸，如此一來你的密碼傳輸訊息就會更有效率。哪些字母最常見？我們已經提供你一份超過 60 萬個字母的完整文本，也就是這本書。你現在要做的，就是統計書中所有字母，看看哪些最常出現。這個練習就留給讀者了。（編注：中文版的讀者可利用注音符號來做，一樣可找出這本書最常用的字來發明。）

[2] 如果你在船上，讓電線在水中拖曳也可扮演簡單的「接地」功能。但是船底下的金屬板其實提供更多表面積，因此更有效。

等天然半導體岩石。你只需要這些岩石中的一顆晶體就可以了。你也許還記得你的祖先在他們收音機還是新玩意的年輕歲月中，所建造出的玩具「礦石收音機」。現在，你就是在做這個東西。

一旦你做出晶體二極管，就能把天線牢繫到它上面（同時保持接地），並用稱為「貓鬚」的細線對晶體做第二次非常溫和的接觸。❶你可能得讓你的「貓鬚」多方嘗試接觸晶體上的不同位置，直到找到最具備半導體特性的部位。當你找到時，「貓鬚」在天線接收無線電訊號時就會帶電。電量很小，但足以表明收到無線電傳輸。[35]

為了使電流發出聲音，你要製造一個螺線管，也就是用線緊緊纏繞成一個線圈。當電流通過電線，會產生磁場，若把電線纏繞成圈，感應出的磁場會變得更強。正如你在 10.6.2 所見，這就是個電磁鐵！線圈中央放入一個一般磁鐵，這個磁鐵便會與電相同的速率在線圈內移動。把磁鐵安裝在一個輕巧但堅固的錐體上，因此當磁鐵震動，空氣便會隨之震動。如此一來，電能的變化就會轉換為空氣的運動。換句話說，世界上第一部揚聲器出現了。

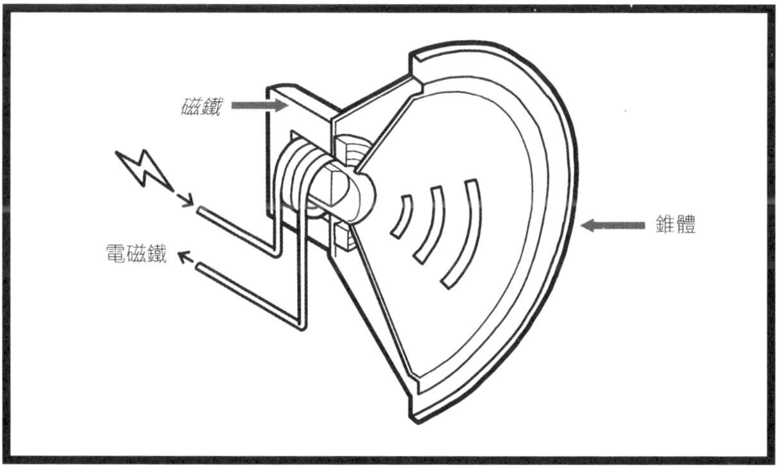

圖 41　世界第一部揚聲器，難免會有點吵

❶ 會稱為貓鬚，因為如果你瞇起眼仔細看，這些細線看起來有點像貓的鬍鬚。

較低電量表示這是很小聲的揚聲器，或許比較適合作為小型耳機，而不是讓一群人隨節拍搖擺。不過發聲原理對這兩者來說是一樣的。

請注意：無線電在夜間傳輸的效果，比白天傳輸好，因為地球的高層大氣（稱電離層）是因陽光照射而帶電。當無線電波在白天穿過較低的電離層，電波會與受太陽激發的帶電離子相互作用而衰減。但是這個下層電離層在夜晚就很容易讓無線電波穿透（太棒了！），而上層電離層則會反射以某個斜角入射的無線電波（甚至更好！）。

在夜間由電離層反射出訊號，很適合遠距離發送訊息。事實上，如果收發訊號的兩點距離夠遠，考慮到地球的曲率，這兩點之間一定得穿過足以擋下無線電波的固態岩石❶，此時透過電離層反射可能是唯一的傳輸方式。

你還應該要記住，電磁輻射不會永遠以相同的強度傳播。任何廣播輻射（無論是電磁波、重力波還是聲波）的強度會與兩點之間的距離平方成反比。

換句話說，你離得越遠，訊號衰減得越快。即便我們能夠隨意彎曲時元，也無法改變這個平方反比的定律。不過，我們是可以提高電波強度來改善這個狀況。

第一次跨大西洋傳輸（該實驗由本節引言中的馬可尼所主導，遺憾的是結果並不如預期）是藉由本節所提到的電弧傳輸器來達成，只不過電波發射的功率很高，而在海洋的另一端，還有個非常大的接收天線在等著它。

---

❶雖然無線電波確實能穿透大多數東西，但是材料越厚、越密實，訊號就會越衰弱。

10.12.5 船

如果不願遠離海岸線，就無法發現新陸地。

——*你（以及安德烈．紀德）*

船是什麼？

開闢占地球表面約70%被水覆蓋的面積[1]，用來勘探、捕魚、貿易以及在*公海舉行時髦派對*的工具。

船發明前的情況

走不到、爬不到或游不到的地方，人類就無法前往，導致有小島甚或整個大陸都處於未殖民的狀態。人們只能望洋興嘆。

首度發明船的時間

公元前90萬年（原始人航行到18公里外的水域，到達印尼的弗洛雷斯島）

公元前13萬年（人類從希臘大陸航行到克里特島）

公元前4萬6000年（人類航行到澳洲）

公元前7000年（蘆葦船）

公元前5500年（帆船）

公元100年（迎風行駛）

---

[1] 這個統計數據適用於你可以存活的任何時期！自從盤古大陸在約公元前3億年形成以來，地球表面被水覆蓋的面積就大約為70%，因為從那時起，地球上的陸地幾乎保持相同大小至今，只是會緩慢漂移。地球上的水必須存放在*某個地方*，而唯一的存放地點若不是（a）成堆蓄積在地球表面，也就是所謂的「海洋」和「湖泊」，就是（b）蓄積在大氣中成為雲，但是大氣的含水量也就這麼多，最後是（c）極地的冰層。極地冰帽可以增長和縮小，從而升高和降低海平面，進而露出或覆蓋陸地。但即使是完全融化的極地冰，能改變海平面的幅度也很有限。精確來說，完全融化時海平面會上升70公尺，這只會導致陸地減少約3%。然而，考慮到海岸線上有多少人類居住，這可是非常重要的3%！

公元 1783 年（蒸汽動力船）
公元 1836 年（螺旋槳動力船）

發明船的必要條件

木材（用於獨木舟）、繩索、焦油（用於由蘆葦或原木製成的船）、金屬加工和焊接（用於舵針和舵軸）、紡織品（用於帆船）、指南針、醃製品、緯度和經度（用於你早看過也會想發明的馬力強大的船）、紡車（為了近海捕魚所需的漁網，你會想要這個的，因為有些近海魚類*真的*非常美味）。

發明船的方法

最早的船（稱為「獨木舟」）作法非常簡單：把一塊大樹幹挖空之後坐進去，船就發明出來了。你可以用蘆葦、木頭或木板，造出更大更好的船，用繩子或釘子把這些材料綁在一起，形成船形船體（前尖後方），並以植物塞滿空隙來防水，最後用焦油或瀝青來密封（參見 10.1.1 木炭）。如果覺得這樣野心太大，也可以造一艘木筏就好，不過木筏較適合漂流，而不是前往某個特定地點。船形的船體才能劃開水面，駛向特定方向。記住：船隻可以到達你想去的地方，木筏則是到達*它們想去的*地方。所以你要做的是船。

只要有方向舵，就可以輕易駕馭船隻，但人類花了很長的時間才想出來（這點應該不令人訝異）。在發明方向舵之前，水手會在船的一側懸掛一個或多個大型的櫓。在中國於公元 100 年左右發明方向舵之前，這可是最先進的技術。1000 年後，這個想法終於在公元 1100 年左右傳到了歐洲。歐洲人，爭氣點。

方向舵（參見 10.12.6）可以藉由舵針和舵軸架在船尾，是非常簡單的發明。舵軸是個管子，舵針則是能剛好插入舵軸的栓，讓附在這上面的東西都可自由旋轉，*一如你想要的方向舵*。

這些都要到公元 1400 年才發明出來，所以剛剛那幾段文字，就讓你的船擁有領先數千年的技術，而精采的還在後頭。

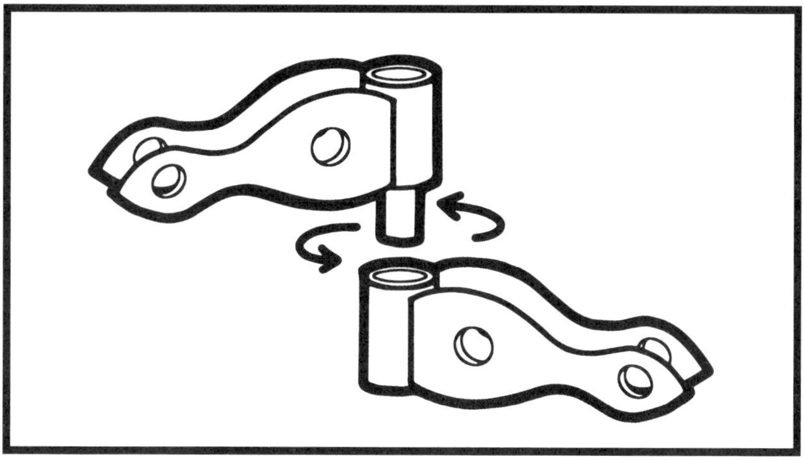

圖 42 舵針和舵軸

為了避免像個呆子一樣使盡蠻力把船划入水中，你需要發明船帆或是引擎。引擎前面討論過了（參見 10.5.4），所以現在可以專心來談船帆，製造出更華麗的船。

把一面正方形的布豎起來，布面不要拉緊，才能灌滿空氣。布面要橫過船身，才能捕獲風，然後就可以開帆了！現在你的船會在水面移動，*船長*，你發明了帆船啊！只要有行進得比水還要快的風，就可以航行。[1] 但這還只是入門級的航行，歷史上早已出現多次，而且這種船無法讓你往偏離風向 60 度以上的方向行駛。如果能夠開往任何你喜歡的方向，不是很好嗎？船隻的力道若足以逆風而行，讓大自然的力量屈服在你的意志之下，進而征服海洋，豈不是很棒？確實很棒，所以讓我們現在就來發明。

---

[1] 如果風行進得比水慢，你就不是在航行，而是在漂流，得一直漂流到風再次吹起。水手稱這種狀態為「無風的淡定狀態」，但是當你在遠離岸邊數公里之遙，食物和淡水耗盡，又受到嚴酷的日曬，可能無法淡定了。水手應該稱之為「無風又淡定但請注意問題可大了」的狀態。

現在，拋開橫過船身的方帆，改為建造與船身同向的三角帆。[1] 這些縱帆稱為「前後帆」，因為帆布是從船的後面（船尾）張到船的前面（船首）（行話：「一艘很好的單桅帆船，耶」）。把這張帆安裝在吊桿（連接到桅杆上的大型旋轉樑）上，你就可以旋轉布帆，使船和帆能夠以不同角度前進。每次調整時，用繩子把吊桿繫在你想要的位置。

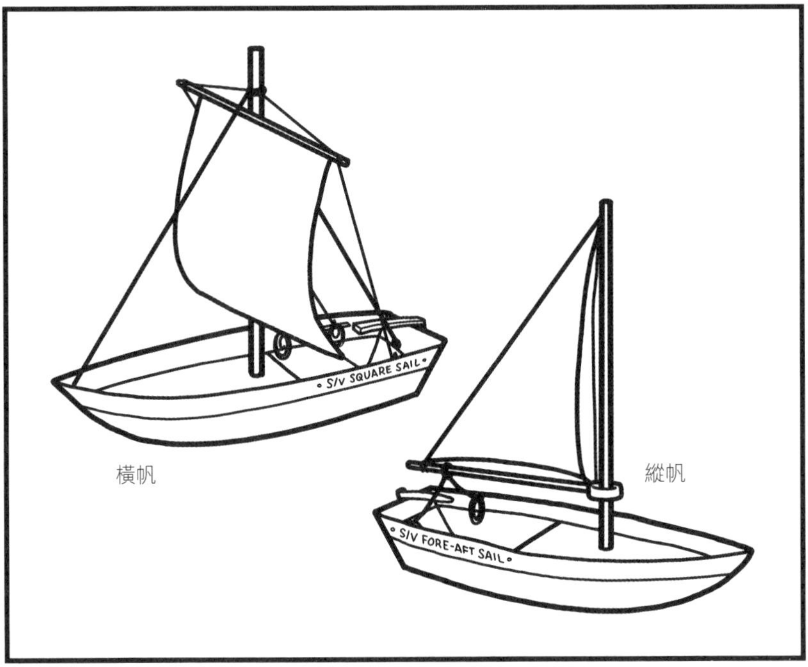

圖 43　橫帆和縱帆

---

[1] 這其實並不是非 A 即 B 命題的帆船類型。許多船（尤其是較大的船）會把方帆與三角帆結合起來，並在不同的情況下使用。當風直接吹到你身後時，方形風帆仍能發揮最佳效果！

這種更大的風帆控制桿，讓你幾乎能從45度以內的任何角度駕馭風。即使你無法直接迎風而行，仍可以與風向呈45度角來前進，然後每隔一段時間再切換到另一側的45度角。這稱為「迎風換舷」，行進軌跡為「之」字形。雖然之字形前進的效率低於直線前行，且雖然這的確需要你定期調整風帆，但這有什麼關係？在你*迎風前行*之時，地球上其他文明可能還在為挖空樹幹而沾沾自喜。

但是，風在這種船帆上的作用還不止如此。當你把帆面稍微斜切入風中，也就是帆面只與風向成某個小角度，此時有些風會灌入船帆，其餘的則從另一側吹過。此時船帆的作用就像機翼（參見10.12.6人類飛行），會產生升力。

這種升力的作用，使得風不只是*推動船帆*，還會從另一側往同一個方向拉動。結合推力和拉力之後，帆船會*走得比風快*。（見圖44）熟練的水手搭配適當的船隻，可讓船速高達風速的1.5倍。這招絕對要學起來！

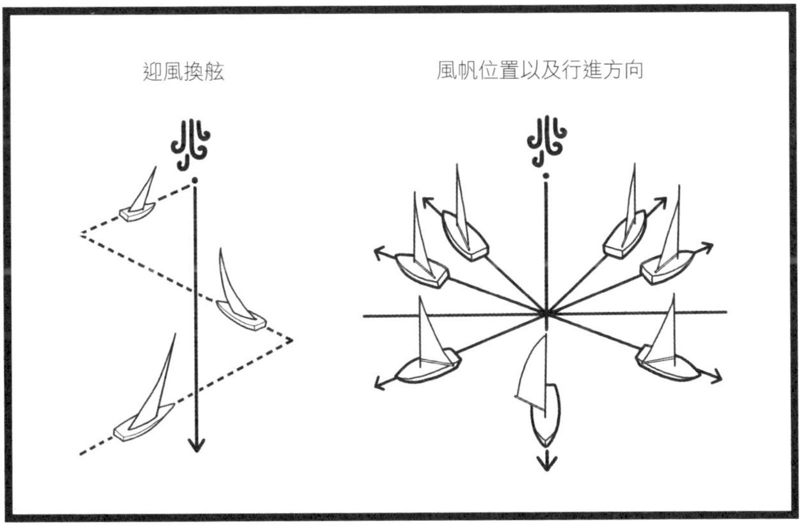

圖44 迎風換舷以及風帆與船的相對角度

但你利用的風力也會讓船翻覆，所以要把重物放在船底作為壓艙物，並沿著中心線在船底下方安裝「龍骨」（一個形狀像鯊魚鰭的垂直長板）。你可以在船的前後方同時安裝龍骨，也可以只裝在中間。龍骨的作用在於抵消風力，以免船隻翻覆，還能穩定船隻行進方向，讓船在風中前進而不是往一邊傾斜。

如果你想幫船加裝引擎，你就會需要水中螺旋槳。❶螺旋槳是一種機器，能把旋轉運動轉變為推力，雖然理論上人類很早就發明了螺旋槳，但還是花了將近兩千年才了解我們究竟發明出什麼東西。

螺旋槳最早的起源可能要追溯到（對你來說可能是未來的事）阿基米德螺旋。這種螺旋最早是公元前650年左右在亞述發明，卻是以阿基米德來命名，此人於公元前300年左右把這個發明推廣到歐洲。阿基米德螺旋不過是個長又大的螺旋，插入單邊開口的管子中，然後整個裝置的一端以某個角度沒入水中。沿正確的方向旋轉螺旋，會使水沿管子上升，這用來灌溉農作物可能非常有用。❷阿基米德螺旋就這樣使用了數千年，直到公元1836年，才有人終於想到可以把螺旋切下來放進水裡。要感謝「作用力與反作用力定律」❸，這些螺旋槳不只是把水抽出，也往反方向推動所附著的船隻。

這就是第一個螺旋槳真正的樣貌：一個迷你的阿基米德螺旋，長到足以裝上雙螺旋。意外的是，這個螺旋槳在初期測試時破成兩半，人類因而發現「破裂」的單螺旋槳的運作效率是雙螺旋槳的2倍。至於你熟悉的葉片螺旋槳，實際上是多個螺旋並排工作。

---

❶ 最早的蒸汽動力船使用的並非螺旋槳，而是大型槳輪，不過螺旋槳使力的效率更高。當然，槳輪確實漂亮多了，而且也比較不會卡住。所以如果你想要一個漂亮且比較不會卡住的替代品，那就試試槳輪吧！

❷ 螺旋甚至無需完全貼合管子，只要夠緊，你往上抽送的水量就會多於往下漏的水量。這對任何尚未發明精密工程的文明來說都是好消息，其中可能包括你的文明！

❸ 應該還記得吧，這個定律在10.5.3的注腳中也有提到。

你就放心直接跳到最終版本的螺旋槳設計吧！要做就要做最好的！

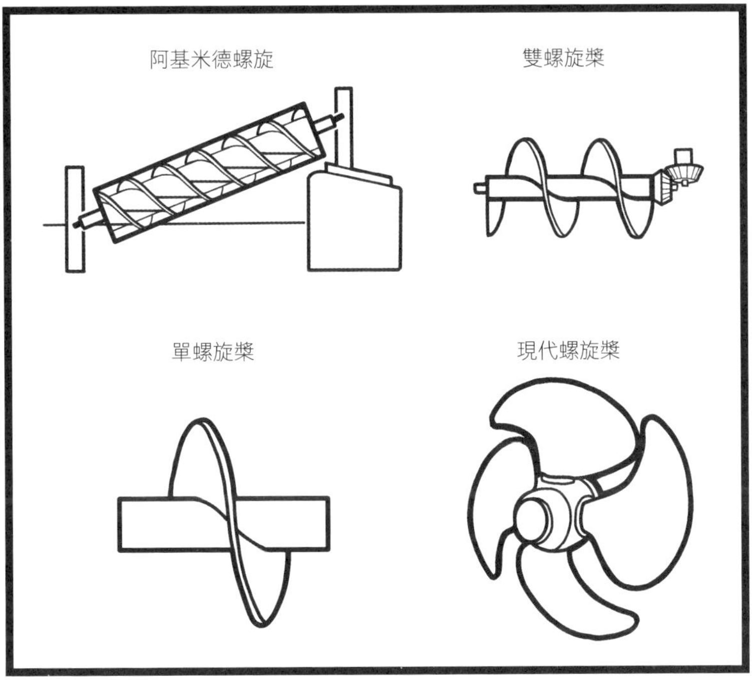

圖 45　阿基米德螺旋及其後代：單螺旋槳和現代螺旋槳。

10.12.6 人類飛行

航空學既不是工業，也不是科學，而是奇蹟。

——*你（以及伊戈爾．西科爾斯基）*

人類飛行是什麼？

滿足人類最早夢想的一種方式。打從我們第一次抬頭凝視鳥類在空中展現威風凜凜的英姿並想著「喔，看起來真酷，我現在也想飛」，人類就有這個夢想了。

人類飛行發明前的情況

你出生在陸地上，死在陸地上。你告訴自己，這樣很好，若還想做什麼更偉大的事，那就太蠢了。

首度發明人類飛行的時間

公元前 500 年（把人綁在巨型風箏上）

公元 1250 年（比空氣輕的機具飛行草圖，驅動飛行的技術尚未出現）

公元 1716 年（比空氣重的機具飛行草圖首度出現，使用的是當時的人類尚未發明的動力）

公元 1783 年（比空氣輕的機具首次飛行）

公元 1874 年（比空氣重的機具首次飛行）

公元 1902 年（比空氣重的機具首次以自身的動力飛行）

發明人類飛行的必要條件

紙張和布料（或是絲綢，如果有的話）、硫酸和鐵（用於氫氣飛艇）、木材（用於滑翔機和比空氣重的機具）、引擎和金屬（用來驅動比空氣重的機具）、指南針、緯度和經度（用於導航）

發明人類飛行的方法

熱氣球是非常簡單的發明。火會產生熱空氣，而熱空氣會上升。如果你在熱空氣上方套上布袋，布袋就會充滿熱空氣，而布袋要是夠大，且氣漏得夠少，就有足夠的浮力升至空中。收緊布袋（免得手痠），把籃子繫在布袋下方，然後爬進籃子，你就會隨布袋升空。你甚至不需要收緊布袋，因為最熱的空氣會上升到頂部，而袋子底部的空氣與周遭大氣的溫度和壓力大致相同。初期試飛階段，你可以把布袋拴在地面，籃內放入沙子作為壓艙物（熱氣球升空後，如果袋內的熱空氣因散逸或冷卻而開始下沉，你可以拋出沙子以減輕重量來減緩下降速度）。你甚至可以把火帶上熱氣球，這招雖然危險，但可以增加你的飛行高度。

換句話說，要實現人類數千數萬年來夢寐以求的飛行，其實只需要一些布和一些火。正是如此。

但人類要到公元 1783 年才想到這招。

我們在這本書中，不斷恥笑人類在備齊所有技術的情況下卻遲遲發明不出東西，因為這真的很可恥！如果你在人類擁有的必備技術（火，以及製造布料所需的手工捻線紡錘）以及終於飛上天的時間之間劃一條線，這條線可是有上萬年之寬。熱氣球不像太空船或時光機那樣，需要文明中眾多成員齊心努力才造得出來。原始的熱氣球，是由兩個無聊的兄弟用粗麻布袋發明的。

只要動機足夠，你甚至不需要文明來製造熱氣球。一個人，即使在新石器時代，在沒有紡錘或紡織機的情況下，窮究一生之力也能收集到足夠的植物和動物纖維，徒手紡出足夠的線來製作熱氣球。但在二十多萬年中，卻沒有人想過這樣做。那些一心想飛的人，通常只是看著鳥，然後試圖學鳥飛。結果製作出覆蓋著羽毛的巨大人造翅膀，而且為了保險起見，有時候連綁在翅膀上的人也覆蓋著羽毛。

文明廢知識：對飛行來說，身上覆蓋羽毛既非必要條件也非充分條件，若不是出於時尚考量，不用這麼做。

由於這樣的裝置無法讓人從陸地直接起飛，人們只好穿著這身裝備從塔樓往下跳。這樣做，頂多只能滑翔一小段距離。但這些飛行員通常是直接跌落而骨折、死亡或是折斷老二[1]，大家卻把飛行失敗歸咎於飛行員沒有尾巴（公元 852 年、1010 年）、使用雞毛而

[1] 只要是跟高度有關的事，嚴重性都會跟你降落在什麼東西上面，以及摔得多重有關。

不是鷹羽（公元 1507 年），或是風力不足以讓飛行外衣鼓起而飄浮在空中（公元 1589 年）。❶ [36]

大約公元前 500 年，中國發明了風箏（你也可以發明風箏，只需把布料鋪在輕盈的框架上，繫上繩子，再加一條尾巴以保持穩定）。隨後，人類便隨著大型風箏乘著強勁的風飛上天。但放過風箏的人都知道風箏有多麼容易墜毀，因此也清楚人乘風箏有多危險致命。公元前 200 年左右，中國人還發明了紙天燈，這是以蠟燭燃燒產生熱空氣來驅動小型氣球。儘管如此，仍然無人將這個想法延伸到人類飛行。

相較之下，歐洲在公元 1250 年出版了一本書，其中就有熱氣球的設計。❷ 但由於當時沒有人發現空氣是有重量的，而熱空氣比較輕，因此這個熱氣球所填充的氣體並非熱氣，而是「以太氣體」，也就是一種可以飄浮在空氣中但人類尚未發明出來的氣體。簡而言之，在公元前 200 年，人類一方面掌握著熱空氣會上升的知識，另一方面則在公元 1250 年設計了一架可經由熱空氣驅動的機器，但這兩種想法從未結合起來。到了公元 1783 年，法國才重新把這兩種想法湊起來。

而這些法國人（也就是孟格菲兄弟，他們把自己的熱氣球命名為「孟格菲」，法國人至今仍用這個名字稱呼熱氣球）甚至不知道熱空氣會上升！正如我們所說，他們最早的實驗是用一個內壁襯著紙的粗麻布袋來包住熱空氣。他們一開始是以蒸汽為燃料，但往往會破壞紙張，於是他們改用「木煙」，認為這是某種「電蒸汽」，

---

❶ 是的，就是這個導致老二折斷！關於這一點，可以在約翰・哈克特（John Hacket）於公元 1692 年的出版物中找到相關的描述，書名是歡樂的《打開書櫃：偉大約翰・威廉斯應得的紀念，他曾擔任英格蘭掌璽大臣、林肯主教和約克大主教。他的一生與政教分離以及一系列著名事件和交易息息相關》（第四部）。

❷ 這不算是現代化的熱氣球，但所有零件都備齊了。方濟各修士羅傑・培根（Roger Bacon）的設計特點是把四個大型「氣球」（空心銅球）以繩索綁在一艘單桅帆船上，使船身抬起。卸下桅杆，你就得到相當於現代的發明：一個被氣球高高舉起的籃子。

能釋放出某種具有「輕盈」特性的特殊氣體「孟格菲氣」（當然要這樣取名）。即便他們在根本上不斷誤解飛行，有一件事仍是對的，那就是「捕捉比空氣還輕的氣體，然後東西就會升空了」。第一次飛行也就只需要這樣。

你使用的布料織得越細緻密實，就越能留住空氣，其中絲綢（參見 10.8.4）特別有用。熱氣球的行進方向是直接往上，而加裝引擎便能控制熱氣球的方向，如此一來，你就發明了飛船！這還能繼續升級嗎？

當然可以。熱空氣之所以能上升，是因為比一般空氣還輕，但還遠不及最輕的氣體。你會希望取得更輕的氣體，因為氣體越輕，升空所需的燃料就越少，而氣體升得越高，你就可以飛行得更遠。因此要改造熱氣球，最明顯的就是完全不用熱空氣，而改用*宇宙中最輕的氣體*。讓我們著手進行吧！

宇宙中最輕的氣體是氫氣，附錄 C.11 告訴你如何利用電從鹵水中得到氫。但如果你需要很多氫氣（如果要建造飛船，一定會需要很多），也許會想用便宜一點的方式。你可以讓蒸汽通過燒紅的鐵，此時蒸汽就會分解成氫（氣體）和氧（會在鐵的表面形成氧化鐵），但這個方式需要大量的鐵。

比較簡單的方式，會是我們這個時間軸中業餘飛行員的方法：讓稀釋的硫酸與鐵反應以產生氫氣。[1] 稀釋硫酸就是把硫酸慢慢加到 3.3 倍重的水中，接著把鐵屑放入桶中，以 2：1 的重量比把硫酸倒在鐵屑上，也就是把 2 公斤的硫酸倒在 1 公斤的鐵屑上。這會發生化學反應，產生氫氣！接著把氫氣導入裝滿熟石灰（參見附錄 C.4）的桶子中，以去除附著在氫氣上的酸。這個過程很重要，否則產生的氫氣就會透蝕你的氣球，從歷史教訓看來不是什麼好事。硫

---

[1] 能與硫酸發生反應的金屬其實很多，包括鋁、鋅、錳、鎂和鎳。但你可能會使用鐵，因為這可能是最容易找到的金屬。

酸會比鐵先耗盡，因此你可以把用過的酸液排出，然後灌入新的硫酸，直到鐵屑用盡。你的產氫裝置會像圖 46 這個樣子。

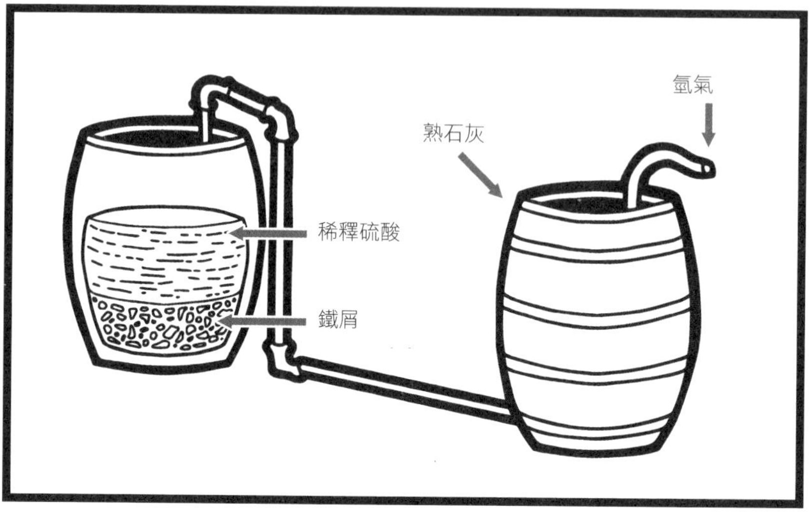

圖 46　製造氫氣的設備

400 公斤的鐵和 800 公斤的酸能產生約 140 立方公尺的氫，而 10 立方公尺的氫就足以抬起 10.7 公斤的東西，確切重量則依當天的氣壓、溫度和濕度而定。

先別急著把硫酸和鐵加在一起，請記住：氫是極度易燃、會猛烈爆炸的氣體。1937 年 5 月 6 日，灌滿氫氣的飛船「興登堡」準備停泊在繫留柱時發生爆炸，飛船遭熊熊烈燄所吞噬並墜毀，氫氣飛船旅行的時代也就在這場可怕的災難中畫下句點。而罪魁禍首只是因靜電產生的一點火花。[37]

這時候你或許會想：「他們怎麼不用氦氣？要是我一定用氦氣。」氦氣不會爆炸、不會發生反應，並且是第三輕的氣體（升力是氫氣的 88%），但是也更難取得。地球上氦氣唯一的天然來源，是由鈾等重元素以極慢的放射性衰變而產生。但即使在這種情況下，任何未被困在地底深處的氦都會散逸到大氣中，最後輕盈地飄升到太空。氦是幾乎完全不可再生的能源。❶ 因此，如果你想要有效又不貴、比空氣還輕的飛行，短期內唯一的選擇是使用氫氣，並且要非常、非常、非常小心。

不過還有一項選擇：以比空氣還重的機具來飛行。

發明比空氣還輕的飛行並不難，但比空氣還重的飛行，基本原理卻遠比「只要把布袋灌滿熱空氣或其他輕氣體就完成了，再見不送」複雜得多。更糟的是，要全面詳細解釋空氣動力學，需要的篇幅遠多於這本「未必會被讀到、除非你的 FC3000™ 租賃時光機發生了嚴重故障，而老實說發生機率又有多高呢」維修手冊。但即使只是比空氣還重的飛行基礎知識，也能使你的文明在歷史上領先所有人數千年。有了這種先發優勢，你就可以做我們在歷史上所做的事：造飛機，進行實驗，並以科學來弄清楚什麼作法是有效的〕。

首先，你可以建造一個風洞。這樣可以省下大量時間和金錢，少點斷手斷腳，也少出些人命。風洞只是個能讓空氣吹過的大型管，但人類仍要到公元 1871 年才想出來。這是簡單的發明，讓空氣流經靜止的機翼（通常是模型），而非讓機翼劃破大氣來研究飛行（通常是以實驗飛機來飛行，然後*看看會發生什麼事*）。

把線繫在機翼上，看空氣是如何流過機翼，或是引入煙霧，便可直接得知空氣的運動。你可以把飛機安裝在平衡秤上，以測量飛機上空氣動力的力道。平衡秤就是個安裝在三角形頂部的橫竿，兩側各懸掛一個大淺盤。當橫竿兩側重量相等，橫竿就是平衡的。建

---

❶ 在 1960 年代，美國確實開始在地底儲存氦氣，作為國家氦氣儲庫的一部分。到了 1995 年，美國已經儲存了 10 億立方公尺的氦氣。然而，隔年美國政府決定逐步淘汰儲庫以節省經費，並將儲存的氦氣賣給民間企業。不依賴自然儲庫來生產氦氣的方法還有這幾種：氫融合、在粒子加速器中以質子轟炸鋰原子，或是到月球挖礦。但我們可以這麼說：以上這些方法都有那麼一點貴。

造風洞平衡秤的方法是，讓平衡秤其中一支橫臂伸入風洞來固定飛機，另一支在風洞外，放上等重的東西以保持飛機靜止。當機翼在風洞中產生升力，飛機的表觀重量會發生變化，此時你便能測出升力的值。❶

機翼截面如圖 47。

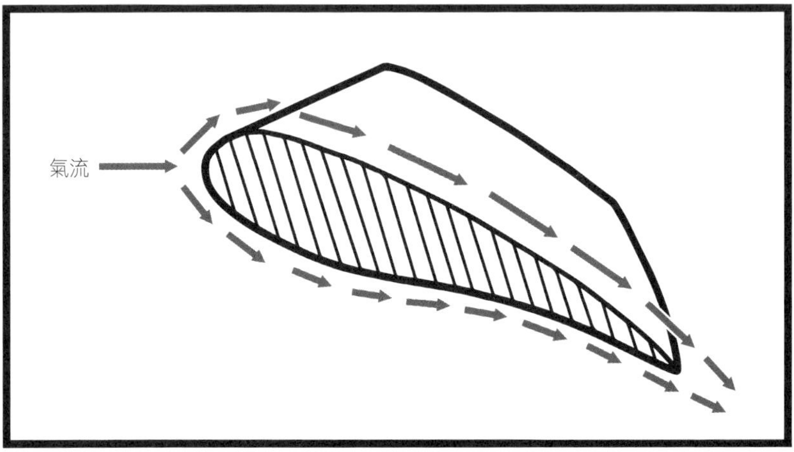

圖 47　機翼截面

機翼藉由氣壓的局部變化來運作，利用的是「物體通過氣體時，各點隨時都會與氣體保持接觸」這項事實（現在你可以聲稱這是你發現的了）。❷ 機翼劃過空氣時，空氣會行經彎曲的上機翼，再往下貼著機翼表面流過。這會使得機翼上方的空氣占據較大的體積，

---

❶ 不幸的是，我們無法完美縮小空氣動力的尺度，這意味著模型飛機與原寸飛機的飛行表現不會完全相同。但是你仍然需要做一些實驗，以得知機翼如何運作，還有機翼外形如何影響飛行性能！此外，你也能省下數百年光陰，不至於把時間浪費在「像鳥兒一樣拍翅的飛機」「像蝙蝠一樣拍翅的飛機」「像螺絲往上鑽開空氣」這些不切實際的想法上。

❷ 這也適用於液體！現在你已經在許多字句中發現了兩個自然定律。嘿，讀到這個注腳算你好運。

從而降低了壓力。另一方面，行經機翼下方的空氣會被推入較小的空間區域，進而增加了壓力。這種壓力的變化可以產生向上的力，稱為「升力」。

機翼也會以第二種方式產生升力，這與前一節（10.12.5 船）發明螺旋槳時所運用的「作用和反作用力」原理是相同的。空氣在流經機翼上下方而離開機翼之後會往下衝，這個推力反而會把機翼往上抬升。你可以增加機翼傾斜的幅度，讓更多空氣轉向。空氣向下行走的力道越大，對機翼產生的反作用力也越大，對機翼的抬升力也會跟著增加。當機翼抬升到某個程度，空氣無法再沿著機翼順暢流動，便會導致空氣出現「紊流」。此時升力銳減，飛機失速，很快就會墜落。

當然了，要製造升力，你需要讓機翼猛力衝入空氣。噴射機或火箭可以達成，但大多數的飛機（以及大多數受困的時間旅人，我想是吧）則會使用螺旋槳。螺旋槳只是一組小巧的旋轉機翼，能讓飛機前進而非飛升。[1] 只需稍微扭轉螺旋槳外形，便能大幅提升整體效率。事實上，機翼外形只要稍作改變（不論是否用螺旋槳），就會有莫大效用，而這就是建造飛機時你要利用的特性。圖 48 是簡易飛機的外觀，歡迎採用。

尾翼有助於飛機飛行時保持平衡，而位於後機翼後緣的襟翼稱為「升降舵」，能抬升或壓低飛機的尾部，控制飛機往上傾或往下傾的角度。方向舵可左右擺動，讓機首朝左或朝右。副翼讓飛機滾轉，把一側副翼升起，另一側下降，飛機就會滾轉。除了一些厲害的飛行訣竅，上述這些飛機部位都有助於保持飛機平衡，筆直飛行。

---

[1] 早期的飛機設計師並不確定哪種較好用：是把螺旋槳放在機尾推動前進，還是放在機首拉動前進？事實證明，放在機首效果最好。裝設在機翼後方的螺旋槳效率較低，因為通過螺旋槳的空氣已經遭飛機打亂。實際上，早期的飛機設計師不確定的事情很多，所以如果你也不確定，不必擔心。數十年來，每個試圖飛行的人，都是在對飛機的飛行原理缺乏正確認識的情況下試飛的。

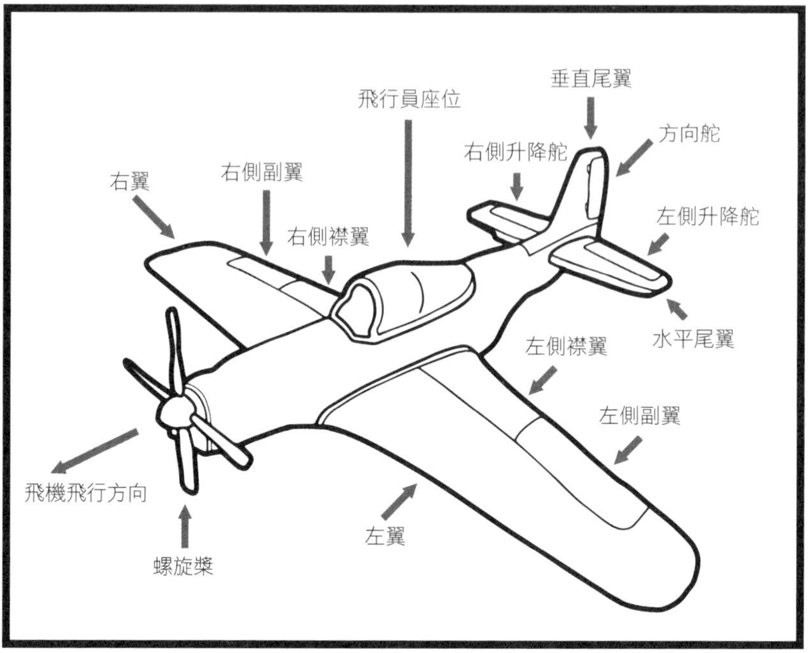

圖 48　飛機部位名稱

最後，襟翼的功能與副翼相同，但設計為同時升降，這讓你得以調整兩側機翼同時產生的升力。你可以降低襟翼以產生更大的升力（在飛機以較慢速度降落著陸時很有用），並在空中飛行時升高襟翼以加速到更高的巡航速度。

除了推力和升力，另外兩個作用在飛機上的因素是重量（也就是把你拉向地球的重力）和阻力（任何與推力相反的力，如空氣阻力）。比空氣更重的飛行之所以複雜，另一個原因就在此。理論上，把夠大的機翼連接到能推動機翼的東西上，你就能飛。但實際上，能產生足夠推力讓人類飛上天的引擎往往很重，問題也因此變得更加困難。

內燃機具有較好的功率重量比，不過蒸汽動力飛機在過去曾短

暫卻成功完成飛行目標。比空氣重的動力飛行第一次載人，是公元 1874 年的蒸汽動力飛機，比萊特兄弟早了將近三十年。❶

把引擎接上飛機是困難的工作。但在這之前，還要先測試滑翔機。滑翔機是一種沒有引擎的飛機，必須從高處起飛，可說是飛機的「輔助輪」。雖然比空氣還重的動力飛行所需的技術十分嚴峻，但滑翔機就只需要一些木材、布料，以及我們已經提供的技術訣竅。歐洲在公元 1000 年就已經短暫試驗過木製滑翔機，當時沒有其他技術支援。在公元 1760 年工業革命之前，這類技術仍然無法產生動力飛行，不過還是在 15 世紀初文藝復興時期製造出可靠的飛行器，再搭配弩式彈射器，把飛行器射到空中。[38]

你的文明可能會想立即使用熱氣球，然後嘗試使用飛艇或比空氣重的飛行，但這完全取決於你。或許你還是想全身黏滿雞毛飛行，看看會發生什麼事。我們尊重你的選擇。

---

❶ 萊特兄弟製造出上史上第一架比空氣還重、以自身動力飛行的載人飛行器。公元 1874 年的機器採蒸汽動力，但機身上的蒸汽機不足以維持飛行，得先從斜坡上往下跳，然後滑翔到地面。談到萊特兄弟，他們發明了飛機（並獲得專利）之後就停止了創新，把大部分時間拿來起訴他們的競爭對手，甚至是那些膽敢駕駛非萊特飛機的飛行員。這些訴訟對美國航空有毀滅性的後果：截至 1912 年 1 月，法國（萊特兄弟也擁有專利權，但法國一直沒落實執行專利法），每天有八百多名飛行員飛行，相較之下美國只有 90 人。這些訴訟在公元 1917 年結束，當時美國政府合法迫使飛機製造商分享他們的專利，但損害已經造成。美國在同年第一次世界大戰時，使用的是法製飛機，因為所有美製飛機都被認定品質低劣到難以忍受。所有這一切都在說：如果你決定發明比空氣重的飛行，也許就不要把飛行器看得太重。

10.13
「我想變成聰明人」

本節唯一介紹的技術是**邏輯**，能為你文明的成員提供更好的推理方式進行，也能確認自己的推理是否正確。更重要的是，這為機器推理奠定了基礎，單元〈17 電腦〉會進一步介紹。邏輯也是人類有史以來最偉大的成就之一，而既然人類花了數百年才想出正確的邏輯，你現在利用這條捷徑也是合乎邏輯的。

10.13.1 邏輯

如果世界是合乎邏輯的地方，男人騎馬都會側坐了。

——你（以及麗塔．梅．布朗）

邏輯是什麼？

人類建構的結構化思想系統，不僅改變了我們的思考方式，最終也能讓你用*完全相同的*方式建造機器。

邏輯發明前的情況

難以進行清晰且正確的抽象思考。

首度發明邏輯的時間

公元前 350 年（亞里斯多德首度對邏輯進行科學研究）

公元前 300 年（第一個命題邏輯）

公元前 1200 年（重新發明命題邏輯）

公元 1847 年（發明命題演算）

發明邏輯的必要條件

口語

發明邏輯的方法

邏輯的基本原理在歷史上被發現了好幾次（在中國、印度和希臘），但是由於歷史因素，希臘版本的邏輯原理（亞里斯多德的三段論證邏輯）是最有影響力的，所以這就是你要發明的東西。首先從公理出發，也就是不證自明的真理，再從那裡得出結論。

三段論有 (1) 一個主要前提，(2) 一個次要前提，以及 (3) 一個結論。看起來像這樣：

1. 人終有一死。
2. 印何闐是人。
3. 因此，印何闐終有一死。

很清楚直接吧？你可以按照這個形式造出各種論證：

1. 所有時空旅人都想跟過去的自己溫存一番。
2. 所有 FC3000™ 的使用者都是時空旅人。
3. 因此，所有 FC3000™ 的使用者都想跟過去的自己溫存一番。

甚至是：

1. 所有人都是肉身做的。
2. 所有肉身都可用削尖的棍子、骨頭或針刺入皮膚沾上色素來紋身，讓扎過的表皮表層癒合，而表皮下方的色素則被身體的免疫系統吸收而呈穩定濃縮狀態。

3. 因此，所有人都可用削尖的棍子、骨頭或針刺入皮膚沾上色素來紋身，讓扎過的表皮表層癒合，而表皮下方的色素則被身體的免疫系統吸收而呈穩定濃縮狀態。[1]

如你所見，可以用不同文字套入這個結構，因此可以把論證縮減成符號。我們用 S 代表主詞，M 代表中詞，P 代表述詞，因此整個論證就是「關於主詞的陳述」：

1. 所有 M 都是 P。
2. 所有 S 都是 M。
3. 因此，所有 S 都是 P。

這就是三段論證的神奇之處：如果你的前提為真，而三段論證的結構有效，那麼*你的結論就不可能不是真的*。如果所有 M 都是 P，而所有 S 都是 M，那麼所有 S 一定都是 P。不論 M、P 和 S 的內容為何，只要符合這些判準，那麼結論永遠為真。

三段論證能讓你文明中的人，首度對*抽象的*邏輯和論證進行推理，而不是陷入爭論的細節中。論證的結構就足以指出論證是否有效！即便前提為真，只要不是依循著有效的三段論結構，結論就未必為真。

有效的三段論證結構共有 15 個，為了節省你的文明耗費在這些硬邏輯和哲學上頭的時間，現在就直接給你。（見表 16）

你可以想出其他的三段論證結構，但一定是錯的（從「所有 M 是 P」和「所有 S 是 M」得出「因此，沒有 S 是 P」絕對是在胡扯），不然就是得出的結果會比上表的來得弱。例如，如果所有的獅子狗

---

[1] 沒錯，你現在不但學到邏輯，也*同時*學到紋身。

表 16　有效又有邏輯的三段論證。這可是人類花了數千年才解出來的，而且竟然可以塞進 15×3 的表格中，喔耶！

主要前提	次要前提	結論
所有 M 是 P	所有 S 是 M	因此，所有 S 是 P
沒有 M 是 P	所有 S 是 M	因此，沒有 S 是 P
所有 M 是 P	有些 S 是 M	因此，有些 S 是 P
沒有 M 是 P	有些 S 是 M	因此，有些 S 不是 P
所有 P 是 M	沒有 S 是 M	因此，沒有 S 是 P
沒有 P 是 M	所有 S 是 M	因此，沒有 S 是 P
所有 P 是 M	有些 S 不是 M	因此，有些 S 不是 P
沒有 P 是 M	有些 S 是 M	因此，有些 S 不是 P
所有 M 是 P	有些 M 是 S	因此，有些 S 是 P
有些 M 是 P	所有 M 是 S	因此，有些 S 是 P
有些 M 不是 P	所有 M 是 S	因此，有些 S 不是 P
沒有 M 是 P	有些 M 是 S	因此，有些 S 不是 P
所有 P 是 M	沒有 M 是 S	因此，沒有 S 是 P
有些 P 是 M	所有 M 是 S	因此，有些 S 是 P
沒有 P 是 M	有些 M 是 S	因此，有些 S 不是 P

都是狗，而所有的狗都是哺乳動物，那麼你得出「有些獅子狗是哺乳動物」這樣的結論，理論上來說是正確，但是會有所誤導。這帶著我們來到這個非常重要的文明廢知識：

文明廢知識：所有貴賓犬絕對都是哺乳動物。

三段論證由亞里斯多德發明出來之後，兩千年來屹立不搖至今，期間沒有經過重大修改。不過，三段論證對於整理思緒雖然有用，卻非盡善盡美。這些論證仰賴語言，但語言卻永遠含混或不精確。舉例來說，假設你經過完美的邏輯推演之後得到結論是「因此，所有具備安全意識的時空旅人都會害怕一種恐龍」，但有些人可能讀到這段文字之後得到的結論是：那裡有一隻巨無霸恐龍是所有具備安全意識的時空旅人都會害怕。這是真的嗎？*知道是否有巨無霸恐龍似乎很重要。*

人類花了好長一段時間 ❶，最後終於意識到，如果他們能夠將三段論證轉化為可以解開的演算，便能以數學這種萬分精準的語言來探索邏輯和理性。這種推理最終會導向「命題演算」。這個名詞聽起來很嚇人，但其實非常簡單。❷

---

❶ 有多長？命題邏輯是在公元前 300 年左右發明的，在公元 1200 年左右重新發明，然後在 19 世紀由喬治．布爾（George Boole）精鍊成符號邏輯，我們也從他的名字衍生出電腦語言「布林」（boolean），意思是「非真即假」。

❷ 結果，這種更精準的邏輯使人們意識到亞里斯多德提出的幾個三段論證不太正確。我們列出了十五個，但亞里斯多德的原始列表更長。我們最後是以更精準的命題演算來檢驗這些三段論證時，才會發現其中幾個論證得建立在該類別有實際成員時才能運作。意思是說，你得假設拿來推敲的事物實際上真的存在。

例如，有個錯誤的形式是「所有 M 是 S，所有 M 是 P，因此有些 S 是 P」，這個推論在實際存在的事物上是有效的，例如我們如此論證：「所有的馬都是哺乳動物，所有的馬都有蹄，因此有些哺乳動物有蹄。」你會說：「呃，是的，這我知道。」但是，如果 M 指的是不存在的東西，那麼同樣的三段論證就會分崩離析。我們採用相同的形式，而前提也一樣都是真的，我們可以論證：「所有獨角獸都有角，所有的獨角獸都是馬，因此有些馬有角。」但是，馬一直到 21 世紀進行基因改造、迷你化，並被接受為最受歡迎（但有點不可預測）的寵物之前，馬都是沒有角的。由於三段論存在缺陷，因此產生了錯誤的結論。你必須在這個三段論中加上一個「存在條款」，整段論證才會修正成正確的，亦即改成：所有 M 是 S，且所有 M 是 P，且 M 存在，因此一些 S 是 P。人類一直自認絕頂聰明，卻讓亞里斯多德推論中出現的許多錯誤，屹立了兩千年之久。倘若歷代邏輯學家能把獨角獸的例子多方代入這些論證中，這種錯誤早就發現了。

以我們看過的三段論證為例：「所有時空旅人都想跟過去的自己溫存一番，所有 FC3000™ 的使用者都是時間旅人，因此，所有 FC3000™ 的使用者都想跟過去的自己溫存一番。」我們看到這是如何縮減到「所有 M 是 P，所有 S 是 M，因此所有 S 都是 P」的形式，現在，如果我們以意為「表示」的符號（→）來取代「是」一詞，那麼這個三段論證可以寫成：

M → P，且 S → M，因此 S → P

換句話說，如果時空旅行意味著某些溫存的想法，而 FC3000™ 意味著時空旅行，那麼 FC3000™ 便意味著某些溫存的想法。抱歉，時空旅人，你可能覺得不可思議，但這是真的。現在，為了簡便，我們以「^」取代「且」，並加入括弧，這樣推論中涉及哪些變因就一目了然了。我們得到：

(M → P) ^ (S → M)，因此 (S → P)

再以「∴」取代「因此」，以更一般且連續的變數「p、q、r」取代「M、P、S」，再置換一下陳述的順序，讓式子看起來更符合直覺，最後就會得到這個論證形式：

[(p → q) ^ (q → r)] ∴ (p → r)

換句話說，如果 p 表示 q，且 q 表示 r，那麼 p 就表示 r。這個論證形式，就與搭時光旅行去跟過去誘人的自己溫存一番是一樣的，只是精鍊成純粹符號。

還有另一個簡單的論證：「非 p」（以 ¬p 來表示）就是 p 值的相反。我們的邏輯只處理非真即假的事物，因此「非真」就是「假」，而「非假」就是「真」。在這情況下，我們可以簡單地證明「非非p」（也就是 ¬¬p）就是「p」。你要做的就是寫出所有可能選項，其中兩個就是：

表 17　這就是「真值表」，你剛剛使用了其中一個來證明 p 等於 ¬¬ p。你瞧，我們還不會稱讚你是歷史上最偉大的邏輯學家，而是會說：你絕對是歷史上目前最偉大的邏輯學家。

p	¬p	¬¬p
真	p 的相反，因此就是假	¬p 的相反，因此就是真
假	p 的相反，因此就是真	¬p 的相反，因此就是假

這就是要證明「p ∴ ¬¬p」為有效命題所需的一切。要證明這個命題或許看起來很簡單（確實也是），但是你正在為有效的論證形式奠定基礎，以操縱並證明更複雜的命題。用這樣的符號格式進行推理，不僅能看出這些變量相互作用的規則，還能發現*邏輯推理本身的實際規則*。你正在發明一種新方法，來認定這是可證明為準確的。你，正在發明邏輯。

我們在附錄 D 列出了有效的論證形式，如果你決定生產出極其合乎邏輯的文明，這會為你省下大把時間。

當然了，這也只是建造邏輯系統的其中一種方法。你可以依照真的程度❶建造更多複雜的關係。❷我們之所以告訴你這個系統，是因為處理的不外乎是絕對真或絕對假的事，沒有模糊地帶。這是二元系統。你也會在單元〈17 電腦〉見到，如何用二元邏輯建造出跟你一樣進行邏輯推理的機器，只不過速度是你的數千倍。

---

❶例如，模糊邏輯系統，以此來表現真的*程度*是：一個陳述句可以標記為 0 表示假，1 表示真，但也可以標記為介於兩者之間。在這個系統中，0.9 表示幾乎為真，0.0001 表示實際上是假的，0.5 則是真假各半。

❷你可以為引入其他運算符來表現不同關係，例如 ◊ p 表示「p 可能是」。這大致等於我們在亞里斯多德三段論中看到的「有些 M 是 P」。

想要重溫電子遊戲以及躺在床上看電影，邏輯是唯一的途徑。

文明廢知識：不客氣。

以上是你可以用來解決常見人類抱怨的技術部分。我們現在轉向化學、哲學、藝術和醫學。即使這些東西沒有人點名，卻仍是可以大幅改善文明的技術。

11

化學：東西是什麼？該如何製造？

化學的訣竅就是永遠不要── 反應過度。

化學是一門科學，能探究物質的原理，並將物質轉化成更有用的東西。轉化形式有很多種，要全部了解得花上一輩子。不過我們只有幾頁的篇幅，所以只會介紹不需要基礎知識的簡明資訊。

物質是由什麼組成？

這是人類問過最基本的問題之一，也耗費了數千年研究才有辦法回答。我們時間不多，所以直接揭曉答案：所有物質都由原子組成，而原子是 0.1 奈米長的微小粒子。原子的中心（原子核）是由帶正電的質子和帶中性電荷的中子所組成，占原子質量的 99.9%。

世界上有一百多種原子，稱為「元素」。元素的種類由原子核的質子數來決定，只要是帶 1 個質子的原子都是氫，8 個質子的是氧，33 個質子的是砷。人類要有氧才能生存，但砷卻會要人命，所以你一定想知道每種原子有多少質子。幸運的是，我們做好了一張大表，顯示每種元素彼此間的關係。這張表稱為「元素週期表」，可參考附錄 B。該表內容完整，到 2041 年都適用，也就是本表最後修訂的年分。原子只要得到或失去質子，就一定會變成不同元素，但得到或失去中子卻不會變成別的元素。某一化學元素的變體就稱為「同位素」。中子數較多的同位素比中子數較少的同位素來得重。

每個原子的原子核周圍都有一個以上帶負電的電子。電子在不同軌道運行，有些較近，有些較遠。最小的軌道（第一層）可以容納 2 個電子，但下一個（第二層）可以容納 8 個，再下一個可以容納 18 個，依此類推。電子數是根據公式「2（n^2）」計算出來的，n 表示第幾層。雖然電子都想靠近原子核，但不一定要先填滿內層再填外層。因此，根據以上所述畫出的粗略原子模型示意圖如下：

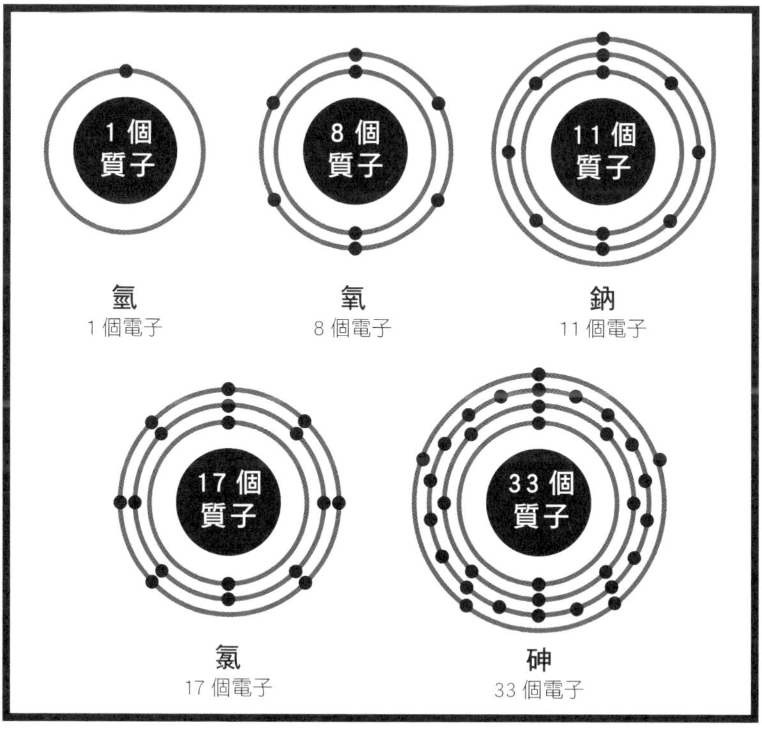

圖 49　元素示意圖。如果你期望此處有化學雙關語，我們深表歉意。我們不太在行。

原子與原子可以結合，形成分子，這就是你聽過的「化學反應」。你可以從原子的電子來推知化學反應怎麼進行：原子希望外層軌道能填滿電子，因此已經填滿的原子就比較不會跟那些尚未填滿的起化學反應。而反應進行的方式也很好猜測：多出兩顆電子的元素，就會跟需要兩顆電子的元素起反應。

這意味著外層電子已滿的原子（像是氦或氖），不會想跟任何東西起反應。事情也確實如此！氦跟氖是無反應的惰性原子，世上的分子應該都不可含有這兩種原子。雖然事實並非如此（我們已經成功造出氦或氖分子，不過這沒什麼啦），但通常需要超高壓力以及（或是）超低溫度。[39]

以水作為化學反應的例子：兩個氫原子和一個氧原子可以結合成水（H_2O，H_2 表示氫原子有兩個）。氧原子最外層有六個電子，而氫原子有一個電子，因此兩個氫原子可以和一個氧原子共用電子，形成「水」分子。如果原子有快樂的這種情緒，那麼這些原子就會非常快樂。❶ 這些原子分享彼此的電子，由此產生的結合稱為「共價鍵」。

但還有一個問題需要考慮：電荷。電子具有負電荷，質子具有正電荷，也由於大多數元素的電子數量跟質子數量相同，所以正負電荷抵消，原子呈電中性。然而，原子並不盡然會共享電子（就像形成水時所做的那樣）。原子也可以交換電子，例如一個原子失去電子，另一個原子則獲得電子，最後這些原子就會帶正電或負電。在電荷中，異性相吸而同性相斥（人類的愛情也是這樣）。

舉個例子：鈉（Na）在週期表上標注有 11 個電子，表示第一層有 2 個，第二層 8 個，最外層只有 1 個。氯（Cl）有 17 個電子，

---

❶ 它們確實無法說自己很開心，但我們賦予無生命的事物情感、欲望和動機，這樣解釋容易多了。

表示第一層有 2 個，第二層 8 個，最外層 7 個。氯想要多 1 個電子，讓最外層有 8 個，而如果鈉可以丟掉 1 個電子，最外層也會是 8 個。於是事情就這麼發生了。

然而，當鈉失去 1 個電子，就會帶正電，而當氯獲得 1 個電子，就會帶負電，所以氯跟鈉會因為正負電相吸而產生鍵結，形成化學物質氯化鈉（NaCl），也就是鹽。這種鍵結是因為正負電的吸引力而產生，因此稱為「離子」鍵。

共價鍵比較容易打破，因為電子的「共用」是比較短暫的，也因此形成的化學物質在室溫下通常是液態或氣態。共價鍵只會在非金屬元素之間形成（金屬和非金屬都列在週期表上，還有半金屬這種介於兩者之間、擁有雙方特性的元素）。離子鍵較難打破，因此在室溫下是固態的，並且通常發生在金屬和非金屬元素之間。

你可知道，光上面幾段文字，就把你從公元前 137 億 9900 萬年一路推進到 20 世紀中期人類最新的研究成果。人類一直要到公元 1800 年才弄清楚元素是什麼，所以即使你略過前幾段不讀，也已經做得很好了。如果想更進一步，就得知道質子和中子都是由更小的粒子（稱為「夸克」，本身具有六種怪里怪氣的風味）❶所構成，以及電子其實不太「繞著原子核運行」，並且是以「波動的形式存在於可能位置上無法觀測到的區域，而非單一定點」。❷

不過依你的現況，你其實不需要知道上述細節，除非你想建造一部時光機——但你根本沒機會，因為建造時光機非常困難，

---

❶ 確實稱之為「風味」（flavor），而且也確實怪里怪氣的，分別是上夸克、下夸克、頂夸克、底夸克、魅夸克、奇夸克，真是越看越怪。想了解夸克更多相關知識，請參見《時空旅人的夸克指南，製造時光機必讀，但仍需要知道更多知識才能成功做出一部，但我算老幾何必打消你了解夸克的樂趣之應該是第九冊》（假設你有把這本帶出來）。

❷ 當東西縮得非常小，就會變得非常奇特。一如你可以在非量子力學文本注腳看到的量子力學結論那樣。事實上，如果你想像個稱職的量子力學專家，只要用此注腳的第一句話來回答任何關於量子力學的問題，就是很棒的起手式。

與其解釋怎麼建造，倒不如寫一本《如何從無到有發明文明》還比較容易。

沒有功能強大的顯微鏡，很難證明原子的存在，但你很容易就能觀察到原子的效應。例如，一杯水中的塵埃會無規律地移動。「[填入你的大名] 運動」（原名「布朗運動」，名字來自公元 1827 年發現這個現象的植物學家羅伯．布朗）之所以會出現，是因為塵埃會被周遭微小的水粒子（也就是水分子）撞擊。

東西從哪來？

大霹靂（發生於公元前 137 億 9900 萬年，很值得親臨現場見證這一刻，如果你的時光機沒爆掉的話）把物質送入宇宙，物質則（大多）合併成最簡單的元素：氫。巨大的氫氣團塊最後會凝聚成巨大的氣體球，而球體自身的重量所造成的高壓，會開始在球體內核區把氫（1 個質子）融合成氦（2 個質子）。這會釋放出大量能量，也是我們太陽以及其他所有恆星的由來。

這個過程可以持續數百萬年到數兆年（取決於恆星大小），直到氫氣用盡。當氫氣用盡時，如果恆星夠大，本身就會有足夠的壓力去啟動氦的融合反應，形成更重的元素，從鋰（3 個質子）一直到碳（6 個質子）❶ 都有可能，其中最多的是碳。一旦氦耗盡了，而且太陽夠大，就會開始融合碳元素，陸續形成更重的元素、一直到鎂（12 個質子）。這個階段可以持續約 600 年。如果太陽是超巨星，這個過程就可以不斷重複，繼續融合出更重的元素，直融合出鐵（26 個質子）。

---

❶ 氦（2 個質子）如何跟自身融合出具有奇數質子數的元素？質子和中子在融合時有時會分裂，因此氦（2 個質子）便可跟自身融合出鋰（3 個質子）、硼（5 個質子），或其他有奇數質子數的元素。

但是到了這個階段，物質會開始崩解。鐵要發生融合反應，需要的能量比融合過程中所產生的能量還更多，因此恆星一旦進行鐵的融合反應，就會很快死亡，通常不到一天。到了這個階段，太陽會死亡，而死亡的發展一樣取決於太陽大小，若不是崩塌變成冷卻的外殼（冷卻中的稱為「白矮星」，已經完全冷卻的稱為「黑矮星」，黑矮星的密度極高，一立方公分就重達三公噸以上），就是變成中子星（白矮星在高度壓力下會把所有物質都壓縮成跟原子核一樣的密度，也就是一立方公分重達十幾億噸），或是變成黑洞（此時中子星重到連光都無法逃脫。說真的，在這種狀況下，就連一立方公分的黑洞附近都不該逗留）。

這解釋了所有比鐵輕的元素是怎麼來的：恆星融合。那麼，比鐵重的元素呢？上一段略過了一個階段：當恆星死亡，那些過去因為太陽噴發出的能量而被擋在內核之外的氣體，已經找不到東西可以阻擋重力，而太陽正在經歷最後的大崩塌。恆星的質量向內崩塌，所引發的高熱高壓把質子和電子融合成中子。

然後，恆星就爆炸了。

爆炸的威力之大，也許只有大霹靂能贏過。

這樣的爆炸稱為「超新星」（一般大小的恆星）和「超級超新星」（巨無霸恆星），爆噴出來的物質形成巨大的粒子風暴，所攜帶的能量足以燃燒整整一個月，亮度大於十億顆太陽。這個過程能創造出高度不穩定的原子核，原子核再衰變成其他元素（包括那些比鐵還重的元素）。超新星因此成為宇宙中唯一能產生重元素的地方。人類則到公元 1950 年才在地球上合成出重元素。所以，氫和氦是宇宙中數量最豐沛的元素：宇宙需要恆星去（慢慢地）造出所有東西。氦和氫以外的元素只占宇宙的 0.04%，因此，很遺憾，身為「碳基」人類，你和所有你認識的人在宇宙中只能算是微小到可以忽略不計的捨入誤差。

如果你對此感到沮喪，只要記得你從何而來：令人敬畏的大霹靂。

我可以造出什麼來？

技術上來說，什麼都可造。為了讓你著手造物，附錄 C 提供了許多作法讓你造出有用的化學物質。有鑑於你目前的情況，相信這些資訊一定會派上用場。我們還提供每種化學物質的化學成分。製造化學物質未必需要知道這些資訊，但是了解其構成，有利於你或後代子孫補充其餘的化學知識。

在此再次強調，有些化學物質很危險，因此附錄C的標題是「有用的化學物質，如何製造這些物質，以及這些物質如何殺死你」而不是「有用的化學物質、如何製造這些物質，以及這些物質如何猝不及防殺了你」。現在，請翻到附錄 C 開始探索化學吧。或是先跳過，直接翻到下一頁，學學很酷的哲學。

12

從「擊掌」動作來認識主要哲學流派

是不是很唯我論？只有我這麼覺得嗎？

文明的哲學基礎完全取決於創立文明的人。本單元雖以超膚淺的方式簡單介紹歷史上各大世界哲學流派，仍有可能對你的文明帶來有用的思想啟發。這些哲學體系都能以數百種方式進行組合、擴展、削弱、強化和解構，所以放心放手去做吧。

談哲學很難，而且本質上令人害怕，強迫人們去面對生命和存有的沉重問題，往往令人摸不著頭緒又沮喪。有鑑於人要面對的問題已經夠多了，我們暫且先擱下哲學追尋生命意義和目的的面向（哲學常常聲稱的目的），從「擊掌」來探討哲學，保證大家都覺得別出心裁又有趣。

表 18　順帶一提，反覆遇到同樣的字詞（就像「擊掌」）導致該字詞喪失意義的現象，稱為「語義飽和」（semantic satiation）。擊個掌吧！

宗教哲學	如何看待「擊掌」動作
一神論	神跟我擊掌。
多神論	不只一個神跟我擊掌。
尊一神論	可能有其他神，也可能沒有。我只知道我拜的那個神會跟我擊掌。
唯拜一神論	神絕對不只一個，但我只拜會跟我擊掌的那一位。
泛神論	宇宙本身就是神，而且這個神會跟我擊掌喔。
萬有在神論	宇宙充滿了神性，但不等同於神本身，因為那個大於宇宙總和的神，會跟我擊掌。
全神論	所有宗教都可以跟你來個不同的擊掌，但沒有一個宗教可以獨自提供完整的擊掌體驗。
泛心論	宇宙中萬事萬物都有意識，因此可能都想跟我擊掌。
應該有神論	某種神會在某個地方跟我擊掌，但除此之外，誰又知道是怎樣？
不可知論	也許是有個神來跟我擊掌，但也可能是我跟自己擊掌。誰知道呢？
無神論	我跟自己擊掌。
自我神論	我跟自己擊掌。還有，我就是神。
遠神論	神究竟存不存在，還有神是否會跟人類擊掌，根本無關緊要。你們是閒到沒事可做了嗎？
漠視主義	「神」的概念沒有明確定義，爭論祂們是否存在、是否會跟人擊掌，毫無意義。
自然神論	神或神明絕對存在，但祂們永遠不會插手人類的事，所以我相信這就是祂們從沒跟我擊過掌的原因。
二元論	世界上有善惡兩種勢力，每一次擊掌，都有相應的反擊掌，後者都太低又太慢。①
反神論	會跟人擊掌的神並不存在。不過如果有，就讓神自己去一邊玩。
仇神論	會跟人擊掌的神絕對存在，只是祂們的擊掌很惹人厭。
唯我論	我跟自己擊掌。不幸的是，這只是我想像的，因為在我心智之外的任何東西都不真的存在。
世俗人文主義	沒有神會跟人擊掌，但我們還是可以親切友善待人……至少我們可以彼此擊掌啊。

①編注：此處為雙關語，「太低又太慢」是出自擊掌時的一首押韻歌：up high, to the side, to the other side, down low, too slow! 而 down low 又有偷偷做，不讓外人知道的意思。

存有哲學	如何看待「擊掌」動作
虛無主義	任何東西，甚至是擊掌，都毫無意義。
存在主義	任何東西，甚至是擊掌，都毫無意義。因此一切都取決於個人是否要藉由盡可能真實地給予或接受擊掌，來賦予事物意義。
決定論	我正在跟你擊掌沒錯，但自由意志是幻覺。如果宇宙可以倒轉重播一次，所有事情都不會改變，我們還是會在同樣的時間擊掌。
結果主義	只要我最後可以擊到掌，就算是多恐怖的事也都具備正當性。
效益主義	只要能跟最多人擊掌，這件事不管有多恐怖，都具備正當性。
實證主義	如果你希望我相信擊掌這件事，那我得看到科學證據。
客觀主義	我認為擊掌符合理性自利原則。任何權威，只要是不尊重我個人選擇的給予和接受擊掌方式，都是不好的。
享樂主義	擊掌的感覺很棒，歡樂也很棒，所以只要我想要，我就會把這些傳遞出去。不要跟我談後果，如果做愛時擊掌感覺很棒的話……*我或許真的會試試*。
實用主義	能完成某件事的擊掌，才是好擊掌。
經驗主義	不要相信直覺或傳統，要完全了解擊掌，唯一的方式就是親自跟別人擊掌。
斯多噶主義	情緒可能導致錯誤判斷，並干擾你進行清晰、不偏頗的思考。因此，最好的擊掌，是因為極其合理的理由而做的擊掌。
絕對主義	某些行動在本質上就是對的或錯的。例如，偷竊（即使是為了餵食飢餓的小狗）可能永遠是錯的，而擊掌（儘管你擊掌時老是小心又大力地呼了對方耳光）則可能永遠是對的。
伊比鳩魯主義	歡樂很棒，但最棒的歡樂是沒有痛苦也沒有恐懼，所以我只會適當的擊掌，因為我可不希望手掌受傷。
荒謬主義	純粹以事物的大小、範圍和潛力，來了解即使只發生一次的擊掌。但這都無法發現擊掌的真正意義。唯一的理性反應是自殺，不然就是盲目地希望有個神總有一天能完全了解擊掌。再不然，如果以上都未能達成，你大可接受擊掌是荒謬的，繼續開開心心地跟人們擊掌。

13

視覺藝術的基礎，包括你可以偷學的風格

有了這些指引，你就能用自己製造的顏料畫圖。
至於做不出來的顏料，就留在你的想像吧。

其實，我們也不想這麼做。我們也希望情況是，「你就放心畫吧！自然能想出其中的道理。」但歷史證明這是錯的。當你看著筆直的鐵路一路延伸到盡頭，會發現鐵路似乎匯聚在地平線上的消失點。知道為什麼嗎？你要是知道的話，就比歷史上絕大多數人都還要厲害了，因為人類一直要到公元 1413 年才知道消失點是什麼。[1] 所以，古老繪畫看起來都怪怪的，因為當時地球上沒有人知道怎麼正確運用透視法來作畫。

---

❶是的，當時不可能有鐵軌，但這不是理由。田地、籬笆，甚至河流和海岸線，都會產生相同的收斂效應。

你或許會說，「喔，這我可不知道，也許古埃及人就是喜歡這種反透視的風格（即畫中人物的大小只與主題的重要性有關，跟空間上的位置無關），他們畫了一大堆，但從來沒有用正確的透視法來作畫，一張都沒有！」你也許會認為，人類在發現透視法之後，藝術家就如痴如狂了。下圖是達文西的《最後的晚餐》，堪稱世界最知名的畫作，繪製於公元 1495 年，就在歐洲人首度發現透視法的 80 年後：

圖 50　《最後的晚餐》。底部的圓拱是門口，由後人所加，因為有人認為，即便這幅畫作無價，有個方便進出的門口還是至關重要。

請注意磁磚天花板。看看那些沿著牆面前進的正方形，以及背面厚重的矩形窗。這幅畫至少有 1/3 在表達：「我熱愛宗教，所以我要畫出我喜愛的宗教人物在進食。」2/3 在講：「老兄，你看我的消失點有多厲害，說真的，看看牆上的長方形，*你甚至沒發現吧*。」下圖則是拉斐爾在公元 1509 年的大作《雅典學院》：

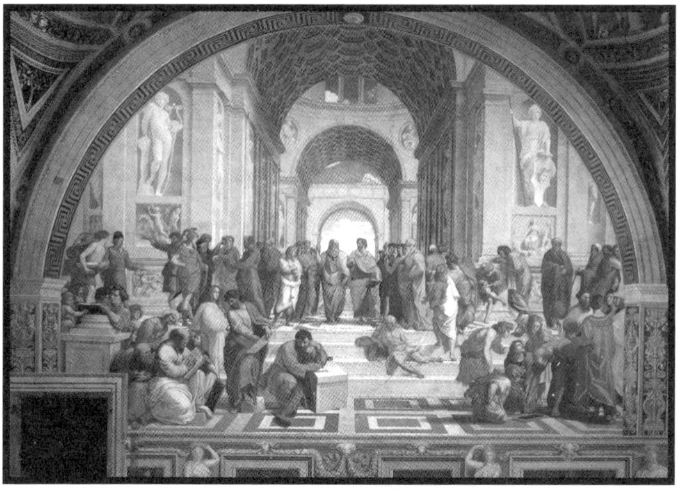

圖 51　《雅典學院》，畫在義大利的一道牆上。

你第一眼看到的是畫中人物？還是那些朝你撲面而來、依單點透視刻意安排位置的地板磁磚、一連串拱頂、階梯，以及在前景方桌上寫字的傢伙？現代人剛發明電腦光線追蹤時，也瘋狂繪製棋盤上的反光金屬球，數量可觀，沒百萬幅也有成千上萬幅，而目的只是為了展現光線追蹤技術可以把反光效果表現得如此出色。後來，Photoshop 發明了鏡頭光暈效果，我們又忍耐了好幾年——所有東西都加上了光暈濾鏡，因為藝術家對於新學會的玩意總是躍躍欲試。透視法的發明也是同樣情況。15 世紀的歐洲經歷了文藝復興，當時許多偉大的經典藝術作品都運用了透視法，正如反光金屬球和鏡頭光暈的盛況。

當然了，更早的藝術家也知道東西越遠，看起來越小，但是他們不懂背後的數學原理，所以繪圖時究竟要縮到多小都是用猜的，結果畫出大小不一的作品。有些畫家畫得很接近了，像是約公元 1100 年之後的中國畫家，他們採用後來稱為「斜透視」的繪畫形式，繪製出的畫作儘管不像任何你會在現實生活中看到的景象，但至少呈現出幾近 3D 空間的感受。

圖 52　約公元 1100 年中國的一幅無題畫作。

最後讓透視法真相大白的，是發現了消失點。你先前想像中的鐵軌會一直延伸到遠方，然後匯聚在地平線上的某一點，最後消失。如果你讓所有形體都往消失點匯聚，也就是讓牆面、建物、方塊等所有事物都往同樣的點聚集，你就可以製造出十分符合真實世界的畫面，一如你從窗戶看進去的模樣。像是下圖：

圖 53　《最後的晚餐》解析圖，依透視原理來理解畫中事物的擺設。

這是單點透視，正面觀看畫中物件，所有垂直線都互相平行。你也可以找碴，旋轉畫面，讓畫中物件不是以正面而是以側面與你相對，此時垂直線仍穩穩地互相平行，只是每一面都擁有各自的消失點，形成兩點透視。

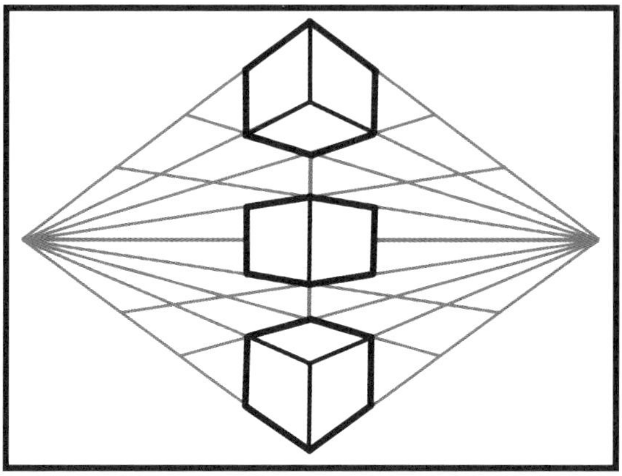

圖 54　兩點透視

最後，三點透視就是在物體上方（或下方）加上消失點。直線不再互相平行的，而是奔向所屬的消失點。

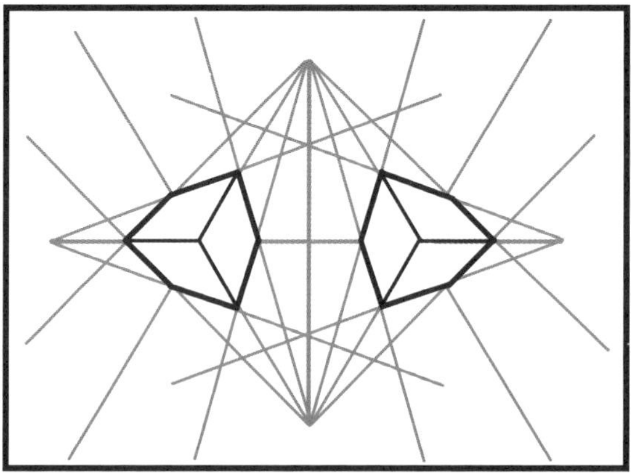

圖 55　三點透視。至於其他維度空間的透視，就留給讀者自己練習了。

這個技巧並不完美。*理論上來說*，任何依照透視法繪製的圖都應該只從單一位置觀看才準確，消失點也才會合理。但是人腦很厲害，會在無形中修正許多理論上不合理的事物：大腦會把一系列快速的影像自動轉化為動作，像是看手翻書（很容易就能做出一本）和動畫（這個就難了點）那樣；或是把略微不同時間抵達耳朵的聲響，自動轉換為對位置的感受，因此你才會感覺到聲音來自何處。儘管觀看透視畫的角度不對，大腦也會自動轉換，並說服你眼前一切都是對的。

這就是透視法的基礎。即便只是知道基本原理，都能讓你繪製出更逼真而令人信服的景物圖像。但逼真並非視覺藝術唯一的目的，攝影發明之初就已經突顯了這點。一旦藝術家了解這點且不再一味追求寫實，就能開始探索各種風格，而這種探索是無窮無盡的。

圖 56 是視覺藝術的各種風格範例，可幫助你啟迪旗下藝術家的心智。運氣好的話，他們還能超越我們的創作，超乎我們的思維，成就嶄新且驚人的藝術作品。祝好運！

圖 56　藝術

顏料哪裡來？

黑色顏料可從煤或木炭取得，只需把煤或木炭放入水或油之中，就能製造出黑色了。但要取得其他顏色就很難了。回到公元前 40 萬年，那時人類會磨碎不同礦物質作為顏料來源。他們根據喜歡的顏色來蒐集石子，研磨成粉，再洗出可溶於水的成分，瀝乾後即可使用。

有些顏色可從生物體上取得，過去人們曾經磨碎蟲子、軟體動物，甚至乾掉的糞便。但是這招一不小心就會做過頭，人們以前為了取得「印第安黃」，一度只餵牛吃芒果葉導致牛隻營養不良，再取用牛鮮黃色的尿液。17 世紀，歐洲人為了取得「木乃伊褐」，竟將古老的木乃伊遺體（木乃伊貓和木乃伊人）磨成粉末，用來作畫。

鮮豔的藍色和紫色是史上最難製造的顏色。公元 1704 年之前，想獲得群青這種最鮮豔的藍色，只能靠磨碎稀有礦物質「青金石」。❶ 繪有群青色天空的畫作成為地位的象徵，顯示擁有者財力雄厚，可以僅為了一幅畫就

---

❶ 在公元 1704 年發現的合成藍色顏料，實際上並不是世界上第一種人造色素！這是歐洲人造出的第一種顏料，但是埃及人（他們也對磨碎青金石的高昂成本感到惱火）在公元前 3000 年左右就以高溫結合石英砂、銅、碳酸鈣和鹼性灰粉，設法製造出便宜的群青色。這種技術沿用數千年之久，但到了公元 400 年，知道這項技術的人都死了，既沒有傳人，也沒有留下文字記錄，於是以低廉成本來取代昂貴顏料的方法就這樣失傳了。各位：*如果你把真正重要的知識當成祕密，等你死後就會發生這種事。*

把*無比珍貴的*石頭磨成粉。紫色會成為皇室象徵色，也是因為紫色顏料極其昂貴。在某段時期，紫色顏料的價值就等同於等重的銀。最好的紫色萃取自一種小巧（6-9 公分長）的地中海蝸牛黏液，這種黏液是蝸牛為了麻醉獵物而分泌出來的，取得方式極其耗工，得不斷戳刺兩隻蝸牛，促使蝸牛互相攻擊（也就是從牠們身上「擠奶」），不然就得直接碾磨蝸牛取出黏液。不論哪種方式，要取得 1 公克的紫色染料，得犧牲 1 萬 2000 隻蝸牛。如果你對這個方法有興趣，容我多說一句，這種蝸牛早在公元前 360 萬年就演化出來，有個知名的時空旅人說過：「如果這時我身邊有其他人類，就有機會在地中海地區製造出貴死人的紫色了。」

14

人體治療：藥物及其發明方法

回到過去重新製造藥物，你得找些……病患。

公元前400年左右，古希臘醫生希波克拉底為西方醫療引入了兩大觀念：一個有點用處，另一個則可怕到難以置信。有點用的是《希波克拉底誓詞》。許多醫生至今仍使用這份誓詞，他們基於某種原因而覺得有義務公開表明自己不會*故意*害死手上的病患。可怕的那個則是他正式提出了疾病的體液說（又稱四體液說）。

體液說主張，所有生命形式會罹患的疾病都是由於體內的「四種體液」之一出現不平衡所致，四種體液分別是：血液、黏液、黑膽汁和黃膽汁。即使這種理論（照理說）對過去的醫學而言算一種進步（畢竟古人曾認為，疾病是脾氣暴躁又有仇必報的神祇所降下的懲罰，一旦生病了，*或許就得努力不要整天惹惱、激怒天神*），卻不符合醫療和人體的實際情況。依照體液說所施行的治療，就算用，也只是剛好走運而已。然而，基於四體液說而發展的醫療，卻一路奉行到公元 1858 年。同年，人類發現了細胞，因而了解到或許疾病並非都能藉由放血、催吐、體操和按摩來治癒。

在此要澄清一件事：西方醫生有長達*兩千多年*都是根據體液不平衡這種不正確又無益的觀念來治療病人，這比大多數文明存續的時間還長，包括（這要特別點名）產出這套理論的希臘文明。人類拋棄四體液說之後的數百年內，醫學的進步之大，比以往數千年來加起來的總和都還要多。如果你不希望旗下文明的子民無端死去（因為你心地善良，也因為客觀上來說，早早就被病魔擊倒對任何人來說都不是最令人滿意的結局），就要儘快引進現代醫學的基礎知識。❶

當然，醫療發展碰上問題不僅發生在西方文明。

反對人類解剖的禁忌也散見在眾多時代與文化之中，雖然理由都可以理解（切開屍體到處戳確實很怪），但這些理由全都有礙醫學進步。

如果你想學會醫治人類的方法，就得知道人體是如何運作的，而解剖動物來類比人體並推敲，進展也頗為有限。

諸如「汗從哪裡來？」「血管運輸的是血液、空氣還是什麼？」

---

❶ 人類並不是從「四體液說」直接跳到「細菌說」。歐洲、印度和中國一度盛行所謂的「瘴氣說」：疾病來自不好的氣味。這種說法至少有一種優點，那就是垃圾和腐敗物通常都會發出不好的氣味，因此致力於解決「瘴氣」問題的公共工程確實對人類有幫助。倫敦就是一例，歷經霍亂流行與 1858 年的「大惡臭」（那年夏天，炎熱的天氣使得人類*未經處理的*廢水排入泰晤士河之後變得比往常更臭）之後，倫敦市政府斥資設計的下水道系統可以有效排掉臭死人的污水。這對倫敦當時的廢棄物處理系統來說是顯著的進展，因為那時所有人都直接把屎尿倒在街上或是鄰近的污水坑，然後一天到晚抱怨臭味四溢。待下水道工程建造完成，倫敦市民的健康也獲得改善之後，人們才了解散播疾病的並非惡臭，而是細菌。倫敦大費周章且不惜砸下大錢做好的下水道系統，雖然是因為離譜的錯誤，卻也*剛好*改善了公共衛生。這套下水道系統至今仍在運作。

「子宮在女性體內是固定不動，還是像有生命一樣想到哪裡就到哪裡？」等問題❶，都得經由人體解剖才能得到最佳解答。

值得慶幸的是，你完全掌握了這項優勢。請翻到附錄 I，那裡有人體結構圖列出了各大重要臟器的形狀、大小、位置和功能。即便是這類相對簡單的資訊，都有助於你的文明在醫療方面往前邁進數千年。

接下來會提供基本的醫療資訊，無論何時都可運用在自己或周遭人的身上。如果你還有別條路可走，我一定會這麼建議：「你當然要去找醫生，而不是把健康和幸福都交給時光機維修手冊提供的簡短醫療資訊。」但你現在別無選擇，所以接下來請仔細閱讀了。

病菌說

一旦有*微生物入侵人體內部*，就會發生不好的事。醫療專業人員委婉地把這種噁心的事稱為「感染」。微生物有好幾種形式，但你該擔心的是細菌（非常微小的生物）和病毒（一小段寄生的

---

❶「子宮隨意遊走說」源自古希臘時期，直到 19 世紀都仍影響著西方文明。該理論指出，女性情緒中不受控制的「歇斯底里」症狀（*很顯然*直指只有女性才會情緒失控），都是子宮在體內四處遊走，撞擊壓迫其他臟器所致。治療方法包括：以氣味哄騙子宮歸位——用鼻子聞難聞的氣味，來推開子宮，把好聞的氣味放在生殖器旁來引誘子宮回到原來位置。如果這個方法無效，性愛被認為是最佳的候補療法。當醫生（毫不意外都是男性）最後終於領悟，子宮不會在人體內遊走，也不可能撞擊其他臟器，「子宮隨意遊走說」才終於下臺一鞠躬。但是「女性歇斯底里」的想法仍繼續存在，到了 1860 年代甚至演變成一種心理病症，成因是女性性高潮次數不足。由於當時自慰是不道德的行為，而「歇斯底里」的婦女若是未婚或丈夫不願行房，治療方式唯有一途：醫生親自為女性病患按摩到高潮。在當時，大多數歐洲人都認為性愛不能沒有陽具，因此按摩到高潮不過是平凡無奇的療程。然而，醫療上要引致高潮耗時費力，按摩棒於是應運而生。這種醫療器具問世，是為了讓臨床上疲憊不堪的醫療專業人士可以省點時間和力氣。

DNA，外覆一層蛋白質，劫持細胞後會重新編碼並製造出更多病毒，直到細胞爆破）。❶ 人們把細菌和病毒統稱為病菌，由病菌引起疾病的理論即是「病菌說」。

如果你在地球上，正尋找著除了自己以外的生物，那麼你一定會發現細菌，因為這是最早演化而出的生命。一公克的現代土壤中，一般含有4000萬個細菌細胞。如果這項事實令你感到不適，那麼接下來你會更不舒服：細菌細胞的數量，是人體細胞總數的10倍。❷ 細菌並非全是壞菌，何況你還得仰賴某些細菌才能生存。人體腸胃道中的細菌讓你得以消化好幾種食物（包括植物），也有助於鍛鍊免疫系統。此外還有許多細菌是在人體內部演化並生存下來的。就某方面來說，被困在過去的生物不只你一人，*還有*你腸胃道中的菌叢！

病毒比較容易避免，但還是有機會遇到，只要與受病毒侵襲的宿主（人類或動物）往來，或是接觸到宿主碰過的地方，就可能感染病毒。人們通常都是藉由咳嗽、打噴嚏、身體碰觸或是其他更親密的接觸（我指的是性交）（警語：年滿十八歲的人才能閱讀上一句話）染上病毒。你可以先接觸各種死去或孱弱的病毒，讓自己有能力抵抗更致命的病毒。這種方式稱為「接種疫苗」，但在缺乏醫療設備的情況下很難進行。不過無論如何，你都能自己接種一種致命病毒：天花。方法很簡單，幫乳牛擠奶就好！

---

❶ 病毒是生物嗎？嗯……*病毒介於生物與非生物之間。病毒帶有基因，會演化也會繁殖，但是要先霸占宿主身上的細胞才能繁殖。由於病毒不像地球上其他生物，無法經由細胞分裂自行繁殖，今日的科學家不再把病毒視為生命。*

❷ 人體細胞比細菌大得多，這也是你看起來像個人而不是一坨細菌的原因（之一）。但如果我們把身上的細胞分成「人類」和「細菌」兩類，並試著找出組成這些細胞的原始元素，我們就不會把你當人類來看，而是一個由不同細菌所組成的集合體，能走路，還會找其他集合體聊聊天，並在這些過程中沾染上些微人性。

乳牛感染牛痘後，乳房上會長出一顆顆膿包。牛痘跟天花類似，會感染人類，但對人和乳牛來說，牛痘比較沒有致命危險。公元1768年，終於有人發現擠牛奶的人比較不會死於天花。又過了幾年，人們發現如果抓破牛痘並讓流出的膿進入人體，免疫系統便會在對抗牛痘中升級，因而更能應付天花等類似的感染。❶接種疫苗為人體免疫系統帶來的好處，是生與死之間的差別。這種差別，說得更白一點是，「不當一回事地直接甩開天花，或是歷經數日甚至數週的垂死掙扎最後痛苦死去」。

預防細菌感染最有效的方式，就是常用肥皂（參見10.8.1）和清水洗手。此外，你也需要喝乾淨的飲用水：只需在水中加入木炭並煮沸，就可淨化水質。盡快搞定這兩項技術，日子就會更好過。要是感染天花，喝電解質飲料（參見332頁）可以避免因脫水而死。感染天花、斑疹傷寒、霍亂、大腸桿菌等疾病，最可怕的危險之一就是脫水。一旦患病，可以用抗生素來治療，青黴素的相關細節可參見10.3.1。❷你的身體也會自行對抗這些疾病，而發燒就是身體試圖提高溫度來殺死體內的細菌和病毒。

如何評估醫療方式？

有時，你可能出現了某些症狀，並在吃下找到的奇妙莓果後就

---

❶ 公元1977年，在疫苗發明的200年後，天花（最初來自農耕發明前嚙齒類動物的感染）終於從地球上絕跡。實驗室中還保留了幾株病毒樣本，但你已無需擔心會經由自然接觸感染到天花。

❷ 我們為何要花這麼多時間說明微生物感染，而不去應付心臟病或癌症這些現代人的頭號殺手？因為這類疾病通常是活太久、吃太多、運動太少所造成，有鑑於你目前的情況，想得這些病還很難。這也算是好消息，你和你文明中的人類，還有好長一段時間都無需煩惱心臟病的問題！

感覺好多了。你也可能來到一個人類已有醫藥的時空，但醫療方式十分草率又古怪。你要怎麼知道某種藥物真的有用？要以科學的方式來解答，就要透過所謂的雙盲測試（當然得先以單元〈6〉提供的可食性通用測試或是先讓動物試吃，確定食物對人體無害）。

雙盲測試需要一大群人，越多樣越好，這樣測試結果就可以剔除個體差異的因素。一半的受試者施予新療法，一半給予安慰劑[1]（如果他們得的是不致命的病）或是當前最佳療法（如果是致命重病，這樣你才不至於為了科學而殺人）。關鍵在於，病患跟醫生都不曉得誰接受了何種治療。接下來，找出復原情況最好的病患，查閱紀錄，看看他們是接受何種療法，這樣你就能斷定新療法是否有效。病患和醫生都不知情，可以防止他們在有意或無意間影響治療結果。

切記：安慰劑效應肯定會發生，因為即使治療無效，接受治療的人也都想回報自己好多了。雙盲測試可以解決這個問題：當病患*知道*自己服用的可能是安慰劑，而不是真正的藥物，對自己接受的治療就會產生更多疑慮，進而削弱了安慰劑效應。

最後，雖然你穿越時空的一開始可能沒有任何藥物，但其實有好幾種疾病只要有水就能治好！腹瀉、發燒、便祕及泌尿道輕微感染，全都能以攝取大量飲用水來治療（腹瀉患者則可以攝取以水調成的電解質飲料，參見 332 頁）。拉傷或扭傷的當天，可把患處泡在冷水中，之後數日則浸泡在熱水中。浸泡冷水有助於減輕傷害、減緩輕微燒燙傷引起的疼痛，對付中暑[2]也很有效（中暑時，首要之務就是讓病患快速降溫，以免危及性命）。倘若病患高燒超過

---

[1] 安慰劑是一種看起來很厲害，但其實無助於治癒疾病的療法。做成藥丸形狀的糖果、看起來很有學問的燒杯所倒出的有色開水，都可以作為安慰劑。

[2] 太熱會中暑，此時人體會停止出汗、皮膚發燙、心跳加快並且發高燒。這時要把人移到蔭涼處，讓患者迅速降溫。治療較輕微的「熱衰竭」（疲憊加上皮膚濕涼），也是把患者移到蔭涼處，給予適量的電解質飲料。

正常人的生命徵象基礎標準

脈搏	手指按壓在手腕上（或用聽診器聽胸腔，見10.3.2），並計算一分鐘（單元〈4〉）之內聽到的跳動次數。成人的正常範圍是50-90次，兒童是60-100次，嬰兒是100-140次。急而淺的脈搏跳動可能表示休克狀態，緩而亂的脈搏則可能表示心臟有毛病。
溫度	正常體溫在36.5-37.5° C之間，攀升到39° C時就是發燒，再上去就是發高燒，應立即幫患者降溫。
呼吸	人在休息時，成人一分鐘內的呼吸次數是12-18次，兒童是20-30次，嬰兒則是30-40次。
喝水	成年人每天需要喝約2公升水，排尿應約1.4升，不過攝取量在0.6-2.6公升之間都屬正常。你無需刻意測量自己喝了多少水，因為在大多數情況下，你的身體會藉由口渴告訴你喝得夠不夠。

39°C，可以讓他們全身浸泡在涼水（而非冷水）中，或是用涼水潑灑擦拭他們全身，直到體溫降至 38°C 以下。喉嚨痛或扁桃腺發炎時，可用溫熱的鹽水漱口。若有異物（灰塵或酸性物質）進入眼睛，以冷水沖洗眼睛半小時，能沖走異物。

水也有助於處理皮膚問題，經驗法則是：如果患處發熱、疼痛或流膿，把患處抬高並熱敷；如果患處發癢、刺痛或流出清澈的體液，就冷敷。製作熱敷布時，先把水煮沸❶，稍微放涼到手可以伸進去的程度，再浸泡乾淨的布。熱敷前，先扭乾多餘水分，再把敷布放在患處上，然後拿其他布覆蓋在敷布上以固定患處，並保持敷布的溫度。敷布變涼後，再把布放入熱水，重複上述步驟。冷敷布的作法類似，只不過改成放入冰水冷卻。[40]

好了！醫療理論講得夠多了。下一單元會進入醫療實務，為時空旅人提供一些快速急救的方法！請注意：這一單元專門處理生理疾病，至於時間性精神錯亂那種非生理疾病，希望不是你在短期內需要擔憂的問題——除非你突然明確感應到未來的你正在戰戰兢兢地閱讀本書。

---

❶就算你還沒發明出防火容器，還是可以煮水。挖一條溝，壁面鋪上黏土、木材或石頭，增加溝槽的防水性，然後把水灌入溝槽。接著在旁邊生火，加熱石頭。把燒熱的石頭從火堆中放進溝槽的水中（請用樹枝夾起，不要用手，*已有夠多傷患需要處理了*），就能把水加熱到沸騰。這種間接加熱的技術也可以用於無法直接放在火源上加熱的木製壺罐。用途包括煮肉、造蒸氣室，甚至釀製啤酒！盛水容器也可以用不透水的葫蘆等小型果實暫時替代。

電解質飲料

脫水是人類歷史上最大的死因之一。很荒謬吧？人體感染的時候，大多會卯盡全力把細菌排出體外，結果可能導致致命的脫水。只要不斷喝這種飲料補充身體水分，死於腹瀉的風險就能降低 93% ！只需在一公升的水中加入 25 公克的糖（參見 7.21）和 2.1 公克的鹽（參見 10.2.6），就能做出電解質飲料。比起白開水，這種飲料因為*含有電解質*（其實只是鹽水，但電解質聽起來比較有學問），能讓身體吸收水分的速度變快。電解質飲料能補充因腹瀉而流失的鹽分（身體運作不可或缺的成分），糖則有助於身體吸收鹽和水。即使病患嘔吐也有效，讓他們每次吐完都喝一些就可以。製作電解質飲料的時候，糖和鹽的分量要仔細測量，太多或太少都會影響成效，還可能讓情況更糟。

15

基本急救

脛骨骨折了也別擔心：情況大概會好轉的。

急救是先以迅速有效的方式穩定傷患，等候醫療人員來到——按你的情況，大概得等上幾百萬年。本單元會提到幾項重要措施，以防各種糟糕的情況。但我要先提出一點警告：雖然這裡提到的急救技巧遠勝於什麼都不做，但並不是毫無風險。做錯了，情況只會更糟。如果你的時空之旅剛好有醫生或護理人員同行（老天，你也太幸運了！），無論如何都要聽從他們的專業指示。

噎到窒息

看到有人噎到，你應該對那人施以哈姆立克急救法。[1] 此法以發明者哈姆立克為名，他在公元 1974 年首度親身示範了這個急救

---

[1] 又名「____________（你的大名，我想一定比哈姆立克這個很像火腿的名字還酷）急救法」。

方式：讓對方的身體直立，你站在他身後，一手握拳放在對方腹部上方，另一手握住拳頭，然後猛力朝內並往上拉，像是要把患者身體提高一樣。

這個動作會對患者肺部施壓，引發咳嗽，有助於排出卡在患者喉嚨的東西。你也可以用這個方法自救。社會大眾，學起來吧。

昏迷但仍在呼吸

發現有人仰躺，失去意識但仍有呼吸，那人可能是被自己的舌頭、唾液、血液、嘔吐物、其他難為情的東西噎到了，或是喉舌肌肉僵硬。公元 1891 年（人類在那一年終於了解到「嘿，如果我們昏迷時不必擔心被自己的舌頭噎到而窒息，豈不是太好了」），那些昏厥的人會被擺放成「復原姿勢」，透過這個穩定的姿勢讓他們保持呼吸道順暢。方法如下：

首先，面向患者跪著。移動病患靠近你的那條手臂，讓這條手臂與身體垂直，彎曲手肘，讓手掌朝上。另一條手的手掌朝下，橫過病患胸前，讓手背抵著臉頰。

接著用手把患者的遠側膝蓋抬高，橫過近側那隻腳之後，遠側腳的小腿平放在地。

現在，讓側身橫躺的患者面向你，如此一來患者遠側的手臂便會支撐頭部，先前抬起的膝蓋和腳也會穩穩固定在身體的另一側，讓患者維持此姿勢不再翻回去。再把大腿往上半身方向抬高，如此可進一步固定患者的姿勢。

接下來輕輕抬起患者下巴，讓頭往後仰，保持呼吸道順暢，也有助於液體流出。

最後打開患者的嘴，確認沒有東西卡在裡面。如果有，就把東西移除。最後的姿勢就像圖 57。

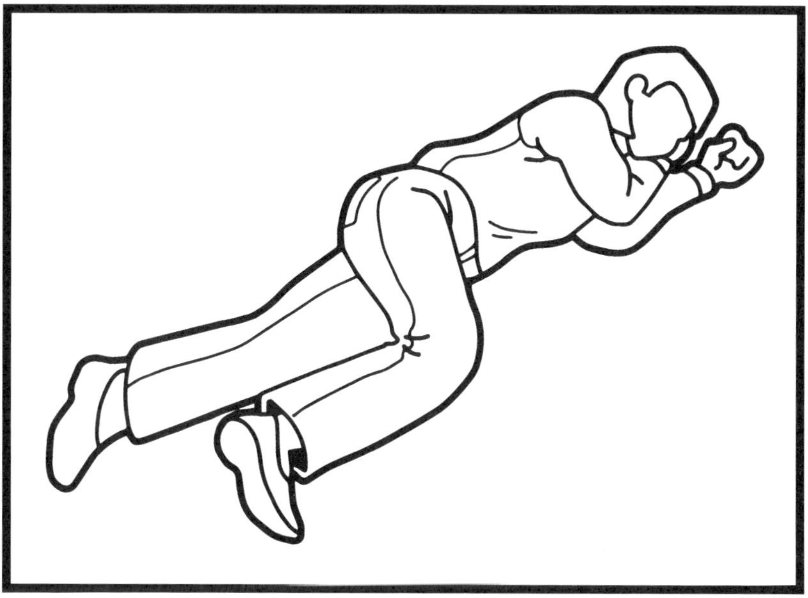

圖 57　復原姿勢

如果患者停止呼吸，你要做的就是心肺復甦術（CPR），請見下述。

停止呼吸

CPR 於公元 1950 年代發明，但發明之前已有大致的雛形。[1] 要是有人呼吸停止（通常是因為心臟停止跳動），就可以施用 CPR，目標在於讓帶氧的血液持續流入大腦及其他器官，直到恢復呼吸。如果你碰到有誰停止了呼吸，施以 CPR 是最後的手段。

---

[1] 最早的作法可以追溯到公元 1767 年，荷蘭阿姆斯特丹的公民創辦了「溺水者復甦協會」。這個協會實驗了各種技巧來幫助溺水者復甦，包括讓溺水者保暖、把溺水者的頭部擺放在低於腳部的位置好讓水流出、往溺水者口中吹氣、搔溺水者喉嚨的癢、用風箱把香菸的煙灌入溺水者的肛門，以及放血。顯然強灌肛門的煙沒有什麼幫助，而其他跟肛門無關的作法，因為有幫助而併入了後來的 CPR。

切記做 CPR 時常會壓斷患者肋骨，所以不要為了好玩而胡來。

進行 CPR 時，讓病患仰躺，然後雙手對著病患胸腔正中央，也就是乳頭中間的位置，以每分鐘 100 次的頻率規律往下壓。有個方法可以幫你簡單數對拍子，那就是隨著腦中歌曲的旋律，有節奏地往下壓。歌曲如下面的〈CPR 之歌〉，這些歌曲清單取自 20 世紀末至 21 世紀初的英文流行歌曲，道道地地的 CPR 友善音樂年代。

你在電影看過的 CPR 可能包括口對口人工呼吸，現在已經不建議這麼做了，除非是溺水。在沒有進行口對口人工呼吸的情況下，請你持續規律地下壓胸腔，等待更專業的醫護人員抵達（但依你的情況，似乎是等不到了），或是持續做到患者開始呼吸，又或者確定患者已死亡。

如果你要進行口對口人工呼吸，那麼每做 30 次心外壓，就把患者的頭往後仰，讓患者張開嘴，察看有無正常呼吸（不是喘氣）。如果沒有，捏緊患者的鼻子，以你的嘴覆蓋住他的嘴，用力吹氣，直到他們的胸腔隆起。再重複一次（所以一共做兩次），然後回去繼續做心外壓。

現在，由於沒受過更進階的醫療訓練，你能做的都做了！

CPR 之歌

以下是每分鐘 100 拍的歌曲，適合邊做 CPR 邊唱：

- 賈斯汀「Sexy Ladies」（2006 年）
- 野獸男孩「Body Movin'」（1998 年）
- 夏奇拉「Hips Don't Lie」（2005 年）

- 洛史都華「This Old Heart of Mine」（1989 年翻唱，艾斯禮兄弟合唱團 1966 年的原唱版本每分鐘有 130 拍，所以你在施行心外壓的時候記得要唱洛史都華的版本）
- 一世代「Heart Attack」（2012 年）
- 小河流合唱團「Help Is on Its Way」（1980 年）
- 辛妮歐康諾「I Want Your (Hands on Me)」（1987 年）
- 天生頑皮「Everything's Gonna Be Alright」（1991 年）
- 克莉賽特米雪「Be OK」（2007 年）
- 席琳狄翁「My Heart Will Go On」（1997 年）
- 比吉斯合唱團「Stayin' Alive」（1977 年）
- 後裔樂團「The Kids Aren't Alright」（1999 年）
- The Verve「Bittersweet Symphony」（1997 年）
- The Faint「Take Me to the Hospital」（2001 年）
- 新好男孩「Quit Playing Games (With My Heart)」（1996 年）
- Q-Tip「Breathe and Stop」（1999 年）
- 滑結樂團「All Hope Is Gone」（2008 年）
- 反體制樂團「This Is the End (For You My Friend)」（2006 年）
- 披頭四「Hello, Goodbye」（1967 年）
- 皇后合唱團「Another One Bites the Dust」（1980 年）
- 傑伊詹金斯、雙鍊大師「R.I.P.」（2013 年）
- 我的另類羅曼史「Kill All Your Friends」（2006 年）
- 精靈與野人樂團「My Only Regret Is That CPR Did Not Save My Friend That Time When We Were Trapped in the Distant Past」（當我們受困於遠古時代 CPR 救不回朋友是我唯一憾事）（2041 年）

骨折

骨頭要是斷了，可以施行「牽引復位」，基本上就是把斷裂或錯位的四肢拉直之後再推回原位。這樣能避免骨頭在錯誤的位置上癒合，也能防止進一步的傷害。

首先，用手抓住骨頭斷裂處的上下方，以抓住上方的手來固定肢體位置，抓住下方的手緩慢輕柔地向下拉，讓斷肢恢復原位。接著可以用夾板來固定傷肢。木頭等堅硬的材料都可作為夾板，讓斷骨在癒合時保持不動。夾板要緊貼傷肢，但又不能太緊，以免阻礙血液循環。你也可以用這個方法來自我治療，但如果是手受傷，那麼你就得用另一隻手單手操作。

切記，牽引復位非常疼痛，但是能成功幫自己的骨頭復位，聽起來超殺的！所以一有機會就要跟別人炫耀。

受傷

受傷的立即危險就是失血過多而死。因此要盡快抬高受傷部位，減緩血流速度。在傷口處直接施壓有助於止血。壓緊傷口 20 分鐘通常就能讓血液凝固，不再繼續流血。如果無效，試著找出流血的血管，以手指直接壓住血管。如果還是無效，才使出最後一招「止血帶」（一種很緊的束帶）。止血帶能阻斷所有流向傷口的血液，成功止血，但是要是連綁幾個小時，止血帶下方的肢體組織就會壞死。不過往好處想，至少這個傷患今天不會因為失血過多而死。如果是更大範圍的傷口，可考慮使用燒灼法。不過這是萬不得已才用的絕招。先把某樣東西（木頭、金屬等）加熱到發燙，然後直接燒灼傷口，讓患處的血肉閉合。燒灼的面積越小越好，因為這個方式不只很痛（如果你現在邊讀著這段文字邊親身試作燒灼法，驚訝怎麼會這麼痛，謹致上萬分歉意），還會讓壞死的組織深入傷口內部，增加感染風險。倘若傷口很大，你可能得用針線縫合。縫合不需要什麼特別技巧，就是把針及線（不管你拿什麼當針）煮沸 20 分鐘徹底消毒，再以肥皂和清水洗淨雙手，然後在傷口兩側穿針引線來回縫合，最後線尾打結，收緊傷口。

感染

預防感染最好的作法是：仔細並徹底清洗傷口。沒錯，即使只是小破皮也要如此處理。你已經習慣了使用抗生素（希望你依照 10.3.1 製造出青黴素之後，有機會再次習慣），如果沒有抗生素，感染會非常致命，並且在皮膚一出現傷口就開始致命。在使用抗生素治療之前，死於感染的士兵比戰死的還多，只需被劃一刀就足以送命。清潔傷口時，用乾淨的水（當然了）徹底沖洗，然後在傷口塗抹酒精或 2% 的碘酒（見附錄 C.7）來殺菌。這兩樣都沒有的話，可拿蜂蜜應急，因為細菌無法在蜂蜜中生長（這就是蜂蜜不用放冰箱保存的原因，當然我指的是先前你還有冰箱可用的時候！）。[1] 塗好酒精、碘酒或蜂蜜之後，就能縫合傷口並蓋上紗布。倘若超過 12 小時，就要讓傷口透氣，這有助於保持傷口乾燥。

---

[1] 蜂蜜很會吸水，任何膽敢住在蜂蜜裡的細菌，細胞內的水都會被*吸乾*。不過，如果蜂蜜存放在未密封的容器裡，蜂蜜就會吸收空氣中的水分而自行稀釋，讓細菌有機會趁虛而入，最後發酵。詳情參閱 7.3 的注腳。

16

如何發明音樂、樂器和樂理，順便附上幾首偉大名曲供你剽竊

從無到有發明音樂，保證是值得投入的偉業

只需把腦中記得的歌曲哼唱出來，就可以發明現代音樂了。大作完成後記得宣布：「這首歌是胡椒鹽合唱團的〈Shoop〉，我剛創作出來的！」我們誠心建議你這麼做，但稍後我們會提供樂譜片段，讓你先發制人直接抄襲，所以我們必須教你如何讀譜，把樂譜上的符號轉變為歌曲。這項技巧也讓你得以把記得的歌曲寫下來，讓後世也能聆賞，並確保他們不會忘記這首小曲子是胡椒鹽的〈Shoop〉。

不過，在你可以讀譜和寫譜之前，手上也需要一些可以彈奏的東西。[1]

---

[1] A Cappella 無伴奏合唱團會否認這一點，但以下事實在各個時代和文化中都屹立不搖：A Cappella 也不能拿你怎麼樣。

如何發明樂器？

只要是人類可以控制來發出聲響的東西，基本上都稱為樂器，但大多還是要依循一些基本原則。樂器可分為打擊樂器（藉由敲打來發出聲響）、弦樂器（藉由摩擦或撥動樂器上的弦來發出聲響）和管樂器（把氣吹入樂器來發出聲響）。

對你而言，打擊樂器應該是最容易製造的。只要敲敲打打就能夠開始，直到你找出一樣能發出悅耳音響的東西。如果想正式一點發明真正的鼓，其實也不難，把薄膜狀的東西拉長（動物皮最適合），覆蓋住盒狀物[1]就大功告成了。敲打薄膜，膜會震動，使得盒狀物產生共鳴，進而擴大聲響。只要改變共鳴腔體的形狀、大小和材質，發出的聲響也會跟著改變。鼓聲若是夠大，還可以用在中距離通信上，只需把訊息編入鼓聲就可以。編碼方式就是你在10.12.4 發明的摩斯密碼。鼓的製法真的很簡單，難怪是人類最早發明的樂器，歷史可以回溯到公元前 5500 年。[2]

弦樂器應該是第二容易發明的，畢竟唯一的要件就是弦（參見10.8.4），而弦可以用動物的毛髮、腸道[3]或是鋼（如果有發明出來的話）來製作。你還可以拿著一根直立的木棍，把一條或幾條弦繫在木棍上端，弦的另一端繫在倒扣的箱子上方。棍子一傾斜，弦就會拉緊，當你撥弄琴弦，箱型容器便會發出共鳴，放大所發出的聲

---

[1] 如果你找到夠大的貝殼，也可用貝殼來製鼓。不過最後你可能還是會想用木頭或金屬，這樣各個樂器發出來的聲響會比較一致。

[2] 你可以製作的打擊樂器不只有鼓！把不同長度的硬木條排成一列，放置在木棒上敲打，你就成了木琴的偉大發明者！把一些小圓石放入木製容器後封起搖晃，你就發明了沙鈴！讓兩個小巧的貝殼相擊，就成了響板。用弧形木條把貝殼串起，就成了鈴鼓！如果你會做金工，可以拗折金屬板，就做出了罷工時用來發出巨響的鈸。鈸的尺寸加大，就成了鑼。你還可以把金屬加在鞋跟和鞋尖，這樣*你*就堂堂發明了融合打擊樂器的舞蹈表演（也就是踢踏舞）。

[3] 即使是今日，大提琴、豎琴和小提琴演奏者仍然會用羊腸來製做弓弦！內情肯定不單純！大家都假裝這事很正常，但真的很怪！

響。把下方倒扣的箱子改換成共鳴箱，恭喜，你剛發明了吉他！如果你不想用手撥吉他弦，可以把馬的鬃毛兩端綁在彎曲的棍子上，輕輕鬆鬆發明了弓。拉弓擦過琴弦，便可讓琴弦振動。現在你還發明了小提琴！如果你不想撥弦也不想擦弦，何不用小槌子來槌，如此就發明了揚琴。這時再把共鳴箱造在樂器內，你就發明了鋼琴。才短短幾句話，你就發明了五種樂器。你真是太厲害了！

只需調整弦樂器中琴弦的材質、長度或張力，琴弦就能發出不一樣的音調。琴弦的材質顯然無法說變就變，但你可以藉由按壓琴弦來改變琴弦的長度（這就是吉他的運作原理），也可以藉由拉緊或鬆開琴弦來改變琴弦張力，這也是大部分弦樂器調音的方式。較短或較緊的琴弦振動得更快，能發出更高的音調。

管樂器就稍微複雜一點，是以樂器管子內部的空氣共振來製造聲音。你可以藉由改變振動的空氣柱長度，來改變聲響的音調，若不是像排蕭那樣把不同長度的管子一字排開，就是像長號或滑管笛那樣在管中插入一根拉管。也能像小號或低音號一樣，藉由按壓活瓣為空氣增加額外路徑，加長空氣柱的管長。活瓣（按鍵）長得像圖 58 這樣。

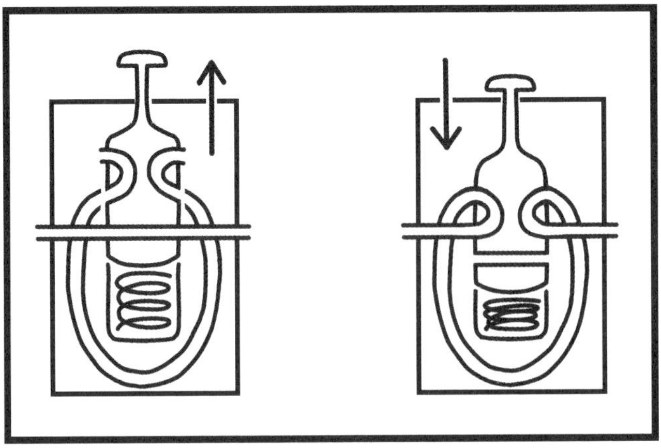

圖 58　樂器的活瓣（按鍵）

從圖中可以看出，按壓活瓣就能加長空氣柱的長度。這種活瓣到公元 1814 年才發明出來，在此之前，小號無法吹奏出人們想要的所有音符，因此很少用來吹奏樂曲作品。改變管樂器聲響的最後一招，就是壓住或放開共鳴管上的孔洞。長笛和薩克斯風都是運用這種原理。

有了這些基本的打擊樂器、弦樂器和管樂器，你就能夠繼續建造出今日所使用的各種樂器。❶ 但若要運用得當，你需要知道音樂運作的一些原理。

基礎樂理

音樂由音符組成，而音符不過是我們在音譜上隨意標出來的點。不過，只是隨意彈奏一堆音符，不可能演奏出美妙的交響樂，因為音樂聆賞並不只是物理性的音波與耳朵的交互作用而已，還包括大腦對於這些訊號的解讀。不幸的是，人類也因此只會覺得某些音符是好聽的。

物理上的限制很簡單：人類大多只能聽到 20 至 20000 赫茲之間的聲響，而且只有年輕時才聽得到。隨著年紀增長，會漸漸聽不到較高頻的聲響，而大多數成年人最多只能聽到 16000 赫茲的聲音。只要從這些音符中挑選出你要的，就可以開始隨著音樂起舞了。不過，當我們一考量大腦如何解讀這些聲響，事情就變得複雜許多。這門學問稱為「心理聲學」。人們大多會覺得，某些音符一起出現時聽起來很悅耳（稱為和諧音），某些音符一起出現時格外刺耳（不和諧音）。但是和諧音和不和諧音並沒有對錯之別，你無法據此只選好的而避開所有不好的。音樂的和諧與不和諧更像是光譜，是一

---

❶ 需要插電的樂器（例如合成器）不在此列，意味著你至少可以耳根清淨好一陣子，不受粗暴音符的攻擊。

段可接受的範圍，而這個範圍會隨著個體、文化甚至時代而變。[1]若要說有什麼普遍的和音規則（也歡迎你去打破），那就是相隔八度的音通常聽起來很「優美」。所以，我們就先來發明八度音。

你先隨便彈一個音，假設是「A」（反正我們最後會把音符標上 A-G）。接著找出是 A 兩倍音頻的音（稱為 2A）。那麼大多數的人聽到 A 和 2A 時，不管是來回輪流彈，或是同時彈，都會覺得好聽。2A 對 A 的頻率比是 2：1，因此任兩個頻率比也是 2：1 的音就定義為八度音。這些相隔八度的音在作曲上是安全牌，但在人類聽力範圍之內，八度音的選擇只有這麼多，很快就會聽膩了。至於不同文化普遍都能接受的美妙和音頻率比則有 3：2、4：3、5：4，比較有爭議的和音有 5：3、6：5 和 8：5。但你的曲子不能只有和音，還要有進歌節奏、醞釀，以及將不和諧音發展成和諧音。這些都有助編寫出優美、優雅的天籟之音。[2]

要運用其他音頻比例的和音，你得在任意選取的 A 和 2A 音符之間，發明新的音。切記：這些音都只是音譜上任意的點，完全可以按照你的意願來發明。話雖如此，儘管其他文明確實發明出不同且據稱更好的音，在這裡我們還是要告訴你如何發明西方文明所使用的音。

西方的音是在 A 到 2A 之間劃分出 12 個音，劃分的原則就是讓任兩個相鄰音的頻率比都是相同的。對人類的耳朵來說，這些音聽起來的「距離」都相等。你可以像人類在歷史上所做的那樣，運用聽力來找出這 12 個音。不過，要計算出兩音之間的頻率比，方法

---

[1] 因此世間沒有所謂完美歌曲的單一客觀標準，但是仍有對你來說最完美的歌曲。至於是哪首歌，我們沒辦法篤定地給出答案，但胡椒鹽合唱團的〈Shoop〉多少有機會上榜吧？拜託賜票啦！

[2] 再次強調，音樂的優美和優雅也因人而異，有些歌，有人覺得很好聽，也會有人覺得難聽至極。事實上，有些人甚至不會對音樂產生任何情感上的回應。這一小群人的情感波動，完全不受病態節奏所影響。

十分複雜，人類從公元前400年一直努力到1917年才算出來（！），精準度只到小數點第二位。我現在就來揭曉解法：相鄰兩個音的頻率比應該要等於2的12次方根，也就是1.059463。好啦，我聽到你的抱怨了：「我都困在過去了，你竟然還要我運算2的12次方根好幾百次，只為了彈奏一首歌？」別怕：我都算好了寫在附錄G，裡面有你所需每個音的確切頻率。音不一定要精準，音樂家有時候會刻意「扭曲」某個音，稍微偏離正確的頻率，以製造出音樂效果。

現在，你已經發明了音，也許認為自己已經準備好看著樂譜彈奏音樂了。不過還有個問題：你隨機選取A這個音，並據此開始建構整套音階，卻不知道A的確切頻率為何。如果我們的基音不同（而且也一定不同），彈奏出的音樂也會跟預期不同。我們需要找出方法確認你的A跟我們的A一樣。這問題不只困擾困在異時空的時空旅人。在發明出公認的標準A音之前，交響樂團也覺得很困擾。結果導致兩個交響樂團在演奏相同曲子時，聽起來有可能完全不同。[1]

到了現代，國際上的A標準音（音階的基礎音）稱為「A440」，而你應該猜得到，其音頻就是440赫茲。如果你聽過交響曲的現場演奏，應該記得正式演出前，演奏者都會拿起樂器調音，他們共同發出的音就是A440。我們現在要發出這個音可說是輕而易舉，因為我們有特製的調音哨、聲音檔案與調音叉。但對你來說就難多了。當然，只要發展出金工技藝[2]，你也可以輕鬆做出自己的調音叉，但不知440赫茲的音高究竟為何，你就無法確定自製調音叉發出的

---

[1] 音樂確實一度出現音調不斷調升的趨勢，稱為「音調膨脹」。這是因為人們認為音調越高，聽起來越悅耳。當時音樂家為了競爭，就把「A」音越調越高。在某些地區，音調膨脹得非常嚴重，不僅琴弦越來越常彈斷（琴弦越繃越緊），歌手也開始抱怨歌曲的音高已超出他們的能力範圍。政府因此通過了法律，定義出「A音」的固定音高，最早由法國政府於1859年頒布。

[2] 調音叉其實沒什麼神奇之處，不過是一把雙齒鋼叉而已。鋼齒的質量和長度會影響敲擊時所發出來的音高，所以你可以把音叉的鋼齒削薄，一直調整到你想要的聲音頻率。你知道嗎？這到公元1711年才發明出來！

音是否正確。因此，結果就是，整個現代音樂框架的基礎，就從你能製造出 440 赫茲的聲波開始。

以下就是製造的方法。

如何在歷史中每一刻輕鬆製造出 A440 赫茲的聲波

首先你得先發明「虎克輪」，這是羅伯特・虎克（Robert Hooke）所發明的無趣機械。他發明並使用這個機械時，就同時製造出當時某個已知頻率的聲響。

這項發明本身相當簡單，你只需要用一張卡片抵住齒輪上的尖齒。[1] 緩緩轉動齒輪，當卡片擊打到輪子上的尖齒，每個尖齒都會彈奏出獨特的咔答聲響。快速轉動滾輪，這些咔答聲就會融成一個音調。滾輪轉得越快，音調就越高。如果你用一張卡片卡進腳踏車的齒輪（參見 10.12.1），就算發明了虎克輪。只要轉動虎克輪，讓卡片每秒彈到尖齒 440 次，發出的聲響就是 A440 了。

要如何得知卡片每秒彈到尖齒 440 次？你知道齒輪上的尖齒有多少個（你可以一個個數），也就知道齒輪轉一圈可以讓卡片彈幾次。這表示，如果你的齒輪上有 44 個等距尖齒，那麼每秒轉一圈就能得到 44 赫茲的聲響，每秒轉 10 圈的話就是 440 赫茲。要讓你的齒輪以每秒 10 圈的速度轉動，可以透過傳動帶（參見 10.8.4）把手上較小的齒輪連結到較大齒輪。大齒輪轉動一點點，就能讓小齒輪快速轉動。如此一來，你就能經由手持曲柄轉動大齒輪來發出你

---

[1] 如果你還沒發明出紙張，也可以用木片，沒人會挑你毛病。畢竟你困在過去，而你所求的只是在重新發明所有重要東西的繁重工作之餘，能喘口氣彈奏一曲小曲子。我們都懂！

想要的任何音調，包括這個重要的 440 赫茲的音。虎克輪最早在公元 1681 年建成，但 1705 年才公諸於世。再過了六年，調音叉問世，虎克輪就被淘汰了。

讀譜

現在，你的樂器已經調好音，也有足夠的樂理知識對自己的調音結果感到自信。現在只差幾首歌了！在正式讀譜之前，我們還需要給這些音命名，以方便指稱。在 A 和 2A 之間的 12 個音命名如圖 59（以鋼琴鍵盤為例，但也適用於所有樂器）。

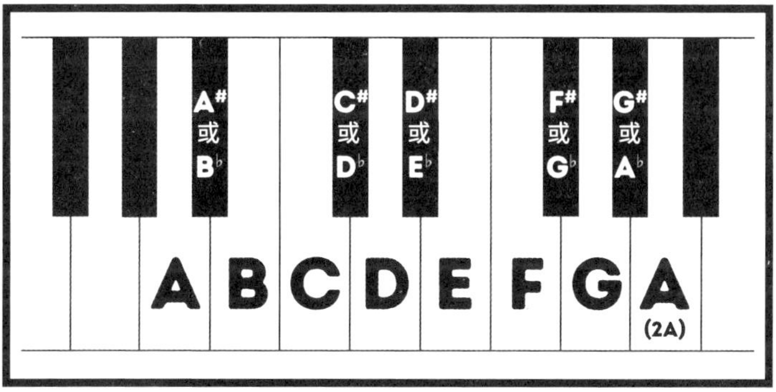

圖 59　注意每個音的音名

你可以看到，在八度音的範圍內的 12 個音，有的在白鍵上，有的在黑鍵上。白鍵的音名是 A、B、C、D、E、F、G，黑鍵的音名則附上升降記號，如 A#、B♭等。這一切其來有自：早期鋼琴使用只有英文字母的那 7 個音階，後來擴張到 12 個音階時，新加入的 5 個音便成了這些小黑鍵。「升記號」（#）表示從原音音調再調高一點，「降記號」（♭）表示調低。這表示同樣的音也可以有不同音名。在上圖中，A# 跟 B♭指的是同一個音。這套系統也可以用在白鍵上：$E^{\#}$ 就是 F。

當你讀寫音樂時，音的長度（或是休息不彈奏的長度）是由音符（休止符）的外形來決定。每種音符和休止符，以及兩者之間的關係表如圖 60。

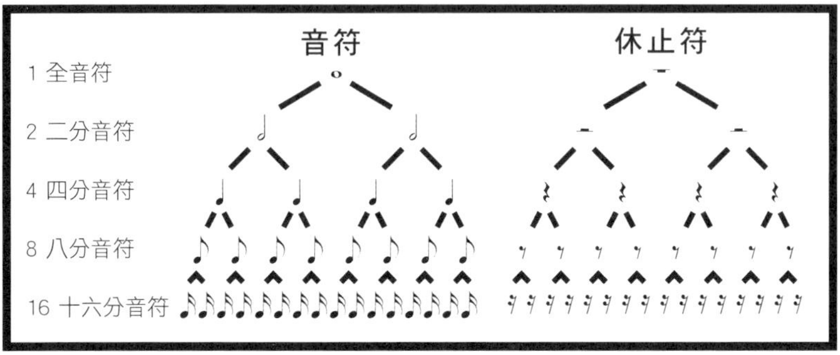

圖 60　不同音符和休止符之間的對應關係

每個音符都有音值。一拍等於兩個半拍、四個四分之一拍等等。你可以繼續縮短音長，只要在音桿上多加幾道尾巴。

這些音符都出現在五條平行線的上方或中間，下圖以音名顯示。❶ 最前面的符號叫做「譜號」，告訴你要彈奏的是高音（迴旋彎鉤形符號）還是低音（反 C 形符號）。不要以為不只如此，在高音譜表跟低音譜表上，同樣位置的音符會有不同音名。高音譜表上，最下方橫線（第一線）上的音是 E，再一個個往上推移。低音譜表第一線上的音則是從 G 開始（見圖 61）。

寫作時，我們會把句子組合成段落，譜曲時也是。音符會組合

---

❶ 此處我們要略過最完整的音樂符號技巧。之前嘗試以書寫來捕捉樂音並不太成功，最早的譜寫方式較類似於記憶輔助工具，用來記下口耳相傳的旋律。有的符號則是以音與音之間的相互關係來捕捉音的升降，而非指稱確切音高。大約在公元 800 年，歐洲人的音符記錄了旋律，但不包含節奏。要到公元 1300 年左右，音符的形狀才有所改變，跟現代的音符一樣也能用來表現節奏。

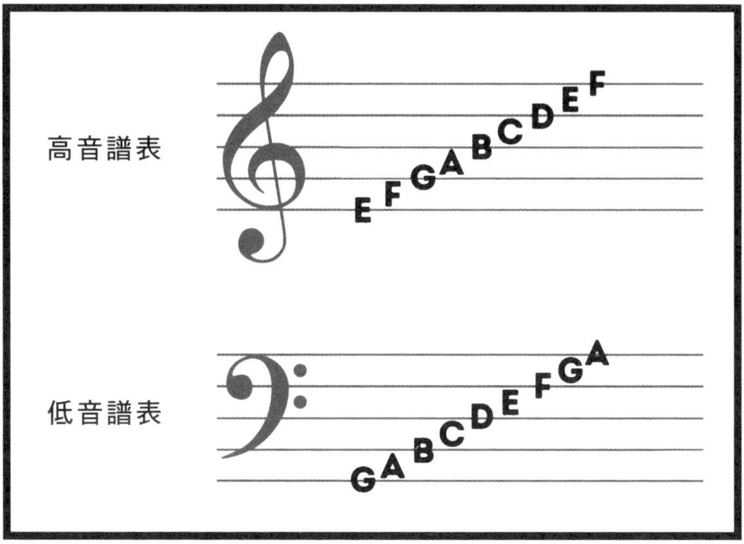

圖 61　譜寫音樂使用的譜表（譜號的形狀完全出於偶然）。
想用別種符號嗎？請隨意。

成小節，而小節與小節之間會以垂直的小節線隔開。拍號標示在小節線前方，跟分數符號很像。拍號教了你兩件事：每小節有幾拍（上方，分子位置的數字），以及以幾分音符作為一拍（下方，分母位置的數字）。下方數字對應到音符的數值：1 代表全音符，2 代表二分音符，4 代表四分音符，以此類推。因此，4/4 代表「以四分音符為一拍，每小節有 4 拍」（很多歌曲都是以這個常見的拍號譜寫），3/4 代表「以四分音符為一拍，每小節有 3 拍」（這也是華爾茲的節奏，1-2-3、1-2-3）。

升記號和降記號可以標示在每個音符前方，也可以標示在小節開始的地方——如此一來，升降記號就會用在整首曲子的音符上。當音符前方出現還原記號（♮）時，該小節的同個音就都還原到原始狀態，不升也不降。音符後方若出現一個黑點，就表示該音的長度拉長成 1.5 倍。兩個音符之間以弧形線相連，表示這兩個音在彈奏時要連成同一個音。最後，小節線上方的文字或縮寫代表演奏方式的指示，而且通常以義大利文書寫。你問我為什麼？答案是不為什麼。Pianissimo（*pp*）表示極弱，Forte（*f*）表示強，trillo 表示顫音（快速交替彈奏該音與隔壁音階的音，以表現出新奇的音樂效果）。還有比這些更一般的指示：adante 表示行板（慢速演奏），allegro 表示快板（快速演奏），bruscamente 表示粗暴演奏，allegretto 表示稍快板（稍微愉悅地演奏）。

聽好了，不會講義大利語沒有關係，這裡和其他地方所提到的東西，都只是剛好出現、約定俗成的慣用符號。你可以發明出更好的符號，而且*你也應該這麼做*。

好了，要消化的東西還真不少，但只要學會了，就能讀譜（和寫譜了）！這也表示，只要加以練習，你就能在新文明中開音樂會了，可以演奏的曲目可參考下列四首。

四首偉大世界名曲供你剽竊

第 9 號交響曲，《歡樂頌》

作曲者：__________（你的大名）

編曲小幫手：貝多芬

FIN.

第 13 號小夜曲，《弦樂小夜曲》

作曲者：__________（你的大名）

編曲小幫手：莫札特

FIN.

《D 大調卡農》

作曲者：__________（你的大名）

編曲小幫手：帕海貝爾

FIN.

《小販》

作曲者：__________（你的大名）

就是《俄羅斯方塊》遊戲那首人人琅琅上口的配樂

FIN.

17

電腦：勞心轉為勞力，你就不必拚命動腦，只需轉轉曲柄之類的

是的，電腦也許終將征服世界，
但在這之前，你還有大把時間！

（絕大部分）人類的夢想一直是不用工作，而你還在閱讀本書（而非奔向新世界時就在路上從無到有發明了所有東西），顯示出即使你被困在一不小心就會送命的環境中，還是念念不忘要減少必須親自動手的工作。我們目前介紹的發明，都是用來減少體力勞動，詳列如下：

- 讓動物幫你做（犁、軛等）
- 讓機器幫你做（磨坊、水車、蒸汽引擎、飛輪、電池、發電機、渦輪等）
- 提供所需資訊，讓你避免或減少勞動（指南針、經度、緯度等）
- 如果勞力避無可避，至少讓自己吃得好一點、飽一點，可以活久一點慢慢做（農耕、食物保存、麵包、啤酒等）

但是體力勞動只是人類工作的一種方式。如果你曾經在學習之後放鬆，玩個遊戲，盯著牆壁，跑跑步，或是做做學習以外的事，你就會知道，精神勞動也很累人。目前你尚未發明任何可以卸除精神勞動壓力的東西……但就快了！❶

複製人腦得費盡心力（而且或許哪天創造出來的「人工智慧」並不完美，在管理 FC3000™ 時光機租賃市場的內部作業時，也很可能會發生嚴重故障卻找不到人負責），但即使只是一部能夠執行基礎運算的機器，都能成為你建造其他東西的必備基礎。雖然真正的人工智慧可能還要好幾代才能發明出來，在這段時間，你做出來的這部可執行正確運算的機器，仍可能改變社會，尤其是這些機器運算推理的速度比人腦快上了數十萬倍。這點我們無需多言，因為你已經見識過電腦。知道電腦有多麼好用、多有生產力、多麼好玩，又多麼令人大開眼界。來看看如何建造電腦吧。

電腦使用哪種數字？會拿這些數字來做什麼？

電腦使用二進位的理由有二：你在 3.3「好用的數字」就已經發明出二進位，而且二進位能讓你把需要處理的數字縮減到 0 和 1 這兩種，簡化許多。❷

---

❶ 你可能已經發明出有助於思考的機器。在本質上，時鐘只是數秒的機器，因此你並不需要，而算盤則是串在細棍上的一堆珠子，當你心算的時候可以一邊把珠子往下撥。你真正需要的是分析引擎：機器上有一根可供我們轉動的曲柄（或是我們可以再造一個機器來幫我們轉動），機器轉動時，能夠重新創造出人類推算時採用的步驟，因而把身體勞動轉化為心理步驟。

❷ 以 0 和 1 組成的二進位很好用，可以用任何有兩種狀態的事物來表現：電力的開和關、同調光束的有或沒有，甚至（我們等一下就會看到的）一堆螃蟹出現或消失。但請記得，電腦並不是非用二進位不可，已有電腦建立在其他數字系統上，像是 0、1 和 2 的三進位。只要你能想出方法來表現這些位元，歡迎你盡情探索。

現在需要弄清楚一點：你的電腦要怎麼運用這些數字。理想上，你想要一部能夠執行加減乘除運算的機器，但我們真的需要做到這一切嗎？

換句話說，最精簡可行的電腦產品是什麼？結果電腦並不需要真正進行乘法運算，只需要仿效出乘法的效果（經由不同運算方式得到相同結果），也就是重複進行加法。10 乘以 5 就相當於把 10 加 5 次，因此用加法來模擬乘法：

x × y = x 加自己 y 次

減法也是一樣，相當於加上帶負號的數字。10 減 5 就等於 10 加上 –5，因此可以用加法來模擬減法：

x － y = x ＋ (－ y)

沒錯，你也可以用加法來模擬除法。如果你要把 10 除以 2，可以算 10 裡面可以放進幾個 2（就跟我們進行乘法一樣），但這次要計算加進幾次 2 才能抵達目的地。2 ＋ 2 ＋ 2 ＋ 2 ＋ 2 ＝ 10，加了五個 2，所以 10 除以 2 就會等於 5。就算是無法等分的數字，也適用這個方法！反正你就一直加下去，加到超出原本要除的那個數字為止，而超出的部分就是餘數。[1] 因此：

x / y ＝ y 一路加自己到 x 為止所加的次數

---

[1] 如果你對數學有研究，也許不會太驚訝：除法運算其實就是乘上同一個數的倒數。也就是說，x/y 就等於 x×(1/y)。既然除法可以用乘法表示，而乘法又可以用加法表示，那麼除法也就可以用加法表示了。

這樣看來，數學加、減、乘、除的四種基本運算，都可以用其中一種運算來模擬，那就是加法。要建造電腦，你要做的就是打造一部可以進行加法的機器。這一點都不難，對吧？

什麼是加法？如果你不知電腦是如何運作，我們要如何談論加法？

在你試著製造加法機器前，我們先回到前一步，回憶一下你在「10.13.1 邏輯」中所發明的命題演算。在那裡，你把「非」這個運算子定義為「與命題相反」。因此，若你有個命題 p 為真，那麼「非 p」（¬P）就會是假的。如果把「真」取代為「1」，「假」取代為「0」，會發生什麼事？我們來看看 p 和¬P 的真值表（表 19）。

表 19　P 和¬P 的真值表

P	¬P
假	真
真	假

接著將之轉換成二進位電腦的輸入值和輸出值列表（我們稱之為「閘」），看起來就像表 20 這樣。

表 20　請注意，這是全世界第一個「反閘」表！

輸入	輸出
0	1
1	0

任何機器，只要輸入甲數值後會給出乙數值（不管製造方式為

何，也不管內部發生什麼事），都具有「反閘」（NOT gate）的功能：輸入 1，就會得到 0，反之亦然。你還能畫圖表示如圖 62。

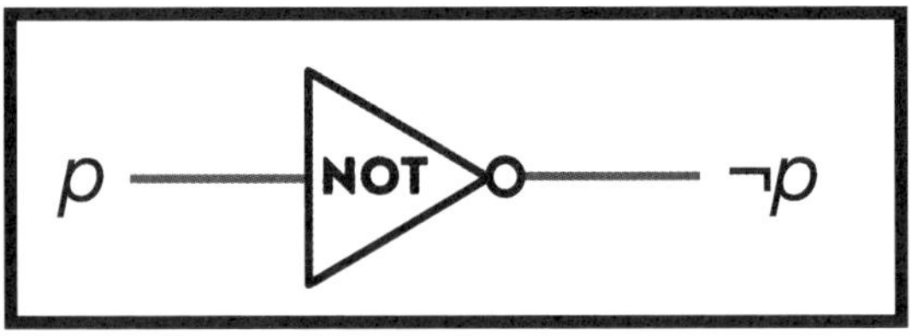

圖 62　反閘的圖示

到目前為止，你仍然不知道該怎麼製作這部「反」機器，但至少你知道目標是什麼了。另外，由於你暫時不必受到「必須建造這些鬼東西」的限制，因此也可以提出其他運算方式！

記得在命題邏輯中，你定義了「及」（^）的意義：如果陳述為真，論證必定為真。換句話說，只有在 p 以及 q 都是真的情況下，（p ^ q）才是真的，在其他情況中都是假的。表 21 這張真值表呈現出唯一為真的情況。

表 21　（p ∧ q）的真值表

p	q	（p ∧ q）
假	假	假
假	真	假
真	假	假
真	真	真

一如「反閘」的運算，我們也可以把圖表中的真和假轉換為 1 和 0，用來定義全世界第一個「及閘」（AND gate）（表 22）。

表 22　及閘的輸入和輸出

輸入 p	輸入 q	輸出（p ∧ q）
0	0	0
0	1	0
1	0	0
1	1	1

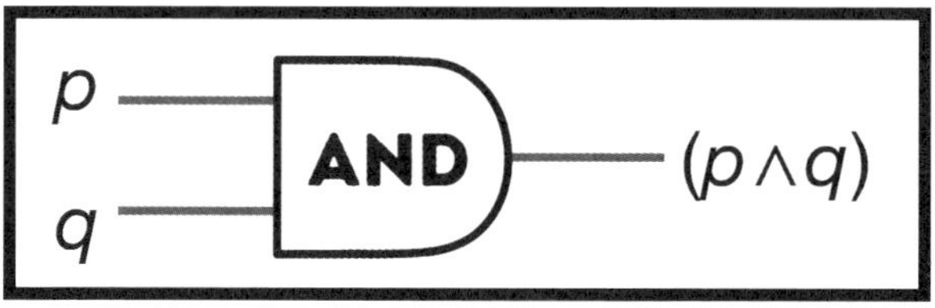

圖 63　及閘

現在你只缺乏「或」，也就是「及」的相反。在 p 和 q 之間置入「或」的運算，可用（pvq）來表示。這意味著當 p 或 q 任一者為真，（pvq）就是真的。「或閘」（OR gate）的真值表如下。

表 23　或閘的輸入和輸出

輸入 p	輸入 q	輸出（p v q）
0	0	0
0	1	1
1	0	1
1	1	1

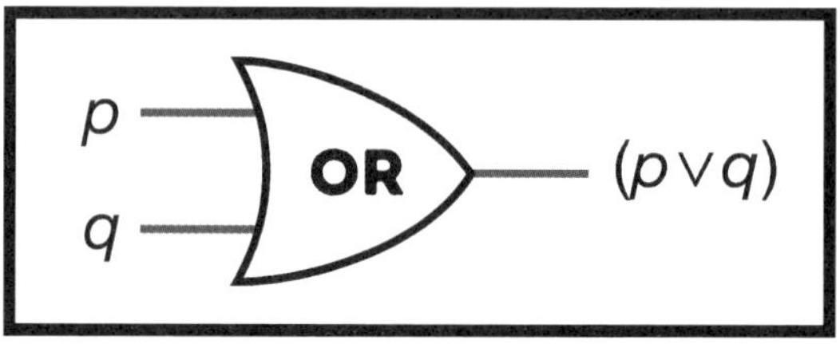

圖 64　或閘

請以這三種閘為基礎繼續製造新閘。例如，把反閘接在及閘之後，就能發明出「反及閘」（NAND gate），真值表如表 24。

表 24　反及閘的輸入和輸出

輸入 p	輸入 q	（p ^ q）	輸出 ¬（p ^ q）
0	0	0	1
0	1	0	1
1	0	0	1
1	1	1	0

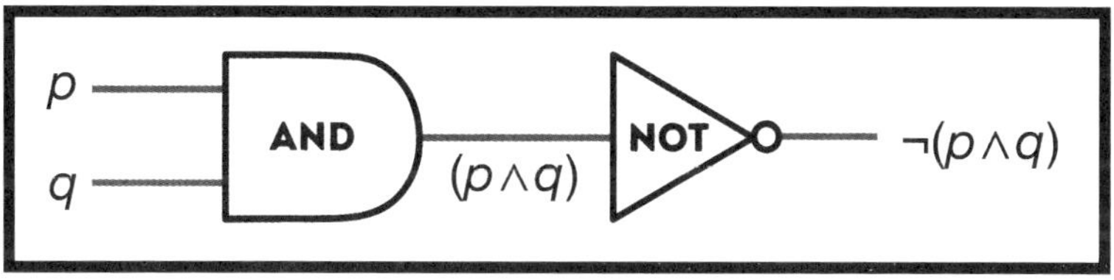

圖 65　擴展的反及閘

為了節省時間，我們就不各別畫出反閘和及閘，而是合併成一個反及閘，畫出的圖如圖 66。

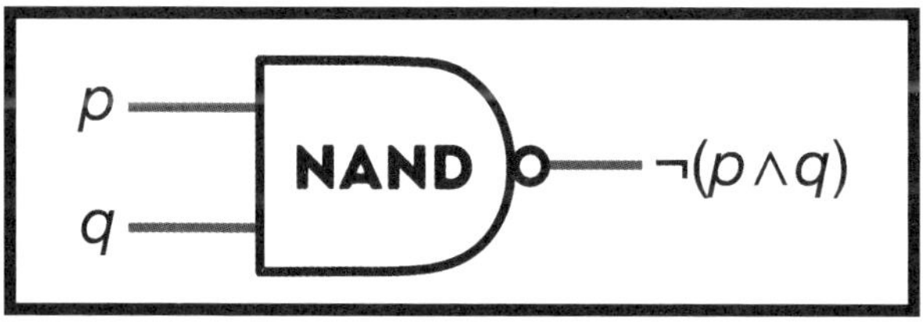

圖 66　簡化的反及閘

反及閘的功能，等同於我們一開始建造的反閘和及閘，但更好繪製。我們可以繼續把閘合併起來，用反及閘、或閘、及閘全結合起來，就會得出「當只有其中一項輸入值為 1 時，輸出值才會是 1；任何其他情況都會是 0」的新閘。我們稱這個閘為「互斥或閘」（XOR gate），圖示如圖 67。

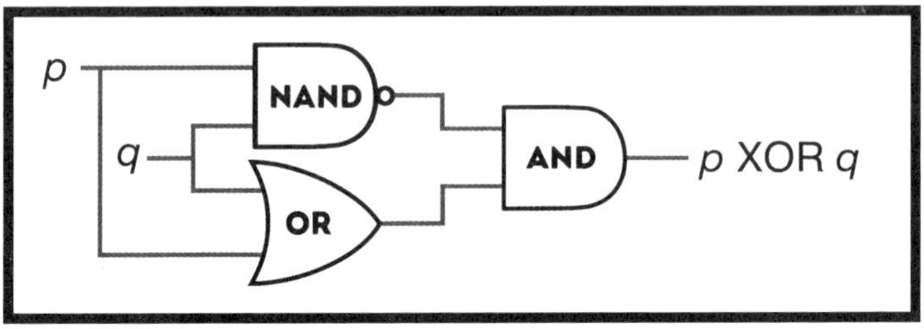

圖 67　擴展的互斥或閘

表 25　從反及閘、或閘和及閘製作出的「互斥或閘」的真值表

輸入 p	輸入 q	¬(p∧q) 亦即 p 反及 q	(p∨q) 亦即 p 或 q	輸出 (¬(p∧q)^(p∨q)) 亦即 p 互斥或 q
0	0	1	0	0
0	1	1	1	1
1	0	1	1	1
1	1	0	1	0

一如反及閘，我們可以用 XOR 這個符號來代表這一堆閘（圖 68）。

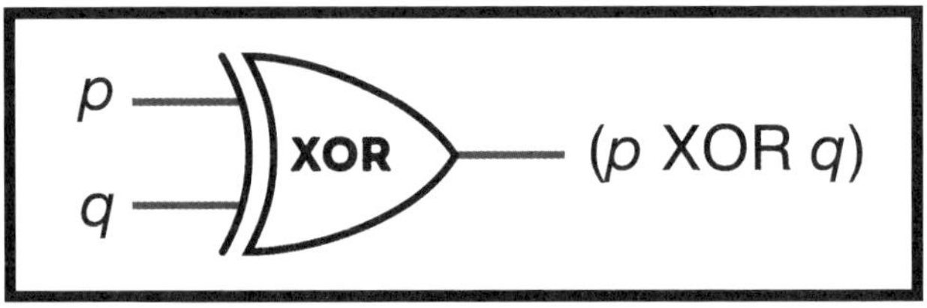

圖 68　簡化的互斥或閘

有趣的事實：除了你剛發明出的反及閘和互斥或閘，只要你能從基本的及閘、或閘和反閘[1]，組合出特定輸入和輸出的模式，就能製造出新的閘。

很好，我已經發明了所有的邏輯閘，很棒，但跟加法到底有什麼關係？

沒錯，所以現在要來定義加法邏輯閘應該長什麼樣子。我們從最基本的開始，把兩個一位元的二進位數相加。所有可能結果列成的真值表如表 26。

表 26 難以置信的是，這並不是本書第一次解釋 1 ＋ 1 ＝ 2

輸入 p	輸入 q	輸出（p＋q），以十進位數表示	輸出（p＋q），以二進位數表示
0	0	0	0
0	1	1	1
1	0	1	1
1	1	2	10

[1] 因此這些邏輯閘也被認定為「通用」，而且任何能夠模擬出及閘、或閘和反閘的閘組，都是通用的。驚喜的是，你不會同時需要三種閘來製造出通用的閘組，及閘和反閘經由適當的組合就可以模擬出或閘的功能：（p∨q）就等同於¬[(¬p) ^ (¬q)]。因此，只有反閘和及閘是通用的閘組！事實上，在單一反及閘中的反閘和及閘本身就都是通用邏輯閘，這意味你只需要許多反及閘，就能建造出一部完整的電腦。反閘和或閘也是通用邏輯閘，因此反或閘（NOR gate）是唯一另外的通用單一邏輯閘。

其中的蹊蹺在於，二進位是以 1 跟 0 在運算，而你在輸出端得到了二進位的「10」（也就是十進位的二）。因此，我們把輸出分成兩個不同的管道，每個都代表一個二進位數字（表 27）。

表 27　二進位如何加二

輸入 p	輸入 q	輸出 a	輸出 b
0	0	0	0
0	1	0	1
1	0	0	1
1	1	1	0

現在，輸入你想加上的兩個數字（代表二進位數的兩個一位元數字），可以得到兩個輸出（代表二進位數的兩個數字的答案）。我們把這兩個輸出的數字標上 a 和 b，合起來就代表了輸入數字相加的結果。我們需要知道的是，如何從先前所學到的及閘、或閘、反閘、反及閘和互斥或閘，達成上述運作形式。❶

看看由 a 和 b 所製造出來的數字 1 跟數字 0 的模式，你會發現看起來十分類似：a 的輸出跟及閘（$p \wedge q$）一樣，b 的輸出則跟互斥或閘完全一樣！你要做的，就是把輸入連接到彼此分開的「及閘」和「互斥或閘」，新的加法機器就發明出來了（圖 69）。

有了這張圖，你就能定義出一部可以進行 1 加 1 的機器是如何運作！現在，你已經知道 1 + 1 等於多少❷，這部機器（稱為半加器）看起來也許頗為無用，不過讓我們再看一次加法如何進行。

---

❶ 是的，你或許也發現了，我們雖然已經定義出這些邏輯閘該怎麼運作，卻尚未想出真正建造這些邏輯閘的方法。別擔心，我們就快走到這一步了！

❷ 哈，等於 2。我們真的認為你知道答案。

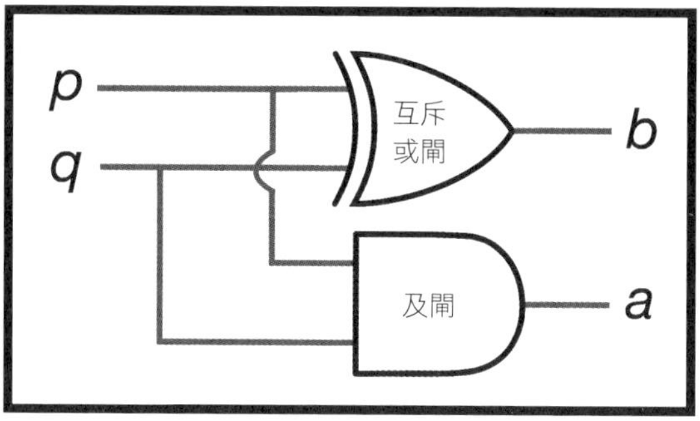

圖 69 加法機器

在十進位數字系統中，你已經習慣 7 + 1 = 8，8 + 1 = 9，而 9 + 1 得到的則是兩個位元的數字：10。由於我們的一位元數字只有 0 到 9，數字若再加上去，就要「進一位」並開始新的一欄，也就是成了二位數的 10。同樣的運算也發生在二進位系統，只是不必等到 9 才進位變成 10，而是在 2 就開始新的一欄。在這種情況下，我們可以重新為輸出 a 和 b 標示上更準確的名字：s（sum，「和」的意思）以及 c（carry，「進位」的意思）。如果 c 是 1，我們就得把這個 1 帶到新的二進位數字上。

如果你把半加器連結到另一個有互斥或閘的半加器，還會發生更好玩的事。這部新機器稱為「全加器」，模樣如圖 70。

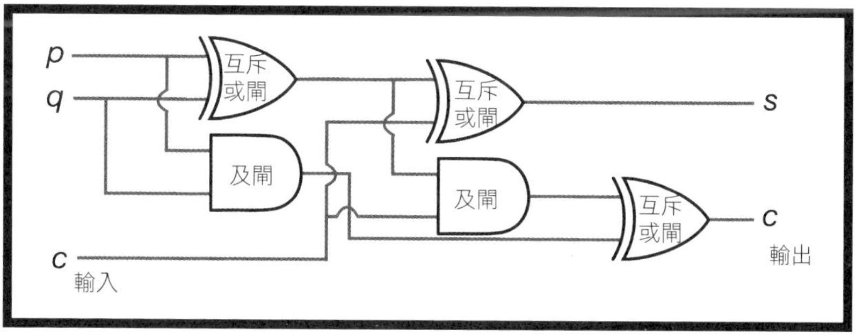

圖 70 全加器

這部新機器輸出的解答仍是 s 和 c（記得，s 代表和，c 代表進位），但現在可以用不同的 c 作為輸入值。這個 c 讓你從另一個全加器的答案「進一位」，然後再輸入這裡的 c。如此一來，你就可以把所有的全加器都串連起來了！

神奇的事發生了。機器中的每部全加器，都讓這部機器可處理的最大數變成兩倍。一部全加器能輸出兩個位元的二進位數①，因此你就可以從輸出得到 4 個數（0-3）。兩個全加器可以給你三個位元的二進位數②，因此現在你就可以計算到 8 個數。三個全加器可以讓你計算到 16 個數，四個全加器到 32 個數，如此下去，你可以一直計算到 128、256、512、1024、2048、4096、8192、16384……N 個數，看你新加入幾個全加器，就加倍幾次。當你一次串起四十二個全加器，機器能處理的數字就足以給予可見宇宙中每個恆星一個獨特的數字。

就你剛剛組裝出的這一串想像出來的古怪邏輯閘來說，這個結果還算不錯。

這些全加器是計算機的靈魂。要模擬出減乘除的運算，你所要做的就是進行加法。❶ 要進行加法，你所要做的就是建造出全加器。要建造全加器，你要做的就是把你剛發明出來的邏輯閘建造成真正實用的版本。如果你可以做出這些邏輯閘，就解決了電腦問題。

---

❶ 你也許注意到了，這些全加器只能計算正整數。正是如此！不過你可以把最左邊的位元設定為符號位元，例如 0 表示正（＋），1 表示負（－）。要運算像 2.452262 這種非整數，只需要記得哪一位元是小數點符號的位置，其他部分則以同樣方式進行。

①譯注：兩個位元的二進位數包括 00、01、10、11，共四個數，分別相當於十進位的 0、1、2、3。

②譯注：三個位元的二進位數包括 000、001、 010、011、100、101、110、111，共八個數，分別相當於十進位的 0、1、2、3、4、5、6、7。

讓我們實際建造邏輯閘，造出計算器吧！

最後你的文明會建造出一部藉由電來運行的計算器。但一開始你要建造的計算器，使用的是比不可見的電流更容易掌握的東西：水。

聽起來有點難（確實，要建造出一個能把 0 轉變成 1 的反閘還真不簡單，也就是說這部機器的輸入端沒有水流入，卻要從輸出端流出水來），不過還好你的全加器只會用到及閘和互斥或閘。而且你只需用一種技術就能同時發明出這兩種邏輯閘，方法如下。

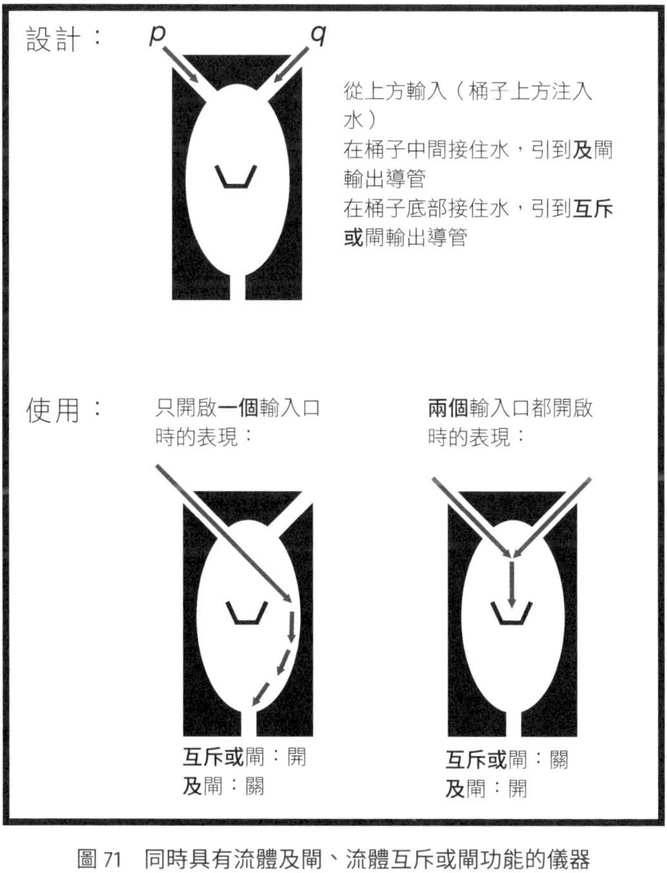

圖 71　同時具有流體及閘、流體互斥或閘功能的儀器

如果只開啟其中一個輸入，水會從桶子頂部流下，沖刷桶子側邊，然後從底部流出。但如果兩個輸入皆開啟，水流會在桶子中間對撞，然後從中間流出。桶子底部的輸出，就是*互斥或*閘的輸入；而桶子中間的輸出，就是及閘的輸入。這個互斥或閘和及閘的組合，能讓你建造一部全加器，因此也能讓你建造一部以水來運作的計算器。換句話說，*配置得當的水，就能讓你執行運算任務。*❶

大功告成。

以水來運作的計算器，運算速度顯然會比較慢，比不上大家熟知的以電來運作的電腦，因此要取代大眾市場上最新型可攜式音樂播放器，還早得很。但這種計算的基礎，人類甚至要到 17 世紀的末期才開始注意到。至於微型化、電子學、半導體等之後所有的發明，都要建立在你剛發明的東西上。你不只搞懂了機械應力計算的基本原理，還做出了一部可以運用這些原理來*真正解決數學問題的機器*。

而且，並不是非用水不可！

切記，除了你手上有的水閘以及未來某日會建造出的電閘，任何機器，只要能夠像邏輯閘那樣運作並產出你想要的輸出，你都可以盡情嘗試不同的介質：滾過槽溝的滾珠、滑輪和繩索❷，甚至活生生的螃蟹❸，都曾用來建造邏輯閘。值得注意的是，這些邏輯閘

---

❶ 有了互斥或閘，就會發現，實際建造出流體的反閘並非不可能。若列出「p 互斥或 1」（亦即 p 的互斥或，搭配永遠開啟的水流）的真值表，就會發現輸出就相當於 ¬p。

❷ 這裡的想法，就是把不同高度的加權滑輪標示為 1 和 0。假設低處是 0，高處是 1，如果你把上方滑輪的繩索往下拉，那麼繩索另一端的滑輪就會往上：這就是反閘的基本原理。若再加上更多繩索和滑輪，你就可以很簡單地建造出及閘和或閘，最後造出整套通用邏輯閘。

❸ 公元 2012 年，人類在日本島嶼的海灘和潟湖上發現兵蟹（顏色從淺藍到深藍，越老的蟹顏色越亮，蟹殼長 8-16 公釐不等），牠們展現出可預測的行為。具體而言，這些兵蟹在成群結隊時往往會去撞牆，而當兩群兵蟹相撞，牠們就合而為一，然後朝著合力的方向移動。或閘就像是以 Y 的形狀建造兵蟹的路徑：兵蟹從 Y 的頂部進入，從底部出去，即使兩群兵蟹相撞。及閘則是 X 狀路徑，只不過從 X 中間多出一條直線通往底

大多是在電腦發明之後才問世，這表示人類一旦有了二進位邏輯基本概念，就會開始想方設法運用手邊可得的東西來發明電腦。

下一個重大發明是通用的計算機器。你剛剛發明的計算器是為了某個目的而做的，然而一旦你可以用數字而非物理上的可動閘門來為機器編寫程式，用來表示事物的數字跟用來做事的數字之間的界線，就開始變得模糊。這讓電腦得以在運作時更改自身程式，而一旦電腦擁有這項能力，電腦的計算潛能便會大爆發，世界就再也不一樣了。

一切都會非常美好！

(承前頁) 部：兵蟹從頂部斜著進，就會從底部斜著出去，但是當兩群兵蟹相撞，牠們就會從底部的直線出來。這就是及閘的輸出。發現這些螃蟹具有運算潛力的科學家也注意到，這些螃蟹很容易出錯（原來活生生的動物並不像水蒸氣或是電子一樣可充分預測），再加上缺乏反閘的行為表現，因而無法組成全套的通用邏輯閘，意味著你想以活螃蟹驅動龐大計算機器的美好夢想將會遇到一些挑戰。

結論

現在，你的情況應該改善很多了吧。
不用謝我！

原來要在遙遠的過去學到足夠的生存技能，
只是遲早的事。

很可惜，本書即將進入尾聲。你可以在書中發現人類曾經探究的深刻問題，包括「宇宙是由什麼組成的？」（單元〈11〉東西是什麼？該如何製造？）「我該如何過得舒適又不會太早死？」（單元 5〈現在我們成了農人，吞噬世界的大食客〉）以及「我已經製造太多廢物希望之後可以減少一些，有人知道我該怎麼做嗎？」（單元 14〈人體治療〉）。我們有十足把握，這些知識能幫助你在未來的每一天、每個月、每一年都過得更好。

當你踏出租來的 FC3000™ 旗艦時光機，開始探索腳下這個未知的地球，你很快就會在這裡建立家園、形成社群並建構文明，真令人羨慕。你即將踏入一個具有無數奇蹟和潛力的世界，以其他人類從未擁有的天賦來面對這個世界——洞燭機先的天賦。好好運用這個天賦，你到達的境地將比我們所夢想的還要高，同時還能成功避開最可怕、最要命的陷阱。

閱讀本書，你就能知道人類如何達到最偉大的成就，這些知識將會從你捧著書的手心轉移到你心智的深處。先前說過，當你困在過去回不來，這本書就是地球上最強大也最危險的東西。但現在不是了。

你才是。快去征服世界吧！

圖 72 毅然決然的 FC3000™。

來自「時間解方」朋友們最親切專業的問候。

附錄 A

技術之樹

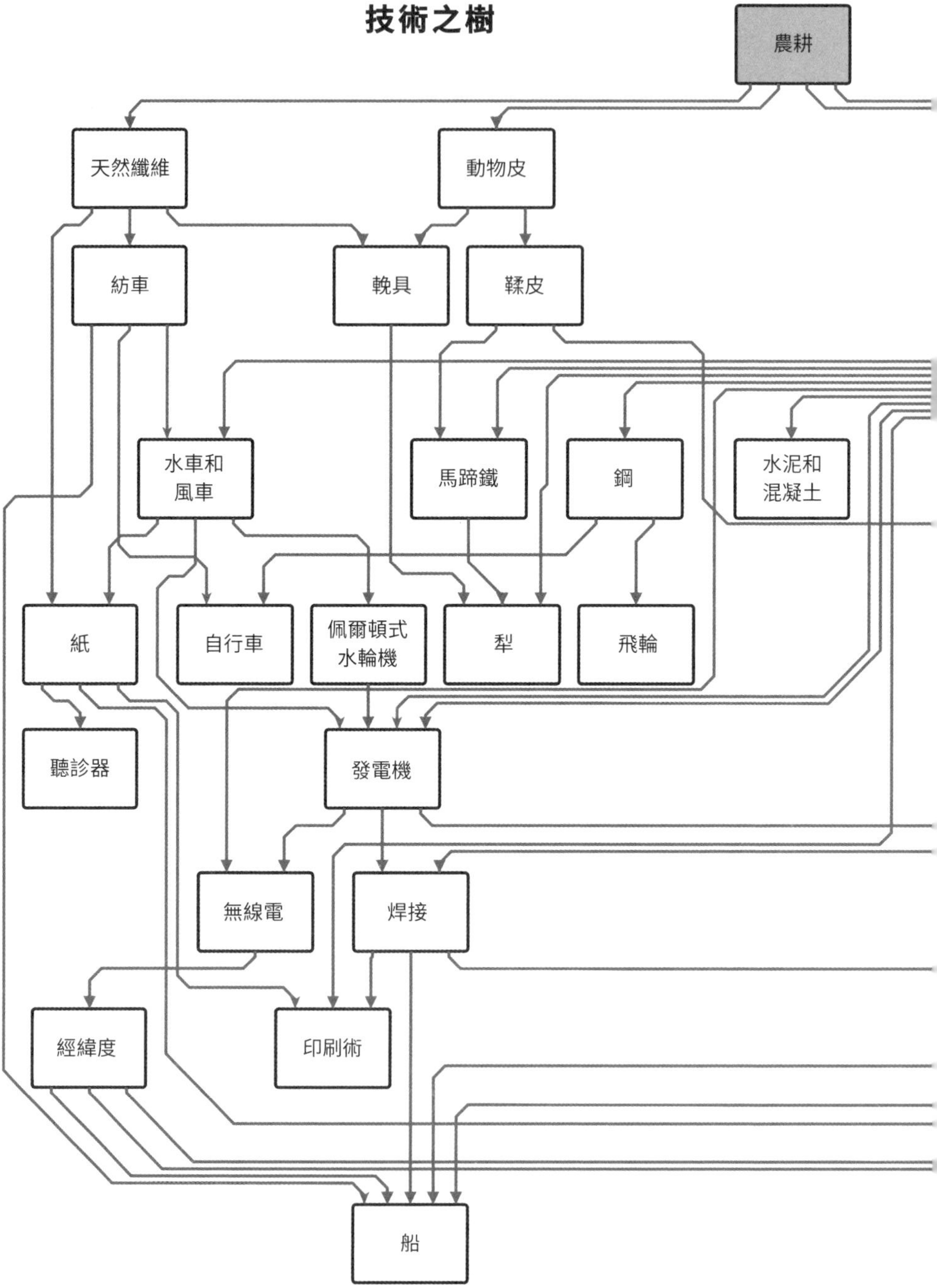

農耕
天然纖維
動物皮
紡車
輓具
鞣皮
水車和風車
馬蹄鐵
鋼
水泥和混凝土
紙
自行車
佩爾頓式水輪機
犁
飛輪
聽診器
發電機
無線電
焊接
經緯度
印刷術
船

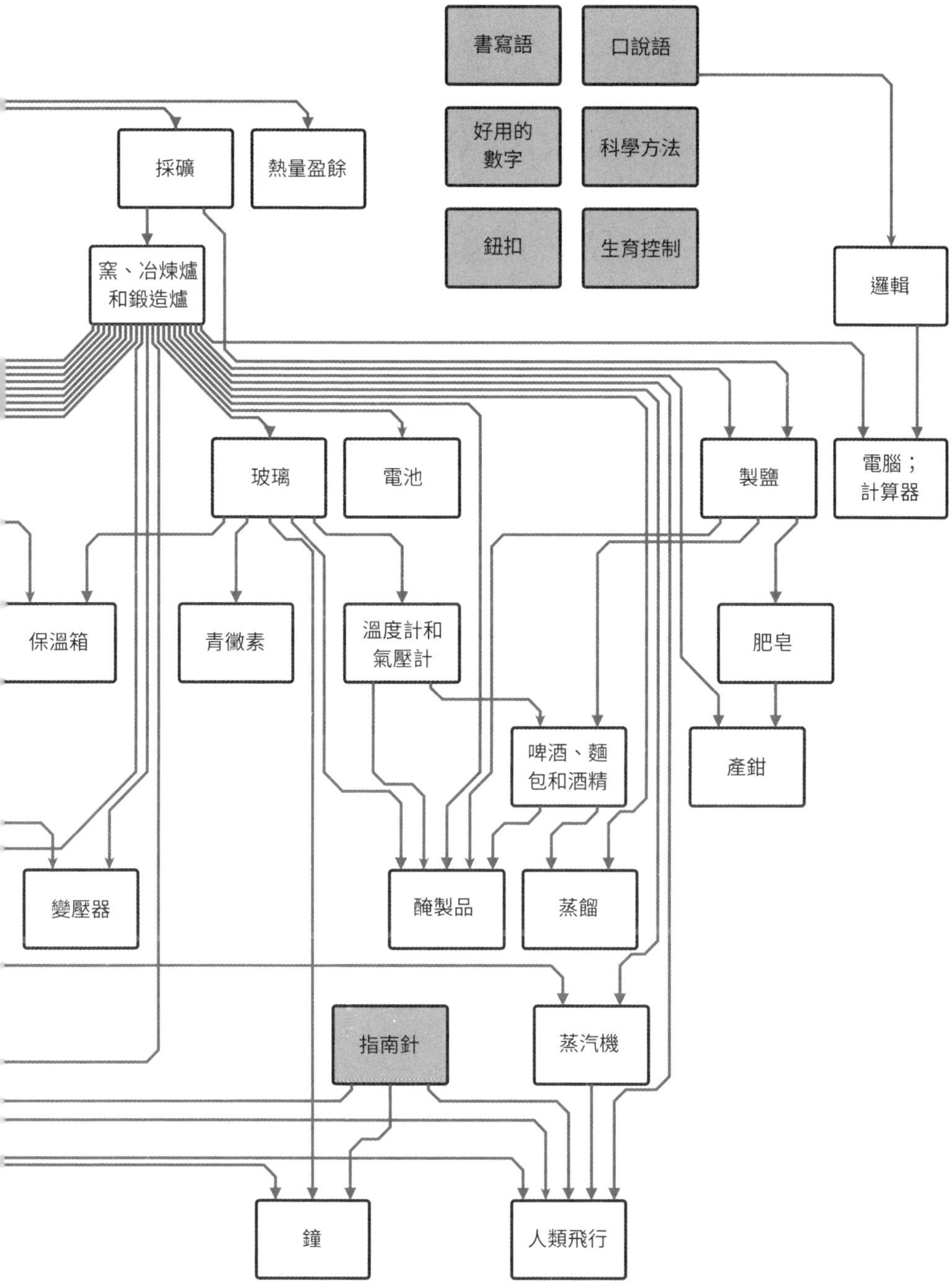

圖例：需要先發明其他技術才能發明出來的技術　不需先發明其他技術就能發明出來的技術

附錄 B

元素週期表[41]

圖例

英文名稱	hydrogen
中文名稱	氫
化學符號 / 原子序	H 1

□ 金屬　▨ 半金屬　■ 非金屬

hydrogen 氫 H 1																	helium 氦 He 2
lithium 鋰 Li 3	beryllium 鈹 Be 4											boron 硼 B 5	carbon 碳 C 6	nitrogen 氮 N 7	oxygen 氧 O 8	fluorine 氟 F 9	neon 氖 Ne 10
sodium 鈉 Na 11	magnesium 鎂 Mg 12											aluminum 鋁 Al 13	silicon 矽 Si 14	phosphorus 磷 P 15	sulfur 硫 S 16	chlorine 氯 Cl 17	argon 氬 Ar 18
potassium 鉀 K 19	calcium 鈣 Ca 20	scandium 鈧 Sc 21	titanium 鈦 Ti 22	vanadium 釩 V 23	chromium 鉻 Cr 24	manganese 錳 Mn 25	iron 鐵 Fe 26	cobalt 鈷 Co 27	nickel 鎳 Ni 28	copper 銅 Cu 29	zinc 鋅 Zn 30	gallium 鎵 Ga 31	germanium 鍺 Ge 32	arsenic 砷 As 33	selenium 硒 Se 34	bromine 溴 Br 35	krypton 氪 Kr 36
rubidium 銣 Rb 37	strontium 鍶 Sr 38	yttrium 釔 Y 39	zirconium 鋯 Zr 40	niobium 鈮 Nb 41	molybdenum 鉬 Mo 42	technetium 鎝 Tc 43	ruthenium 釕 Ru 44	rhodium 銠 Rh 45	palladium 鈀 Pd 46	silver 銀 Ag 47	cadmium 鎘 Cd 48	indium 銦 In 49	tin 錫 Sn 50	antimony 銻 Sb 51	tellurium 碲 Te 52	iodine 碘 I 53	xenon 氙 Xe 54
caesium 銫 Cs 55	barium 鋇 Ba 56	元素 鑭系 57-71	hafnium 鉿 Hf 72	tantalum 鉭 Ta 73	tungsten 鎢 W 74	rhenium 錸 Re 75	osmium 鋨 Os 76	iridium 銥 Ir 77	platinum 鉑 Pt 78	gold 金 Au 79	mercury 汞 Hg 80	thallium 鉈 Tl 81	lead 鉛 Pb 82	bismuth 鉍 Bi 83	polonium 釙 Po 84	astatine 砈 At 85	radon 氡 Rn 86
francium 鍅 Fr 87	radium 鐳 Ra 88	元素 錒系 89-103	rutherfordium 鑪 Rf 104	dubnium 𨧀 Db 105	seaborgium 𨭎 Sg 106	bohrium 𨨏 Bh 107	hassium 𨭆 Hs 108	meitnerium 䥑 Mt 109	darmstadtium 鐽 Ds 110	roentgenium 錀 Rg 111	copernicium 鎶 Cn 112	nihonium 鉨 Nh 113	flerovium 鈇 Fl 114	moscovium 鏌 Mc 115	livermorium 鉝 Lv 116	tennessine 鿬 Ts 117	oganesson 鿫 Og 118
anningium Ma 119	burnellium Jb 120	121-138 和 141-155	psitanium Ps 156	paninium Pn 157	franklinium Fa 158	rillieuxium Ri 159	kovalevskaium Kv 160	hamiltonium Mh 161	vaughanium Dv 162	equinium Me 163	ynesmexium Ym 164	praeviderium Pv 139	edaxrerumium Ex 140	zhenyium Zh 169	tharpium Tr 170	subfinemium Sf 171	inprincipion Ip 172
mithrilium Mi 165	capsidium Cp 166											alcubierrium Ab 167	krasnikovium Kk 168				

lanthanum	cerium	praseodymium	neodymium	promethium	samarium	europium	gadolinium	terbium	dysprosium	holmium	erbium	thulium	ytterbium	lutetium
鑭	鈰	鐠	釹	鉕	釤	銪	釓	鋱	鏑	鈥	鉺	銩	鐿	鎦
La 57	Ce 58	Pr 59	Nd 60	Pm 61	Sm 62	Eu 63	Gd 64	Tb 65	Dy 66	Ho 67	Er 68	Tm 69	Yb 70	Lu 71
actinium	thorium	protactinium	uranium	neptunium	plutonium	americium	curium	berkelium	californium	einsteinium	fermium	mendelevium	nobelium	lawrencium
錒	釷	鏷	鈾	錼	鈽	鋂	鋦	鉳	鉲	鑀	鐨	鍆	鍩	鐒
Ac 89	Th 90	Pa 91	U 92	Np 93	Pu 94	Am 95	Cm 96	Bk 97	Cf 98	Es 99	Fm 100	Md 101	No 102	Lr 103
lamarrium	ramanujanium	mitchellium	seagerium	hoppernium	jemisonium	adastranium	exastrisium	verterium	erdősium	abaeternoium	inantecessium	suaspontenium	rubinium	morscertium
Hl	Rm	Mm	Ss	Gh	Mj	Aa	Ea	Vt	Ed	Et	Ia	Su	Vr	Mo
141	142	143	144	145	146	147	148	149	150	151	152	153	154	155

utpriusium	aeternium	necspeium	quidagisium	orichalcium	ibnium	malafidium	carsonium	lehmannium	noetherium	troutium	hodgkinium	hoggium	malaipsanovium	uridium	hypatium	feynmanium	luxsitium
Ut	Ae	Ns	Q	Or	Ih	Mf	Rc	Le	En	Jt	Dh	Hh	Ml	Ur	Hy	Fy	Lx
121	122	123	124	125	126	127	128	129	130	131	132	133	134	135	136	137	138

附錄 C

有用的化學物質、如何製造這些物質，以及這些物質如何猝不及防殺了你

本書所需的化學物質，以及有利於建構文明物質的製法，都收錄在這個附錄中。每個項目都會列出製造的先決條件，也就是要先製造出某些化學物質，才能用這些物質製造其他物質。在你太過興奮，不顧一切就要開工之前，請先詳讀「如何猝不及防**殺了你**」，因為有些物質非常危險，一不小心就會要了你的命。請好自為之，不要製造這裡提到的任何東西，除非你被困在過去，而且沒有它們就活不下去！

C.1 氨

化學式：

NH_3

外觀：

無色氣體

首度合成的時間：

公元 1774 年

氨是什麼：

非常有用的化學物質，在整個文明中用途多元，至今仍是產量最大的氣體之一。氨是肥料、冷媒、抗菌劑，與水結合後，就成了強力清潔劑，每次使用都能把東西洗得一乾二淨。

如何製造：

氨（NH_3）由氮和氫製成，這兩種元素在地球的蘊藏量都很豐富。有多豐富？氮是大氣中最多的氣體，氫則是整個宇宙中最多的元素。不過，氮氣（N_2）自己的鍵結就很牢固，並不真心想跟其他元素作用，因此你周遭的氮氣用途並不大。

也就是說，你可以從地面收集天然的氯化銨鹽（NH_4Cl）。這些白色晶體是從火山氣體中自然形成，可以在火山口附近發現。如果你家附近沒有火山，也可以在駱駝糞便中找找看。駱駝很能耐鹽，這意味著牠們會攝取大量的氯，因此排出的糞便含有一些氯化銨。把駱駝糞便曬乾，放入只有單一出煙口的密閉空間內燃燒，並在出煙口附近放置較冷的東西，如玻璃或岩石，煙霧一湧出，氯化銨鹽就會凝結在這些東西上面。在氯化銨中加入熟石灰並加熱，就會產生氨氣。

若找不到天然的氯化銨鹽，也不見駱駝的影子，可以拿鹿角和鹿蹄來進行乾餾，以此來取得氨氣（參見 10.1.1）。這些灰粉所含的是碳酸銨而不是氯化銨。把灰粉加熱到 60°C 以上時，碳酸銨會分解成氨氣、二氧化碳和水。因此

碳酸銨是製氨的方便來源，可以代替小蘇打，用來發麵！

如果以上都沒有，你也可以從小便中取得氨。所有哺乳動物都會用尿液來排掉過量的氮，細菌會再把這些氮轉化成氨，這也就是你（過去常常）會在你（再也回不去）的時間軸中不太乾淨的洗手間裡聞到的氣味。你要做的就是發酵尿液，然後收集氣體。

當然了，用這些方式來製氨，不但速度慢，數量也不多。要提升到工業等級就得發明壓力鍋，也就是安全密封的金屬鍋具。把鍋子加熱到 450°C、約 220 大氣壓，就能製造出豐沛的氮氣和氫氣，再反應生成氨。這種製氨法更有效率，但比起「收集糞便再燃燒」，可就費力多了。

如何猝不及防殺了你：

人類實際上會把多餘的氨排出體外（亦即排尿，所以可以從尿液中收集氨），因此不必擔心會攝取過多的氨！喜歡氨的人，可以放心睡大覺了！但氨仍然是腐蝕性氣體，在高濃度下會侵害肺部，所以也許睡大覺的時候也不要睡得太香。

C.2 碳酸鈣

又名：

白堊

化學式：

$CaCO_3$

外觀：

白色細緻粉末

首度合成的時間：

公元前 7200 年（天然合成，非人工合成）

說明：

當你把二氧化矽（玻璃）加入蘇打（碳酸鈉）時，玻璃（參見 10.4.3）會略溶於水，不過加入一些碳酸鈣就能解決這個問題！把碳酸鈣加到土壤，也有助於植物吸收氮，讓植物添加鈣質，並減少過酸土壤的酸性。這是非常容易製造的鹼性物質。

如何製造：

好幾種岩石的主要成分都是碳酸鈣，像是方解石（純碳酸鈣組成）、石灰石、白堊以及大理石。地殼有 4% 由這些石頭組成，因此應該不會太難找。蛋殼、螺殼及大多數貝殼的碳酸鈣含量也都很高。光是蛋殼就有 94% 是由碳酸鈣組成。上述東西清洗、弄乾之後磨碎，就是碳酸鈣了。製造鹼液也是用這個方法（參見 C.8）。

如何猝不及防殺了你：

你可以直接服用碳酸鈣，以補充鈣質或是作為制酸劑，但服用過多也會出現問題，甚至送命。

C.3 氧化鈣

又名：

石灰或生石灰

化學式：

CaO

外觀：

白色到淺黃粉末

首度合成的時間：

公元前 7200 年（天然合成，非人工合成）

說明：

製造玻璃的材料，燃燒時會發出強烈亮光。因此聚光燈的英文「limelight」就來自石灰的英文「lime」，在電燈發明之前（也就是你現在所處的時代），石灰燈會用在戲院舞臺照明上。

如何製造：

具有碳酸鹽成分的物質（如石灰石、貝殼等）放入窯中，加熱到 850°C 以上就可生產出生石灰。這個過程是讓碳酸鈣與氧氣反應，生成生石灰和二氧化碳。生石灰雖然不穩定，但過了一段時間就會與空氣中的二氧化碳起反應，再次成為碳酸鈣。所以如果沒有立即使用，最好將之轉化成熟石灰（參見 C.4）。生產 1 公斤生石灰約需要 1.8 公斤石灰石。

如何猝不及防殺了你：

生石灰會與水起反應，而人體內部又十分潮濕，因此人體或你水汪汪的大眼睛吸入、碰觸到生石灰時，就會出現強烈的不適感。生石灰還會導致化學性灼傷，甚至讓鼻中膈穿孔，因此千萬不要吸入生石灰。

C.4 氫氧化鈣

又名：

熟石灰

化學式：

$Ca(OH)_2$

外觀：

白色粉末

首度合成的時間：

公元前 7200 年（天然合成，非人工合成）

說明：

熟石灰製作容易，用途廣泛，人類已經使用了數千年之久。熟石灰可以當灰泥或石膏用：將熟石灰加入黏土，調製出的物質在風乾後會變硬（參見 10.10.1）。也能加入果汁，用來補充鈣質，或是取代小蘇打。此外，熟石灰加入液體中有助於雜質凝結，這樣就能輕易移除雜質，因此可用於淨化水質以及污水處理。

如何製造：

把氧化鈣加入水中。不過這個反應會產生熱，因此請小心！事實上，只要是混合化學物質都要小心，尤其你現在的麻煩已經夠多了。如果你想進行逆反應，復原出生石灰，只需加熱熟石灰到 512℃，蒸發所有水分即可。

如何猝不及防殺了你：

人接觸時會出現化學性灼傷，最嚴重會導致失明。如果你笨到把你發明的這些怪東西吸進去，還會導致肺損傷。

C.5 碳酸鉀

又名：

鉀鹼

化學式：

K_2CO_3

外觀：

白色粉末

首度合成的時間：

公元 200 年

說明：

可用於製作玻璃、肥皂及許多化學物品，也是漂洗衣物的添加物。還可以用來發麵。

如何製造：

收集植物灰燼（可用木頭，硬木更好，只要確認這些木料燃燒起火後不會被水澆熄，以免想收集的化學物質被水沖走）。灰燼溶於水後，再把水燒乾（或是放在太陽下曬乾）。最後殘留在鍋底的白色灰粉「鍋灰」（pot ash）就是鉀鹼（potash）了。

你得用掉很多木料才能收集到一點點鉀鹼，大約是每燒完 1 公斤木柴取得 1 公克鉀鹼。但製造流程很簡單，而且你為製造鉀鹼而燃燒木柴時，還可以順道生產其他東西。

如何猝不及防殺了你：

鉀鹼具腐蝕性，所以別碰到眼睛、摩擦到皮膚，或是吃進肚子。不過得吃下很多鉀鹼才會吃出問題，但我不會告訴你要吃多少，因為連一丁點都不該吃。鉀鹼只是燒過的木頭灰燼，不是食物！

C.6 碳酸鈉和碳酸氫鈉

又名：

蘇打和小蘇打

化學式：

Na_2CO_3（碳酸鈉）和 $NaHCO_3$（碳酸氫鈉）

外觀：

白色粉末

首度合成的時間：

公元200年（從天然物質濃縮出碳酸鈉）；公元1791年（人工合成碳酸鈉）；公元1861年（有效率地人工合成碳酸鈉）

說明：

碳酸鈉降低了二氧化矽的熔點，對於製造玻璃很有用。你還可以用來製造肥皂及軟化水質！碳酸氫鈉可以取代酵母用來膨發烘焙食品、治療胃食道逆流、製造抗牙菌斑牙膏、去除腋下異味，還能消滅蟑螂（真是好用）。

如何製造：

與製造鉀鹼的方法相同，不過拿來燃燒的木頭要長在富含鈉鹽的土壤中。海草（藻類）也很適合，生長在鹽土中的植物也是很好的選擇。如果你（或是你的文明）手癢了，可以使用一般說來要到公元1861年才發明的「氨鹼法」。

首先，建造一座高達25公尺的防水塔，鋼製的效果更佳。在塔底加熱石灰石，以生產出生石灰和二氧化碳（參見C.3）。在塔頂放入濃縮的氨水和氯化鈉溶液，當二氧化碳氣泡通過這些溶液，氨水會轉變成氯化銨（NH_4CL，不是我們要的，但請繼續看下去）以及碳酸氫鈉（$NaHCO_3$，也就是小蘇打），並沉澱到塔底。現在你可以收集碳酸氫鈉了，但如果繼續加熱，碳酸氫鈉就會分解為碳酸鈉（這就是我們要的）和水。現在塔底還有氯化銨，此時如果不想要製造嗎啡（參見7.15），可以添加熟石灰，就會產生純氨、純水以及氯化鈣（$CaCl_2$）。氨鹼法的好處是最後能回收氨，非常經濟實惠！

氯化鈣可以直接丟棄，也可以當成除冰劑使用（除冰劑能降低水的冰點，所以如果要開路的話，這是很好的鋪路鹽），用來為醃漬物添加風味（嘗起來真的很鹹，但不含任何鈉），或是製造活性炭（其實就是木炭，只不過孔隙較多、表面積較大）。只需要先把木頭浸入氯化鈣，就可以進行碳化程序（參見10.1.1）。

至於二氧化碳，如果你把這種氣體壓入灌滿水的密封容器，容器會增壓，部分二氧化碳就會溶入水中！容器打開後，二氧化碳會釋放出來，緩緩冒泡到水面。換句話說，你剛發明了汽水。汽水要到公元1767年才發明，但不論何時，人們都會愛上這種飲料！

如何猝不及防殺了你：

這些東西都很安全，而你以前可能也吃了不少。終於找到可以安心用來製作餅乾的化學物質了！

C.7 碘

化學式：

I_2

外觀：

紫色氣體，或是帶有金屬光澤的灰色固體

首度合成的時間：

公元 1811 年（發現）

說明：

碘是殺菌劑，加入水中能殺死細菌，碘藥水塗抹在傷口上能防止細菌感染。碘還是生命的基本元素，缺碘時會甲狀腺腫大， 嚴重時甚至會死亡！詳情參見 10.2.6。

如何製造：

從植物灰燼製造碳酸鈉時，再把硫酸加入殘餘物之中。硫酸加得夠多之後，就會產生紫色煙霧。煙霧遇到冷的表面會結晶，結晶物就是純碘。

碘略溶於水（1 公克碘能溶於 1.3 公升 50°C 的水）。想溶解更多碘，可把碘加入氫氧化鉀，產生碘化鉀。這種化學物質能讓更多鈉溶入水中。

如何猝不及防殺了你：

人需要碘才能存活，但純碘如果未經稀釋就攝取，對人體是有毒性的。純碘會導致皮膚搔癢，高濃度的碘則會損害細胞組織。

C.8 氫氧化鈉和氫氧化鉀

又名：

苛性鈉（氫氧化鈉）、苛性鉀（氫氧化鉀）、鹼液（兩者）

化學式：

$NaOH$（氫氧化鈉）、KOH（氫氧化鉀）

外觀：

白色固體

首度合成的時間：

公元 200 年

說明：

氫氧化鈉和氫氧化鉀都可用來製造肥皂。因為能溶解有機的細胞組織，用來清潔器具（如釀酒桶）很有效！

如何製造：

這兩種化學物質過去都稱為「鹼液」，在很多情況下能互相替代。只要鹽水通電，就能製造出氫氧化鈉，但也能用木頭灰燼來製造。讓水流經木灰（詳情參見 C.5 和 C.6），再加入熟石灰（參見 C.4），就能產生氫氧化鉀（如果你使用碳酸鉀）或是氫氧化鈉（如果你使用碳酸鈉），並有白色碳酸鈣沉澱在底部。

如何猝不及防殺了你：

聽好了：這些化學物質之所以稱為「苛性」，是因為它們會溶解活細胞組織中的蛋白質和脂肪，而你就是由細胞組織所組成，因此你應該不會希望鹼液靠你太近。鹼液接觸到皮膚會發生化學性灼傷，碰觸到眼睛則會失明。苛性鈉和苛性鉀能把有機細胞組織化為血水，曾用於毀屍滅跡！

文明廢知識：如果情況順利，你應該用不著消滅任何人類屍體。

C.9 硝酸鉀

又名：

硝石

化學式：

KNO_3

外觀：

白色固體

首度合成的時間：

公元 1270 年

說明：

硝石可以食用，能用來保存肉類、軟化食物，以及讓湯變濃稠。硝石也能作為土壤肥料（氮的來源），還能移除樹木砍掉後殘留的樹樁：硝石有益於真菌生長，而真菌可吃掉樹樁。硝石也能用來治療哮喘、抑制高血壓，以及製造敏感性牙齒專用牙膏。

如何製造：（根據你當前情況而有不同製法）

- 將從洞穴中收集來的蝙蝠糞便浸泡在水中一天，過濾後加入鹼液，再煮沸濃縮到變稠，冷卻後取出針狀晶體。蝙蝠約在公元前 5500 萬年演化出來，有人類的時代都會有蝙蝠。
- 在糞肥中拌入木灰和乾草，讓糞肥變鬆。堆出 1.2 公尺高、7 公尺寬、4.5 公尺長的小丘。在糞堆上方加蓋以免雨淋，並持續以尿液澆灌，讓糞堆保持濕潤又不會太濕。不時攪拌以加速分解。大約一年後瀝出（以水沖刷後再收集流水中的物質），就可以得到硝酸鈣。再用鉀鹽過濾硝酸鈣，製造出硝石。

如何猝不及防殺了你：

- 這種化學物質萃取時、放在身邊時都安全無虞，真是不錯！

C.10 乙醇

又名：

酒精

化學式：

C_2H_6O

外觀：

無色液體

首度合成的時間：

公元前一萬年（人工製造。事實上用任何腐爛的水果都能製造出來）

說明：

能讓你更擅長交際或是（以及）變得沮喪的飲品。可拿來消毒殺菌、作為燃料，也是製作溫度計的絕佳材料。

如何製造：

遵循 10.2.5 釀造酒精的指示，蒸餾萃取出乙醇。

如何猝不及防殺了你：

攝取量夠大時，是會成癮的精神藥物和神經毒素。

C.11 氯氣

化學式：

Cl_2

外觀：

淡黃色氣體

首度合成的時間：

公元 1630 年

說明：

氯是非常活躍的氣體，作為消毒劑十分好用（尤其是加入池子和飲用水之中），但氯對於活的生物也極具毒性。

如何製造：

鹵水（也就是鹽水）通電後，從正極冒出的氣泡就是氯氣，負極冒出的氣泡就是氫氣，而產生的氫氧化鈉（參見 C.8）就釋入水中。

如何猝不及防殺了你：

氯氣在戰爭期間曾用來作為毒氣，因此別靠得太近。氯氣在高溫狀態下會與鐵發生作用，產生氯鐵火焰，聽起來很安全（但其實很可怕）。

C.12 硫酸

化學式：

H_2SO_4

外觀：

無色液體

首度合成的時間：

公元前 3000 年[42]

說明：

具腐蝕性的強酸，用途廣泛，從「製造電池」到「以酸來溶解東西」都行，可說是當前地球最常製造的化學物質。

如何製造：

先找出黃鐵礦（又名 FeS_2，即「傻瓜的黃金」），也就是像水晶的金色礦物質。這應該不會太難，傻瓜的黃金是地球上最常見的硫化鐵，通常存在於石英、沉積岩的礦脈以及煤層中。只可惜，你無法在地表發現黃鐵礦，因為它一暴露在空氣和水中就會分解，但總會有新的傻瓜在地底生出來。

加熱傻瓜黃金，釋出的氣體就是二氧化硫（SO_2）。收集這些氣體，與氯氣（Cl_2）混合，加入木炭作為催化劑，就能生成新的液體硫醯氯（SO_2Cl_2）。液體經過蒸餾濃縮之後，小心地加入水，此時會產生硫酸和氯化氫氣體。（收集氯化氫氣體並將氣體注入水中冒泡便能產生鹽酸——一個反應產生兩種酸，真是一石二鳥！）硫酸的活性和腐蝕性極強，應小心存放和處理。

好消息是，一旦你製造出一點點硫酸，就可以用來找出黃鐵礦（滴一滴硫酸在黃鐵礦上，會發生嘶嘶作響的反應，並散發出臭雞蛋味），然後製造出更多硫酸！

如何猝不及防殺了你：

皮膚沾到會嚴重灼傷，眼睛碰到會永久失明，不小心喝了身體會出現無法復原的傷害。所以別碰、別潑到眼睛也別喝進肚子！

C.13 氯化氫

又名：

鹽酸

化學式：

HCl

外觀：

無色液體

首度合成的時間：

公元 800 年

說明：

絕佳的家用清潔劑，還能去除鋼鏽。

如何製造：

讓氯化氫氣體通過水（參見 C.12），或是混和硫酸和鹽。

如何猝不及防殺了你：

濃鹽酸會產生酸性霧氣，會對寶貴器官造成永久傷害。即使是非霧氣型態的氯化氫也一樣危險。

C.14 乙醚

又名：

醚

乙醚的化學式：

$(C_2H_5)_2O$

外觀：

無色、透明液體

首度合成的時間：

公元 700 年

說明：

一種吸入性麻醉劑，會使人昏迷，也有會引發噁心的慢效型。相較於在你神智完全清醒的情況下拿刀切開你掙扎尖叫著的身體，麻醉劑能讓手術不再是令人驚恐的噩夢，所以手邊準備一些乙醚，會非常有用！

如何製造：

混合乙醇與硫酸，蒸餾混好的混合物，便能萃取出乙醚。溫度保持在 150°C 以下，以防乙醇形成乙烯（C_2H_4），除非你想要得到乙烯。乙烯可用於催熟水果，也可以用 85% 乙烯與 15% 氧氣的比例混合製成麻醉劑。

如何猝不及防殺了你：

乙醚在有氧環境中非常易燃，而這個世界確實通常都有氧氣。

C.15 硝酸

化學式：

HNO_3

外觀：

無色或黃色／紅色發煙液體

首度合成的時間：

公元 1200 年

說明：

一種強大的氧化劑，可用於火箭燃料（但你可能不需要火箭燃料），也用於人工熟成松木和楓木，可使木材看起來更高級（同樣可能不是你現在最關心的問題），同時也是硝酸銨的一種成分。

如何製造：

讓硝石和硫酸發生反應。小心：硫酸會與有機物質發生劇烈反應，並分解活的細胞組織。所以一丁點硫酸都不要沾到，如果不小心沾到了，最少用水沖洗十五分鐘！

如何猝不及防殺了你：

「這種物質與有機物會發生激烈反應，並分解活細胞組織」，除此之外，我們不知道還能多說什麼。別讓硝酸靠你太近。

C.16 硝酸銨

化學式：

NH_4NO_3

外觀：

白色／灰色固體

首度合成的時間：

公元 1659 年

說明：

一種含氮量極高的肥料，也是製造笑氣（參見 C.17）和炸藥的方式之一！硝酸銨能大幅增進地力，產出更多的食物，讓更多厲害的腦袋為你的文明效力。

如何製造：

混合氨和硝酸就成了！作法應該很簡單——如果氨和硝酸沒有發生劇烈反應並生成大量的熱而爆炸的話。所以請小心！

如何猝不及防殺了你：

硝酸銨極易爆炸，任何熱源或火源都能引發爆炸。公元 1916、1921、1942、1947、2004 和 2015 年都發生過慘重的硝酸銨爆炸災難，每次都導致上百人死亡。

C.17 氧化亞氮

又名：

笑氣

氧化亞氮的化學式：

N_2O

外觀：

無色氣體

首度合成的時間：

公元 1772 年

說明：

讓你心情愉快、感受性更強、紓解部分痛苦、鬆弛肌肉的氣體。如果吸入夠多，還會讓你失去意識。因此，笑氣可以作為麻醉劑！混合笑氣和其他麻醉劑（如乙醚），能增加麻醉效果。

如何製造：

謹慎且緩慢地加熱硝酸銨，便會生成氧化亞氮氣體。將氧化亞氮氣體注入水中冒泡，便能冷卻並去除氣體中的雜質。不過加熱時請小心，因為你加熱的是炸藥，溫度一超過 240°C 就會爆炸。

如何猝不及防殺了你：

這種氣體一不小心就會出差錯，畢竟製造過程就是在加熱炸藥。

附錄 D
邏輯論證形式

符號邏輯推理有許多論證形式可供你參考。這裡的各種符號意義分別是：

→代表「意味著」　∴代表「那麼」或「所以」

¬代表「非」　∧代表「及」

∨代表「或」　↔代表「等同於」或「可互換」。

表 28　請多多利用這個正確的論證列表。這張表花了人類數千年才推理出來，卻只占本書的兩頁。

符號	文字描述
p ∴ ¬¬p	如果 p 為真，那麼非非 p 也是真的。換句話說，這裡只容許真和假兩個值，這兩個值是對立的。
p ∴ (p ∨ p)	如果 p 是真的，那麼（p 或 p）也是真的。
p ∴ (p ∧ p)	如果 p 是真的，那麼（p 及 p）也是真的。
(p ∨ ¬p) ∴ true	（p 或 非 p）永遠是真的。
¬(p ∧ ¬p) ∴ true	非（p 和非 p）永遠是真的。
(p ∧ q) ∴ p	如果 p 及 q 是真的，那麼 p 也是真的。
p ∴ (p ∨ q)	如果 p 是真的，那麼 (p 或 q) 也是真的。
p, q ∴ (p ∧ q)	如果 p 及 q 分別是真的，那麼在一起也是真的。
(p ∨ q) ∴ (q ∨ p)	（p 或 q）和（q 或 p）是一樣的。順序在這裡沒有什麼影響。
(p ∧ q) ∴ (q ∧ p)	（p 及 q）和（q 及 p）是一樣的。順序在這裡沒有什麼影響。
(p ↔ q) ∴ (q ↔ p)	（p 等同於 q） 和（q 等同於 p）是一樣的。順序在這裡沒有什麼影響，這樣很好。
(p → q) ∴ (¬q → ¬p)	如果 p 意味著 q，那麼非 q 就意味著非 p。
(p → q) ∴ (¬p ∨ q)	如果 p 意味著 q，那麼非 p 或 q 就是真的。
[(p → q) ∧ p] ∴ q	如果 p 意味著 q，且 p 是真的，那麼 q 就是真的。

$[(p \rightarrow q) \wedge \neg q] \therefore \neg p$	如果 p 意味著 q，且非 q 是真的，那麼非 p 就是真的。
$[(p \rightarrow q) \wedge (q \rightarrow r)] \therefore (p \rightarrow r)$	如果 p 意味著 q，且如果 q 意味著 r，那麼 p 就意味著 r。
$[(p \vee q) \wedge \neg p] \therefore q$	如果 p 或 q 是真的，且非 p 也是真的，那麼 q 就是真的。
$[(p \rightarrow q) \wedge (r \rightarrow s) \wedge (p \vee r)] \therefore (q \vee s)$	如果 p 意味著 q，且如果 r 意味著 s，且 p 或 r 是真的，那麼 q 或 s 就是真的。
$[(p \rightarrow q) \wedge (r \rightarrow s) \wedge (\neg q \vee \neg s)] \therefore (\neg p \vee \neg r)$	如果 p 意味著 q，且如果 r 意味著 s，且非 q 或非 s 是真的，那麼非 p 或非 r 就是真的。
$[(p \rightarrow q) \wedge (r \rightarrow s) \wedge (p \vee \neg s)] \therefore (q \vee \neg r)$	如果 p 意味著 q，且如果 r 意味著 s，且 p 或非 s 是真的，那麼 q 或非 r 就是真的。
$[(p \rightarrow q) \wedge (p \rightarrow r)] \therefore [p \rightarrow (q \wedge r)]$	如果 p 意味著 q，且如果 p 意味著 r，那麼 p 就同時意味著 q 及 r。
$\neg(p \wedge q) \therefore (\neg p \vee \neg q)$	非（p 和 q），也就是說（非 p 或非 q）
$\neg(p \vee q) \therefore (\neg p \wedge \neg q)$	非（p 或 q），也就是說（非 p 及非 q）
$[p \vee (q \vee r)] \therefore [(p \vee q) \vee r]$	p 或（q 或 r），也就是說（p 或 q）或 r。在「或」的陳述句中，括弧可以任意更換位置。
$[p \wedge (q \wedge r)] \therefore [(p \wedge q) \wedge r]$	p 和（q 及 r），也就是說（p 及 q）和 r。在「和」的陳述句中，括弧也可以任意更換位置。
$[p \wedge (q \vee r)] \therefore [(p \wedge q) \vee (p \wedge r)]$	p 和（q 或 r），也就是說（p 及 q）或（p 及 r）
$[p \vee (q \wedge r)] \therefore [(p \vee q) \wedge (p \vee r)]$	p 或（q 和 r），也就是說（p 或 q）和（p 或 r）
$(p \leftrightarrow q) \therefore [(p \rightarrow q) \wedge (q \rightarrow p)]$	p 等同於 q，也就是說（p 意味著 q）且（q 意味著 p）
$(p \leftrightarrow q) \therefore [(p \wedge q) \vee (\neg p \wedge \neg q)]$	如果 p 等同於 q，那麼（p 及 q 是真的）或（非 p 及非 q 是真的）其中有一個是真的
$(p \leftrightarrow q) \therefore [(p \vee \neg q) \wedge (\neg p \vee q)]$	如果 p 等同於 q，那麼（p 或非 q 是真的）和（非 p 或 q 是真的）就都是真的
$[(p \wedge q) \rightarrow r] \therefore [p \rightarrow (q \rightarrow r)]$	如果（p 及 q）意味著 r，那麼 p 就意味著（q 意味著 r）
$[p \rightarrow (q \rightarrow r)] \therefore [(p \wedge q) \rightarrow r]$	如果 p 意味著（q 意味著 r），那麼（p 和 q）就意味著 r

附錄 E

三角學圖表

（收錄進來是因為發明日晷會用到，發明三角學時也用得到）

本書是重新發明文明的指南。即使你的文明最終要發明三角學，但鑑於你目前還在摸索農業，處於吃完這頓就不知下一頓在哪裡的時代，你對三角學可能沒有立即需求。因此，附錄 E 不會涵蓋所有三角學，不過還是列出了最基本有用的部分，足以滿足實務上的需求，並指出未來的發現方向。

三角學讓你得以利用三角形的一些已知數值來推算未知數值。先說到這裡就好，不然有人要開始嘀咕「拜託，到底什麼地方用得到這鬼東西？」以下都用得上三角學：導航、天文學、音樂、數論、工程學、電子學、物理學、建築學、光學、統計學、製圖學等等。建造合用的日晷就會用到三角學（參見 10.7.1），因此我們要來呼一段非正式的三角學口號：「好啦，好啦，我想三角學確實很重要！」三角學只處理直角三角形（三角形其中兩邊的交角為 90 度，我們會用一個小方塊來標記 90 度角）。只不過由於所有非直角三角形都可以分為兩個直角三角形（試試看，確實如此），因此三角學也可以應用到非直角三角形。直角三角形如下圖所示：

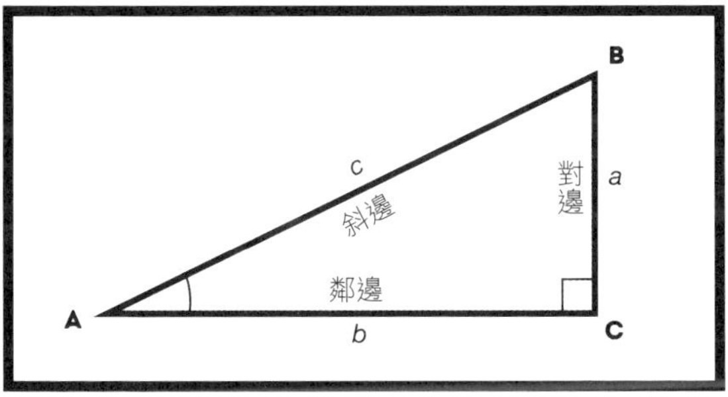

圖 73　直角三角形長這樣

我們稱最長的邊（c，直角對面的邊）為「斜邊」。先選一個角（這個例子中是 A），角 A 對面的邊稱為「對邊」，角 A 旁邊的邊稱為「鄰邊」。由於任何三角形的三個角加起來都是 180 度，而我們已知一個角是 90 度，現在只需要知道另一個角，就能得知第三個角是幾度。直角三角形的公式非常有用：

$$a^2+b^2=c^2$$

這就是我們所謂的「畢氏定理」，按公元前 500 年古希臘數學家畢達哥拉斯來命名。只不過連他自己都承認，他不是第一個發現此公式的人，在他之前，世界各地都陸續有人發現了三角形的這個規律。這個定律是說，直角三角形中，兩個短邊邊長的平方相加，會等於最長邊的平方。有了這個式子，你就可以從直角三角形的部分資訊計算出所有資訊。這就是三角學在做的事！

如果你知道直角三角形中另外兩個角的角度，就表示你能畫出整個三角形的樣子，因為能夠符合這些角度的形狀只有一種。反過來說，如果你知道直角三角形兩個邊的長度，那麼你也能得知另外兩個角的角度。這讓我們能做出某些有用的運算。我們把「對邊長度」對「斜邊長度」的比稱為「正弦函數」（簡稱 sin）[1]，「鄰邊長度」對「斜邊長度」的比稱為「餘弦函數」（簡稱 cos），「對邊長度」對「鄰邊長度」的比稱為「正切函數」（簡稱 tan）。任何一個角度，都可以得出對應的 sin、cos 和 tan 數值。反過來說，如果我們知道 sin、cos 或 tan 數值，就能得出對應的角度。我們把這種反函數標示為 $\sin^{-1}$、$\cos^{-1}$ 和 $\tan^{-1}$。

在你探索三角學時，你會發現三角形與圓形相關的證據（在三角形周圍繪製一個圓圈，你就會看到圓周率 pi 與 cos、sin 和 tan 函數之間的關連）、週期函數（繪製 cos、sin 和 tan 的值，你會發現它們的模式如何重複），甚至發現三角函數之間的關連（例如：一個角的正切等於正弦除以餘弦）。這一切在在說明了：如果你對此感興趣，那麼有很多值得探索的事情。何況有很多人都將自己的生命獻給了更渺小、更不崇高的主題了。[2]

不過，問題在於，計算 sin、cos 和 tan 的數值十分複雜，做一次就夠了。與其讓你自己做一遍，「時間解方」公司的朋友已貼心地為你把所有三角學的數值列在下頁。只要選擇一個角度，就可以找到相應的 sin、cos 和 tan 數值。若要運算其反函數（$\sin^{-1}$、$\cos^{-1}$ 和 $\tan^{-1}$），就找找看哪個角度符合你手上現有的數值。

以下提供你探索三角學、發明新的定理和三角學等式的所需資訊。最重要的是，這讓你能夠完成 10.7.1 日晷的建造大業。

---

❶ 正弦函數（the shine function）會稱為「sine」，是因為歐洲人把阿拉伯文作品翻譯成拉丁文時（當然是譯成拉丁文了），拉丁文「sinus」（意思是「長袍上半身垂墜的皺褶」）是他們能找到的、最接近阿拉伯文「jaib」（意思是「口袋、皺褶或錢包」）的翻譯。但阿拉伯人根本沒用「jaib」這個字！他們用的是「jyb」，而且是為了翻譯梵文「jyā」才發明出來的字母。這個字源於古希臘文的「線繩」。無論如何，這個函數你想怎麼命名都行，因為你再怎麼隨便取應該也很難超越我們。

❷ 比方說我本人寫了這本手冊，只為降低來日打官司所需負擔的責任。

表 29　以下是製作出三角形所需的一切數值

角度 a	sin(a)	cos(a)	tan(a)	**角度 a**	sin(a)	cos(a)	tan(a)
0	.0000	1.0000	.0000				
1	.0175	.9998	.0175	46	.7193	.6947	1.0355
2	.0349	.9994	.0349	47	.7314	.6820	1.0723
3	.0523	.9986	.0524	48	.7431	.6691	1.1106
4	.0698	.9976	.0699	49	.7547	.6561	1.1504
5	.0872	.9962	.0875	50	.7660	.6428	1.1918
6	.1045	.9945	.1051	51	.7771	.6293	1.2349
7	.1219	.9925	.1228	52	.7880	.6157	1.2799
8	.1392	.9903	.1405	53	.7986	.6018	1.3270
9	.1564	.9877	.1584	54	.8090	.5878	1.3764
10	.1736	.9848	.1763	55	.8192	.5736	1.4281
11	.1908	.9816	.1944	56	.8290	.5592	1.4826
12	.2079	.9781	.2126	57	.8387	.5446	1.5399
13	.2250	.9744	.2309	58	.8480	.5299	1.6003
14	.2419	.9703	.2493	59	.8572	.5150	1.6643
15	.2588	.9659	.2679	60	.8660	.5000	1.7321
16	.2756	.9613	.2867	61	.8746	.4848	1.8040
17	.2924	.9563	.3057	62	.8829	.4695	1.8807
18	.3090	.9511	.3249	63	.8910	.4540	1.9626
19	.3256	.9455	.3443	64	.8988	.4384	2.0503
20	.3420	.9397	.3640	65	.9063	.4226	2.1445
21	.3584	.9336	.3839	66	.9135	.4067	2.2460
22	.3746	.9272	.4040	67	.9205	.3907	2.3559
23	.3907	.9205	.4245	68	.9279	.3746	2.4751
24	.4067	.9135	.4452	69	.9336	.3584	2.6051
25	.4226	.9063	.4663	70	.9397	.3420	2.7475

角度 a	sin(a)	cos(a)	tan(a)	角度 a	sin(a)	cos(a)	tan(a)
26	.4384	.8988	.4877	71	.9456	.3256	2.9042
27	.4540	.8910	.5095	72	.9511	.3090	3.0779
28	.4695	.8829	.5317	73	.9563	.2924	3.2709
29	.4848	.8746	.5543	74	.9613	.2756	3.4874
30	.5000	.8660	.5774	75	.9659	.2588	3.7321
31	.5150	.8572	.6009	76	.9703	.2419	4.0108
32	.5299	.8480	.6249	77	.9744	.2250	4.3315
33	.5446	.8387	.6494	78	.9781	.2079	4.7046
34	.5592	.8290	.6745	79	.9816	.1908	5.1446
35	.5736	.8192	.7002	80	.9848	.1736	5.6713
36	.5878	.8090	.7265	81	.9877	.1564	6.3138
37	.6018	.7986	.7536	82	.9903	.1391	7.1154
38	.6157	.7880	.7813	83	.9925	.1219	8.1443
39	.6293	.7771	.8098	84	.9945	.1045	9.5144
40	.6428	.7660	.8391	85	.9962	.0872	11.4301
41	.6561	.7547	.8693	86	.9976	.0698	14.3007
42	.6691	.7431	.9004	87	.9986	.0523	19.0811
43	.6820	.7314	.9325	88	.9994	.0349	28.6363
44	.6947	.7193	.9657	89	.9998	.0175	57.2900
45	.7071	.7071	1.0000	90	1.0000	.0000	無限大

附錄 F

人類花了一段時間才弄清楚的通用常數 現在可以用你的名字來命名

表 30　現實世界運作時不可或缺的數字

常數	數值	常數介紹	說明
光速	299,792,458 公尺 / 秒	這是光在真空中的速度，也是宇宙中速度的極限。光、電磁輻射、重力波等，都可以跑這麼快，但無法更快了。	光在穿越不同材質時，傳播速度會變慢。例如，在玻璃中，就要把這個速度除以約 1.5。即便如此，光行進的速度仍舊很快，以至於人類要到公元 1676 年才有辦法證明光的傳播也是需要時間的！
音速	343 公尺 / 秒	聲音的速度取決於所通過的介質。左欄是聲音在 20°C 乾燥空氣中的速度。聲音在液體中傳播較快，在固體中又更快。	聲音的速度是在公元 1709 年計算出來的。當時是趁著夜間開槍，透過望遠鏡觀察一段已知的距離，再計算光抵達目的地之後多久才聽到槍聲。早點睡吧，你已經省下這個麻煩！

常數	數值	常數介紹	說明
圓周率（Pi）	3.141592653589793238462643383279502884197169399375 105820974944592307816406286208998628034825342117067 98214808651328230664709384460955058223172535940812848111745028410270193852110555964462294895493038196442881097566593344612847564823378678316527120190914564856692346034861045432664821339360726024914127372458700660631558817488152092096282925409171536436789259036001133053054882046652138414695194151160943305727036575959195309218611738193261179310511854807446237996274956735188575272489122793818301194912983367336244065664308602139494639522473719070217986094370277053921717629317675238467481846766940513200056812714526356082778577134275778960917363717872146844090122495343014654958537105079227968925892354201995611212902196086403441815981362977477130996051870721134999999…… （原排版依欄寬斷行：3.14159265358979323846264 / 33832795028841971693993751 / 05820974944592307816406286 / …）	Pi 是圓的圓周（圓的邊緣）與直徑（穿過中心把圓一分為二的直線）長度的比率。Pi 是無理數，這表示如果你試圖以有理數（也就是你知道的那種數字）來表示，永遠寫不完。這串數字永遠不會結束，也不會重複。	此處提供了 pi 的前 768 位數，因為列到這裡的最後六個數字全是 9（純屬巧合）。如果你打算把整串數字背起來，複誦給某個人聽，這想法確實不錯，過去許多數學家都這麼做過：最後以「999999……」做結束，似乎在暗示你還可以繼續背下去。[43]
地球重力加速度	約 9.8 公尺 / 秒 ^{2}	你從高處墜落到地面的加速數值，數值大小還取決於空氣密度等其他因素，通常為 9.764-9.834 公尺 / 秒 ^{2}。如果你想計算某個東西要花多久時間才會掉到地面，就從這個數字開始算吧！	在沒有空氣阻力的情況下，一噸磚塊和一噸羽毛會以相同速度落下。人類要到公元 1634 年才證明出這件事。

常數	數值	常數介紹	說明
重力常數	6.67408×10-^{11} 公尺 ^{3} 公斤 $^{-1}$ 秒 $^{-2}$	在古典物理學中，兩個物質粒子之間的引力會與質量乘積再除以距離的平方成正比。不過要得到引力的真正測量值，還需再乘以這個重力常數。	修改宇宙的引力常數，你的體重就會下降，不過要付出極大代價。
電子質量	9.10938356 × 10^{-31}公斤	所有電子都相同，這實在很省事，尤其是也省下了不少頁！	在我們找出所有電子都相同的原因之前，有個理論是這樣認為的：因為所有電子實際上都是同一個電子，在整個宇宙生命時序中一遍遍來回穿梭。這理論的瘋狂和錯誤程度一樣，都很誇張！[44]

附錄 G

各種音高的頻率表
讓你可以彈奏書中的音樂大作

音調（第 0 個八度音，通常是指鋼琴上最低的八度音）	頻率（赫茲）
C	16.352
C#	17.325
D	18.354
D#	19.445
E	20.602
F	21.827
F#	23.125
G	24.500
G#	25.957
A	27.500
A#	29.135
B	30.868

音調（第 1 個八度音）	頻率（赫茲）
C	32.703
C#	34.648
D	36.708
D#	38.891
E	41.203
F	43.654
F#	46.249
G	48.999
G#	51.913
A	55.000
A#	58.270
B	61.735

音調（第 2 個八度音）	頻率（赫茲）
C	65.406
C#	69.296
D	73.416
D#	77.782
E	82.407
F	87.307
F#	92.499
G	97.999
G#	103.83
A	110.00
A#	116.54
B	123.47

音調（第 3 個八度音）	頻率（赫茲）
C	130.81
C#	138.59
D	146.83
D#	155.56
E	164.81
F	174.61
F#	185.00
G	196.00
G#	207.65
A	220.00
A#	233.08
B	246.94

音調（第 4 個八度音）	頻率（赫茲）
C	261.63
C#	277.18
D	293.66
D#	311.13
E	329.63
F	349.23
F#	369.99
G	392.00
G#	415.30
A	440.00
A#	466.16
B	493.88

音調（第 5 個八度音）	頻率（赫茲）
C	523.25
C#	554.37
D	587.33
D#	622.25
E	659.26
F	698.46
F#	739.99
G	783.99
G#	830.61
A	880.00
A#	932.33
B	987.77

音調（第 6 個八度音）	頻率（赫茲）
C	1046.5
C#	1108.7
D	1174.7
D#	1244.5
E	1318.5
F	1396.9
F#	1480.0
G	1568.0
G#	1661.2
A	1760.0
A#	1864.7
B	1975.5

音調（第 7 個八度音）	頻率（赫茲）
C	2093.0
C#	2217.5
D	2349.3
D#	2489.0
E	2637.0
F	2793.8
F#	2960.0
G	3136.0
G#	3322.4
A	3520.0
A#	3729.3
B	3951.1

附錄 H

厲害齒輪的基本運作機制

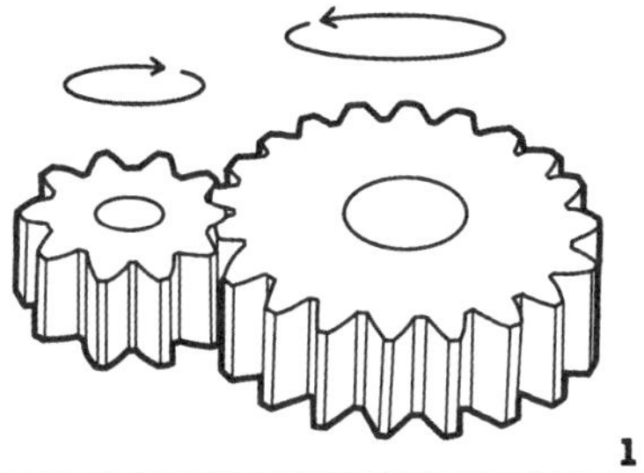

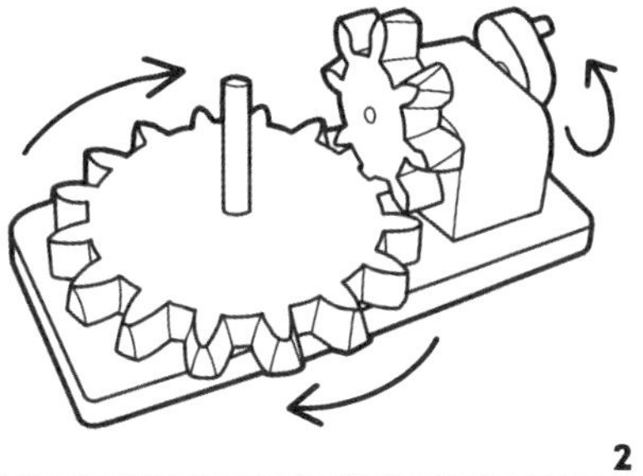

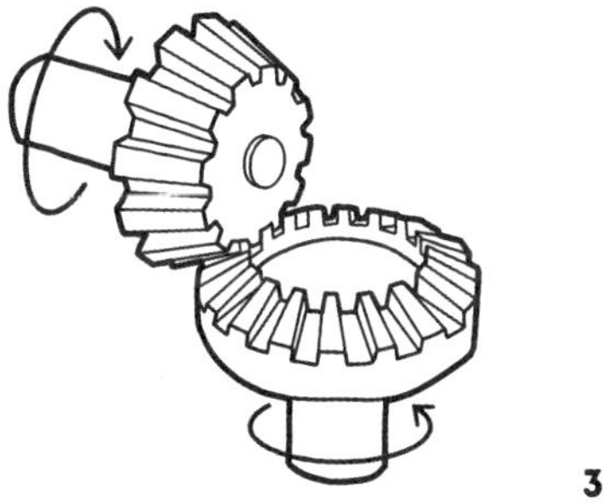

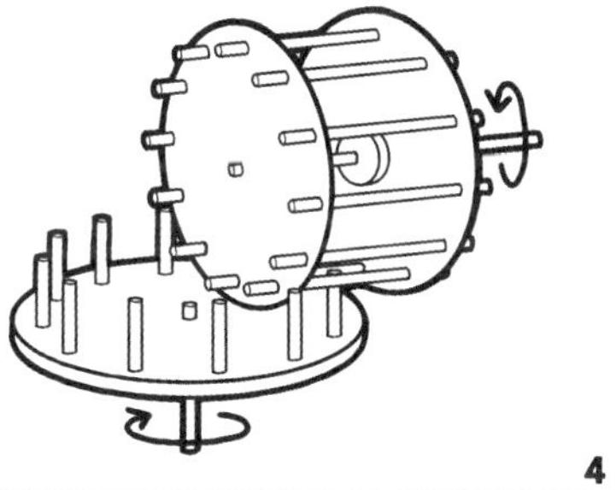

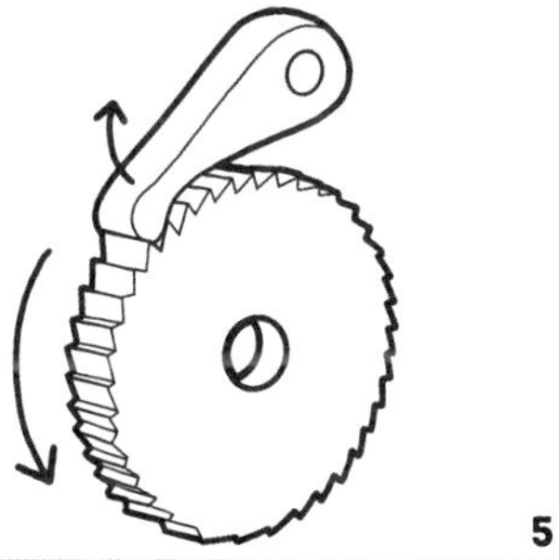

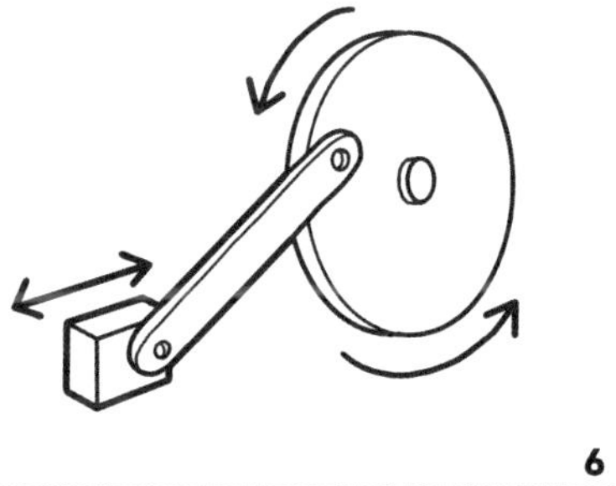

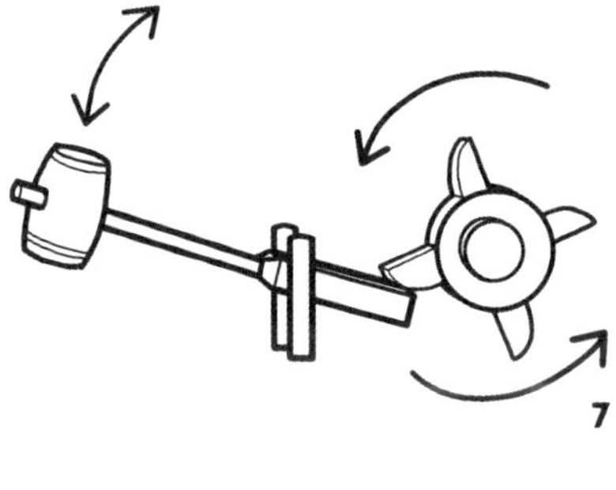

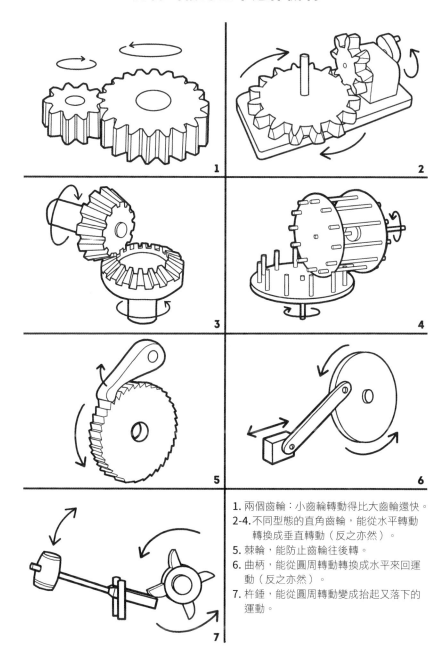

1. 兩個齒輪：小齒輪轉動得比大齒輪還快。
2-4. 不同型態的直角齒輪，能從水平轉動轉換成垂直轉動（反之亦然）。
5. 棘輪，能防止齒輪往後轉。
6. 曲柄，能從圓周轉動轉換成水平來回運動（反之亦然）。
7. 杵錘，能從圓周轉動變成抬起又落下的運動。

附錄 I

人體重要部位功能和位置

1. 大腦
一塊能產生自我意識的油滋滋肉塊，位於迷人的頭骨內部／沒有大腦就無法活著／能在凌晨 2 點讓你想起幾年前說過的蠢話而無法入眠／
重要性：6/10

2. 咽喉
讓空氣和食物通過的管道／當氣流吹過管道下方具有彈性的怪異肉摺時會發出聲響，讓你能說話／這裡一堵住，人就死了／
重要性：10/10

3. 心血管系統
心臟會推動血液流經全身／血液會把營養和氧氣輸送到身體各處／身體平均含有 5600c.c. 的血液，而即使懂很多很酷，但是在開趴時講這個，大家還是會質疑你腦袋幹嘛裝這些東西／
重要性：12/10

4. 肺臟
能從空氣中汲取氧氣，將氧氣送進血液裡，再排出廢氣二氧化碳／成人的肺部是一組能容納 6 公升空氣的肉質容器。**重要性：11/10**

5. 動脈和靜脈
動脈是高壓的血管，把血液送離心臟；靜脈是低壓的血管，把血液送回心臟。大部分的靜脈都有單向閥，能防止血液倒流，真是貼心。**重要性：10/10（靜脈），12/10（動脈）**

6. 膀胱
最多能盛裝 800c.c. 溫熱尿液的彈性袋狀物／能讓你隨時尿在想尿上去的東西上，這是其他器官都辦不到的事。**重要性：11.5/10**

7. 骨髓
每日能製造出約 5000 億個細胞，包括紅血球（能運送氧氣到全身）和白血球（能對抗感染）／占人體重量的 4%，聽起來合理／**重要性：9.99/10**

8. 生殖系統
大約 3900 萬個精細胞或 50 萬個卵細胞的居所，實際數量則依據……嗯……依據許多因素而定。如果你想生小孩來延續物種，就必須有性行為，所以你或許得「硬起來，挺身而出」去「做愛做的事」。
重要性：9.5/10 － 9.725/10

9. 骨骼
我們體內藏著一副古怪又含水的骨骼，想起來還真可怕／骨骼裡面儲存著礦物質備用，內部是中空的，以製造出骨髓／人體有 206 根骨頭，有很多根都長得很像／**重要性：8/10**

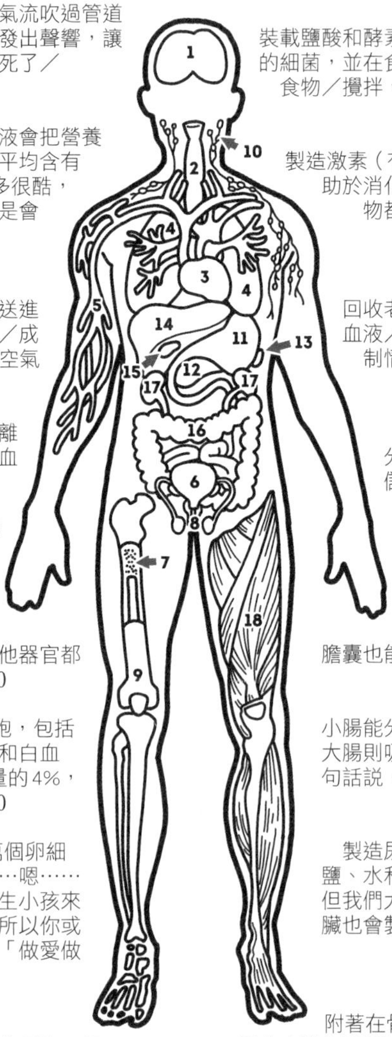

10. 淋巴結
淋巴是由水和白血球細胞組成，能對抗感染／身體內部有個抵禦感染的網絡，淋巴結屬於這個網絡的一部分，在身體遭受感染時會腫脹／淋巴也會把脂肪從腸道輸送到血液／
重要性：10/10

11. 胃
裝載鹽酸和酵素的有力肉袋／能殺死食物中的細菌，並在食物進入小腸前先消化一部分食物／攪拌、壓縮並混合所有進入的東西／**重要性：12.5/10**

12. 胰腺
製造激素（有助於調節身體）和酵素（有助於消化）／維持血糖濃度，脊椎動物都有的器官，所以並不算太獨特，但還是滿酷的／
重要性：9/10

13. 脾臟
回收老舊的血球，隨時備妥額外的血液／過去人們認為脾臟是用來控制情緒，但人們過去認為的事可多了，且大都是錯的／
重要性：10/10

14. 肝臟
分泌膽汁幫助小腸消化食物／儲存醣類以備不時之需，也能把儲存在身體的脂肪轉化成醣類／分解毒素，真是好用的器官／**重要性：13/10**

15. 膽囊
儲存並濃縮肝臟分泌的膽汁，以供消化所需／沒有膽囊也能活著／由於可有可無，因此**重要性只有 5/10**

16. 腸道
小腸能分解食物並吸收其中的成分，大腸則吸收水分及剩下的營養素／換句話說，能把食物轉換為能量及大便／**重要性：12/10**

17. 腎臟
製造尿液和激素，並且維持血液中鹽、水和酸的濃度／一顆腎就能活，但我們大多都有兩顆，真是奢侈／腎臟也會製造出讓你痛到不行的「腎結石」，必須尿出來才行／
重要性：12/10

18. 肌肉系統
附著在骨骼上的組織，受大腦控制，因此大腦能讓整副骨架想去哪就去哪／我們全身上下布滿了肌肉，如果我們能對彼此完全坦白，有些部分還挺誘人的／**重要性：11/10**

後記

原版手冊就寫到附錄為止，剩下的就留待被困在過去的時空旅人自求多福了（希望現在情況已經大幅改善）。我幾乎可以感同身受，他們在讀完本書時會有多激動，邊翻本書邊去探索新世界：一方面因為學到好多東西而心滿意足，另一方面卻也心情複雜，充滿恐懼地面對自己不知穿越到了哪個年代，還得從最基本開始重新建立一切。

原版手冊沒有列出參考書目（合理，畢竟旅人如果困在書籍尚未發明的時代，書目顯然沒有用），不過我認為在本書末加上我的版本，對手冊所提技術、觀念和創新感興趣的讀者，應該會有所幫助。我用這些書籍來檢驗本書內容的正確性，也作為出版前的參考。

除了這些非常好的參考書，我還諮詢了一些非常棒的人。我要感謝舍弟 Victor North（藝術和釀酒知識），以及朋友 Priya Raju 博士（分享她在醫療專業上的祕密）、Allene Chomyn 與和 Will Wadley（音樂和音樂理論知識）、David Malki（飛行方面的知識）和 Mike Tucker（船隻方面的知識）。我也要大力感謝 Zach Weinersmith、Randall Munroe、Jenn Klug、Mick Tucker、Emily Horne 及家父願意試讀本書。其中要特別向 Randall 致敬，萬一地球冰帽在今天下午完全融化，他馬上就能知道會覆蓋多少陸地面積。甚至在我還沒發問時，Randall 就自動提供這些資訊了。感謝 Hélène Deval 博士協助研究法國在 1670 年保存被告者屍體的法律，以及 Sergio Aragonés 在我詢問有關冰桶使用經驗時的友善態度。最後，還要感謝我無與倫比的編輯 Courtney Young，每個人都應該和她一起合作，因為她實在棒透了，但還是不要好了，我希望她只跟我合作就好。

書中若有任何錯誤，都算在我頭上。日後我在抄寫這本指南的複本時，還得修正這些錯誤。

萊恩・諾斯
寫於多倫多

公元 2018 年

參考書目

Adams, Thomas F. 1861 CE. *Typographia; or, The printer's instructor: a brief sketch of the origin, rise, and progress of the typographic art, with practical directions for conducting every department in an office, hints to authors, publishers, &c.* Philadelphia: L. Johnson & Co.

Agarwal, Rishi Kumar. 1971 CE. "Origin of Spectacles in India." *British Journal of Ophthalmology* 55, 128–29.

American Galvanizers Association. 2017 CE. "Corrosion Rate." *Corrosion Science.* https://www.galvanizeit.org/corrosion/corrosion-process/corrosion-rat.

Anderson, Frank E., et al. 2017 CE. "Phylogenomic Analyses of Crassiclitellata Support Major Northern and Southern Hemisphere Clades and a Pangaean Origin for Earthworms." *BMC Evolutionary Biology* 17(123) doi:10.1186/s12862-017-0973-4.

Anderson, Patricia C. 1991 CE. "Harvesting of Wild Cereals During the Natufian as Seen from Experimental Cultivation and Harvest of Wild Einkorn Wheat and Microwear Analysis of Stone Tools." In *The Natufian Culture in the Levant*, by Ofer Bar-Yosef and François R. Valla, 521–52. International Monographs in Prehistory.

Barbier, André. 1950 CE. "The Extraction of Opium Alkaloids." United Nations Office on Drugs and Crime. https://www.unodc.org/unodc/en/data-and-analysis/bulletin/ bulletin_1950-01-01_3_page004.html

Bardell, David. 2004 CE. "The Invention of the Microscope." *BIOS: A Quarterly Journal of Biology* 75 (2): 78–84.

Barker, Graeme. 2009 CE. *The Agricultural Revolution in Prehistory: Why Did Foragers Become Farmers?* Oxford University Press.

Basalla, George. 1988 CE. *The Evolution of Technology.* Cambridge University Press.

Benjamin, Craig G. 2016 CE. "The Big History of Civilizations." The Great Courses.

Berger, A. L. 1976 CE. "Obliquity and Precession for the Last 5,000,000 Years." *Astronomy and Astrophysics 51* (1): 127–35.

Biss, Eula. 2014 CE. *On Immunity: An Inoculation.* Graywolf Press. 【中文版】《疫苗：兩種恐懼的拔河》，尤拉 · 畢斯著，臺北市：如果出版；大雁出版基地發行，2016。

Bowern, Claire. 2008 CE. *Linguistic Fieldwork: A Practical Guide.* Palgrave Macmillan.

Bowler, Peter J., and Iwan Rhys Morus. 2005 CE. *Making Modern Science.* The University of Chicago Press.

Bradeen, James M., and Philipp W. Simon. 2007 CE. "Carrot." In *Genome Mapping and Molecular Breeding in Plants: Vegetables*, by Chittaranjan Kole, 161–84. Springer-Verlag Berlin Heidelberg. doi:10.1007/978-3-540-34536-7.

Bradshaw, John L. 1998 CE. *Human Evolution: A Neuropsychological Perspective.* Psychology Press.

Brown, Henry T. 2005 CE. *507 Mechanical Movements: Mechanisms and Devices.* Dover Publications. 【中文版】《圖解 507 種機械傳動：科技史上最經典、劃時代的機構與裝置發明》，亨利 · 布朗著，臺北市：易博士文化出版；城邦發行，2019。

Bunch, Bryan, and Alexander Hellemans. 1993 CE. *The Timetables of Technology: A Chronology of the Most Important People and Events in the History of Technology.* Simon & Schuster.

Bunney, Sarah. 1985 CE. "Ancient Trade Routes for Obsidian." *New Scientist* 26.

Burdock Group. 2007 CE. "Safety Assessment of Castoreum Extract as a Food Ingredient." *International Journal of Toxicology* 26 (1): 51–55. doi:10.1080/10915810601120145.

Cegłowski, Maciej. 2010 CE. "Scott and Scurvy." *Idle Words.* March. http://idlewords.com/2010/03/scott_and_scurvy.htm.

Chaline, Eric. 2015 CE. *Fifty Animals that Changed the Course of History.* Firefly Books. 【中文版】《改變歷史的 50 種動物》，艾力克 · 查林著，臺北市：積木文化出版；城邦發行，2013。

Civil, M. 1964 CE. "A Hymn to the Beer Goddess and a Drinking Song." *Studies Presented to A. Leo Oppenheim,* 67–89.

Clement, Charles R., et al. 2010 CE. "Origin and Domestication of Native Amazonian Crops." *Diversity,* 72–106. doi:10.3390/d2010072.

Cook, G. C. 2001 CE. "Construction of London's Victorian Sewers: The Vital Role of Joseph Bazalgette." *Postgraduate Medical Journal* 77 (914): 802. doi:10.1136/pmj.77.914.802.

Cornell, Kit. 2017 CE. *How to Find and Dig Clay.* http://www.kitcornellpottery.com/teaching/clay.html

Crump, Thomas. 2002 CE. *A Brief History of Science As Seen Through the Development of Scientific Instruments.* Constable & Robinson Ltd.

Dartnell, Lewis. 2014 CE. *The Knowledge: How to Rebuild Civilization in the Aftermath of a Cataclysm.* Penguin Books.【中文版】《最後一個知識人：末日之後，擁有重建文明社會的器物、技術與知識原理》，路易斯·達奈爾著，臺北市：臉譜出版；城邦發行，2016。

Dauchy, Serge. 2000 CE. "Trois procès à cadavre devant le Conseil souverain du Québec (1687–1708): Un exemple d'application de l'ordonnance de 1670 dans les colonies." *Juges et criminels, l'Espace Juridique,* 37–49.

Dawson, Gloria. 2013 CE. "Beer Domesticated Man." *Nautilus*, December 19. http://nautil.us/issue/8/home/beer-domesticated-man.

De Decker, Kris. 2013 CE. "Back to Basics: Direct Hydropower." *Low-Tech Magazine.* August 11. http://www.lowtechmagazine.com/2013/08/direct-hydropower.html

De Morgan, Augustus. 1847 CE. *Formal Logic, or, The Calculus of Inference, Necessary and Probable*. Taylor and Walton.

Derry, T. K., and Trevor I. Williams. 1993 CE. *A Short History of Technology, from the Earliest Times to A.D. 1900.* Oxford University Press.

Devine, A. M. 1985 CE. "The Low Birth-Rate in Ancient Rome: A Possible Contributing Factor." *Rheinisches Museum für Philologie* 313–17.

Diamond, Jared. 1999 CE. *Guns, Germs, and Steel: The Fates of Human Societies.* W. W. Norton.【中文版】《槍炮、病菌與鋼鐵：人類社會的命運·25 週年暢銷紀念版》，賈德·戴蒙著，臺北市：時報文化出版，2019。

Dietitians of Canada / Les diététistes du Canada. 2013 CE. "Factsheet: Functions and Food Sources of Common Vitamins." *Dietitians of Canada.* February 6. https://www.dietitians.ca/Your-Health/Nutrition-A-Z/Vitamins/Functions-and-Food-Sources-of-Common-Vitamins.aspx.

DK Publishing. 2012 CE. *The Survival Handbook: Essential Skills for Outdoor Adventure.* DK Publishing.

Douglas, George H. 2001 CE. *The Early Days of Radio Broadcasting.* McFarland & Co. Inc. Publishing.

Dunn, Kevin M. 2003 CE. *Caveman Chemistry: 28 Projects, from the Creation of Fire to the Production of Plastics.* uPublish.com.

Dyson, George. 2012 CE. *Turing's Cathedral.* Vintage Books.

Eakins, B. W., and G. F. Sharman. 2012 CE. "Hypsographic Curve of Earth's Surface from ETOPO1." *National Oceanic and Atmospheric Administration National Geophysical Data Center.* https://www.ngdc.noaa.gov/mgg/global/etopo1_surface_histogram.html

Eisenmann, Vera. 2003 CE. "Gigantic Horses." *Advances in Vertebrate Paleontology,* 31–40.

Ekko, Sakari. 2015 CE. Latitude Gnomon and Quadrant for the Whole Year. https://www.eaae-astronomy.org/workshops/latitude-gnomon-and-quadrant-for-the-whole-year

Faculty of Oriental Studies, University of Oxford. 2006 CE. *The Electronic Text Corpus of Sumerian Literature.* http://etcsl.orinst.ox.ac.uk.

Fang, Janet. 2010 CE. "A World Without Mosquitoes." *Nature* (466): 432–34. doi:10.1038/466432a.

Farey, John. 1827 CE. *A Treatise on the Steam Engine: Historical, Practical, and Descriptive.* London: Longman, Rees, Orme, Brown, and Green. https://archive.org/details/treatiseonsteame01fareuoft.

Fattori, Victor, et al. 2016 CE. "Capsaicin: Current Understanding of Its Mechanisms and Therapy of Pain and Other Pre-Clinical and Clinical Uses." *Molecules* 21 (7). doi:10.3390/molecules21070844.

Ferrand, Nuno. 2008 CE. "Inferring the Evolutionary History of the European Rabbit (*Oryctolagus cuniculus*) from Molecular Markers." *Lagomorph Biology* 47–63. doi:10.1007/978-3-540-72446-9_4.

Feyrer, James, Dimitra Politi, and David N. Weil. 2017 CE. "The Cognitive Effects of Micronutrient Deficiency: Evidence from Salt Iodization in the United States." *Journal of the European Economic Association* 15 (2): 355–87. doi:10.3386/w19233.

Francis, Richard C. 2015 CE. *Domesticated: Evolution in a Man-Made World.* W. W. Norton.

Furman, C. Sue. 1997 CE. *Turning Point: The Myths and Realities of Menopause.* Oxford University Press.

Gainsford, Peter. 2017 CE. "Salt and Salary: Were Roman Soldiers Paid in Salt?" *Kiwi Hellenist: Modern Myths About the Ancient World.* January 11. http://kiwihellenist.blogspot.ca/2017/01/salt-and-salary.html

Gearon, Eamonn. 2017 CE. "The History and Achievements of the Islamic Golden Age." The Great Courses.

Gerke, Randy. 2009 CE. *Outdoor Survival Guide.* Human Kinetics.

Glenn, Edward P., J. Jed Brown, and Eduardo Blumwald. 1999 CE. "Salt Tolerance and Crop Potential of Halophytes." *Critical Reviews in Plant Sciences* 18 (2): 227–55. doi:10.1080/07352689991309207.

Goldstone, Lawrence. 2015 CE. *Birdmen: The Wright Brothers, Glenn Curtiss, and the Battle to Control the Skies.* Ballantine Books.

Graham, C., and V. Evans. 2007 CE. "History of Mining." *Canadian Institute of Mining, Metallurgy, and Petroleum.* August. http://www.cim.org/en/Publications-and-Technical-Resources/Publications/CIM-Magazine/2007/august/history/history-of-mining.aspx.

Grossman, Dan. 2017 CE. "Hydrogen and Helium in Rigid Airship Operations." *Airships.net: The Graf Zeppelin, Hindenburg, U.S. Navy Airships, and Other Dirigibles.* June. http://www.airships.net/helium-hydrogen-airships.

Gugliotta, Guy. 2008 CE. "The Great Human Migration." *Smithsonian*, July.

Gurstelle, William. 2014 CE. *Defending Your Castle: Build Catapults, Crossbows, Moats, Bulletproof Shields, and More Defensive Devices to Fend Off the Invading Hordes.* Chicago Review Press.

Hacket, John. 1693 CE. *Scrinia Reserata: A Memorial Offer'd to the Great Deservings of John Williams, D. D., Who Some Time Held the Places of Lord Keeper of the Great Seal of England, Lord Bishop of Lincoln, and Lord Archbishop of York.* London: Edward Jones, for Samuel Lowndes, over against Exeter-Exchange in the Strand.https://hdl.handle.net/2027/uc1.31175035164386.

Halsey, L. G., and C. R. White. 2012 CE. "Comparative Energetics of Mammalian Locomotion: Humans Are Not Different." *Journal of Human Evolution* 63: 718–22. doi:10.1016/j.jhevol.2012.07.008.

Han, Fan, Andreas Wallberg, and Matthew T. Webster. 2012 CE. "From Where Did the Western Honeybee (Apis mellifera) Originate?" *Ecology and Evolution* 8:1949–57. doi:10.1002/ece3.312.

Harari, Yuval Noah. 2014 CE. *Sapiens: A Brief History of Humankind.* McClelland & Stewart. **【中文版】**《人類大歷史：從野獸到扮演上帝》，哈拉瑞著，臺北市：遠見天下文化出版；大和書報發行，2018。

Heidenreich, Conrad E., and Nancy L. Heidenreich. 2002 CE. "A Nutritional Analysis of the Food Rations in Martin Frobisher's Second Expedition, 1577." *Polar Record* 23–38. doi:10.1017/S0032247400017277.

Hellemans, Alexander, and Bryan Bunch. 1991 CE. *The Timetables of Science: A Chronology of the Most Important People and Events in the History of Science.* Touchstone Books.

Herodotus. 2013 CE. *Delphi Complete Works of Herodotus (Illustrated)*. Delphi Classics.

Hess, Julius H. 1922 CE. *Premature and Congenitally Diseased Infants.* Lea & Febiger. http://www.neonatology.org/classics/hess1922/hess.html

Hobbs, Peter R., Ian R. Lane, and Helena Gómez Macpherson. 2006 CE. "Fodder Production and Double Cropping in Tibet: Training Manual." *Food and Agriculture Organization of the United Nations.* http://www.fao.org/ag/agp/agpc/doc/tibetmanual/ cover.htm.

Hogshire, Jim. 2009 CE. *Opium for the Masses: Harvesting Nature's Best Pain Medication.* Feral House.

Horn, Susanne, et al. 2011 CE. "Mitochondrial Genomes Reveal Slow Rates of Molecular Evolution and the Timing of Speciation in Beavers (Castor), One of the Largest Rodent Species." *PLoS ONE* 6(1). doi:10.1371/journal.pone.0014622.

Hublin, Jean-Jacques, et al. 2017 CE. "New Fossils from Jebel Irhoud, Morocco and the Pan-African Origin of *Homo sapiens*." *Nature* 546: 289–92. doi:10.1038/nature22336.

Hyslop, James Hervey. 1899 CE. *Logic and Argument*. Charles Scribner's Sons.

Iezzoni, A., H. Schmidt, and A. Albertini. 1991 CE. "Cherries (Prunus)." *Acta Horticulturae: Genetic Resources of Temperate Fruit and Nut Crops.* doi:10.17660/ActaHortic.1991.290.4.

Johnson, C. 2009 CE. "Sundial Time Correction—Equation of Time." January. http://mb-soft.com/public3/equatime.html

Johnson, Steven. 2014 CE. *How We Got to Now: Six Innovations That Made the Modern World.* Riverhead Books.【中文版】《我們如何走到今天？印刷術促成細胞的發現到製冷技術形塑城市樣貌，一段你不知道卻影響人類兩千年的文明發展史》，史蒂芬·強森著，臺北市：麥田出版；城邦發行，2017。

Johnson, Steven. 2010 CE. *Where Good Ideas Come From: The Natural History of Innovation.* Riverhead Books.【中文版】《創意從何而來》，史蒂文·強森著，臺北市：大塊文化出版；大和書報發行，2011。

Kean, Sam. 2010 CE. *The Disappearing Spoon and Other True Tales of Madness, Love, and the History of the World from the Periodic Table of the Elements.* Little, Brown and Company.【中文版】《消失的湯匙：一部來自週期表的愛恨情仇傳奇與世界史》，山姆□肯恩著，臺北市：大塊文化出版；大和書報發行，2011。

Kennedy, James. 2016 CE. *(Almost) Nothing Is Truly "Natural."* February 19. https://jameskennedymonash.wordpress.com/2016/02/19/nothing-in-the-supermarket-is-natural-part-4.

Kislev, Mordechai E., Anat Hartmann, and Ofer Bar-Yosef. 2006 CE. "Early Domesticated Fig in the Jordan Valley." *Science* 312 (5778): 1372–74. doi:10.1126/ science.1125910.

Kolata, Gina. 1994 CE. "In Ancient Times, Flowers and Fennel for Family Planning."

The New York Times, March 8.

Kowalski, Todd J., and William A. Agger. 2009 CE. "Art Supports New Plague Science."-*Clinical Infectious Diseases* 48 (1): 137–38. doi:10.1086/595557.

Kurlansky, Mark. 2017 CE. *Paper: Paging Through History.* W. W. Norton.【中文版】《紙的世界史：承載人類文明的一頁蟬翼，橫跨五千年的不敗科技成就》，馬克·科蘭斯基著，臺北市：馬可孛羅文化出版；城邦發行，2018。

Kurlansky, Mark. 2002 CE. *Salt: A World History.* Vintage Canada.【中文版】《鹽：人與自然的動人交會》，馬克·克倫斯基著，臺北市：藍鯨出版；城邦文化發行，2002。

Lakoff, George, and Mark Johnson. 2003 CE. *Metaphors We Live By.* University of Chicago Press.【中文版】《我們賴以生存的譬喻》，雷可夫，詹森著，新北市：聯經出版；聯合發行，2006。

Lal, Rattan. 2016 CE. *Encyclopedia of Soil Science.* Third edition. CRC Press.

Laws, Bill. 2015 CE. *Fifty Plants that Changed the Course of History*. Firefly Books.【中文版】《改變歷史的 50 種植物》，比爾·勞斯著，臺北市：積木文化出版；城邦發行，2014。

LeConte, Joseph. 1862 CE. *Instructions for the Manufacture of Saltpetre.* Charles P. Pelham, State Printer. http://docsouth.unc.edu/imls/lecontesalt/leconte.html

Lemley, Mark A. 2012 CE. "The Myth of the Sole Inventor." *Michigan Law Review* 110 (5): 709–60. doi:10.2139/ssrn.1856610.

Lewis, C. I. 1914 CE. "The Matrix Algebra for Implications." Edited by Frederick J. E. Woodbridge and Wendell T. Bush. *Journal of Philosophy, Psychology, and Scientific Methods* (The Science Press) XI: 589–600.

Liggett, R. Winston, and H. Koffler. 1948 CE. "Corn Steep Liquor in Microbiology." *Bacteriological Reviews* 297–311.

"List of Zoonotic Diseases." 2013 CE. *Public Health England.* March 21. https://www.gov.uk/government/publications/list-of-zoonotic-diseases/list-of-zoonotic-diseases.

Livermore, Harold. 2004 CE. "Santa Helena, a Forgotten Portuguese Discovery." *Estudos em Homenagem a Louis Antonio de Oliveira Ramos,* 623–31.

Lundin, Cody. 2007 CE. *When All Hell Breaks Loose: Stuff You Need to Survive When Disaster Strikes.* Gibbs Smith.

Lunge, Georg. 1916 CE. *Coal-Tar and Ammonia.* D. Van Nostrand. https://archive.org/details/coaltarandammon04lunggoog/page/n7

Maines, Rachel P. 1998 CE. *The Technology of Orgasm: "Hysteria," the Vibrator, and Women's Sexual Satisfaction.* The Johns Hopkins University Press.

Mann, Charles C. 2006 CE. *1491: New Revelations of the Americas Before Columbus.* Vintage. 【中文版】《1491：重寫哥倫布前的美洲歷史》，查爾斯．曼恩著，新北市：衛城出版；遠足文化發行，2017。

Marchetti, C. 1979 CE. "A Postmortem Technology Assessment of the Spinning Wheel: The Last Thousand Years." *Technological Forecasting and Social Change,* 91–93.

Martin, Paula, et al. 2008 CE. "Why Does Plate Tectonics Occur Only on Earth?" *Physics Education* 43 (2): 144–50. doi:10.1088/0031-9120/43/2/002.

Martín-Gil, J., et al. 1995 CE. "The First Known Use of Vermillion." *Experientia* 759–61. doi:10.1007/BF01922425.

McCoy, Jeanie S. 2006 CE. "Tracing the Historical Development of Metalworking Fluids." In *Metalworking Fluids: Second Edition*, by Jerry P. Byers, 480. Taylor & Francis Group.

McDowell, Lee Russell. 2000 CE. *Vitamins in Animal and Human Nutrition, Second Edition.* Wiley-Blackwell.

McElney, Brian. 2001 CE. "The Primacy of Chinese Inventions." *Bath Royal Literary and Scientific Institution.* September 28. Accessed July 1, 2017 CE. https://www.brlsi.org/events-proceedings/proceedings/17824.

McGavin, Jennifer. 2017 CE. "Using Ammonium Carbonate in German Baking." *The Spruce.* May 1. https://www.thespruce.com/ammonium-carbonate-hartshorn-hirschhornsalz-1446913.

McLaren, Angus. 1990 CE. *History of Contraception: From Antiquity to the Present Day.* Basil Blackwell.

McNeil, Donald G. Jr. 2006 CE. "In Raising the World's I.Q., the Secret's in the Salt." *The New York Times*, December 16.

Mechanical Wood Products Branch, Forest Industries Division, FAO Forestry Department. 1987 CE. "Simple Technologies for Charcoal Making." *Food and Agriculture Organization of the United Nations.* http://www.fao.org/docrep/x5328e/x5328e00.htm

Miettinen, Arto, et al. 2008 CE. "The Palaeoenvironment of the 'Antrea Net Find.'" *Iskos* 16:71–87.

Moore, Thomas. 1803 CE. *An essay on the most eligible construction of ice-houses: also, a description of the newly invented machine called the refrigerator.* Baltimore: Bonsal & Niles.

Morin, Achille. 1842 CE. *Dictionnaire du droit criminel: répertoire raisonné de législation et de jurisprudence, en matière criminelle, correctionnelle et de police.* Paris: A. Durand.

Mott, Lawrence V. 1991 CE. *The Development of the Rudder, A.D. 100–1600: A Technological Tale.* http://nautarch.tamu.edu/pdf-files/Mott-MA1991.pdf.

Mueckenheim, W. 2005 CE. "Physical Constraints of Numbers." *Proceedings of the First International Symposium of Mathematics and Its Connections to the Arts and Sciences,* 134–41.

Munos, Melinda K., Christa L. Fischer Walker, and Robert E. Black. 2010 CE. "The Effect of Oral Rehydration Solution and Recommended Home Fluids on Diarrhoea Mortality." *International Journal of Epidemiology* 39:i75–i87. doi:10.1093/ije/dyq025.

Murakami, Fabio Seigi, et al. 2007 CE. "Physicochemical Study of CaCO3 from Egg Shells." *Food Science and Technology* 27 (3): 658–62. doi:10.1590/S0101-20612007000300035.

Nancy Hall. 2015 CE. "Lift from Flow Turning." *National Aeronautics and Space Administration: Glenn Research Center.* May 5. https://www.grc.nasa.gov/www/k-12/ airplane/right2.html.

National Coordination Office for Space-Based Positioning, Navigation, and Timing. 2016 CE. "Selective Availability." *GPS: The Global Positioning System.* September 23. http://www.gps.gov/systems/gps/modernization/sa

National Oceanic and Atmospheric Administration's Office of Response and Restoration. n..d. *Chemical Datasheets.* https://cameochemicals.noaa.gov

Naval Education. 1971 CE. *Basic Machines and How They Work.* Dover Publications.

Nave, Carl Rod. 2001 CE. *Hyperphysics.* http://hyperphysics.phy-astr.gsu.edu.

Nelson, Sarah M. 1998 CE. *Ancestors for the Pigs: Pigs in Prehistory.* University of Pennsylvania Museum of Archaeology and Anthropology.

North American Sundial Society. 2017 CE. *Sundials for Starters.* http://sundials.org.

Nuwer, Rachel. 2012 CE. "Lice Evolution Tracks the Invention of Clothes." *Smithsonian*, November 14.

O'Reilly, Andrea. 2010 CE. *Encyclopedia of Motherhood.* Vol. 1. SAGE Publications, Inc.

Omodeo, Pietro. 2000 CE. "Evolution and Biogeography of Megadriles (Annelida, Clitellata)." *Italian Journal of Zoology* 67 (2): 179–207. doi:10.1080/11250000009356313.

OpenLearn. 2007 CE. "DIY: Measuring Latitude and Longitude." The Open University.September 27. http://www.open.edu/openlearn/society/politics-policy-people/geography/diy-measuring-latitude-and-longitude

Pal, Durba, et al. 2009 CE. "Acaciaside-B-Enriched Fraction of Acacia Auriculiformis Is a Prospective Spermicide with No Mutagenic Property." *Reproduction* 138 (3): 453–62. doi:10.1530/REP-09-0034.

Pidanciera, Nathalie, et al. 2006 CE. "Evolutionary History of the Genus Capra (Mammalia, Artiodactyla): Discordance Between Mitochondrial DNA and Y-Chromosome Phylogenies." *Molecular Phylogenetics and Evolution* 40 (3): 739–49. doi:10.1016/j.ympev.2006.04.002.

Pinker, Steven. 2007 CE. *The Language Instinct: How the Mind Creates Language.* Harper Perennial Modern Classics.【中文版】《語言本能：探索人類語言進化的奧秘（最新中文修訂版）》，史迪芬・平克著，臺北市：商周出版；城邦發行，2015。

Planned Parenthood. 2017 CE. "About Birth Control Methods." *Planned Parenthood.* https://www.plannedparenthood.org/learn/birth-control.

Pollock, Christal. 2016 CE. "The Canary in the Coal Mine." *Journal of Avian Medicine and Surgery* 30 (4): 386–91. doi:10.1647/1082-6742-30.4.386.

Preston, Richard. 2003 CE. *The Demon in the Freezer: A True Story.* Fawcett.【中文版】《試管中的惡魔：瘟疫、瘟役、瘟意》，普雷斯頓著，臺北市：天下遠見出版；大和書報發行，2004。

Price, Bill. 2014 CE. *Fifty Foods that Changed the Course of History.* Firefly Books.【中文版】《改變歷史的 50 種食物》，比爾・普萊斯著，臺北市：積木文化出版；城邦發行，2015。

Pyykkö, Pekka. 2011 CE. "A Suggested Periodic Table up to Z ≤ 172, Based on Dirac– Fock Calculations on Atoms and Ions." *Physical Chemistry Chemical Physics* 13 (1): 161–68. doi:10.1039/c0cp01575j.

Rehydration Project. 2014 CE. *Oral Rehydration Therapy: A Special Drink for Diarrhoea.* April 21. http://rehydrate.org.

Rezaei, Hamid Reza,et al. 2010 CE. "Evolution and Taxonomy of the Wild Species of the Genus Ovis." *Molecular Phylogenetics and Evolution,* 315–26. doi:10.1016/j.ympev.2009.10.037.

Richards, Matt. 2004 CE. *Deerskins into Buckskins: How to Tan with Brains, Soap or Eggs.* Backcountry Publishing.

Riddle, John M. 2008 CE. *A History of the Middle Ages, 300–1500.* Rowman & Littlefield.

Riddle, John M. 1992 CE. *Contraception and Abortion from the Ancient World to the Renaissance.* Harvard University Press.

Rosenhek, Jackie. 2014 CE. "Contraception: Silly to Sensational: The Long Evolution from Lemon-Soaked Pessaries to the Pill." *Doctor's Review.* August. http://www.doctorsreview.com/history/contraception-silly-sensational/.

Rothschild, Max F., and Anatoly Ruvinsky. 2011 CE. *The Genetics of the Pig.* CABI.

Russell, Bertrand. 1903. *The Principles of Mathematics*. Cambridge University Press.

Rybczynski, Witold. 2001 CE. *One Good Turn: A Natural History of the Screwdriver and the Screw.* Scribner. 【中文版】《螺絲起子與螺絲：一定用得上的工具與最偉大的小發明》，黎辛斯基著，臺北市：貓頭鷹出版；城邦發行，2014。

Sawai, Hiromi, et al. 2010 CE. "The Origin and Genetic Variation of Domestic Chickens with Special Reference to Junglefowls *Gallus g. gallus* and *G. varius*." *PLoS ONE* 5(5). doi:10.1371/journal.pone.0010639.

Schmandt-Besserat, Denise. 1997 CE. *How Writing Came About.* University of Texas Press.

Shaw, Simon, Linda Peavy, and Ursula Smith. 2002 CE. *Frontier House.* Atria.

Sheridan, Sam. 2013 CE. *The Disaster Diaries: One Man's Quest to Learn Everything Necessary to Survive the Apocalypse.* Penguin Books.

Singer-Vine, Jeremy. 2011 CE. "How Long Can You Survive on Beer Alone?" *Slate*, April 28. http://www.slate.com/articles/news_and_politics/explainer/2011/04/how_long_can_you_survive_on_beer_alone.html.

Singh, M. M., et al. 1985 CE. "Contraceptive Efficacy and Hormonal Profile of Ferujol: A New Coumarin from Ferula jaeschkeana." *Planta Medica* 51 (3): 268–70. doi:10.1055/s-2007-969478.

Smith, Edgar C. 2013 CE. *A Short History of Naval and Marine Engineering.* Cambridge University Press.

Société Académique de Laon. 1857 CE. *Bulletin: Volume 6.* Paris: V. Baston.

Sonne, O. 2015 CE. "Canaries, Germs, and Poison Gas. The Physiologist J. S. Haldane's Contributions to Public Health and Hygiene." *Dan Medicinhist Arbog,* 71–100.

St. Andre, Ralph E. 1993 CE. *Simple Machines Made Simple.* Libraries Unlimited.

Standage, Tom. 2006 CE. *A History of the World in 6 Glasses.* Walker & Company. 【中文版】《歷史六瓶裝：啤酒、葡萄酒、烈酒、咖啡、茶與可口可樂的文明史》，湯姆·斯丹迪奇著，臺北市：聯經出版，2006。

Stanger-Hall, Kathrin F., and David W. Hall. 2011 CE. "Abstinence-Only Education and Teen Pregnancy Rates: Why We Need Comprehensive Sex Education in the U.S." *PLoS ONE* 6 (10). doi:10.1371/journal.pone.0024658.

Starkey, Paul. 1989 CE. *Harnessing and Implements for Animal Traction.* Friedrich Vieweg & Sohn Verlagsgesellschaft mbH.

Stephenson, F. R., L. V. Morrison, and C. Y. Hohenkerk. 2016 CE. "Measurement of the Earth's Rotation: 720 BC to AD 2015." *Proceedings of the Royal Society A: Mathematical, Physical, and Engineering Sciences* 472 (2196). doi:10.1098/rspa.2016.0404.

Sterelny, Kim. 2011 CE. "From Hominins to Humans: How Sapiens Became Behaviourally Modern." *Philosophical Transactions of the Royal Society: Biological Sciences* 366 (1566). doi:10.1098/rstb.2010.0301.

Stern, David P. 2016 CE. *Planetary Gravity-Assist and the Pelton Turbine.* October 26. http://www.phy6.org/stargaze/Spelton.htm

Stone, Irwin. 1966 CE. "On the Genetic Etiology of Scurvy." *Acta Geneticae Medicae et Gemellologiae* 16: 345–50.

Stroganov, A. N. 2015 CE. "Genus Gadus (Gadidae): Composition, Distribution, and Evolution of Forms." *Journal of Ichthyology* 316–36. doi:10.1134/ S0032945215030145.

Stubbs, Brett J. 2003 CE. "Captain Cook's Beer: The Antiscorbutic Use of Malt and Beer in Late 18th Century Sea Voyages." *Asia Pacific Journal of Clinical Nutrition* 129–37.

The Association of UK Dieticians. 2016 CE. "Food Fact Sheet: Iodine." *BDA.* May. https://www.bda.uk.com/foodfacts/Iodine.pdf

The National Society for Epilepsy. 2016 CE. "Step-By-Step Recovery Position." *Epilepsy Society.* March. https://www.epilepsysociety.org.uk/step-step-recovery-position

The Royal Society of Chemistry. 2012 CE. *The Chemistry of Pottery.* July 1. https://eic.rsc.org/feature/the-chemistry-of-pottery/2020245.article

Ueberweg, Freidrich. 1871. *System of Logic and History of Logical Doctrines*. Longmans, Green, and Company.

Ure, Andrew. 1878 CE. *A Dictionary of Arts, Manufactures, and Mines: Containing a Clear Exposition of Their Principles and Practice.* London: Longmans, Green. https://archive.org/details/b21994055_0003.

US Department of Agriculture. 2016 CE. "The Rescue of Penicillin." *United States Department of Agriculture: Agricultural Research Service.* https://www.ars.usda.gov/oc/timeline/penicillin.

Usher, Abbott Payson. 1988 CE. *A History of Mechanical Inventions.* Dover Publications.【中文版】《機械發明史話》艾雪爾著，臺北市：協志工業叢書出版，1971。

Vincent, Jill. 2008 CE. "The mathematics of sundials." *Australian Senior Mathematics Journal* 22 (1): 13–23.

von Petzinger, Genevieve. 2016 CE. *The First Signs: Unlocking the Mysteries of the World's Oldest Symbols.* Atria.

Warneken, Felix, and Alexandra G. Rosati. 2015 CE. "Cognitive capacities for cooking in chimpanzees." *Proceedings of the Royal Society of London B: Biological Sciences* 282 (1809). doi:10.1098/rspb.2015.0229.

Watson, Peter R. 1983 CE. *Animal Traction.* Artisan Publications.

Wayman, Erin. 2011 CE. "Humans, the Honey Hunters." *Smithsonian*, December 19.

Weber, Ella. 2012 CE. "Apis mellifera: The Domestication and Spread of European Honey Bees for Agriculture in North America." *University of Michigan Undergraduate Research Journal* (9): 20–23.

Welker, Bill. 2016 CE. "Hydrogen for Early Airships." *Then and Now.* December. http://welweb.org/ThenandNow/Hydrogen%20Generation.html

Werner, David, Carol Thuman, and Jane Maxwell. 2011 CE. *Where There Is No Doctor: A Village Health Care Handbook.* Macmillan.【中文版】《草根良醫：偏遠地區醫護參考手冊》，韋爾納著，臺中市：中華基督教路加傳道會出版，2003。

White Jr., Lynn. 1962 CE. "The Act of Invention: Causes, Contexts, Continuities and Consequences." *Technology and Culture: Proceedings of the Encyclopaedia Britannica Conference on the Technological Order* 486–500. doi:10.2307/3100999.

Wicks, Frank. 2011 CE. "100 Years of Flight: Trial by Flyer." *Mechanical Engineering.* https://web.archive.org/web/20110629103435/http://www.memagazine.org/supparch/flight03/trialby/trialby.html

Wickstrom, Mark L. 2016 CE. "Phenols and Related Compounds." *Merck Veterinary Manual.* http://www.merckvetmanual.com/pharmacology/antiseptics-and-disinfectants/phenols-and-related-compounds.

Williams, George E. 2000 CE. "Geological Constraints on the Precambrian History of Earth's Rotation and the Moon's Orbit." *Reviews of Geophysics* 38 (1): 37–60. doi:10.1029/1999RG900016.

Wilson, Bee. 2012 CE. *Consider the Fork: A History of How We Cook and Eat.* Basic Books

World Health Organization. 2007 CE. "Food Safety: The 3 Fives." *World Health Organization.* http://www.who.int/foodsafety/areas_work/food-hygiene/3_fives/en/.

World Health Organization. 2017 CE. "WHO Model Lists of Essential Medicines." *World Health Organization.* http://www.who.int/medicines/publications/essentialmedicines/en/.

Wragg, David. 1974 CE. *Flight Before Flying.* Osprey Publishing.

Wright, Jennifer. 2017 CE. *Get Well Soon: History's Worst Plagues and the Heroes Who Fought Them.* Henry Holt and Co.

Yong, Ed. 2016 CE. "A New Origin Story for Dogs." *The Atlantic*, June 2.

Zizsser, Hans. 2008 CE. *Rats, Lice and History.* Willard Press

譯名中英對照

人名／地名／機構

「時間解方」公司｜Chronotix Solutions
J・M・巴里｜J. M. Barrie
大衛・維斯科特｜David Viscott
毛姆｜W. Somerset Maugham
卡西奧多羅斯｜Cassiodorus
古列爾莫・馬可尼｜Guglielmo Marconi
尼古拉・特斯拉｜Nikola Tesla
弗洛勒斯島｜Flores Island
弗朗索瓦・馬根迪｜François Magendie
皮奧里亞｜Peoria
伊戈爾・西科爾斯基｜Igor Sikorsky
伊美黛・馬可仕｜Imelda Marcos
伊格納茲・塞麥維斯｜Ignaz Semmelweis
伊索｜Aesop
印何闐｜Imhotep
安東・契訶夫｜Anton Chekhov
安娜・阿赫瑪托娃｜Anna Akhmatova
安德烈・紀德｜André Gide
托妮・莫里森｜Toni Morrison
米立森｜Millicent
艾莉娜・法瓊｜Eleanor Farjeon
亨尼格・布蘭德｜Hennig Brand
克里特島｜Crete
里昂・傅科｜Léon Foucault
亞歷山大・弗萊明｜Alexander Fleming
奇瑪曼達・阿迪契｜Ngozi Adichie
孟格菲兄弟｜the Montgolfier brothers
尚・阿諾伊｜Jean Anouilh
帖撒羅尼迦的安提帕特｜Antipater of Thessalonica
波赫士｜Jorge Luis Borges
威廉・福克納｜William Faulkner
約翰・弗德列克・丹尼爾｜John Frederic Daniell
約翰・哈克特｜John Hacket
約翰・葛爾德｜Johann Gerdes
恩基｜Enki
英迪拉・甘地｜Indira Gandhi
娥蘇拉・勒瑰恩｜Ursula K. Le Guin
馬丁・路德・金恩｜Martin Luther King Jr.
馮內果｜Kurt Vonnegut
張伯倫｜Chamberlen
喬姆斯基｜Chompsky
喬治・布爾｜George Boole
喬治・艾略特｜George Eliot
喬治・桑塔亞那｜George Santayana
湯瑪士・愛迪生｜Thomas Edison
湯瑪斯・傑佛遜｜Thomas Jefferson
琳達・荷根｜Linda Hogan
萊斯特・艾倫・佩爾頓｜Lester Allan Pelton
愛德華・吉朋｜Edward Gibbon
愛麗絲・華克｜Alice Walker
聖修伯里｜Antoine de Saint-Exupéry
寧卡西｜Ninkasi
寧提｜Ninti
歌德｜Johann Wolfgang von Goethe
瑪麗・杭特｜Mary Hunt
維吉尼亞・吳爾芙｜Virginia Woolf
維特魯威斯｜Marcus Vitruvius Pollio
潔西卡・班尼特｜Jessica Bennett
澤巴爾德｜W. G. Sebald
穆罕默德・阿里｜Muhammad Ali
興登堡｜Hindenburg
戴夫・貝瑞｜Dave Barry
賽凡提斯｜Miguel de Cervantes Saavedra
羅伯・布朗｜Robert Brown
羅伯特・波西格｜Robert M. Pirsig
羅伯特・虎克｜Robert Hooke
羅賓・威廉斯｜Robin Williams
麗塔・梅・布朗｜Rita Mae Brown
蘇珊・安東尼｜Susan B. Anthony

露西・貝爾伍德｜Lucy Bellwood
露西・蒙哥馬利｜L. M. Montgomery

一般名詞

1-5 畫

「必須立即發明的食物相關技術清單」｜"List of Food-Adjacent Technologies to Invent Right Away"
「遇見原靈長類機組」｜Protoprimate Encounter Pak
45.9 艾赫（eHz）相移迅子射極陣列｜45.9 Ehz Phase-shifted Tachyon Emitter Array
N 維度推進組裝｜N-Dimension Thrust Assembly
Y 染色體亞當｜Y-chromosomal Adam
一神論｜monotheism
一粒小麥｜Einkorn Wheat
乙炔｜acetylene
二元論｜dualism
二氧化矽｜silica
二區輪作｜two-field crop rotation
人工語言｜artificial language
人造玻璃｜artificial glass
三角龍｜triceratops
三葉草｜clover
土壤板結｜hardpan
大惡臭｜Great Stink
小型袋鼠｜wallaby
小號｜trumpet
小獵犬號｜HMS Beagle
小蘇打｜baking soda
不可知論｜agnosticism
中暑｜heat stroke
中詞｜middle
丹尼爾電池｜Daniell cell
互斥或閘｜exclusive OR gate, XOR gate
仇神論｜misotheism
內燃機｜internal combustion engine
公理｜axioms
分點｜equinox
升降舵｜elevator
及閘｜AND gate
反及閘｜NOT-AND gate, NAND gate
反或閘｜NOT-OR gate, NOR gate
反神論｜Antitheism
反閘｜NOT gate
天然玻璃｜natural glass
太陽能炊具｜solar cooker
巴皮爾｜bappir
巴斯德殺菌法｜pasteurization
巴諾布猿｜bonobo
心理聲學｜psychoacoustics
手工捻線紡錘｜drop spindle
手推車｜wheelbarrow
方向舵｜rudder
方鉛礦｜galena
木乃伊棕｜mummy brown
水中毒｜water overdose
水平尾翼｜horizontal stabilizer
水油乳｜water in oil emulsion
水室｜water chamber
水測溫儀｜water thermoscope
水硬水泥｜hydraulic cement
水楊苷｜salicin
水管鍋爐｜water tube boiler
火星氣象衛星｜Mars Climate Orbiter
火管鍋爐｜fire tube boiler
世俗人文主義｜Secular humanism
主要生物過濾器｜Primary Biofilter
主詞｜subject
凸輪｜cam
功率重量比｜power-to-weight ratio
加拿大地盾｜Canadian Shield
北斗七星｜Big Dipper
半加器｜half adder
半金屬｜semimetal
占位符｜placeholder

卡門貝爾乳酪｜Camembert
可驅動磁鐵｜powered magnet
四體液｜four humors
外燃機｜external combustion engine
巨石陣｜stone henge
巨型結構｜megastructure
布里乳酪｜Brie
布林｜boolean
生石灰｜quicklime
生痕化石｜trace fossil
生質柴油｜biodiesel
生鐵｜pig iron
白桑｜white mulberry
白桑樹｜white mulberry tree
白蠟樹｜ash tree
石灰｜lime
石灰石｜limestone
石膏｜plaster

6-10 畫

伊比鳩魯主義｜Epicureanism
光線追蹤｜ray tracing
全加器｜full adder
全神論｜omnism
共價鍵｜covalent bond
冰餾｜freeze distillation
印度河文字｜Indus script
合成器｜synthesizer
吊桿｜boom
回溯育種｜back-breeding
因果關係補償陣列｜Causality Compensation Matrix
地底採礦｜underground mining
地球歷史上最狂野最古怪的時刻｜Earth's Most Wild and Wacky Moments in History
多神論｜polytheism
存在主義｜Existentialism
曲柄軸｜crankshaft
有理數｜rational number
有袋類｜marsupial
次要生物過濾器｜Secondary Biofilter
灰泥｜mortar
米麴菌｜koji
羊駝｜alpaca
羽衣甘藍｜kale
肉毒桿菌｜botulism
自我神論｜Autotheism
自然神論｜Deism
自然語言｜natural language
至點｜solstice
血液寄生蟲｜blood parasite
行板｜andante
行為現代性｜behavioral modernity
伽馬花園｜Gamma Garden
低音號｜tuba
兵蟹｜soldier crab
冶煉爐｜smelter
冷媒｜refrigerant
冷凝室｜condensation chamber
均時差｜the equation of time
坎茲｜Kanzi
役用動物｜draft animal
快板｜allegro
快樂主義｜Hedonism
抗拉強度｜tensile strength
折射｜refraction
決定論｜determinism
汽轉球｜aeolipile
沖刷法（採礦）｜hushing
沙門氏菌｜Salmonella
沙鈴｜maraca
皂化反應｜saponification
貝塞麥轉爐煉鋼法｜Bessemer process
佩爾頓式水輪機｜Pelton turbine
兒語｜baby-style words
刮犁｜Ard plough
制酸劑｜antacid
卑金屬｜base metal

命題演算｜propositional calculus
命題邏輯｜propositional logic
和平原子｜Atoms for Peace
垃圾掩埋場採礦｜landfill mining
夜倒香｜night soil
奇恰｜chicha
弧光燈｜arc lamp
或閘｜OR gate
房柱採礦｜Room and pillar mining
抱子甘藍｜brussels sprout
拉帕努伊人｜Rapa Nui
拉絲｜wire drawing
杵錘｜trip hammer
板犁｜moldboard plow
河狸｜beaver
油墨滾筒｜ink roller
泛心論｜panpsychism
泛神論｜pantheism
泥板｜clay tablet
直角齒輪｜right-angle gears
虎克輪｜Hooke's wheel
表意符號｜ideogram
迎風換舷｜tacking
近似法｜approximation
金黃色葡萄球菌｜Staphylococcus
金雞納樹｜cinchona
長號｜trombone
阿基米德螺旋｜Archimedes screw
青金岩｜lapis lazuli
青黴｜Penicillium mold
便士自行車｜penny-farthing bicycle
保溫箱｜incubator
南十字座｜Southern Cross
哈姆立克急救法｜Heimlich maneuver
哈斯酪梨｜Hass avocade
垂直尾翼｜vertical stabilizer
客觀主義｜objectivism
後設量子超物理學｜metaquantum ultraphysics
毒漆藤｜poison ivy
洗衣桶貝斯｜washtub bass
洛克福乳酪｜Roquefort
活字合金｜type metal
活性炭｜activated charcoal
活塞環｜piston ring
炻器｜stoneware
皆伐｜clear cutting
相位鑑別器｜Phase Discriminator
砂漿｜masonry
紅樹｜mangrove
胡椒鹽合唱團｜Salt-N-Pepa
苛性鈉｜caustic soda
軌道離心率｜orbital eccentricity
述詞｜predicate
重碳酸鈉｜sodium bicarbonate
音調膨脹｜pitch inflation
風洞｜wind tunnel
風箱｜bellows
飛輪｜flywheel
凍融循環｜freeze-thaw cycle
原牛｜auroch
原型書寫｜protowriting
唐培里儂香檳王｜Dom Pérignon
套頸輓具｜collar harness
捕蠅草｜venus flytrap
效益主義｜utilitarianism
時元擴散場感應器｜Chronoton Dispersal Field Inducer
時間反演對稱調節核心｜T-Symmerty Adjustment Core
時間旅人｜time traveler
時間旅行者｜Chrononaut
時間通量反因果感應陣列｜temporal flux anti-causality inducer arrays
時間軸｜timeline
朗格朗格｜Rongorongo
根瘤蚜｜phylloxera
根瘤菌｜rhizobium
格蘭姆斯燧石礦井｜Grime's Graves
桉樹｜eucalyptus

氣焊｜torch welding
氣壓計｜barometer
氨鹼法｜Solvay process
海狸香｜castoreum
海森堡測不準原理補償器｜Heisneberg Uncertainty Compensator
病菌說｜germ theory
真｜TRUE
真值表｜true table / truth table
納圖夫文化｜Natufian
紙莎草｜papyrus
紡車｜spinning wheel
耙子｜harrow
荒謬主義｜absurdism
馬拉加斯語｜Malagasy
馬蹄靴｜horseboot
馬蹄鐵｜horseshoe
骨粉｜bone meal
高壓製罐｜pressure canning
高爐｜blast furnace

11-15 畫

假｜FALSE
冕狀玻璃｜crown glass
副翼｜aileron
參考架構｜frame of reference; reference frame
唯我論｜solipsism
唯拜一神論｜monolatrism
培養皿｜petri dishes
強｜Forte
捲餅｜burritos
捲線器｜flyer
排蕭｜pan flute
推力｜thrust
斜透視｜oblique perspective
斜邊｜hypotenuse
梭心｜bobbin
焊接｜welding
牽引復位法｜traction in position
犁｜plow
犁刀｜coulter
犁溝｜furrow
犁頭｜plowshare
產鉗｜birthing forcep
異花授粉｜cross pollination
盛行風｜prevailing wind
硫化｜vulcanization
硫醯氯｜sulfuryl chloride
粒線體夏娃｜Mitochondrial Eve
粗暴演奏｜bruscamente
舵針｜pintle
舵軸｜gudgeon
通用邏輯閘｜universal gate
野牛｜bison
陶土｜bisque
創造｜Nidimmud
揚琴｜dulcimer
揚聲器｜speaker
斑疹傷寒｜typhus
斯多噶主義｜stoicism
普朗克抑制分流器｜Planck Inhibator Shunt
棘輪｜ratchet
氯化鈣｜calcium chloride
氯化鉀｜potassium chloride
氯化銨｜ammonium chloride
氯化銨鹽｜ammonium chloride salts
渡渡鳥｜dodo
測溫儀｜thermoscope
無神論｜atheism
無理數｜irrational number
無線電爆波｜radio burst
焦油｜tar
焦炭｜coke
發電機｜dynamo / generator
硝石｜saltpeter
稍快板｜allegretto
結果論｜consequentialism

絕對主義｜absolutism
萌櫱（矮林作業法）｜coppicing
虛數｜imaginary number
視重｜apparent weight
視時（太陽時）｜apparent time
象形符號｜pictogram
超巨星｜supergiant star
超級超新星｜hypernovae
超新星｜supernovae
軸心進動／歲差｜axial precession
進動｜precession
黃化覆膜｜sull-coating
黃鐵礦｜iron pyrite
黑猩猩｜chimpanzee
黑曜石｜obsidian
傳動帶｜drive belt
塔可餅｜tacos
塞麥維斯反射｜Semmelweis reflex
微胞｜micelle
搖晃的骨頭｜boneshaker
極性對準愛因斯坦－羅森橋產生器｜Polarity-Aligned Einstein-Rossen Bridge Generator
極弱｜Pianissimo
滑管笛｜Slide whistle
煉油｜rendering
經驗主義｜empiricism
群青｜ultramarine
腳踏板｜treadle
萬用可食性測試｜Universal Edibility Test
萬有在神論｜panentheism
葉綠素｜chlorophyll
解充血藥｜decongestant
鈴鼓｜tambourine
鈸｜cymbal
鉛垂線｜plumb line
鉛酸電池｜lead-acid battery
雷龍｜brontosaurus
電石｜calcium carbide
電弧爐｜electric arc furnace
電動機｜electric motor
電焊｜arc welding
電解質｜electrolyte
電解質飲料｜rehydration drink
劃記｜tally
實用主義｜pragmatism
實數｜real number
實證主義｜positivism
對生拇指｜opposable thumb
構造語言｜Constructed language
歌德氣壓計｜Goethe barometer
滾珠軸承｜ball bearings
滾筒印章｜cylinder seal
演化壓力｜selective pressure
漠視主義｜Ignosticism
碳絲｜carbon filament
碳酸鈉／蘇打｜soda ash
精神藥物｜psychoactive drug
綠肥｜green manure
維生素 A 過多症｜hypervitaminosis A
蒸汽動力火箭引擎｜steam-powered rocket engine
蒸汽機｜steam engine
語義飽和｜semantic satiation
輓具｜harness
遠神論｜apatheism
酵種｜starter
劍齒虎｜saber-tooth cat
噴燈｜torch
墨西哥萊姆｜Key lime
寬板玻璃｜broad sheet glass
摩弗侖羊｜mouflon
播種機｜seed drill
槳輪｜paddlewheel
模糊邏輯系統｜fuzzy logic system
熟石灰｜slaked lime
熱衰竭｜heat exhaustion
熱量盈餘｜calorie surplus
熵校正引擎｜Entropic Calibration Engine
獎勵汽水發送室｜Complimentary Soda

Dispensor Chamber
窯｜kiln
蔬菜夾餅｜veggie wraps
蝨子｜lice
衝擊式鑽井（採礦）｜percussion mining
複數｜complex number
豬籠草｜pitcher plant
輪作｜crop rotation
輪轉式印刷機｜rotary press
醋酸菌｜acetic acid bacteria
鋪棉盔甲｜quilted armor
震音｜trillo

16 畫以上
導奏｜introduction
樹脂｜resin
樹液｜sap
樹懶｜sloth
橡膠榕｜rubber plant
燃素｜phlogiston
燃燒室｜combustion chamber
燒灼法｜cauterization
瘴氣說｜miasma theory
螞蟥（水蛭）｜leech
諾維科夫一致性手動控制模組｜Novikovian Consistency Override Module
貓鬚｜cat's whisker
蹄鐵匠｜farrier
選育｜selective breeding
隨意遊走子宮說｜wandering womb theory
頸 - 身輓具｜throat-and-girth harness
龍骨｜keel
壓電性｜piezoelectricity
應該有神論｜Ietsism
瞬時封鎖反應器｜Temporal Containtment Reflector
縱帆｜fore-aft rig
薯蕷｜yam
螺栓｜bolt
螺旋式印刷機｜screw press
螺線管｜solenoid
還原記號｜natural symbol
鍋爐｜boiler
鍛焊｜forge welding
鍛造爐｜forge
鴯鶓｜emus
獵鹿帽｜deerstalker
簡諧振盪器｜simple har¬monic oscillator
繞射｜diffraction
藍紋乳酪｜blue cheese
轉軸傾角｜axial tilt
雙向絕熱估算器｜Two-way Adiabatic Accessor
雙盲測試｜double-blind tests
雙門齒獸｜diprotodon
鞣皮｜tanning
鞣質｜tannis
壞血病｜scurvy
櫓｜steering oar
繫留柱｜mooring mast
羅盤草｜silphium
襟翼｜flap
譜號｜clef
鏈條導板｜chain guide
鏈烴｜hydrocarbon chain
鏡頭炫光｜lens flare
礦石收音機｜crystal radios
罌粟花｜opium poppy
鐘形坑採礦｜bell pit mining
麵餅｜flatbread
蠟板｜wax tablet
鐵杉｜hemlock
鐵屑｜iron filing
露天採礦｜open-pit mining
響板｜castanet
驅動輪｜drive wheel
驅動齒輪｜drive gear

聽診器｜stethoscope
變速器｜derailleur
變壓器｜transformer
邏輯語｜Lojban
體液說｜humor theory
鹼液｜lye
鑿刀｜chisel
鑿犁｜chisel plow

附注

── 我寫的，在下是現在這個時間軸的萊恩

[1] 在公元 2017 年，科學家發現了解剖構造近乎現代人的部分遺骸，但年代可追溯到公元前 30 萬年左右。這些過渡性的古代骸骨與我們的骨骼沒多大分別，除了下頜比現代人大，腦殼也較長。科學家沒料到會發現年代這麼久遠的人類遺骸。在我們的世界中，科學界仍在測試、檢驗這項發現，以確認推測的時間是否正確。如果證實為真，有助於證明遠古史前時期比較像是「整個非洲大型雜交群體演化而成的原始人類」，而非「人類先在非洲某個地方演化出來再擴散出去」。請參閱赫布林（Jean-Jacques Hublin）等人所著的〈來自摩洛哥傑貝爾依羅和泛非洲的智人新化石（New fossils from Jebel Irhoud, Morocco and the pan-African origin of Homo sapiens）〉。詳情請參見參考書目。

[2] 根據我所做的研究，公元前 5 萬年符合我做出的最佳近似值，但會因你與哪些科學家往來、他們支持的行為現代性有怎樣的模型和定義而異。雖然我很樂意把公元前 5 萬年訂為共識，但有些研究人員認為他們已經發現行為現代性的起源可追溯到公元前 10 萬年。無論選擇哪個時期，解剖構造和行為現代性之間的時間落差，仍然是對假想時空旅人造成最大影響的時刻。

[3] 雖然以上可能是真的，但究竟是什麼將解剖構造上的人類推向行為現代性的人類，在我們的時間軸中還沒有定論。事實上，可能只能用時光機來解決了。然而，確實有一些行為現代性的證據出現在零星的實例中，但在成為全球性的研究之前就消亡了。行為現代性的純生物學原因將必須能夠解釋歷史紀錄中的這些差異。

[4] 我無法肯定地說出這一點，因為在我們的世界中，找不到證據證明這兩種文明的聯繫。但考慮到兩個腳本之間的相似性，當然是有可能的。

[5] 在這個時間軸上，量子物理學還未導致衍生出後設量子超物理學。

[6] 本書全書都以公元前 10,500 年為農業誕生日。根據我的研究，這個年分約有兩千年的出入。

[7] 華先生的冰、鹽和水混合物其實也不是亂混一通。這是一種「低溫混合物」，只要混合物會在某個溫度範圍維持穩定，所有成分都不會消耗掉，就可套用這個名稱。冰和水（無論初始溫度如何）所形成的低

溫混合物會穩定維持在 0°C 左右，冰、水和鹽的混合物則是 -17.8°C 左右，也就是 0°F。

[8] 本書出版時（公元 2018 年），情況仍是如此！然而，負責相關事務的跨政府組織「國際度量衡大會」也在 2018 年 11 月 16 日投票，決定公斤的新定義，並於 2019 年 5 月 20 日生效。公斤的定義已從保存於法國的實體參照物，轉變為以量子力學的核心數字「普朗克常數」來定義。一如其他標準單位的現代定義，這個新定義對於所有困在過去（或現在）而沒有時間、金錢或意願去測量光子線性動量的人而言，沒多大用處。

[9] 不幸的是，對於我們這些非時空旅人而言，這意味著即使是現代，我們仍然不知道為什麼公斤的重量會改變。唉，好吧！請把這個問題歸檔到「你一定認為我們現在早就解開的科學未解謎團」，並與「太陽的磁場從哪裡來？」「為什麼只能在地球上看到板塊構造？」和「我們並不是真的知道人為什麼要睡覺，或者說睡覺的生物功能是什麼，哈哈，我們一輩子只花三分之一的時間睡覺，我相信這沒什麼大不了的！」放在一起。

[10] 由於詹姆斯．甘迺迪（James Kennedy）所做的研究〈(Almost) Nothing Is Truly "Natural"〉，我才得以驗證這些訊息，你可以在參考書目找到出處！

[11] 如果你對植物感興趣，可以查看參考書目中比爾．勞斯（Bill Laws）的《改變歷史的 50 種植物》以及比爾．普萊斯（Bill Price）的《改變歷史的 50 種食物》。關於本書提到的植物，以及其他植物的更多資訊，都可在上述兩本書找到。若不是因為本書是由未來另一個時間軸的人所寫，你一定會認為我在寫這一段的時候參考了這兩本書。真怪。

[12] 大多數研究人員懷疑情況就是這樣，但我想不出如何在不坐時光機回到過去的情況下證明這一點。

[13] 好的，我可以驗證這點！在我們的時間軸中已經完成了實驗，從野生種馴化出小麥，並取得了類似的結果。參見參考書目中派翠西亞．C．安德森（Patricia C. Anderson）所著的〈Harvesting of Wild Cereals During the Natufian as Seen from Experimental Cultivation and Harvest of Wild Einkorn Wheat and Microwear Analysis of Stone Tools〉。

[14] 雖然有一些損壞，但這塊石板仍留存到現代。具體來說，關於「香甜大麥汁液」這節歌詞的最後兩行已經佚失，但由於詩歌具有重複的特性，很容易猜到佚失的那兩句是什麼。有趣的是，這首詩歌的翻譯與 M．西維爾（M. Civil）的論文〈A Hymn to the Beer Goddess and a

Drinking Song〉相同。這可能是個奇妙的巧合，證明了這位「M·西維爾」在某種程度上是跨時間軸的常數，或只是證明了把古代蘇美釀酒配方翻譯成英文的方式有很多。

[15] 顯然這是無法驗證的，因為沒有確鑿證據證明雙門齒獸可以被馴化，而現代的袋熊（比雙門齒獸小得多）也未被馴化。然而，現代袋熊生活在洞穴中（河馬大小的雙門齒獸就極度不可能），因而很難融入農耕環境，而雙門齒獸沒有這個問題。袋熊也是反社會動物，通常更喜歡獨處，這是對於馴化的另一項打擊。不過，在同一地點也發現了許多雙門齒獸化石，顯示出即便牠們不隸屬於同個群體，至少擁有共同的遷徙路線。

[16] 詳情請見艾力克·查林（Eric Chaline）的《改變歷史的 50 種動物》。此處提到的所有物種並沒有全數出現在上述書中，但該書確實提到了影響人類歷史的其他幾種動物，只不過對於受困的時空旅人來說不太重要。不知道的人，一定會認為我寫這一段時（但不是我寫的，因為這本書顯然來自未來），參考了查林的書。

[17] 我的研究在這個問題上沒有說明得很清楚：這些動物有可能是被人類趕盡殺絕，也有可能是因為氣候變遷，或是兩種因素同時發揮作用。沒有時光機，很難判定真正原因。但是，全球化石紀錄確實有個十分可疑的狀況，那就是每次只要有人類出現，就會有巨型動物滅絕。

[18] DNA 定序也同時發生在我們的世界，不過現在要判定最後是否能讓原牛復育還言之過早。

[19] 在化石紀錄中，有一塊約屬於公元前 34,000 年的頭骨。不是狗，也不是狼，而是一塊有爭議的化石。有些人認為這屬於早期馴化過程中過渡期的狗，也有人認為這是馴化初期的物種，而且並沒有馴化成現代狗，這說明了這塊頭骨何以如此不同。這裡暗示了應該是後者。完全確認的狗骸骨，最早僅能追溯到公元前 12,700 年，被發現埋在人類旁邊，清楚顯示應是一隻超乖的狗。

[20] 科學家認為，狗可能會像這裡所描述的那樣自我馴化，但若沒有搭乘時光機去實地考察，仍無法下定論。

[21] 首度出現變態昆蟲的時期符合我們所知，但我無法找到蠶首次出現的時期。

[22] 公元前 4 億年是預估的時間，因為沒有人發現單一的蚯蚓化石！但是我們確實發現了生痕化石（記錄了牠們存在的化石證據，例如行經地面留下的痕跡）及下在繭裡面的卵化石。

[23] 這些資訊與我們所處世界的建議互相吻合，包括參考書目中「加拿大

營養師」（Dietitians of Canada）所提出的建議。

[24] 在我們的時間軸中也是這樣描述的！羅伯．天普（Robert Temple）在《*The Genius of China*》一書中寫道：「這種舊式的犁耕作效率低落、浪費力氣又折磨人，或可列入人類最浪費時間和精力的成就。」只能給人類比個遜了。

[25] 我無法確定煙燻法就是這樣發現的，但似乎很有可能。洞穴通風不良，人類又用火來照明和取暖，而且要不了多久就會發現肉類掛在煙霧中燻乾能保存更久，吃起來也更美味。有趣的是，我所看到的參考資料中，會以嘗起來「有煙味」來形容食物，大多是在人類不以明火烹飪食物之後才開始出現。在那之前，「煙燻」就是熟食的味道。

[26] 這也是我們這個時代提出的理論！基本論點是，啤酒是酒精，不僅喝起來比水更安全（因為許多細菌無法在酒精中存活），也有意思多了。如果狩獵和採集不會讓你餓肚子，你就不太會為了吃而放棄原有的生活方式進入農業生活，但如果農業是你獲得啤酒的唯一方式……那麼，也許你會放手一試。詳見參考書目中葛洛麗亞．道森（Gloria Dawson）的〈Beer Domesticated Man〉和湯姆．斯丹迪奇（Tom Standage）的《歷史六瓶裝》。

[27] 鑑於我們目前對歷史的了解，這是個毫無爭議的主張。長期以來，人們一直認為眼鏡是由不知名的發明家於公元 1286 年在義大利發明的，但我發現，在印度接觸歐洲之前的書籍之中就已經出現了眼鏡。詳情參閱參考書目中阿嘉沃（Rishi Kumar Agarwal）的〈Origin of Spectacles in India〉。

[28] 雖然我找到了歷史學家推測第一塊人造玻璃可能是偶然產生的相關資料，但我們不可能在沒有時光機的情況下進行驗證。

[29] 這也發生在我們的歷史中：1922 年 11 月 24 日星期五，澳洲南部米立森的《東南時報》刊載〈促進科學進展的乳牛〉一文也有這則故事。故事中，佩爾頓在用水柱沖洗乳牛之後留下深刻的印象，因而在「一小時內」已把空罐子掛上水車。那些關於科學發明的討喜故事通常都是假的，但這類故事仍繼續傳頌，因為人們愛看這種「靈光一閃瞬間改變了世界」，更勝於「耗去我大半美好青春投入艱苦工作和研究」的情節。

[30] 如果沒有時光機，沒有人可以精確進行這些測量，但是這裡的數據與參考書目中伯格（A. L. Berger）在論文〈Obliquity and Precession for the Last 5,000,000 Years〉中的估計相符。

[31] 雖然這裡的遣詞用句並未清楚表露出這部機器到底是不是在作者的時間軸中建造而成的，但我們的計算實際上已經估計出這種機器的預測

能力。我們得出的結論是相同的。詳情參閱參考書目中喬治．戴森（George Dyson）的《*Turing's Cathedral*》。

[32] 我不需要告訴你，我們已經沒有羅盤草了，不過科學家認為這種植物很可能是阿魏屬（Ferula），現存成員中就含有「ferujol」這種化學物質，預防懷孕的效用幾乎達 100% ——以老鼠實驗得出的結果。但用在另一種常見的實驗室動物倉鼠，則沒有效果。無論如何，我們已經開始研究人類用來避孕的羅盤草食譜，有些研究人員認為這些食譜是有效的。詳見參考書目中李德爾（John M. Riddle）的著作《*Contraception and Abortion from the Ancient World to the Renaissance*》。值得注意的是，由於使用羅盤草，羅馬人的出生率確實很低。低到皇帝奧古斯都在公元前 18 年還得通過懲罰不育不婚者的法律，促使更多人生孩子。

[33] 我們其實無法得知紙張發明的確切日期！有很多相關神話，傳統上是歸功於公元 48 至 121 年一個叫做蔡倫的人。然而，考古證據顯示紙張在更早之前就出現了，有些證據甚至溯及公元前 179 年。而我發現的所有研究都表明，紙張由蔡倫發明，尚可說是明智的猜測！

[34] 之前就有人認為，早期無線電的發明，可能為發明船用時鐘省下了不少時間！我在路易斯．達奈爾（Lewis Dartnell）的著作《最後一個知識人》中讀到這樣的想法，詳情參見參考書目。

[35] 無線電接收器就跟許多發明一樣，是由多人在同時間各自發明出來的。其中，愛德溫．霍華．阿姆斯壯（Edwin H. Armstrong）和李．第福勒斯特（Lee de Forest）這兩名男子多年來一直在爭奪發明的專利權。正如許多技術在最初發明時會遇到的情況，兩人都知道自己的發明是有用的，但有時完全誤解背後的運作原理。喬治．H．道格拉斯（George H. Douglas）就在《*The Early Days of Radio Broadcasting*》寫道：「第福勒斯特幾乎每個步驟都完全錯認了自己發明的東西。（他的無線電接收器）並不是一個發明，而是穩定、持續的誤差累積的產物。」噢！

[36] 文中所引用的出版品就是以這個書名出版的，並留存至今。我也放入參考書目了！

[37] 事實上，沒有人百分之百確定這一點！大多數研究人員認為，靜電火花是導致火災的最初原因，但也有說法把引擎逆火、機件破壞和閃電列為禍首。

[38] 顯然，這種主張對我來說不但無法證實，也難以想像。不過滑翔機確實被用來探索動力飛行背後的理論和實踐，幾乎是研究動力飛機必要的第一步。

[39] 雖然氦和氖化合物在未來可能附近藥房就買得到，目前卻不易取得。

然而，這些化合物的確能在正文中提到的高壓、低溫環境下（暫時）製造出來。

[40] 這些資訊與大衛・維爾納（David Werner）等人所著的《*Where There Is No Doctor: A Village Health Care Handbook*》相吻合，這本手冊是在我們的時間軸出版的，旨在幫助一般人在沒有醫生的地方從事醫療行為。本書列在參考書目中。

[41] 這個元素週期表明顯比我們所熟悉的大得多。我們的週期表只寫到原子序為 118 的元素，但這個一路寫到 172。有趣的是，根據我們目前的理解，172 可能是一個原子承載的極限，因為到了 173，原子會很大，外殼上的電子必須以高於光速移動。這些新元素大多是以科學家來命名（符合我們目前的命名慣例），但也有一些以拉丁語為主，像是 inprincipiomium（「起初」之意，用於 172 這個最後一個元素）、praeviderium（「預知」之意，暗示可能在時空旅行中使用），以及令人驚恐的 malaipsanovium（「壞消息本身」之意）。我也無法解釋這些元素的名稱。（編注：在目前時間軸中，也似乎尚未有科學家為這些新元素定出正式中文名稱，故本書仍保留英文代號。）

[42] 我知道硫酸（當時稱為「礬油」）在古代蘇美使用過，但還無法指出人類發現硫酸的確切日期。

[43] 在我們的時間軸中，這個惡作劇首先是由認知科學教授（暨普立茲獎得主）侯世達（Douglas Hofstadter）提出。由於某種原因，他不是因為這個惡作劇拿到普立茲獎。

[44] 這是由貨真價實的理論物理學家約翰・惠勒（John Wheeler）在 1940 年提出的真實理論，但從未受到認真對待，即使發明此理論的惠勒也沒當一回事。為什麼所有電子都相同？在目前這個時間軸上，還沒有人知道真正的原因。這個理論雖然回答了這個問題（這些電子都相同，因為它們都是同一個電子），卻也引發了更多更有具挑戰性的問題。

國家圖書館出版品預行編目資料

製造文明：不管落在地球歷史的哪段時期，都能保全性命、發展技術、創造歷史，成為新世界的神 / 萊恩·諾茲（Ryan North）作；宋宜真譯. -- 初版. -- 新北市：大家出版：遠足文化發行, 2019.12
448面；15.4x23公分(Common；55)
譯自：How to Invent Everything: A Survival Guide for the Stranded Time Traveler
ISBN 978-957-9542-86-9（精裝）
409 108019339

*《最後的晚餐》《雅典學院》和中國磨坊古畫是在Wikimedia Commons網站上找到的公版圖。另外，我們的三角函數也經過NASA驗證無誤，這些我們可是弄得一清二楚。

***本書中的資訊和說明所涉及的材料和活動可能有點危險性，對於使用此類資訊和說明可能造成的任何傷害或損害，出版商和作者概不負責。沒錯，您將要讀的書就是如此鴨霸，一開始就抬出法律免責聲明，而且在您讀完這本書並知曉箇中祕密時，便立馬就地符合這份鴨霸免責聲明。往後你遇到新朋友要伸出友誼之握，就可以說：「嗨，我是_______（您的名字），只是讓你知道一下，你面前的這號人物可是懂得不少危險的東西喔。」這樣肯定超級了不起。

製造文明

不管落在地球歷史的哪段時期，都能保全性命、發展技術、創造歷史，成為新世界的神

作者　萊恩·諾茲（Ryan North）｜**內頁插畫**　露西·貝伍德（Lucy Bellwood）
譯者　宋宜真｜**封面設計**　倪旻鋒｜**內頁編排**　謝青秀｜**責任編輯**　郭純靜
編輯協力　林昀彤 / 賴淑玲 / 官子程 / 楊琇茹 / 翁蓓玉｜**行銷企畫**　陳詩韻
總編輯　賴淑玲｜社長　郭重興｜**發行人兼出版總監**　曾大福｜**出版者**　大家出版 / 遠足文化事業股份有限公司｜**發行**　遠足文化事業股份有限公司 231 新北市新店區民權路108-2 號9樓 電話 (02)2218-1417 傳真 (02)8667-1851 劃撥帳號 19504465 戶名 遠足文化事業有限公司｜**法律顧問**　華洋法律事務所 蘇文生律師

定價 550 元
初版一刷 2019 年 12 月